"十二五"职业教育国家规划教材
经全国职业教育教材审定委员会审定

"十四五"技工教育规划教材

粮油加工与质量监控

第3版

LIANGYOU JIAGONG YU ZHILIANG JIANKONG

主　编　孙玉清
副主编　孙　鹏　杜明华

北京师范大学出版社

图书在版编目(CIP)数据

粮油加工与质量监控/孙玉清主编. —3 版. —北京：北京师范大学出版社，2024.12
(“十二五”职业教育国家规划教材)
ISBN 978-7-303-29727-6

Ⅰ. ①粮… Ⅱ. ①孙… Ⅲ. ①粮食加工—质量管理 ②油料加工—质量管理 Ⅳ. ①TS210.4 ②TS224

中国版本图书馆 CIP 数据核字(2024)第 019116 号

图书意见反馈 zhijiao@bnupg.com
营销中心电话 010-58802755 58800035
编辑联系方式 010-58801860

出版发行：北京师范大学出版社 www.bnupg.com
北京市西城区新街口外大街 12-3 号
邮政编码：100088
印　　刷：北京天宇星印刷厂
经　　销：全国新华书店
开　　本：787 mm×1092 mm 1/16
印　　张：22.75
字　　数：504 千字
版　　次：2024 年 12 月第 3 版
印　　次：2024 年 12 月第 6 次印刷
定　　价：55.00 元

策划编辑：周光明　　责任编辑：周光明
美术编辑：焦　丽　　装帧设计：焦　丽
责任校对：陈　民　　责任印制：赵　龙

本书编写人员

主　编：孙玉清　北京农业职业学院

副主编：孙　鹏　北京稻香村食品有限责任公司

杜明华　扎兰屯职业学院

参　编：王丽丽　兴安职业技术学院

雍雅萍　河套学院

郭亚萍　北京稻香村食品有限责任公司

白秀科　益海嘉里金龙鱼食品集团股份有限公司

乌　兰　北京农业职业学院

董晓光　北京农业职业学院

邢霁云　北京农业职业学院

胡乾浩　北京农业职业学院

内容简介

本教材以高职高专食品加工及检验类专业的人才培养目标与课程体系为指导，以就业能力培养为导向，以职业知识要求为基础，以技能训练为核心，依据粮油食品行业工作岗位的基本职责、素质要求、技能要求、能力提升等甄选教材内容，涵盖了粮油加工行业的原辅料验收与贮藏、加工工序、加工过程的质量控制，以及产品的评价、包装与配送的质量控制等工作过程的岗位任务。全书力求体现“做什么”“怎么做”“怎么能做到更好”的工作岗位任务处理能力，兼顾相关职业岗位的情感认同、知识储备、学习能力、沟通能力等综合职业素质的训练内容，将学生应具备的行业情怀、专业知识、职业技能等综合职业素质融合到教材中。

本书以“工学结合的理实一体化”教学理念设计教材体例，以食品加工行业分类为教学单元，将同一车间或同一类型的加工产品集合为教学项目，以每个产品的加工实施为教学任务，编制为粮油食品加工行业岗位认知、小麦及面粉加工与质量监控、稻谷及米粉加工与质量监控、焙烤食品加工与质量监控、速冻米面食品加工与质量监控、大豆食品加工与质量监控、植物油脂加工与质量监控、淀粉及其制品加工与质量监控、粮油休闲食品加工与质量监控9个教学单元，24个教学项目，69个教学任务。本书内容涉及面广、知识点饱满、加工及监控技能工作过程化，可供订阅者依据人才培养目标和教学侧重点自主选择。

本书每个项目由知识储备(资料单)和任务组成。资料单内容涵盖了各项目的行业发展历程、社会贡献、工匠案例等思政素材，明确为谁培养人，培养什么人的行业担当；撰写了各项目应具备的专业知识、专业技能；且链接了相关的国家标准，便于读者系统查阅。每个任务编写了实训目标、任务描述、实训准备、任务实施(任务单)、考核评价、总结反馈、知识拓展7个栏目；针对不同任务设计任务单，主要体现了学习理解、实操记录、参观体会、产品评价等，强化了学习过程的记录留痕，启发学生主动学习。

本教材是一本集教学内容、作业练习、实操训练为一体的手册式教材，每个项目均配置了教学PPT和视频的二维码(需要请联系QQ：275362129)。本书既可作为相关专业的师生教学用书，也适于作企业培训本行业技术人员的培训教材。

前 言

《粮油加工与质量监控》教材于2014年9月出版，经全国职业教育教材审定委员会审定为“十二五”职业教育国家规划教材，2023年被人社部评审为技工教育和职业培训“十四五”规划教材。教材内容全面、体例新颖实用，出版以来，订阅量大，受到订阅教材师生的认可和好评。2021年进行了第一次修订，完善和更新了知识储备，增加了粮油加工行业发展历史、行业情怀、诚信精神、行业大师的典型案例等思政元素，更新了粮油加工行业的新技术、新工艺。

为了配合高级技工教育及职业培训的教学特点以及高等职业教育的需求，进行本教材的第二次修订(第3版)。本次修订针对加工原理与质量监控、产品加工与质量评价、企业参观等优化了教学任务，强化了实施过程的记录留痕，细化了考核评价单。本书是集教学内容、作业练习、实操训练为一体的新型手册式教材。每个项目均配置了教学PPT和视频的二维码(需要请联系QQ：275362129)。

参加本次修编的有北京稻香村食品有限责任公司的孙鹏、郭亚萍，益海嘉里金龙鱼食品集团股份有限公司的白秀科，扎兰屯职业学院的杜明华，兴安职业技术学院的王丽丽，河套学院的雍雅萍，北京农业职业学院的乌兰、董晓光、邢霁云等老师。北京农业职业学院信息中心的胡乾浩完成了所有视频的拍摄和编辑工作。史建国、韩俊俊、张慧、李艳梅、朱建军老师对原教材的编写做了大量工作，对他们表示感谢。

本次修编参考了许多文献，在此对这些文献的编著者表示衷心感谢！对大力支持修订和出版工作的北京师范大学出版社表示衷心感谢！

由于编者水平有限，错误、缺点在所难免，敬请各位专家、读者批评指正。

编　者

目 录

第一单元　粮油食品加工行业岗位认知

第二单元　小麦及面粉加工与质量监控

第三单元 稻谷及米粉加工与质量监控

第四单元 焙烤食品加工与质量监控

第五单元　速冻米面食品加工与质量监控

第六单元　大豆食品加工与质量监控

第七单元 植物油脂加工与质量监控

第八单元 淀粉及其制品加工与质量监控

第九单元 粮油休闲食品加工与质量监控

第一单元
粮油食品加工行业岗位认知

本单元根据参与编写的两家公司以及相关粮油加工企业的机构设置及主要职能、岗位设置及要求等来编写教学内容，由企业指导教师进行讲授培训。

知识储备

【资料单】

一、粮食加工的重大意义

民为国基，谷为民命。粮食事关国运民生，粮食安全是国家安全的重要基础，是世界和平与发展的重要保障，是构建人类命运共同体的重要基础。国家统计局关于粮食产量数据的报告显示，1950—2023年，全国粮食产量从13 212.9万吨增加到69 541万吨(13 908亿斤)，增加了4.26倍。粮食仓容量也具有极大幅度增加，仓储设施和技术达到世界先进水平。有着世界1/5人口的中国，克服艰难险阻，告别忍饥挨饿的岁月，实现了由“吃不饱”到“吃得饱”，进而追求“吃得好”更要“吃得放心”的历史性转变，彰显了中国智慧、中国经验和中国担当，让国人为之自豪、让世界为之惊叹。这其中粮食加工技术的发展起到了至关重要的作用，粮油加工业是关系国计民生和国民健康安全保障，产业关联度高、涉及面广的民生产业。充分发挥粮油加工业对粮食产业发展的引擎作用和对粮食供求的调节作用，对加快发展现代粮食产业经济具有十分重要的意义。

党的十八大以来，以习近平总书记为核心的党中央把粮食安全作为治国理政的头等大事，提出了“确保谷物基本自给、口粮绝对安全”的新粮食安全观，实行最严格的耕地保护制度，实施“藏粮于地、藏粮于技”战略，深入推进玉米、大豆、水稻、小麦国家良种重大科研联合攻关，大力培育推广优良品种。中国科学家袁隆平培育的超级杂交稻单产达到每公顷近18 100 kg，刷新了世界纪录。作为最大的发展中国家和负责任大国，中国还是维护世界粮食安全的积极力量。为有关国家提供力所能及的紧急粮食援助，推进粮食领域南南合作，深化与共建“一带一路”国家粮食经贸合作关系，积极支持粮食企业“走出去”和“引进来”，为实现联合国2030年可持续发展目标中的“消除饥饿，实现粮食安全，改善营养状况和促进可持续农业”做出积极努力。

为使我国粮食加工业在新时代有新的发展，我们要全面贯彻党的十九大精神，以习近平新时代中国特色社会主义思想为指导，进一步贯彻《国务院办公厅关于加快推进农业供给侧结构性改革，大力发展粮食产业经济的意见》和全国《粮油加工业“十三五”发展规划》《粮食行业“十三五”发展规划纲要》，坚持新时代新需求、新发展理念，围绕实施健康中国战略，通过供给侧结构性改革，实现粮油产品的优质、营养、健康和企业的转型高效发展。为满足全面建成小康社会城乡居民消费结构升级的需要，粮油加工企业要积极调整产业、产品结构，加快提高安全优质、营养健康粮油食品的供给能力。增加满足不同人群需要的优质化、多样化、个性化、定制化粮油产品的供给；增加优质的专用米、专用粉、专用油和营养功能性新产品，增大绿色、有机等“中国好粮油”产品的生产；大力发展全谷物食品，增加糙米、全麦粉、杂粮杂豆、薯类及其制品和木本特种食用油脂等优质营养健康中高端产品供给；提高特、优、新产品的比例，充分发挥“老字号”的品牌效应。在新时代粮油加工企业要深入推进粮食行业结构性改革，提高安全优质、营养健康粮油食品的供给能力，助力“健康中国”建设。

二、粮油食品的特点与范围

(一)粮油食品的特点

1. 食品的定义

食品是人类赖以生存的物质基础，是人体生长发育、细胞更新、组织修补、机能调节必不可少的营养物质，是人体生命活动的能量来源。

《食品工业基本术语》对食品的定义：可供人类食用或饮用的物质，包括加工食品、半成品和未加工食品，不包括烟草或只作药品用的物质。

《食品安全法》对“食品”的法律定义：各种供人食用或者饮用的成品和原料以及按照传统既是食品又是药品的物品，但是不包括以治疗为目的的物品。

从食品安全立法和管理的角度，广义的食品概念还涉及：所生产食品的原料，食品原料种植、养殖过程接触的物质和环境，食品的添加物质，所有直接或间接接触食品的包装材料、设施以及影响食品原有品质的环境。

在进出口食品检验检疫管理工作中，通常还把“其他与食品有关的物品”列入食品的管理范畴。

2. 粮油食品的品质

粮油食品的品质包括营养品质、食用品质、加工品质和商品品质 4 个方面。

(1)营养品质，是指粮食作物所含有的营养成分如蛋白质、脂肪、淀粉及各种维生素、矿质元素、微量元素等，还包括人体的必需氨基酸、不饱和脂肪酸、支链淀粉与直链淀粉及其比例等。好的营养品质既要求营养成分丰富，又要求各种营养成分的比例合理。

(2)食用品质，主要是指适口性，即人食用时的感觉好坏。例如，稻米蒸煮后的黏性、软硬、香气、食味等方面的差异，表现出稻米不同的食用品质。

(3)加工品质，主要是指粮食作物是否适合加工，以及加工以后所表现出来的品质。加工品质不仅与农产品的质量有关，还与所使用的加工技术有关。

(4)商品品质，是指粮食的外观和包装，如形态、色泽、整齐度、纯度、净度、容重、装饰等，也包括是否有化学物质的污染。

3. 评价粮油食品的指标

评价粮油食品品质的指标包括生化指标和物理指标。

(1)生化指标，包括粮食作物产品所含有的生化成分，如蛋白质、碳水化合物、脂肪、微量元素、维生素等，另外还有有害物质含量及化学农药、有毒金属元素等污染物质的含量等。

(2)物理指标，包括产品的形状、大小、色泽、种皮厚度、整齐度、千(百)粒重、容重等。每种粮食作物都有一定的品质评价指标体系。

4. 粮油食品的特点

(1)粮油食品主要是植物性食品，在我国居民的饮食结构中占主导地位。

(2)粮油食品中的化学成分包含具备人体所需的全部营养成分。

(3)粮油食品的原料均来自农业，农业是发展粮油食品工业的基本保证。

(4)粮油食品的商品具备应有的色泽形态，具有一定的香气与滋味，具备卫生安全、方便食用、耐贮藏的特性。

(二)粮油的种类

粮油是对谷物类、豆类、油料及其加工成品和半成品的统称，按其是否加工分为原粮、成品粮，以及进一步深加工的植物油脂、粮油制品。

1. 原粮

原粮是农作物大田生产收获后，经过脱粒、晾晒、干燥等生产过程的直接加工或贮藏的粮食。分为：谷类、麦类、豆类、杂粮类，包括稻谷、小麦、玉米、高粱、谷子、大麦、荞麦、大豆、小豆、绿豆、蚕豆、芸豆、马铃薯、甘薯等。

2. 成品粮

成品粮是原粮经过清理、砻谷、磨粉等工艺加工成的初级产品，如小麦面粉、大米、小米、油菜子等。

3. 植物油脂

植物油脂是由油料作物的籽粒通过压榨、浸出等油脂提取工艺加工而成的液态植物脂肪，如花生油、大豆油、橄榄油、向日葵油等。

4. 粮油制品

粮油制品是由原粮或成品粮以及油脂等经过加工而成的食品或非食品，分为以下几类。

(1)小麦面粉制品，包括挂面、方便面、馒头、水饺、面包及其他焙烤食品等。

(2)米制品，包括米线、米粉、汤圆、元宵、粽子等。

(3)大豆加工制品，包括豆腐类、腐竹、豆乳、大豆蛋白粉以及其他大豆功能性食品等。

(4)淀粉制品，包括玉米淀粉、马铃薯淀粉、甘薯淀粉、变性淀粉、淀粉糖浆等。

(5)油脂制品，包括色拉油、调和油、人造奶油等。

(6)非食品粮油制品，包括植物柴油、工业乙醇等燃料；油墨、包装、人造纤维等医药、航天、纺织等工业用品。

三、粮油食品加工企业的岗位设置

岗位设置要求科学化、规范化，同时会制定岗位规范、岗位说明书等反映岗位要求的人事文件，这些文件是为了更有效地实现企业员工的招聘、选拔、任用、考核、晋升、培训、奖罚、薪酬等人力资源管理职能。岗位数量要尽可能地少，这样做的目的是使所有的工作尽可能地集中，不要特别分散。从经济角度来说，不必花很多人工费。每一个人、每一个岗位的工作人员都应该承担很多责任。

(以北京稻香村食品有限公司生产厂为例)

(一)管理部门

1. 总经理

生产厂的最高负责人，行使生产厂最高决策权。具体来说，有以下职责。

(1)代表生产厂参加重大的内外活动。

(2)审核以生产厂名义发布的各种文件。

(3)领导制订生产厂的市场运营、发展战略及规划，制订生产厂年度计划、中长期发展计划等。

(4)批准生产厂的年度财务预算。

(5)领导生产厂建立各级组织机构，并按生产厂战略规划进行机构调整；领导生产厂制定各种规章制度，并深入贯彻实施。

(6)决定各职能部门主管的任免、报酬、奖惩；加强企业文化建设，搞好社会公共关系，树立生产厂良好的社会形象；定期主持召开生产厂质量分析会。

2. 部门经理等管理者

(1)拟定本部门年度、月度目标，工作计划并组织完成。

(2)享有部门内部人事调配权。

(3)负责本部门项目管理，质量控制及日常工作的维护。

(4)制定部门战略，并服从生产厂总体发展规划，并贯彻落实。

(5)建立高绩效的部门团队，并起到团队核心作用。

(二)采购部

1. 岗位设置

设有部长、采购员等。

2. 部长的岗位职责

(1)掌握市场信息，开拓新货源，优化进货渠道，降低采购费用。会同库管部、会计部确定合理物资采购量，及时了解存货情况，进行合理采购。

(2)根据生产计划，制订物资供应计划并组织实施。汇总各部门的采购申请单，编制采购作业计划。

(3)选择、评审、管理供应商，建立供应商档案。组织供货合同评审，签订供货合同，实施采购活动。建立采购合同台账，并对合同执行情况进行监督。

(4)采购部合同、供应商档案、各种表单的保管与定期归档工作。

(5)负责对原辅料及包装物、门店商品供方的选择、评价和控制。

3. 采购员的岗位职责

(1)执行领导批准的物资采购计划。

(2)与合格供应商洽谈订货合同。

(3)按照生产厂的审批权限，由总经理或总经理授权人签订订货合同。

(4)负责订货合同的存档与保管。

(5)将订货合同副本抄送财务部。

(三)生产部

1. 岗位设置

设有部长、生产计划员等。

2. 部长的岗位职责

(1)组织生产、设备、安全、环保等制度的拟订、控制、执行、检查及监督。

(2)负责设计工厂的改造计划、设计工厂的产品布局和工序间的协调。

(3)根据生产计划安排相应的部门内人员调动；对员工健康情况进行日检查，并做好相应的人员日常操作培训工作。

(4)负责抓好生产安全教育，加强安全生产的控制、实施、严格执行安全法规、生产操作规程，即时监督检查，确保安全生产，杜绝重大火灾、设备事故、人身伤亡事故的发生。

(5)负责组织生产现场管理工作、环境保护工作、劳动防护管理和环保措施制订。

(6)编制年、季、月度生产统计报表。原始记录、台账、统计报表管理工作，确保统计核算规范化、统计数据的正确性。

(7)负责做好生产调度管理工作。强化调度管理、严肃调度纪律，提高调度人员生产专业知识和业务管理水平，平衡综合生产能力，合理安排生产作业时间，平衡用电、节约能源。

3. 生产计划员的岗位职责

(1)编制年度、季度、月度生产计划。

(2)审核、平衡销售中心承接的订单，并纳入生产计划。

(3)下发生产任务单。

(4)生产安全管理。

(5)制定有关生产安全管理制度，并编制年度生产安全计划。

(6)各项安全设施的询价、采购、运输及安装。

(7)组织对各类锅炉、压力容器、高压仪器仪表、供水设施、避雷绝缘、计量标准的定期检查和校验，确保设备安全运行。

(8)处理生产中发生的安全事故。

(9)对职工进行安全生产教育。

(四)厂务部

1. 岗位设置

设有部长、办公室主任、办事员等。

2. 部长的岗位职责

(1)负责生产硬件设备(厂房、水、电)、计量器具维护检修工作。结合生产任务，合理安排生产设备、计量器具计划，确保设备维护保修所需的正常时间。

(2)负责编制年、季、月度的作业、设备维修计划，及时组织实施、检查、协调、考核。

(3)负责整体的安全保卫协调、消防、环保等事项，参与环境管理的组织与实施，提出改进需求。

(4)负责日常办公用品及包装材料的采购、贮存与管理。

(5)负责厂区内卫生管理(日常卫生、垃圾分类等)。

(6)后勤的管理(包括员工的衣、食、住)安排。

3. 办公室主任的岗位职责

(1)劳动关系的确认。

(2)培训管理。

(3)绩效考核。

(4)配合各部门进行员工违章、违纪的调查处理工作。

(5)薪酬的管理。

(6)负责劳动合同续签、解除、终止的处理。

(7)企业文化宣传。

4. 办事员的岗位职责

完成办公室主任安排的具体工作。

(五)品管部

1. 岗位设置

设有部长、品管员、体系专员、化验检验员等。

2. 部长的岗位职责

(1)负责贯彻落实生产厂质量方针和质量目标，策划、组织生产厂质量管理体系的运行维护、绩效改善。

(2)负责生产厂各种品质管理制度的订立与实施，“5S”“零缺陷”“全面质量管理”等各种品质活动的组织与推动。

(3)负责质量标准化管理，包括：体系管理、标准法规管理、能源体系管理、环境体系管理及追溯系统管理等工作。

(4)对原辅料、食品相关产品、外进商品进行感官检验及化验检验，对不符合标准的产品进行处理。

(5)负责全员品质教育、培训。

(6)负责各种质量责任事故调查处理，各种品质异常的仲裁处理，配合营销中心对客户投诉与退货进行调查处理。

3. 品管员的岗位职责

(1)查验原辅料批次检测报告，索取相关检验检疫合格证明；对原辅料、包装物质、半成品、成品抽样检验。

(2)对辖区内生产过程进行监控(包括工艺技术参数的验证)。

(3)辖区内 CCP(关键控制点)的监控与验证。

(4)协助信息专员对顾客抱怨的产品质量信息进行界定和原因分析。

4. 体系专员的岗位职责

(1)管理体系文件、记录的管理(编制、发放、修改、回收、销毁等)。

(2)负责质量管理体系的日常监督、维护与更新，制定改进建议方案。

(3)管理体系文件及相关质量、环境、食品安全控制方法的培训。

(4)年度审核计划的编制，年度内审、管理评审的实施。

5. 化验检验员的岗位职责

(1)负责编制、修订《化验检验计划》《产品政府抽检规程》《产品送检计划》并监督执行。

(2)负责安排取样送检，并取回报告。

(3)负责委托检验、政府监督抽检相关沟通工作。

(六)研发部

1. 岗位设置

设有部长、研发员等。

2. 部长的岗位职责

(1)根据生产厂整体经营管理目标及产品结构调整需求，制订产品开发的总体计划与目标。

(2)根据市场环境、终端消费者需求情况，提出新产品研发概念和需求。

(3) 从产品研发的技术可行性、法规可行性、生产可行性、经济可行性等角度，分析、评估、论证新品研发需求。

(4)协同市场营销部制定新产品营销策路和市场推广方案。

(5)负责新产品研发，完善并推进新品研发流程。

3. 研发员的岗位职责

(1)依据产品开发规划和部门年度计划，设计开发新产品，进行评审。

(2)负责对上市新品进行跟踪，实时跟进市场反馈，必要时进行持续优化和改进，保证顾客满意。

(3)负责新产品和改进产品相关的记录和文件资料的完整性和合规性，符合体系管理的要求。

(4)依据产品开发规划，进行产品储备，制定储备产品工艺、产品成本及相关基础信息。

(七)物流部

1. 岗位设置

设有部长、成品库管员、成品配送员等。

2. 部长的岗位职责

(1)仓储管理：负责生产厂仓库的相关操作规范的制定，并负责在实施中进行指导与监督。

(2)配送管理：编制总体业务流程方案，确保货物在不同处理方式下，以专业方法运作，使其在流畅安全下进行。

(3)内部管理：控制送货和仓储成本以符合生产厂目标。保证日常操作顺畅有效。

3. 成品库管员的岗位职责

(1)办理生产成品的出、入库手续。

(2)生产成品的储运管理。

(3)合理控制库存。

4. 成品配送员的岗位职责

(1)按库管的配货单送货到各门店。

(2)严格道路交通管理。

(3)及时、准确、安全送货。

粮油食品加工企业作为一个经营企业，均设有财务部门。该部门一般设有部门领导、会计、出纳等，主要负责企业的财务工作，在此不再一一赘述。

四、粮油加工企业员工基本素质要求

(一)管理者

管理者应掌握国家相关的政策、法律、法规和标准的规定，应深知食品安全对于企业发展的重要意义，以及在保障食品安全工作中肩负的重要责任，并自始至终对食品安全给予高度关注。

(二)技术人员

应熟悉国家法律、法规和标准的规定，工作态度端正，敬业精神强，有良好团队合作精神，学习能力强，可塑性好，专业能力强，不会损害企业的利益。

(三)工作人员

1. 健康检查

加工及有关人员，每年至少进行一次健康检查，必要时接受临时检查。新参加或临时参加工作的人员，必须经健康检查，取得健康合格证后方可工作。工厂应建立职工健康档案。

厂医不定期对员工健康情况进行巡检，抽查与产品直接或间接接触的各班组的《从业人员健康状况、个人卫生检查询问记录》，收集员工健康信息。

2. 健康要求

凡患有以下病症之一者，不得在加工车间工作：传染性肝炎；活动性肺结核；肠道传染病及肠道传染病带菌者；化脓性或渗出性皮肤病、疥疮；手有外伤；其他有碍食品卫生的疾病。

3. 卫生教育

新参加或临时参加工作的人员必须经卫生安全教育后方可参加工作。

4. 个人卫生

(1)加工人员进车间必须穿戴本厂统一的工作服、工作帽、工作鞋(袜)；头发不得外露；勤洗澡、勤理发、勤换衣，工作服和工作帽必须每天更换。

(2)不得将与生产无关的个人用品和饰物带入车间，不得留长指甲和涂指甲油及其他化妆品，不得穿戴任何首饰及饰品进入车间。

(3)加工人员不得穿戴工作服、工作帽、工作鞋进入与生产无关的场所。

(4)一切人员不得在车间内吃食物、吸烟、随地吐痰、乱扔废弃物。

(5)加工人员应自觉遵守各项卫生制度，进入车间前采用六步法洗手、消毒、过风淋；操作前必须洗手消毒，衣帽整齐；冷操作车间的操作人员必须戴口罩。

(6)开始工作之前，每次离开工作台之后，以及在双手可能已经弄脏或受到污染的任何其他时间，都要在充足的洗手设施中彻底洗净双手(如要防止不良微生物的污染，则应进行消毒)。

(7)在适当的场合，要戴上发网、束发带、帽子、胡须套、或其他有效的须发约束物。将衣物或其他个人物品存放在能接触食品或在设备及用具清洁处之外的地方。将以下行为限制在能接触食品或在设备及用具清洗处之外的区域，如吃东西、喝饮料或吸香烟。

(8)采取其他必要的预防措施，防止食品、食品接触面或食品包装材料受到微生物或异物(包括但不仅限于：汗水、头发、化妆品、烟草、化学物及皮肤用药物)的污染。

任务　粮油加工企业岗位认知

实训目标

理解粮食加工的重要使命；知道粮油加工企业的主要职能部门及其岗位设置；知道与自己专业及学历相适应的部门、岗位及就业要求；咨询相关企业的知识结构、技能及综合素质要求。

任务描述

本任务由企业管理人员或行业专家培训完成，通过培训写出粮油食品的定义以及粮油食品加工的重大意义；写出粮油加工企业的职能部门及其职责，写出粮油加工企业的岗位需求和岗位职责；叙述粮油加工企业的员工的基本要求；针对自己感兴趣的岗位找出自己目前在从业方面的知识或技能等的差距。需要 2 学时。

实训准备

1. 知识储备：阅读资料单及查阅相关资料，完成预习单。

【预习单】

(1)粮油加工的重要意义有哪些？

(2)食品加工经营企业有哪些职能部门？其职责是什么？

(3)食品加工经营企业有哪些岗位？岗位职责有哪些？

(4)粮油加工企业生产一线人员的基本要求有哪些？

2. 材料准备：企业的管理文件。

任务实施

【任务单】

一、描述粮油食品的概念

项目	内容描述
我国新粮食安全观	
我国的粮食战略	
食品的定义	
粮油食品的特点	
粮油的分类	
粮油制品的种类	

二、叙述食品加工经营企业的机构

列举你最感兴趣的部门，分析其主要职责，谈谈本人的愿望。

主要部门	主要职责	本人愿望

三、写出粮油加工企业岗位设置及基本职责

按顺序列举你感兴趣的工作岗位和主要职责，分析自己的优势、不足及需要积累的技能。

工作岗位	主要职责	优势或不足	需要积累的技能	需要提高的能力

四、分析粮油加工厂工作人员基本要求

列举粮油加工厂工作人员的要求，哪些是你目前能做到的？哪些是你难以接受的？

工作人员的要求	目前能做到的	经过培训能做到的	难以接受的

考核评价

依据附件表1对实训过程评价表进行考核评价。

总结反馈

实训过程有哪些不足？是什么原因造成的？

知识拓展

登录相关企业的网站，进一步熟悉企业的职能部门、岗位设置、企业文化等。

第二单元

小麦及面粉加工与质量监控

本单元依据加工企业的产品类型分为小麦制粉与质量监控、面条的加工与质量监控、蒸制面食品加工与质量监控 3 个项目；根据不同岗位工作内容，结合教学手段等分为小麦制粉过程与质量监控、挂面的加工与质量评价等 9 个任务，需要在校外实训基地(面粉加工企业、方便面加工企业)与校内粮油加工实训室实施完成。教师根据地域情况及专业特点全部或选择部分任务进行教学。

项目一　小麦制粉与质量监控

本项目包括小麦的工艺性质、小麦籽粒的品质，小麦制粉的工艺流程、面粉的配粉，小麦粉加工质量控制，面粉加工企业的认知等内容。本项目的实操环节分为小麦制粉过程与质量控制、面粉加工企业参观 2 个任务。

知识储备

【资料单】

一、小麦的工艺性质

(一)小麦的分类

1. 小麦分类方式

(1)按播种季节分，可分为春小麦和冬小麦两种，我国以冬小麦为主。春小麦籽粒两端较尖，腹沟较深，皮层较厚，故出粉率较低。

(2)按皮色分，可分为白皮小麦和红皮小麦两种。白皮小麦呈现黄白色或乳白色、皮薄，胚乳含量多，出粉率较高；红皮小麦呈深红或红褐色，皮较厚，胚乳含量少，出粉率较低。

(3)按胚乳结构呈角质或粉质多少来分，可分为硬质小麦和软质小麦。所谓角质(玻璃质)，其胚乳结构紧密，呈半透明状；而粉质则胚乳结构疏松，呈石膏状。凡角质占粮粒横截面 1/2 以上的籽粒，称角质粒，含角质粒 50%以上的小麦称硬质小麦。凡角质不足粮粒横断面 1/2 的籽粒，称粉质粒，含粉质粒 50%以上的小麦，称为软质小麦。

2. 我国小麦分类标准

国家标准 GB 1351—2023 主要是根据小麦皮色、粉质等将全国小麦分为 5 类。

(1)硬质白小麦：种皮为白色或黄白色的麦粒不低于 90%，硬度指数不低于 60 的小麦。

(2)软质白小麦：种皮为白色或黄白色的麦粒不低于 90%，硬度指数不高于 45 的小麦。

(3)硬质红小麦：种皮为深红色或红褐色的麦粒不低于 90%，硬度指数不低于 60 的小麦。

(4)软质红小麦：种皮为深红色或红褐色的麦粒不低于 90%，硬度指数不高于 45 的小麦。

(5)混合小麦：不符合(1)至(4)规定的小麦。

(二)小麦的形态结构

小麦籽粒顶端生长有短而坚硬的茸毛(俗称麦毛)，基部长有麦胚。有胚的一面通常称为背面，相对的另一面称为腹面。籽粒腹面上有一条纵向沟槽，称为腹沟，其深度和宽度随品种及籽粒的饱满程度不同而异。腹沟内所隐藏的灰土、微生物不易清除，且腹沟内的麦皮不易去除，给小麦加工带来一定影响，相同条件下会降低小麦的出粉率。小麦籽粒形状从背部看，可分为长圆形、卵圆形、椭圆形和短圆形。籽粒形状接近球形的麦粒，麦皮所占比例相对较小，出粉率较高。因此，小麦腹沟浅而形状近似球的籽粒具有良好的加工性能。

小麦籽粒由皮层、胚乳和胚三大部分组成。小麦经过加工以后，皮层成为麸皮，胚乳成为小麦粉(面粉)，胚成为单独的产品或进入麸皮。

1. 皮层

皮层共分六层，由外向内依次为表皮、外果皮、内果皮、种皮、珠心层、糊粉层。外面五层含半纤维素、木质素、矿物质较多，最里一层是糊粉层，占麦皮重量的 40%～50%，主要成分是淀粉、蛋白质，少量为水溶性纤维素。

白色小麦色素细胞较薄，含色素物质少，呈淡黄色；红色小麦色素细胞则相对较厚，含色素粒多，呈棕黄色或棕红色。白皮层一般因为色浅而皮薄，比红皮的出粉率高。

各种小麦的皮层厚薄是不同的，皮层薄的小麦，胚乳占麦粒的百分比大，皮层与胚乳粘连较松，胚乳易剥离，故出粉率高。

2. 胚

小麦的胚是小麦的生长点，含有一定数量的蛋白质、脂肪和糖等，磨入面粉可以增加营养成分，而且良好完整的胚还能促进水分调节。故生产全麦粉时，应将其磨入粉中，以增加面粉的营养成分。但胚中含有大量易变质的脂肪，易使面粉酸度增加，加速腐败变质，保质期较短。同时灰分和纤维较多，黄色的脂肪还会影响粉色，因此加工水饺粉、高筋粉等专用面粉时麦胚不宜磨入面粉中。

麦胚具有极高的营养价值，可在生产过程中将其提出加以利用，如加工胚芽油等。

3. 胚乳

胚乳含纤维极少，灰分低，易被人体消化吸收，是生产面粉的主要部分。胚乳细胞为薄膜细胞，细胞壁无色，主要由戊聚糖、半纤维素和β-葡聚糖组成。胚乳细胞内大小淀粉粒的缝隙间充填着蛋白质基质，这些蛋白质基质将淀粉包裹起来，并与淀粉粒连在一起。一些蛋白质黏结在淀粉粒表面上，用机械方法难以将其分离。一般情况下，胚乳中心部位的蛋白质含量较低，而外部含量较高。但胚乳被包裹在皮层之中，与皮层结合紧密。要将小麦中的胚乳磨成粉，必须破碎麦粒，对麦皮进行剥刮。

因小麦品种不同，胚乳质地有硬软之分。硬质胚乳，淀粉粒牢固地嵌在间质蛋白中，角质程度高。软质胚乳，间质蛋白内有空气间隙，淀粉颗粒不太紧密，角质程度低，研磨时易被切裂破碎。硬质胚乳比软质胚乳含有更多的蛋白质。

二、小麦籽粒的品质

(一)小麦籽粒的物理品质

小麦籽粒的物理品质包括色泽、气味、表面状态、粒形、粒度、均匀度、比重、容重、千粒重、硬度、角质率等。

1. 色泽、气味与表面状态

(1)籽粒的色泽。小麦籽粒常具有不同的颜色，主要取决于小麦中的色素。色泽与籽粒的成熟度也有关，未成熟的籽粒多数呈绿色、无光泽，成熟的籽粒应具有本品种固有的颜色和光泽。籽粒的色泽是小麦品种分类的依据，如红皮小麦和白皮小麦，与种皮的色素相关。由于小麦品种、地区来源、生长条件不同，其所含色素的深浅及色素本身的组成也不相同。正常的小麦籽粒随品种不同而具有其特有的颜色与光泽，但在不良条件的影响下就会失去光泽，甚至改变颜色。

麦粒色泽异常的原因主要有：小麦晚熟，使籽粒呈绿色；受小麦赤霉病的侵染，麦粒颜色变浅，有时略带青色，严重时胚部和麦皮上有粉红色斑点或黑色微粒；贮藏时间过久，色泽变得陈旧，受潮会失去光泽、稍带白色，发生霉变等，均不适宜加工。

(2)籽粒的气味。正常的小麦籽粒具有小麦特有的香味。如小麦变质或吸附了其他有异味的气体，出现异味。小麦气味不正常的主要原因有：发热霉变，使小麦带有霉味；小麦发芽，带有类似黄瓜的气味；感染黑穗病，散发类似青鱼的气味；包装和运输工具不干净，使小麦污染后带有煤油、卫生球和煤焦油等气味。

(3)表面状态。新鲜小麦的表面光滑并富有光泽。贮藏时间过长、发热霉变或受潮的小麦，表面会失去光泽而会出现各种色泽的斑点，使表面的光滑度变差。麦粒的表面状态，对于小麦的容重具有决定作用，粗糙的、表面有皱纹和褶痕的麦粒，容重就比表面光滑的麦粒小。

2. 粒形、粒度与均匀度

小麦籽粒形状多为长圆形和椭圆形。麦粒大小的尺度称为粒度，粒度的表示法用长、宽、厚三个尺度表示。长度通常是指从籽粒基部到顶端的距离，腹背之间的距离为粒厚，两侧之间的距离为粒宽，一般都是粒长＞粒宽＞粒厚。

小麦粒度与小麦加工工艺参数和工艺效果都有密切的关系。大粒麦比小粒麦的表面积比例相对减少，小麦皮层的含量亦相应减少。所以，在相同加工工艺条件下，大粒麦的出粉率比较高，同时小麦粒度也是选择和配备筛选设备筛孔的重要依据。

麦粒均匀度(又称整齐度)是指麦粒粒形和大小的均一程度。

3. 比重、容重

(1)比重，是指小麦籽粒单位体积的质量，以 g/cm^3 为单位。比重的大小，决定于籽粒的粒度、饱满度、成熟度和胚乳结构。因为胚乳占全谷粒的绝大部分，而胚乳中绝大部分为淀粉，因此，胚乳所占比例是影响谷粒比重的主要因素。发育正常、成熟充分、粒大而饱满的籽粒，具有较多的胚乳，其比重必然较大；发育不良、成熟不足、粒小而不饱满的籽粒，麦皮相对含量较多，其比重较小。胚乳角质率大的籽粒，结构紧密，比重较大；胚乳粉质率大的籽粒、结构较松，比重较小。我国小麦的比重为1.33～1.45 g/cm³。是谷物中比重较大的一种。如稻谷的比重为1.22～1.27 g/cm³，玉米的比重为1.2 g/cm³左右。

(2)容重。小麦籽粒在单位容积内的质量，以g/L或kg/m³为单位。容重与籽粒的形状、大小、饱满度、整齐度、质地、杂质、腹沟深浅、水分等多种因素有关。容重大的小麦一般出粉率较高。所以容重是评定小麦品质的主要指标，为世界各国所普遍采用。我国一般的净麦容重在705～810 g/L。

4. 千粒重

千粒重是指一千粒小麦籽粒所具有的质量，以g为单位。通常所讲的千粒重，是指自然状态下风干小麦的千粒重。千粒重的大小取决于小麦的粒度、饱满度、成熟度和胚乳的结构。一般粒大、饱满、成熟而结构紧密的小麦，千粒重较大，反之则小。千粒重适中的小麦籽粒大小均匀度好、出粉率较高；千粒重低的小麦籽粒较为秕瘦，出粉率低；千粒重过高的小麦籽粒，整齐度下降，在加工中也有一定的缺陷。我国小麦一般的千粒重为17～41 g。

5. 硬度与角质率

(1)硬度。小麦籽粒和其他固体物料一样，受到压缩、拉伸、弯曲、剪切等力的作用时，会引起变形，同时内部产生相应的抵抗力。当外力增加到使抵抗力达到强度极限时，籽粒即破碎，这种抵抗变形和破碎的能力称为小麦籽粒的硬度(又称强度或刚度)。小麦硬度是使籽粒具有结构力学性质的关键所在。小麦的硬度与小麦籽粒的组织结构有关，它直接影响籽粒的吸湿性、粉碎能耗、筛理效率和出粉率等工艺指标以及决定磨辊技术参数的选配。

(2)角质率。角质率是角质胚乳在小麦籽粒中所占的比例，与质地有关。角质率高的籽粒硬度大，蛋白质含量和湿面筋含量高。

(二)小麦的营养品质

1. 各种营养成分在小麦籽粒不同部位的分布(表2-1)

表2-1　各种营养成分在小麦籽粒不同部位的分布(以干物质计)

化学成分	胚乳	糊粉层	皮层	胚	总计
淀粉	100%	—	—	—	100%
蛋白质	65%	20%	5%	10%	100%
脂肪	25%	55%		20%	100%
纤维素	5%	15%	75%	5%	100%
糖	80%	18.5%		1.5%	100%

2. 小麦籽粒的营养品质

小麦籽粒的营养品质是指小麦籽粒中碳水化合物、蛋白质、脂肪、矿物质和维生素，以及膳食纤维等营养物质的含量及化学组成的相对合理性。

(1)碳水化合物。小麦籽粒中碳水化合物包括淀粉、戊聚糖、纤维素和少量可溶性糖，其中70%是淀粉，还有纤维、糊精以及各种游离糖和戊聚糖。籽粒的外果皮和内果皮中含有大量的粗纤维、戊聚糖和纤维素。小麦淀粉以淀粉粒形式存在，全部集中在胚乳的淀粉细胞里，在皮层和胚芽里完全不含淀粉。小麦籽粒中所含可溶性糖分为蔗糖最多，大部分集中在胚和糊粉层中，其中胚含16.2%蔗糖。由于糖分具有吸湿性，小麦着水后，胚快速吸收大量的水分，小麦磨粉时，将胚磨入面粉中，会因糖分吸水和微生物作用，影响面粉的贮藏性。

(2)蛋白质。胚和糊粉层均为蛋白质的密集部位，蛋白质含量最低为9.9%，最高为17.6%，大部分为12%～14%。蛋白质根据溶解性可分为清蛋白、球蛋白、麦醇溶蛋白和麦谷蛋白。麦醇溶蛋白又称麦胶蛋白、醇溶麦谷蛋白，不溶于水及中性盐溶液，可溶于70%～90%乙醇溶液，也可溶于稀酸及稀碱溶液，加热凝固，水解时产生大量的谷氨酰胺脯氨酸及少量的碱性氨基酸。麦谷蛋白不溶于水、中性盐溶液及乙醇溶液，包括可溶于稀酸及稀碱溶液的可溶性谷蛋白，以及不溶于稀酸及稀碱溶液的谷蛋白。麦谷蛋白和麦醇溶蛋白遇水能相互粘聚在一起形成富有黏结性和弹性的软胶体即面筋，这是其他谷物蛋白所没有的特点。

(3)脂类物质。小麦籽粒中脂质含量很低，但脂肪酸组成好，亚油酸所占比例很高。脂类物质主要存在于胚芽和糊粉层中，含量为1.9%～2.4%，其中胚乳中含脂肪很少约0.6%。胚中含有活力最强的脂肪酶，与脂类反应而使之酸败变味。为了避免小麦粉在贮藏中因脂类分解产生的游离脂肪酸而影响品质，在制粉时应使胚与胚乳分离，尽量避免胚中的脂类混入小麦粉中，所以在制粉过程中一般要将胚芽除去。胚芽是很好的油脂加工原料，可用于加工胚芽油。

(4)维生素。小麦籽粒中完全缺乏维生素D，通常还缺乏维生素C，维生素A含量也很少，小麦籽粒含量较多的是维生素B_1、维生素B_2、烟酸(维生素B_5)、吡酸(维生素B_6)及维生素E，且胚中维生素E含量最为丰富。

面粉中含有麸皮和麦胚越少，则其中的维生素含量也越少，即出粉率低的高等面粉缺乏维生素，而出粉率为100%的全麦粉维生素含量最丰富。小麦籽粒中含有少量类胡萝卜素(维生素A原)约1.5μg/g，主要分布在麦胚中，胚乳中含量极少。胡萝卜素为淡黄色，遇光和氧会受到破坏，存放的面粉反而比刚生产出的面粉白，就是面粉中胡萝卜素氧化的结果。

(5)灰分(矿物质)。麦粒中矿物质以盐的形式存在，矿物质又称为灰分。灰分含量的高低因小麦品种、产地差异各不相同。小麦灰分最低为1.5%，最高为2.1%，一般在1.6%～1.9%。灰分含量在小麦籽粒各个部位分布极不均匀，一般皮层最高，糊粉层高达10%，胚乳最低，只有0.4%。因此，在面粉厂中，通常用灰分指标来衡量面粉的质量，以对加工工艺过程加以控制。

(6)酶类。小麦籽粒中含有淀粉酶、蛋白酶和脂肪酶，因此加工贮藏不当，在酶的作用下，营养物质会分解，引起小麦及面粉的变质。

①淀粉酶：即水解淀粉酶，不仅能水解淀粉分子，对淀粉的水解产物，如糊精、低聚糖等也能进一步产生降解作用。按作用方式不同，谷物淀粉酶可分为4类：α-淀粉酶、β-

淀粉酶、葡萄糖淀粉酶、脱支酶(解支酶)，小麦中存在的淀粉酶主要为 α-淀粉酶和 β-淀粉酶。

②蛋白酶：凡能水解蛋白质或多肽的酶都可称为蛋白酶。小麦籽粒中蛋白酶类根据其水解蛋白质的方式，可分为内肽酶和外肽酶两类。内肽酶能水解蛋白质多肽链内部的肽键，使蛋白质成为分子质量较小的多肽碎片。外肽酶可以分别从蛋白质或多肽链的游离氨基端或游离羧基端的氨基酸残基逐一水解生成游离氨基酸。测定蛋白酶活性的大多数方法都是基于可溶氮的产生，然后再根据氨量进行测定。

③脂肪酶：是一类裂解甘油三酯的酶。由于研究脂肪酶时采用的技术和底物不同，结果变化很大，所以对其活性很难进行比较。由于游离脂肪酸对氧化酸败的敏感性高于甘油三酯上相同的脂肪酸，因此，小麦中脂肪酶活性是很重要的。

④植酸酶：是一种能水解植酸的酶，能使植酸转化为肌醇和游离的磷酸。小麦籽粒中有 70%～75%的磷以植酸形式存在，而植酸被认为能螯合二价金属离子，并使它们不能在肠道中被吸收。植酸酶能将抗营养因子-植酸转化成肌醇而成为营养素，其活性显然是重要的。

(三)小麦的加工品质

小麦加工品质是指小麦对某种特定加工用途的满足程度。用途不同，品质的衡量标准也不同。小麦加工品质主要包括磨粉品质、面团品质和蒸煮品质等。

1. 小麦磨粉品质

小麦的磨粉品质与小麦籽粒大小、形状、整齐度、腹沟深浅、粒色、皮层厚度、胚乳质地、容重等有关。好的磨粉品质表现为出粉率高、碾磨简便、筛理容易、能耗低、粉色洁白、灰分含量低等。

(1)出粉率。出粉率是指小麦籽粒所磨出的面粉的质量与籽粒质量之比。籽粒圆大、皮白皮薄、硬度较大、吸水率较高都是出粉率高的有利条件。腹沟深的籽粒，种皮面积大，皮厚，出粉率下降。容重与出粉率关系密切，容重高，胚乳组织致密，籽粒饱满整齐。硬质小麦胚乳在磨粉时易与麸皮分离，出粉率高。小麦出粉率高低直接关系制粉业的经济效益，最受商家重视。

(2)面粉灰分。灰分是面粉精度的重要指标。在磨粉时，要单纯取其糊粉层，又不让麸皮混入面粉中是比较困难的，糊粉层常伴随麸皮一起进入面粉中，在增加出粉率的同时，也增加了灰分含量。小麦清理不彻底，会有一定量泥沙等杂质，也会提高灰分含量。

(3)白度。白度是指小麦面粉的洁白程度，是磨粉品质的重要指标。白度与小麦类型(红、白、软、硬)、面粉粗细度、含水量有关。软麦比硬麦粉色浅，面粉过粗、含水量过高白度会下降。在制粉过程中，小麦心粉在制粉前路提出，色白，灰分少，质量高，后路出粉的粉色深，灰分多。由于粉色深浅反映了灰分的多少、出粉率的高低，国外常用白度值确定面粉等级。

(4)能耗。从经济角度考虑，能耗低，其经济价值较高。小麦硬度与动力消耗有关，在粉路长的大车间，硬麦能耗低于软麦；对中小型设备，两者差别不大；对于小型机组，则硬麦耗能大于软麦。

2. 小麦面团品质

小麦面团品质不仅决定了食品加工各工艺过程中面团的操作性能，而且对最终食品的品质具有重要的影响。广义上讲，面团的特性取决于小麦粉的品质。因此，面团特性测试就成为评价小麦粉品质的一种必不可少的方法手段，并为各国谷物化学家所认可。

小麦加工品质的好坏可以通过测定面团的流变学特性得到鉴定。

流变学特性是指半流体物质的弹性、塑性、韧性，以及发生形变时的各种特性。面团的系列特性属于流变学特性，如面团的揉混特性、延展特性、发酵特性等。通过面团流变学特性的测定可以了解小麦粉和小麦的品质，对指导小麦粉加工，如决定制粉时小麦的搭配比例、配粉时小麦粉的搭配比例，以及制定各种专用粉标准、保证小麦粉质量稳定、指导食品加工等都具有十分重要的意义。

(1)面团揉混特性。粉质仪：是分析面团揉混特性的专门仪器，常用于测定小麦粉的吸水量和揉混面团时的稳定性。粉质仪是根据揉混面团时所受阻力的原理设计的，测定小麦粉加水后面团形成和发展过程中“力”的变化行为，反映面团形成和发展过程中的特性变化。它不但可用于研究小麦粉中面筋的发展，比较不同质量小麦粉的面筋特性，还可以了解小麦粉组分，以及添加物如盐、糖、氧化剂对面团形成的影响。

粉质曲线：表征了面团的耐搅拌特性，可提供量化指标评价被测试小麦粉的品质。从粉质图上可得到吸水率、面团形成时间、稳定时间、衰减度(弱化度)、评价值等指标。

测定方法：将定量(含水14%为基准，300 g或50 g)的小麦粉置于揉面钵中，用滴定管加水，在恒温(30 ℃)下开机揉成面团，根据揉制面团过程中动力消耗情况，仪器自动绘出一条特性曲线，即粉质曲线。它反映揉制面团过程中，混合搅拌刀所受到的综合阻力随搅拌时间的变化规律，可作为分析面团内在品质的依据。各指标的意义如下。

①吸水率：指揉制面团时面粉所需水分的适宜量(%)，一般是面团阻力达到最大峰值(500 BU)时的加水量。

②面团形成时间：指粉质曲线达到峰值所用的时间(min)。面团弹性强，则形成时间长。

③稳定时间：指曲线首次达到500 BU时和离开500 BU时的时间之差(min)，主要反映面团的稳定性，亦即耐搅拌性能。稳定时间长说明面团韧性好，面筋强，加工性能好。

④弱化度：指曲线峰值中心点与出现峰值后10 min(或12 min)曲线所处位置中心点差值(BU)，主要表示面团对机械搅拌的承受能力，亦即在搅拌中的破坏速率。指标表示面筋弱，面团易流变的加工性能。

⑤粉质曲线质量指数(FQN)：断裂时间以min计，质量指数在数值上为断裂时间的10倍，无单位。弱力粉的FQN低，而强力粉具有较高的FQN。当几个样品的FQN相近时，具有较高的吸水率的样品结果为好。

⑥评价值：使用评价计，将粉质曲线性状综合为一个数值来进行评价，这个数值称为评价值。该数值与面团形成时间、稳定时间和弱化度都有联系。曲线开始下降后至其后12 min曲线下降程度非常重要。理论上讲，评价值最小为0，最大为100。

(2)面团延展特性。面团在外力作用下发生变形，外力消除后，面团会部分恢复原状，表现出塑性和弹性。不同品质小麦粉形成的面团、变形的程度，以及抗变形阻力差异很大，这种物理特性称为面团的延展特性。硬麦粉形成吸水率高、弹性好、抗变形阻力大的面团；软麦粉形成吸水率低、抗变形阻力小、弹性弱的面团。

测试面团延展特性的仪器主要有拉伸仪和吹泡示功仪。

①拉伸仪测定与分析：拉伸仪也称拉力测定仪。仪器记录面团伸展至断裂为止的负荷延伸曲线，测试面团放置一定时间后的抗拉伸阻力和拉伸长度，研究面团形成后的延展特性。这些特性的测定也和粉质曲线一样反映了面团的流变学特性和小麦粉内在品质，可以评价小麦粉品质，指导专用粉的生产和面制食品的加工，以及进行科学研究。

对同一块面团，可以得到醒面 45 min、90 min 及 135 min 三个阶段的拉伸曲线。对拉伸曲线的评价，必须制定相应的醒面时间曲线，可以得到以下指标。

a. 延伸性：面团拉伸至断裂时曲线的水平长度，以 cm 表示，是面团黏性、横向延伸性的标志。

b. 抗拉伸阻力：在横坐标 50 cm 处曲线高度，以 BU 表示，是面团弹性、纵向弹性的标志。

c. 拉伸比：抗拉伸阻力与延伸性的比值，用 BU/cm 表示，反映抗拉强度。

d. 能量：指曲线所围成的总面积，以 cm^2 表示。亦代表面团强度。

②吹泡仪测定与分析：面团在搅拌过程中由于空气的掺入，产生气泡，发酵过程中酵母产生的 CO_2 气体扩散至气泡里面。随着发酵进行，产生的 CO_2 气体越来越多，气室内压力逐渐增大，气室增大，面团体积慢慢膨胀大。对单个气泡而言，如果发生破裂，说明持气性差；面泡由小气泡变成大气泡而不破裂，面团弹性就好，面包体积大；而坚硬的面团其膨胀率小。吹泡仪模拟面团发酵过程面泡的膨胀情况，让面团在空气压力(吹泡)的作用下向多维方向扩展，记录面团变形时空气压力变化，直至面泡破裂，据此分析面团的弹韧性、延展性、烘焙性能等。从示功图可得到以下参数。

a. 面团张力 P：指示功图纵向最大高度，表示吹泡示功仪达最大压力时面团的抵抗力，以 cm 为单位。面筋弹性大，韧性强，则 P 值高。

b. 面团延伸性 L：指示功图横向长度，以 mm 为单位。面团延伸性强，则 L 值大。

c. 面团比功 W：指单位质量的面团变成厚度最小的薄膜所耗费功的数值，一般曲线面积(S)×6.54，W 值高，则面粉筋力强。

另外，常用 P/L 值表示面筋韧性与延伸性的平衡性。P/L 值大者为韧性面团，适中者为平衡性面团，小者为延伸性面团。

不同食品对面团延展特性的要求不同，制作面包要求强力的面团，能保持酵母生成的 CO_2 气体，形成良好的结构和纹理，以生产松软可口的面包。制作饼干要求弱力的面团，便于延压成型，保持清晰、美观的花纹，平整的外形和酥脆的口感。

(3)面团发酵特性。面团烘焙品质的好坏与面团发酵过程中理化特性的变化息息相关。为获得性能良好的发酵面团，必须研究发酵时生物化学过程中的一系列问题，如从和面开始到最后“成熟”过程中 CO_2 释放的强度、发酵产物中乙醇的数量，以及面团滞留气体的能力，发酵全过程的糖类消耗量等。目前，主要用发酵流变仪测定面团发酵过程的产气量与持气量，以及发酵过程中面团的体积变化。

3. 烘焙与蒸煮品质

小麦粉的加工品质可以通过烘焙试验、蒸煮试验等直接评定，直观且简便易行，能最充分表现出小麦粉的食用品质特性。因此，烘焙蒸煮及煎炸试验等也就成为评定小麦粉食用品质的最重要、最有效的方法。

(1)小麦粉的烘焙品质。小麦粉的烘焙品质是指面粉在制作面包、饼干及蛋糕等焙烤类食品过程中体现出来的、影响最终面制食品质量的品质性状，常采用烘焙试验对其进行测定。烘焙试验一般是指烘烤面包的试验，能较好地反映小麦粉品质，因此面包烘焙试验占有独特的地位。烘焙食品除面包外，还有饼干、酥饼、蛋糕、烧饼、月饼等，这类食品的烘焙试验也是非常必要的。烘焙品质反映综合性状，既受蛋白质和面筋含量的影响，也受蛋白质和面筋质量的制约。进行烘焙试验时，先测定小麦粉和面团的理化指标，了解蛋白质含量水平和面团流变学特性；再制定烘焙方案，进行烘焙试验。

(2)小麦粉的蒸煮品质。小麦粉的蒸煮品质是指小麦粉在制作馒头、面条、水饺等蒸煮类食品过程中体现出来的、影响最终面制食品质量的品质性状。影响馒头质量的小麦粉品质性状有蛋白质含量、湿面筋含量、支链淀粉含量、直链与支链淀粉的比值、沉降值、降落数值、面团的吸水量、发酵成熟时间、发酵成熟体积等。优质馒头应体积较大，比容适中、表皮光滑、色白、形状对称、内部气孔小而均匀、弹韧性好、色泽细腻、有咬劲、咀嚼爽口不黏牙、清香无异味。

面条是在常温下压切或拉制而成，面条种类很多，对面团的适应性较广。优质面条煮熟后应色泽白亮、结构细密、光滑爽口、硬度适中、有韧性、有咬劲、富有弹性、不黏牙、具有麦香味。与面条品质有关的小麦粉品质性状有蛋白质和面筋的品质、淀粉性质、色素含量、酶活性、脂类组成等。不同面条对小麦粉的要求不同，一般硬质或半硬质、面团延伸性好而强度中等或稍小的小麦粉适宜做面条。淀粉的吸水膨胀和糊化特性可使面条具有可塑性，煮熟后有黏弹性，其中支链淀粉含量多一些，比较柔软适口。小麦粉中的色素(类胡萝卜素和黄酮类化合物)和酶类(α-淀粉酶、蛋白水解酶、多酚氧化酶类)含量应尽量低，以保持面条色白，不流变，不黏。

4. 其他品质指标

(1)面筋含量。面筋是面粉中的一种蛋白质复合物，主要由麦醇溶质的麦谷蛋白组成。当面粉与水混合并揉捏为面团后，经过洗涤淀粉和其他杂质，留下的具有黏性和弹性的物质为面筋。先按照标准规程制作面团，再用手洗法或机洗法，洗去淀粉，留下面筋质，挤压去水，称重即得湿面筋重量，湿面筋在 100～104 ℃恒温箱中干燥 20 h 至恒重冷却后称重，即得干面筋重量。按面粉重量换算成百分比表示。这种方法简便，但误差较大。

(2)沉降值，又名沉淀值。其原理是：一定量小麦粉在特定条件下，于弱酸介质作用下吸水膨胀，形成絮状物并缓慢沉淀，在规定时间内的沉降体积(mL)，称为沉降值。沉降速度与体积能够反映面筋含量和质量，测定值越大，表明面筋强度越高，烘焙品质就越好。

三、麦路系统

完成小麦的清理、水分调节、配麦等流程的各工艺体系称为麦路系统，简称麦路。

(一)小麦清理

1. 小麦清理的目的

清理小麦在生长、收割、翻晒、贮存、运输等过程中混入的一些杂质，从而保证面粉的质量及气味，提高小麦制粉的出粉率。

2. 初选

(1)风选法。利用小麦与杂质的空气动力学性质的不同进行清理的方法。常用的风选设备：垂直风道和吸风分离器等。

(2)筛选法。利用小麦与杂质粒度大小的不同进行清理的方法称为筛选法。常用的筛选设备有振动筛、平面回转筛、初清筛等。

3. 精选

清除混杂在小麦中的一些与小麦差别不大的杂质称为精选。用来分离小麦中的荞麦、大麦等与小麦差别不大的杂质的机械称为精选机。精选机可分为碟片精选机、滚筒精选机和螺旋精选机三种。

4. 打麦

进入制粉流程的原料是整粒小麦，虽然清除了混入麦粒中的绝大部分杂质，但麦粒表面尚未达到理想的干净程度，因此在小麦入磨之前必须将黏附在表皮上、麦沟中的泥沙、尘土、有害微生物等污染物较彻底地清除，这个工序称为打麦，即小麦的表面清理，打下麦粒表面的各种附着物。常用的设备为打麦机。打麦要避免碎麦的增加，一般工艺效果为：每经过一道打麦，灰分降低量应≥0.02%；每道打麦设备的碎麦增量应≤0.5%；下脚料中完整麦粒含量应≤1%。

5. 碾麦

通过碾削作用对小麦表面进行清理的工艺方法称为碾麦。碾麦设备在对小麦表面的碾削过程中，可较彻底地将小麦表面黏附的杂质碾去，还可碾去部分小麦皮层，对提高入磨小麦的纯度很有好处。常用的碾麦设备为碾麦机。

毛麦经除杂后进入碾麦机，在进行表面清理的同时，还可除去4.5%～6%的麦皮。因碾麦过程中已将表皮撕裂，小麦进入粉路后，麸皮易碎，因此目前碾麦工艺在生产较高等级的面粉的工艺中应用较少。由于碾去了部分表皮，使水分调节时间可缩短为2～4 h，但麦路的部分胚乳已外露，着水后在润麦仓中很易板结，因此采用该工艺时，小麦着水后在润麦仓中不能久留，一般应采用动态润麦的方法。

6. 洗麦

洗麦的主要作用是洗去麦粒表面的污染物，保证面粉质量。但洗麦需要大量净水，使用后的污水也需要净化处理，因而会增加生产成本。常用的洗麦机有两种。一种是FXMW去石洗麦机，它既能起洗除和着水的作用，又能起分离砂石的作用；另一种是FXML立式洗麦机，能对麦粒起洗涤和温和的打麦作用，但不能分离砂石。洗麦过程还可增加小麦的水分，对于含水量低的小麦，起润麦作用。

洗麦机工艺效果的评定指标：①小麦灰分降低0.02%～0.04%；②产生的碎麦不超过0.5%；③洗后小麦砂石含量应低于0.03%(入机小麦含砂量不大于0.3%的情况下)；④有病菌的麦粒(黑穗病、赤霉病、麦角病)和残留的熏蒸药剂应得到最大限度的清除；

⑤小麦水分应符合工艺要求；⑥排出的污水中不应含有食用价值的麦粒。污水净化处理质量应符合环境保护要求，污水中带走的干物质质量，不应超过小麦质量的0.3%。

(二)小麦的水分调节

1. 小麦的水分调节

小麦在制粉前利用水、热、时间三种因素的作用，改善小麦性质的工艺，称为小麦的水分调节。调整小麦水分，借以改变麦粒的物理和生物化学性质，使其适合于制粉工艺的要求，获得良好的工艺效果。

2. 小麦水分调节的作用

(1)使小麦有适宜的入磨水分，以适合制粉工艺的要求，保证制粉工艺过程的相对稳定，便于操作管理。

(2)保证面粉的水分符合国家标准。

(3)使小麦皮层韧性增加，在研磨过程中，便于保持麸皮完整，以刮净麸片上的胚乳，有利于保证面粉的质量及提高出粉率。

(4)在水分调节过程中，麦粒皮层与胚乳先后吸水膨胀，并产生位移，使皮层与胚乳间的结合力有所减弱，便于皮层与胚乳分离，有利于研磨。

(5)胚乳中所含的淀粉和蛋白质是交叉混杂在一起的。在水分调节过程中，淀粉和蛋白质的吸水速度不同，引起两者颗粒间产生位移，使胚乳结构变得松散，强度降低，易于磨细成粉，有利于降低动力消耗。

3. 小麦水分调节的过程

小麦水分调节一般采用室温调节，经过着水和润麦两个步骤。小麦经过着水设备着水后，通过螺旋输送机搅拌混合，使水分在麦粒间的分配较为均匀，然后送去润麦，使水分向小麦内部渗透。小麦着水后如果着水量达不到要求，可再经过第二次着水，然后再到润麦仓去润麦。小麦着水后的润麦时间一般为18～24 h，在加工硬麦或气温较低的地方可适当加长润麦时间。

(三)配麦

将各种小麦按一定比例混合后加工称为小麦搭配，也称配麦。

1. 配麦的目的

保持生产过程及产品质量的相对稳定；合理利用原料，生产合格的产品，提高原料的使用价值与经济价值。

2. 配麦的原则

按国家规定的面粉质量，进行小麦搭配，使之磨出符合质量标准的面粉。

3. 配麦的要求

为搞好原料的搭配，应使购入的原料符合拟定产品的要求；购入原料须分类存放，若造成互混则无法再进行准确的搭配；工艺过程中须具备较完善的搭配手段，可根据工艺要求对数种原料进行较准确的搭配；搭配比例一旦确定应保持相对稳定，若需调整时，应在完成后续设备的相应调整以后才可更改搭配比例。

4. 配麦的方法

将分仓存放的不同性质的小麦，同时打开仓门，由配麦器控制搭配比例，使小麦流入麦仓下的螺旋输送机或其他输送机中混合。也可先将各批小麦分别清理、着水、进入润麦仓，再由仓下的配麦器或放麦闸门控制搭配比例，在螺旋输送机中混合。

(四)影响麦路系统的因素

1. 小麦的含杂情况

小麦的含杂情况包括含杂质的多少和含杂特点。杂质含量多，特别是含有较多不易清理的杂质，如土粒、草籽、霉变籽粒，使得清理的环节多，麦路就长。反之，麦路可短些。

2. 小麦的类型多少及含水量

对于较大规模的制粉厂，小麦原粮的类型多，每批粮食的工艺品质有较大差异，需进行合理搭配。含水量低，着水量则大，润麦时间长，麦路设置宜长些。

3. 面粉质量要求

小麦清理流程要求较高，特别是生产高等级面粉的工厂，对原料要求严格，杂质清理要彻底，水分调节要合适，麦路要长些。

4. 设备条件

小麦清理流程的各种设备性能好；效率高，可减少清理次数，麦路可短些，反之则应增加清理次数及环节。

5. 比较完整的麦路系统

原料接收→初清圆筛→自动秤→初清振动筛→立筒仓→毛麦搭配仓→配麦器→磁选器→振动筛→去石机→组合精选机→卧式打麦机→平面回转振动筛→自动着水机→润麦仓→配麦器→(着水混合机→二次润麦仓→配麦器)→磁选器→卧式打麦机→平面回转振动筛→喷雾着水机→净麦仓→自动秤→磁选器→皮磨机。

6. 入磨净麦的质量要求

(1)尘芥杂质(包括有机杂质、无机杂质、有害杂质以及不属于食用的作物种子)不超过 0.3%，其中砂石不超过 0.02%，粮谷杂质(异品种粮粒以及小麦的干瘪粒、虫蚀粒、发芽粒、霉坏粒等)不超过 0.5%。

(2)小麦经过清理后，灰分降低不少于 0.06%。

(3)保证适宜的入磨净麦水分。

四、粉路系统

利用研磨、筛理、清粉等设备，将净麦的皮层与胚乳分离，并把胚乳磨细至粉，并经过配粉等处理，制成各种不同等级和用途的成品面粉的工艺流程称为粉路系统，简称粉路。

(一)制粉过程中的系统设置

在粉路中，由处理同类物料设备组成的工艺体系称为系统，通常一个系统中应设置多道处理设备。制粉过程一般设置皮磨、心磨、渣磨和清粉系统。皮磨和心磨系统是制粉过程的两个基本系统，其中每一道都配备一定数量的研磨、筛分设备。

1. 皮磨系统

剥开小麦，在保证皮层不过度破碎的前提下，逐道刮净皮层上的胚乳，提取量多质优的胚乳粒和一定质量与数量的面粉。

2. 心磨系统

将各系统提供的较纯净的胚乳粒，逐道研磨成具有一定细度的面粉，并提出麸屑。通常还配置尾磨，用以研磨前中路心磨分离出的麸屑及较粗粒。

3. 渣磨系统

对前中路提供的连麸胚乳粒进行轻研，使皮层与胚乳分开，从而得到纯净的麦心送往心磨制粉。

4. 清粉系统

对前中路提取的麦渣和麦心进行提纯、分级，再分别送往相应的研磨系统处理。

5. 配粉系统

将不同面粉分别存放，再按一定比例搭配、添加和混合配制成各种不同用途的成品面粉。

(二)研磨

研磨是小麦制粉的主要环节。研磨过程可完成将麦粒破碎，刮净麸皮上的胚乳，将胚乳磨成面粉的任务。研磨主要采用辊式研磨机，其主要构件是一对以不同速度相向旋转的磨辊，两磨辊间轧距很小，为 0.07～1.2 mm，这主要根据磨的类型而定。

1. 磨粉机

磨粉机即研磨机，由于工作要求不同，分成不同类型。其差别主要是磨齿的多少，齿角的大小、排列、两磨数量级的转速及转速差和磨辊间的轧距大小等。

(1)皮磨。任务是破碎麦粒，并刮净皮层上的胚乳。皮磨又分为前路皮磨和后路皮磨，第一道皮磨负责研碎麦粒，以后各道皮磨负责把较大麸片上的胚乳刮净，各道皮磨在工艺上构成皮磨系统，生产上根据工艺要求，控制各道皮磨的研磨效果。

(2)渣磨。用于处理第一道皮磨下来带有部分皮层的较大胚乳颗粒，用轻碾的方法碾除麦渣颗粒上的皮层，然后将麸皮和胚乳颗粒分流到其他系统处理。

(3)心磨。将皮磨和渣磨下来的粗细麦心研磨成面粉。

2. 松粉机

在生产等级粉时，心磨系统一般采用光辊，由于光辊研磨以挤压为主，很容易将物料挤压成片状，若直接送往筛理，则影响筛理效果和实际取粉率。所以，光辊的磨下物在筛理之前，须经松粉机处理，击碎粉片。松粉机有撞击和打板两种。

(三)筛理

1. 筛理的目的和效果评定

在制粉过程中，小麦经磨粉机逐道研磨后，获得颗粒大小及质量不一的混合物料，利用各种设备将其按颗粒大小分级的工序，称为筛理。

(1)筛理的目的。便于分级磨粉，即从磨下物中筛出面粉，并且将其他物料按颗粒大小分选出来，分别送入下一道磨继续进行剥刮和研磨。

(2)筛理效果的评定。通常用筛上物中残留应筛下物料的数量，即未筛净率对筛理效果评定。从设备筛上物出口取样品 100 g 左右，采用配备与筛理设备相同筛号的检验筛筛理 1 分钟，称取筛下物数量，然后计算未筛净率。通常，粗筛、分级筛未筛净率小于

10%；粉筛的未筛净率一般为15%～20%。

(3)各种物料允许的未筛净率指标。皮磨系统上层筛上物内不超过15%；心磨系统上层筛上物内不超过20%；皮磨和心磨系统底层筛上物心不超过20%；各系统的粗粉内不超过25%。

2. 筛理设备

(1)平筛。平筛是面粉厂中主要的筛理设备。因其筛面为水平装置，且整个筛体在工作时做平面回转运动，故称为平面回转筛。其主要特点是筛理面积大，分级种类多。

(2)圆筛。圆筛是一种强迫筛理设备，有卧式与立式两类，常用的是立式震动圆筛。

3. 刷麸机和打麸机

中后路皮磨平筛提取的麸片上大多还黏附有粉料，若继续研磨对工作效果不利，所以在研磨前，通常对这些物料采用刷麸或打麸处理。

刷麸、打麸是利用旋转的扫帚或打板，把黏附在皮上的粉粒分离下来，并使其穿过筛孔成为筛出物，而麸皮则留在筛内。刷麸、打麸工序设在皮磨系统尾部，是处理麸皮的最后一道工序。

4. 清粉

按品质对粒度相近的麦渣、麦心或粗粉进行提纯分级称为清粉，采用清粉机完成。清粉机由筛格和吸风装置组成，工作时，筛格震动，分离物料并抖松筛上物料，气流从筛绢下向上将物料中的细小麸皮、麸粉吹起，分别进入不同的收集器。清粉分离碎麸皮和纯洁粉粒，提高面粉质量，并可降低物料温度。

清粉机的清粉效果一般采用筛出率和灰分降低率两项指标综合评定。

①筛出率：指清粉机各段筛下物流量与进机物料流量的百分比。

②灰分降低率：指物料经清粉后，筛下物灰分较进机物料降低的程度。

一般情况下，进机物料品质好，清粉后筛出率高，灰分降低率较低；对品质差含皮层多的物料，清粉后灰分降低率高，筛出率低，在评定清粉效果时，要两项指标综合评定。

(四)几种常用的粉路

由于小麦的品种不同，面粉种类和出粉率要求不一，制粉流程的组合及各工序的技术指标和操作方法有很大差异。粉路直接影响小麦加工的产量、产品质量、出粉率、动力消耗及单位成品成本等技术指标。因此，按照小麦制粉的基本规律，合理地组合粉路是小麦加工取得良好生产效果的重要因素。

1. 制粉

(1)不提麦心、麦渣的逐道研磨制粉。小麦经4～5道研磨筛理，逐步提取面粉，并分出麸皮的制粉方法。这种制粉方法工艺简单，但面粉质量差，目前使用范围非常小，基本被淘汰。

(2)提取麦心、麦渣分系统研磨制粉。小麦在逐道研磨时，除提取面粉外，还将麸片、麦渣、麦心和粗粉分开，然后按照质量和粒度不同，分别送入皮磨系统、渣磨系统、心磨系统进行研磨。

(3)提取麦心、麦渣并进行清粉的制粉。提取麦心、麦渣并进行清粉的制粉是大中型制粉企业常用的一种制粉形式，先从小麦及麸片上提取麦渣、麦心和粗粉，再按其粒度和质量分成若干等级，送入不同的清粉系统精选，提取出纯净的胚乳颗粒，送入相应的心磨系统研磨成粉，且防麦麸破碎混入面粉。同时渣磨系统对物料轻微剥刮，使麦皮与胚乳分开，以得到相对纯净的胚乳颗粒供心磨系统研磨。提取麦心并清粉的研磨制粉如图 2-1。

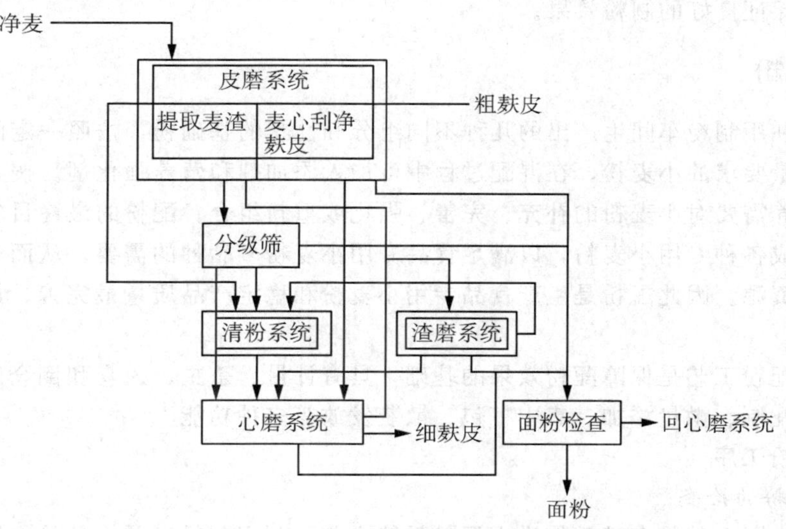

图 2-1　提取麦心并清粉的研磨制粉

2. 粉路长短的选择

(1)长粉路。皮磨系统 5 道以上，渣磨系统 2 道以上，心磨系统 9 道以上，总研磨系统 16 道以上，有的高达 20 道。这种长粉路使用清粉机较多，皮磨系统磨辊采用齿辊，心磨采用光辊。这路粉路提取高等级面粉出粉可在 72%以上，灰分仅为 0.4%～0.5%，但设备利用率较低。

(2)短粉路。皮磨一般 4～5 道，渣磨 2 道，心磨 6～9 道，总研磨道数为 12～16 道。清粉机的使用数量较少，心磨采用光辊或较密的齿辊。这种短粉路可使单位产量增加，降低了生产成本，提高了设备利用率。目前，许多国家已采用短粉路生产等级粉，生产经济效果较好。

(3)简易粉路。皮磨 4～5 道，渣磨 0～1 道，心磨 3～5 道，总研磨道数在 10 道左右。这种粉路产量及生产效率高，但提取高等级面粉较困难。我国标准粉的生产大都采用这种粉路。

3. 粉路的设计原则

(1)制粉方法合理。根据产品质量要求、原料的品质以及单位产量、电耗指标等，确定合理的制粉方法，即粉路的“长度”“宽度”和清粉范围等。

(2)质量平衡(同质合并)。将粒度相似、品质相近的物料合并处理，以简化粉路，方便操作。

(3)流量平衡(负荷均衡)。粉路中各系统及各台设备的配备，应根据各系统物料的工艺性质及其数量来决定，使负荷合理均衡。

(4)循序后推。粉路中在制品的处理，既不能跳跃后推，也不能有回路，应逐道研磨、循序后推。

(5)连续、稳定、灵活。净麦、吸风粉、成品打包应设一定仓容量的缓冲仓，设备配置和选用应考虑原料、气候、产品的变化。工艺要有一定的灵活性。

(6)节省投资，降低能耗。除遵循以上原则组合粉路外，还要根据粉路制订合理的操作指标，以保证良好的制粉效果。

五、配粉

配粉是利用制粉车间生产出的几种不同组分和性状的基础粉，按照一定的比例混配成符合一定质量要求的小麦粉，在混配过程中可加入添加剂和营养强化剂。按各类食品的专用功能及营养需要对小麦粉的补充、完善、强化或重新组合。配粉的最终目的是将有限的等级粉配制成各种专用小麦粉，以满足食品专用小麦粉多品种的需要，从而充分利用有限的优质小麦资源。因此配粉是生产食品专用小麦粉和稳定产品质量最完善、最有效的手段之一。

完善的配粉工艺是保障配粉效果的基础，具有计量、杀虫、入仓和倒仓以及小麦粉储存、小麦粉配制、微量添加、集中打包、散装发放等多种功能。

(一)配粉工序

1. 基础粉的检查

该工序实际上就是在基础粉进入配粉系统之前，利用制粉工艺中的检查筛，对基础粉进行检验，保证入仓基础粉的质量。

2. 计量

为了便于粉间工艺指标的考核，实现配粉仓的合理安排与使用，要对基础粉进行计量。计量工序一般设置在基础粉入仓之前，多采用电子秤等设备。

3. 杀虫和磁选

小麦粉在配制过程中要经过较长时间的大批量散装存放。因此，在入仓之前，应将小麦粉中的虫卵杀死，一般采用杀虫机来实现。在基础粉入仓之前，应设置一道磁选，除去混入小麦粉的磁性金属杂质，防止磁性金属物对人体造成危害或进入杀虫机损坏设备。磁选设备一般置于杀虫机前。

4. 入仓和倒仓

基础粉经检查、计量、磁选、杀虫等工序后，被输送设备送入粉仓。完善的配粉工艺一般设置有存储仓、配粉仓、打包仓和散装发放仓。在设计配粉工艺时，要考虑入仓的灵活性，根据需要，基础粉可直接进入存储仓、配粉仓、打包仓和散装发放仓；从存储仓排出的小麦粉除可进入配粉仓、打包仓和散装发放仓外，还可以进入部分存储仓，以实现倒仓功能。配粉仓排出的小麦粉除可进入打包仓和散装发放仓外，也可进入存储仓，以防止配制的小麦粉不合格。

5. 配料、混合和微量添加

(1)配料。配料是配粉的关键工序，配料设备的精度决定着小麦粉配比的准确度。配料方式一般分为重力式配料和容积式配料。

重力式配料是按配方上各物料的质量比和先后顺序，通过控制螺旋喂料器向配料秤送料，达到一定批量后进入混合机。重力式配料的精确度较高，误差在0.1%左右，是一种理想的配料方式，但缺点是投资较高。

容积式配料是在粉仓下安装调速螺旋输送机或者容积式配料器，配料时，同时启动各条螺旋输送机进行连续配料。容积式配料的误差为4%～6%，适用于各种小麦粉之间的混配，但不能用于小批量的添加剂等。容积式配料投资小、操作维修非常方便。

配料过程可采用批量式，也可采用连续式。批量式配料主要通过混合机来实现，每个批次需 3～5 min。其优点是混合效果好，排料迅速彻底，便于维修；缺点是耗时、投资大、占地多、检修不方便。连续式配料是在每一个配粉仓的下面设置一台重力流量计，按照配比方案通过流量计控制每个仓的出仓流量与配比一致，从而完成配料。其优点是配料时间短，缺点是当出现配比变化或开停车时，会出现瞬时的不稳定。

(2)混合。混合分为间歇式混合和连续式混合。间歇式混合主要通过混合机来实现，混合效果好，进料、排料迅速彻底，便于清理维修和实现自动控制，对加有微量添加剂的物料有较好的混合效果。该方式的混合一般和重力式配料相匹配。连续式混合通过容积式配料器或不同调速螺旋输送机进入连续式混合设备，其原理与连续式配料相同。连续式混合的均匀度较差，不利于混合加有微量添加剂的物料。

(3)微量添加。该工序由 3～4 台微量添加机和微量秤组成，准确地添加多种添加剂，精确度达到 0.2%，微量添加一般置于小麦粉混合之前。

6. 小麦粉的发放

小麦粉的发放有包装发放和散装发放两种形式。包装发放需要配置打包仓，打包仓的数量和大小根据生产的产品结构和产量确定。具有散存仓的面粉厂要考虑三班生产，一班打包。

(二)配粉工艺的设计

1. 工艺类型的确定

配粉的工艺类型根据配粉的形式和粉仓种类设置的不同而设定，还应考虑厂家的空间大小、小麦粉存储量的要求、配粉的精度要求、小麦粉的发放要求和资金状况等实际情况灵活设计。在实际应用中，存储仓、配粉仓可分别设置，也可合二为一；打包仓、散装发放仓可分别设置，也可合二为一。

2. 粉仓仓容的确定

完善的配粉工艺一般设置存储仓、配粉仓、打包仓和散装发放仓。存储仓作为基础粉的暂存场所，其仓容和数量应根据产量、基础粉种类和所生产专用小麦粉的种类来确定，一般散存仓的数量不少于 8 个，总仓容不少于制粉车间 2 d 的产量。配粉仓的设置根据产品种类的多少和产量大小而定。如果较大批量地添加小麦粉添加剂、辅助粉(淀粉、谷朊粉等)，可以和小型配粉仓一并设置。配粉仓至少要设置 3～4 个。打包仓和散装发放仓的设置应根据包装、散装的比例和产量而定。

3. 物料输送形式的设计

小麦粉入仓可采用负压输送、正压输送、气力输送和机械输送。负压输送适宜于物料从几处向一处集中输送，粉仓少的配粉工艺可采用；正压输送适合于一处供料、多处卸料和大流量、长距离的输送。气力输送对输送系统的气密性和供料器的性能要求高，目前小麦粉入仓多用该方式，但设备投资大，能耗较高；机械输送能耗低，稳定性好，适用于卸料点少的输送，该方式在设备中有残留，易生虫，生产中应加强管理。设计中应根据使用厂家资金状况和能耗要求选择输送方式，一般采用正压输送，也可采用正压输送和机械输送相结合。基础粉入仓卸料点多、流量小、能耗低，可采用正压输送入仓；对流量大、能耗高的小麦粉倒仓和配料后入打包仓输送均可采用机械输送，但生产中应加强对机械输送设备的管理，减少残留，避免产生虫害。

(三)专用小麦粉

食品工业将小麦粉的最终产品质量与小麦的内在品质联系在一起。不同的面制食品对小麦粉有不同的品质需求。而在众多的品质指标中，影响力最大的是小麦粉的蛋白质或面筋质的含量和质量，其中质量比数量更为重要。面制食品对蛋白质或面筋质的含量要求从高到低依次为：面包、饺子、面条、馒头、饼干、糕点等。即面包类需要面筋含量高、筋力强的小麦粉；面条、馒头类用中等筋力的小麦粉即可满足；而饼干、蛋糕类则必须用面筋含量低筋力弱的小麦粉来制作。因此将小麦粉一般分为三类：高筋粉、中筋粉和低筋粉。与此对应，小麦也按其蛋白质(面筋质)含量高低分为强筋小麦、中筋小麦和弱筋小麦等。目前，习惯上将这种针对小麦粉的不同用途以及不同面制食品的加工性能和品质要求而专门组织生产的小麦粉称为专用小麦粉。按用途不同专用小麦粉可分为以下几种。

1. 面包类小麦粉

面包类小麦粉(面包粉)一般采用筋力强的小麦加工，制成的面团有弹性，可经受成型和模制，能生产出体积大、结构细密而均匀的面包。面包质量与面包体积和面粉的蛋白质含量成正比，并与蛋白质的质量有关。为此，制作面包用的面粉，必须具有数量多而质量好的蛋白质。

2. 面条类小麦粉

面条类小麦粉(面条粉)包括各类湿面、干面、挂面和方便面用小麦粉。一般应选择具有中等偏上的蛋白质和筋力的小麦粉。小麦粉色泽要白、灰分含量低、淀粉酶活性较小，降落数值大于 300 s，面团的吸水率大于 60%，稳定时间大于 5 min，抗拉伸阻力大于 300 BU，延展性较好，面粉峰值黏度较高，大于 600。这样煮出的面条白亮、弹性好、不粘连，耐煮、不易糊汤，煮熟过程中干物质损失少。

3. 馒头类小麦粉

馒头类小麦粉(馒头粉)的吸水率在 60%左右较好，湿面筋含量 30%～33%，面筋强度中等，形成时间 3 min，稳定时间 3～5 min，最大抗拉伸阻力 300～400 BU 较为适宜，且延伸性一般应小于 15 cm。馒头粉对白度要求较高，在82左右，灰分低于 0.6%。

4. 饺子类小麦粉

饺子、馄饨类水煮食品，一般和面时加水量较多，要求面团光滑有弹性，延伸性好易擀制，不回缩，制成的饺子表皮光滑有光泽，晶莹透亮，耐煮，口感筋道，咬劲足。因此，饺子类小麦粉(饺子粉)应具有较高的吸水率，湿面筋含量在 32%以上，稳定时间大于 6 min，抗拉伸阻力大于 500 BU，延伸性一般应小于 17 cm。

5. 饼干、糕点类小麦粉

(1)饼干类小麦粉(饼干粉)。制作酥脆和香甜的饼干，必须采用面筋含量低的面粉。筋力低的面粉制成饼干后，干面不硬，而面粉的蛋白质含量应在 10%以下。粒度很细的面粉可生产出光滑明亮、软而脆的薄酥饼干。

(2)糕点类小麦粉(糕点粉)。糕点种类很多，中式糕点配方中小麦粉占 40%～60%，西式糕点中小麦粉用量变化较大。大多数糕点要求小麦粉具有较低的蛋白质含量、灰分和筋力。因此，糕点粉一般采用低筋小麦加工而成。蛋白质含量为9%～11%的中筋粉，适用于制作水果蛋糕、肉馅饼等；而蛋白质含量为7%～9%的弱筋粉，则适用于制作蛋糕、甜酥点心和大多数中式糕点。

(3)糕点馒头粉。我国南方的“小馒头”不同于通常的主食馒头，一般作为一种点心食用，具有一定甜味、口感松软、组织细腻。糕点馒头粉要求小麦粉的蛋白含量在9%左右，吸水率为50%～55%，面团形成时间1.5 min，稳定时间不超过5 min，拉伸系数在2.5左右。

6. 煎炸类食品小麦粉

煎炸类食品种类很多，有油条、春卷、油饼等。为满足油炸食品松脆的特点，煎炸类食品小麦粉一般使用筋力较强的小麦粉。

7. 自发小麦粉

自发小麦粉以小麦粉为原料，添加食用膨松剂，不需要发酵便可以制作馒头(包子、花卷)以及蛋糕等膨松食品。自发小麦粉中的膨松剂在一定的水和温度条件下，发生反应生成CO_2气体，通过加热后，面团中的CO_2气体膨胀，形成疏松的多孔结构。膨松剂有化学膨松剂和生物膨松剂两种。自发小麦粉在存储过程中，碳酸盐与碱性盐类可能产生微弱的中和反应，为减缓其反应，小麦粉的水分控制在13.5%以下为宜。不同类别的自发粉，其小麦粉的其他指标需满足相应食品的品质要求。

8. 营养保健类小麦粉

(1)营养强化小麦粉。高精度面粉的外观和食用品质比较好，但随着小麦粉加工精度的提高，小麦中的部分营养素损失严重。因此，在小麦粉中添加不同的营养成分(氨基酸、维生素、微量元素等)，可促进营养平衡，提升其营养价值。

(2)全麦粉。全麦粉顾名思义是将整粒小麦磨碎而成，因而保留了小麦的所有营养成分，同时纤维含量也较高，一般用来制作保健食品。全麦粉做出的成品颜色较深，有特殊的香味，营养成分高，成品体积略低于同类白面粉制品。全麦粉中麸皮会影响面团中面筋的形成，制作面包时一般要添加一些活性面筋来改善品质。全麦粉中麸皮的粗细度对全麦粉的烘焙品质也有一定影响，磨制时可根据产品需求调整麸皮的粒度大小。

9. 冷冻食品用小麦粉

冷冻食品用小麦粉除了要满足所制作面食的基本要求以外，还要考虑冷冻时各种因素对食品品质的影响，故蛋白质含量和质量要求比同类非冷冻食品的小麦粉严格。冷冻面团经过长时间冷冻之后，容易增加其延展性而降低弹性。因此，冷冻面团专用小麦粉面筋的弹性和耐搅拌性要比较强，以保证发酵面团具有充足的韧性和强度，提高面团在醒发期间的保气性。小麦粉的粒度大小和破损淀粉含量会影响其吸水率，而吸水率对冷冻面团的稳定性有相当重要的影响。面团中的自由水在冻结和解冻期间对面团和酵母具有十分不利的影响，在冷冻期间，若形成大冰晶还会对面筋网络结构产生破坏作用。故冷冻面团专用小麦粉应具有较低的吸水率，从而限制面团中自由水的数量。

10. 预混合小麦粉

预混合小麦粉是将小麦粉与制作某种面制食品所需的辅料：脂肪、糖、香料、改良剂、疏松剂、营养强化剂等(个别辅料除外)预先混合好，消费者制作食品时，只需加入水或牛奶就能较有把握地制作出质量较好的食品，操作很简单，不需要高深的技巧，还可以节省时间，使用非常方便。预混合小麦粉特别适合现做、现烤、现炸的烘焙食品，主要消费对象是小型食品厂、食品作坊和家庭。生产预混合小麦粉的技术关键是要根据各种面制食品对面粉的品质要求和消费者对这种食品的质量期望，以及这种食品的制作工艺，设计出预混合小麦粉的配方及生产工艺，提出产品的质量标准。

六、小麦粉加工质量控制

(一)确保小麦品质优良和搭配稳定

对于面粉的生产质量来说，不同的小麦品种以及不同小麦的种植方式、环境对面粉产生的质量影响差异也是很大的。因此，在实践过程中，需要在源头上着手控制，将质量好的小麦作为原料，加工出品质优良的面粉。另外，在小麦选择的过程中，需要对小麦的质量指标进行综合评定，选择色泽好、颗粒饱满、蛋白质高、含杂质低的原料小麦进行加工，这样生产出来的面粉才能满足质量要求以及企业经济指标。同时，在原料选用的时候，需要对小麦的存储与运输进行含水量控制，以保证加工时不会受到霉变小麦的影响，防止面粉质量不达标的情况出现。

(二)确保加工技术先进和设备良好

先进科学的加工技术以及良好的设备是提高面粉加工质量的关键。面粉加工时若处于质量不达标的环境加工，就会导致面粉出现各种质量问题，同时，还会引起机械设备安全故障。所以，在面粉加工过程中，相关的企业需要做好面粉加工工艺与设备的选择，保证面粉加工的质量得到保证。在技术选择上可以结合国内外的先进工艺技术以及加工小麦的原粮品质，确定合适的工艺加工技术，以提高面粉加工的质量。

(三)确保面粉质量管理体系有效运行

在面粉加工的过程中，想要切实地控制不合格产品，避免影响企业的经济效益。除了保证小麦原料的质量与先进的工艺和设备外，还需要建立健全面粉质量管理体系，保证面粉质量管理体系有效运行，使其能够在面粉加工过程中起到质量监督的作用。

(四)全面提高企业职工质量安全意识

在面粉加工过程中，还需将职工的质量安全意识提升，要求职工能够将质量安全意识融入于心，不管在任何环境下，都需要将安全责任意识落实。因此企业需要按照实际情况，建立质量安全手册，从而保证在生产加工时能够按照相关的要求开展工作。另外，针对质量安全，企业还需要合理地做好食品安全质量培训，培训时需要将面粉加工的技术与质量作为重点。同时，需要加强机械设备与质量问题控制的措施培训，保证面粉加工工作有序开展。

(五)合理使用小麦面粉改良剂

小麦面粉改良剂虽不能从本质上改变面粉的品质，但能起修饰作用。所以小麦制粉企业要想稳定和提高小麦面粉品质，合理地使用小麦面粉改良剂是必不可少的。这就需要企业有选择性、有针对性地使用各种小麦面粉改良剂。同时也要注重改良剂“量”的问题，比如小麦面粉本身淀粉酶活性就高，添加馒头粉改良剂后，就很可能导致小麦面粉在蒸馒头时发黏。所以必须科学合理地使用小麦面粉改良剂，才能达到理想的效果。

相关标准：

《中华人民共和国国家标准　小麦(GB 1351—2023)》

《粮油检验　小麦粉面团流变学特性测试　粉质仪法(GB/T 14614—2019)》

《粮油检验　小麦粉面团流变学特性测试　拉伸仪法(GB/T 14615—2019)》
《粮油检验　小麦粉面团流变学特性测试　吹泡仪法(GB/T 14614.4—2005)》
《中华人民共和国国家标准　小麦粉(GB/T 1355—2021)》

任务1　小麦制粉过程与质量控制

实训目标

知道小麦制粉的流程，能画出面粉加工的工艺流程图；会查阅小麦国家标准、小麦面粉的国家标准，知道我国小麦的种类和面粉的种类。

任务描述

通过课堂讲授、查阅资料，观看面粉加工企业的视频，熟悉我国的小麦种类，识记面粉的种类与特点；画出小麦制粉(麦路系统、粉路系统)的工艺流程图；说出小麦制粉的机械设备名称。需要2学时。

实训准备

1. 知识储备：阅读资料单及查阅相关资料，完成预习单。

【预习单】

(1)麦路系统完成什么工作?

(2)小麦制粉前为什么要清理?

(3)小麦清理的流程有哪些?

(4)润麦有什么作用?

(5)粉路系统完成什么工作?

(6)粉路系统由哪几部分组成?

(7)为什么要配粉？配粉有哪些工艺?

2. 材料准备：三种以上小麦品种、三种以上小麦粉、小麦制粉视频及设备的图片。

3. 工具准备：镊子、放大镜、玻璃板等。

任务实施

【任务单】

一、小麦分类

查阅GB 1351—2023，写出小麦的种类及特点，判断供试样品的种类，将结果填入下表。

小麦的分类

类型	特点	样品类型

二、面粉的分类

查阅 GB/T 1355—2021，写出小麦粉的种类及特点，判断供试样品的种类，将结果填入下表。

面粉的种类

类型	特点	样品种类

三、小麦制粉加工设备

根据教学视频与设备图片，认识小麦制粉的设备，整理后填入下表。

小麦清理

设备类型	设备名称	作用
清理设备		
制粉设备		
配粉设备		
包装设备		

四、画出麦路系统工艺流程图

五、画出粉路系统工艺流程图

考核评价

依据附件表 1 对实训过程的表现进行考核评价。

总结反馈

实训过程有哪些不足？是什么原因造成的？

知识拓展

1. 查阅面粉质量评价国家标准。
2. 面粉的质量安全问题有哪些？

任务2　面粉加工企业参观

实训目标

明白面粉加工企业的安全常识；厘清整个企业厂房的布局，知道主要工作岗位；清楚各个车间工作内容；了解企业工艺管理规定、设备管理制度、了解各车间岗位管理制度、操作规程；学习企业文化。

任务描述

参观面粉加工企业，学习企业安全生产章程，记录各生产车间的布局，清楚各个车间工作内容；参观总控制台的操作程序，明白各车间控制台的操作工序；学习企业员工管理规定、设备管理制度；学习企业文化，了解劳务报酬。了解主要工序作业指导书、成品管理作业指导书、辅料和包装材料作业指导书、滞留区作业指导书了解企业的“HACCP 文件”及“关键工序控制操作规程”。需要 4 学时。

实训准备

1. 知识储备：登录相关企业的网站，完成预习单内容。

【预习单】

(1)阅读该企业的简介。

(2)了解该企业产品种类。

(3)了解该企业经营理念。

(4)了解该企业的社会服务等公益行为。

2. 材料准备：以小组为单位设计企业调查表，并打印纸质版，便于调查记录。

3. 工具准备：记录笔、头盔、工衣等。

任务实施

【任务单】

一、企业的概括

通过对企业网上资料的了解及实地参观填写企业概况表。

企业概况

位置	
联系电话	
入厂要求	
第一印象及体会：	

二、制粉车间参观记录

跟随企业引导人员认真观察、及时提问，并将结果填入制粉车间记录表。

制粉车间

加工项目	配麦	去石	润麦	皮磨	渣磨	心磨	清粉	配粉	包装
所在楼层									

续表

加工项目	配麦	去石	润麦	皮磨	渣磨	心磨	清粉	配粉	包装
是否封闭									
工作人数									
感受体会：									

三、品管部参观

跟随企业引导人员认真观察、及时提问，并将结果填入品管部记录表。

品管部

检验项目					
主要工作					
要求					
感受体会：					

四、企业文化

认真听取企业人员介绍，仔细阅读企业宣传走廊，了解企业文化，并将结果填入下表。

企业文化

企业发展历程	
企业荣誉	
企业愿景	
企业公益	
感受体会：	

考核评价

依据附件表 3 对实训过程的表现进行评价。

总结反馈

本次参观最大的收获有哪些？自己是否具备入职这样企业的条件？是否愿意入职？

知识拓展

我国面粉加工企业有哪些？各企业有哪些知名品牌？

项目二 面条的加工与质量监控

本项目内容包括挂面、鲜切面、方便面的加工过程与质量控制，挂面、鲜切面、方便面的质量评价方法等内容。本项目实操环节分为挂面的加工与质量评价、小麦粉面筋含量的测定与品质评价、鲜切面条加工与质量评价、方便面加工与质量控制、方便面加工企业参观 5 个任务。

知识储备

【资料单】

一、挂面的加工与质量监控

(一)加工历史与发展现状

挂面又称为卷面、筒子面等，挂面由湿面条挂在面杆上干燥而得名。中国面条起源于东汉(时称“煮饼”“水溲饼”)，成熟于魏晋(时称“汤饼”，与今日热汤面近似)，唐代、宋代是面条真正成“条”时期，称为“冷淘”“热淘”，与今日之“过水面”相近，元代、明代面条制作又向前迈进了一大步，不但品种多，而且已有挂面问世。中国的制面技术在隋唐时传入日本，并于1883年由日本的真崎照乡氏制成辊压制面机，加上干燥技术进步，便出现了工业化生产挂面。13世纪(元代)马可波罗将挂面从中国传入意大利，随后意大利通心面的生产有了很大发展。

我国挂面的年产量在18亿kg左右，是各类面条中产量最大、销售范围最广的品种。挂面的花色品种很多，一般按面条的宽度或按使用的面粉等级或添加的辅料来命名。目前，已形成主食型、风味型、营养型、保健型等。各种面条同时发展，并注意花色变化的格局，如荞麦挂面、玉米挂面、黑豆挂面、黑米挂面、魔芋挂面、各种蔬菜挂面等。随着人们对挂面品种的需求不断加大，对挂面质量的要求不断提高，进一步完善加工设备、加工工艺，提高生产、管理水平就显得尤为重要。

(二)挂面分类与加工原理

1. 挂面的种类

挂面主要品种有普通挂面、花色挂面、手工挂面等。

(1)普通挂面根据其原料分为小麦粉挂面、荞麦挂面、燕麦挂面等。

(2)花色挂面按辅料的品种分为鸡蛋挂面、西红柿挂面、菠菜挂面、胡萝卜挂面、海带挂面、赖氨酸挂面等。

(3)手工挂面就是市场上的鲜切面。

(4)根据挂面的包装分为纸装、塑料袋装、盒装挂面等。

(5)根据挂面的加工宽度不同可分为1.0 mm、1.5 mm、2.0 mm、3.0 mm、6.0 mm五种规格。宽度1.0 mm的称特制细面，宽度1.5 mm的称细面，宽度2.0 mm的称小阔面，宽度3.0 mm和6.0 mm的称大阔面和特阔面。

2. 挂面加工原理

原辅料经过混合、搅拌、静置熟化成为具有一定弹性、塑性、延伸性的面团，将该面团用多道轧辊压成一定厚度且薄厚均匀的面片，再通过切割狭槽进行切条成型，随后悬挂在面杆上经脱水干燥至安全水分后切断、包装即为成品。

(三)挂面加工工艺

1. 挂面加工工艺流程

原辅料→和面→熟化→压片→切条→湿切面→干燥→切断→计量→包装→检验→成品。

2. 挂面生产主要工序

(1)和面。和面是挂面生产的第一道工序。目的是为了使面筋蛋白质充分吸水胀润形成面筋网络。同时淀粉也吸水膨胀，并包裹在面筋网络中，形成具有适当的弹性、延伸性和可塑性的面团。反映在感官上要求面团成散豆腐渣状、干湿适当、色泽均匀，不含生粉，以手握成团，用手轻轻揉搓后仍能松散成颗粒状为宜。和面的效果直接影响挂面的质量，影响和面的因素有以下几点。

①面粉质量。面粉选择较强的面筋质和较高的面筋含量，和面效果好，可防止后道工序操作断条，保证成品质量高。

②加水量。加水量应考虑小麦粉的品质(面筋含量)、添加剂(碱、盐、魔芋粉)。一般加水量控制在小麦粉质量的25%～32%。小麦粉加工精度高、蛋白质含量高，应多加水，反之则少加水；食盐和碱的添加会影响面筋收敛而减少其吸水量。夏天生产可适当少加水，冬天要多加一些。加水量不足，小麦粉吸水不均匀，不能形成均匀的面团，会影响面条的质量；加水量过多，面团过于潮湿，会给辊轧、切条造成困难，而且过于潮湿的面条在悬挂烘干时会自重拉伸而断条，还会增加干燥时的能量消耗。魔芋粉是提高挂面品质的优良天然添加剂，添加量可为2%～5%。

③和面水温。由于在和面过程中，机械力的搅拌、摩擦作用会使面团温度有所升高，和面水温通常掌握在25～30 ℃，最高不超过40 ℃。

④和面时间。面粉吸水、原料混匀需要一个过程，一般时间控制在15～20 min，最短不得低于10 min，否则面条成品易酥断。

⑤和面机转速。机械加工速度转速采用70～110 r/min。目前生产上普遍使用的和面机有立式和卧式两种。立式和面机容量较小；卧式和面机具有单轴和双轴之分，小容量的为单轴，大容量的为双轴。

(2)熟化。“熟化”是指将和好的面团静置或低速搅拌一段时间，以使和好的面团消除内应力，使水分、蛋白质和淀粉之间均匀分布，促使面筋结构进一步形成，面团结构进一步稳定。熟化的实质是依靠时间的延长使面团内部组织自动调节，从而使各组分更加均匀分布。所以“熟化”有利于面筋的进一步形成，有利于面团的匀质化，有利于下道工序均匀地喂料。熟化时间一般需20～30 min，但在连续化生产中，只能熟化10～15 min，熟化机转速一般不超过10 r/min。

(3)压延和切条。压延和切条是将松散的面团转变成湿面条的过程，该过程对面条产品的内在品质、外观质量及后续的烘干操作均有显著影响。

①压延。压延是熟化以后的面团送入轧面机，经过5～7道做相对旋转的轧辊，压成厚度为1～2 mm的面片的工艺过程。其作用是成型和揉捏，将松散的坯料压成一定厚度的带状面片，使面团中松散的面筋成为细密的沿压延方向排列的束状结构，并将淀粉包络在面筋网络中，提高面团的黏弹性和延伸性，为下一道的切面成型工序做好准备。

②影响面团压延效果的因素。

a. 压延比，又称压薄率，指在轧片过程中，面片进出某道压辊的厚度差与进入前厚度的比值。压延比一般不大于50%，太大会破坏面片内部的网状组织。压延比与压延道数有关。一般复合阶段压2～3道，压延阶段压4～5道。前后各道比较理想的压延比依次为50%、40%、30%、25%、15%、10%。

b. 压延速率。压延速率过高，面带会受到过度的拉伸，容易破坏已形成的面筋，影响面带的表面光滑度。速率过低，面带受压时间长，表面光滑，但影响产量。一般规定末道压辊速度不大于0.6 m/s。

③切条。切条工序的要求是切成的面条表面光滑，厚度均匀，宽度一致，无毛边，无并条，落条、断条要少。

(4)烘干和缓酥。挂面的烘干是非常重要的环节，分为自然干燥和人工(强制)干燥两种方法。

①烘干原理。当湿面条进入烘干室与热空气接触时，面条表面首先受热温度上升，使水分蒸发扩散到周围的介质中去，这一过程称为“表面气化”。随着表面气化过程的进行，造成面条表面水分较低而内部水分仍较高，由此产生“内外水分差”，当热空气的能量逐渐转移至面条内部后，温度上升，在内外水分差的作用下，内部水分向表面转移，这一过程称为“水分转移”。随着表面水分气化与内部水分转移两个过程的不断进行，面条逐渐被烘干。

面条烘干的一个技术难题，就是要控制内部水分转移速度等于或略大于表面水分气化速度。理想的情况是内部的“水分转移”与表面的“气化”速度相等，实际操作有一定的难度。由于面条有比较大的表面积，与热空气接触后，吸收能量比较快，表面的“气化”速度比较快。但面条是不良热导体，导热系数小，热空气的能量向内部转移的速度很慢，这样就造成了内部水分转移速度低于表面气化的速度。当两者的速度差超过一定限度时，由于内外干燥速率不一致，面条内部将出现内应力，内应力会破坏完好的面筋结构，结果就会出现“酥面”现象，这种面外观和好面条一样，肉眼看不出质构破坏的现象，其实内部结构受到严重破坏，在包装运输过程中很容易碎成短面。

②烘干工艺。为了实现内部的“水分转移”与表面的“气化”速度尽可能一致，有两种途径，一是采用低温慢速烘干的工艺，降低表面水分气化速度，增加内部水分转移的时间；二是采用高温、高湿烘干工艺，在不加快表面水分气化速度的前提下，通过提高内部温度来增加内部水分向外转移的速度。二者均有缺陷，低温、慢速烘干的挂面质量好，在煮食时不酥不糊，柔韧爽口，但这种方法干燥时间长达8 h，烘房面积要很大。高温快速烘干法，干燥时间只需2 h左右，但挂面质量不很稳定。

最有效的方法是“保湿烘干”，在挂面烘干过程中，调节烘干室内部的温度和排湿量，保持一定的相对湿度，以控制挂面表层水分的蒸发，防止因表里干燥速度不一而影响挂面质量。因此将挂面的烘干室分成预干燥区、主干燥区和完成干燥区，根据挂面的品种、季节、天气，应灵活控制各区的温度和湿度。主要技术参数见表2-2。

表2-2　预干燥区、主干燥区和完成干燥区主要技术参数

	干燥阶段温度	相对湿度	占总干燥时间	风速/(m/s)
预干燥区	25～30 ℃	80%～85%	15%～20%	1.0～1.2
主干燥区	35～45 ℃	75%～80%	40%～50%	1.5～1.8
完成干燥区	20～30 ℃	55%～65%	20%～40%	0.8～1.0

③挂面烘干的4个阶段。

第一阶段：冷风定条，自然蒸发挂面表面的水分，使面条水分降为28%以内。

第二阶段：保潮出汗，保持很高的相对湿度，同时加热，使面条内部的水分向外扩散，使面条水分降为25%以内。

第三阶段：升温干燥，在高温低湿环境下使水分迅速蒸发，使面条水分降为16%以内。

第四阶段：降温散热，散发面条的热量，再蒸发部分水分，使面条水分为12.5%～14.5%。

挂面烘干时间是保证挂面质量的一个重要条件，应不低于3.5 h。烘干时间短，容易造成挂面“外干内潮”和表里收缩不一，甚至产生酥面。烘干时间过长则生产效率低。

④酥面的产生。挂面表面出现明显的或不明显的龟裂纹，外观呈灰白色且毛糙，折断时截面很不整齐，加水烧煮时会断成小段，这种现象称为酥面。产生酥面的原因主要有：小麦粉的筋力太低(受害小麦加工成的小麦粉，或小麦粉未经后熟过程)、和面工艺控制不当、压延操作不当(压片厚薄不均匀，紧密的程度差异太大)、烘干工艺控制不好(烘干过程中，外层“硬结”，冷却又过快，热面遇到冷风)、湿挂面头回机的比例太高等。

为了避免酥面的产生，在整个干燥过程中，要注意温度、湿度的变化应呈平滑的曲线，不能剧烈波动。另外，面条的形状也影响面条的干燥，正方形、圆形面条在干燥中不易产生酥面，截面为扁形的面条因其宽度和厚度差别较大，干燥中收缩不均匀，易产生酥面，更应注意干燥参数的选择与控制。

⑤缓酥。挂面的导湿性能比较差，刚从烘房里出来的挂面其内部的湿热传递不会骤然停止，而是逐步减弱，直到挂面外层和外界空气的温度相对平衡，其水分才会稳定，组织形状才会固定下来，这一过程在工艺上称为挂面缓酥。缓酥的时间不应少于12 h。

(5)切断、称量与包装。

①切断。烘房出来的挂面，总长为1.2～1.6 m，作为产品须将它切断并包装出厂。干燥好的面条要切成一定长度，成品挂面长度一般为200 mm或240 mm±10 mm，然后称量、包装，便于运输、存储、销售流通。切断断头率控制在6%～7%。常用的切断装置有圆盘式切面机和往复式切面机。目前，在我国应用较为广泛的切断设备是圆盘式切面机。

②称量。有人工称量和自动称量两种。称量的一般要求是计量要准确，要求误差在1%～2%。

③包装。目前，我国挂面是采用塑料热合包装机和全自动挂面包装机来完成包装的。

(6)断头处理。在挂面生产中，不可避免地要产生断头，干断头量一般占成品的15%～20%，这些断头经处理后再回机加工。断头处理的好坏，直接影响着挂面质量和挂面生产的经济效果。为了保证挂面质量，必须控制断头的掺入量，国内一般控制在10%～15%。

挂面厂的断头可分为湿断头、半干断头、干断头三种，处理的方法也不一样。

①湿断头，是指在切条、挂条时落下的断头及上架过程中落下的断头，这部分断头的性质与和面机中原料小麦粉性质比较接近，一般厂都及时送入和面机中与小麦粉混合搅拌，然后进入下道工序，湿断头回机也要计量，不要过于集中，要注意不能使和面机超负荷。

②半干断头，是指在烘房中，冷风定条及高温区落下断头，所含水分也不一致，与原料面粉的性质不一样，不能直接回入和面机中。常用的处理方法有两种：一种是把断头浸泡后加入和面机与小麦粉混合搅拌；另一种是将断头干燥粉碎后加入和面机中与粉料一起混合搅拌，然后进入下一道工序。

③干断头，是指烘房降温冷却阶段落下的断头，以及在切断、包装过程中产生的断头。这些断头不能直接加入和面机内，须经处理后再使用。

(四)特色挂面

1. 多谷物挂面

多谷物挂面是以提高营养水平为目的，添加一种或几种除小麦粉以外的其他粮食原料，包括杂粮、杂豆和薯类等，添加比例不少于10%，且对添加比例进行明确标识的一类挂面产品。这类产品有荞麦挂面、玉米挂面、绿豆挂面、山药挂面、燕麦挂面、全麦挂面。

2. 水果蔬菜风味挂面

将水果、蔬菜搅打成浆状物，并用环湖精进行包接处理，使之在和面及面条烹煮过程中不会溶出，可保持良好的色泽风味。这类挂面有菠菜挂面、秋葵挂面、西蓝花挂面、西红柿挂面、南瓜挂面、胡萝卜挂面、柚子挂面、柚子皮挂面、海藻挂面、梅肉紫苏挂面等。

3. 营养保健挂面

在挂面中添加一些具有营养、滋补、保健作用的传统保健品，制成具有保健功能的面条。可以将原料粉碎后添加到小麦粉中，也可以先将有效成分提取后再添加到小麦粉中。这类挂面有芦荟挂面、茶汁挂面、杜仲挂面、薏米挂面等。

4. 其他风味挂面

在普通挂面的配方中，添加鱼、肉、蛋、虾籽、大豆蛋白以及各种调味料，既可以提高挂面的营养价值，又可以增加挂面的风味。这类挂面很多，有鱼面、肉面、鸡蛋面、虾籽面、豆粉面、辣味面等。

(五)挂面的质量监控点

1. 挂面的质量指标

挂面应该平直、光滑、不酥、不潮、不脆，有良好的烹调性能和一定的抗断强度。参见GB/T 40636—2021。

(1)技术要求。标准中规定，挂面的长度有180 mm、200 mm、220 mm、240 mm几种规格，厚度可以是0.6～1.4 mm，宽度为0.8～10.0 mm。随机抽取完整的10根挂面，测量取平均值。

(2)感官要求。色泽正常，均匀一致；气味正常，无酸味、霉味及其他异味；煮熟后口感不黏，不牙碜，柔软爽口。挂面感官要求见表2-3。

表2-3　挂面感官要求

项目	要求
色泽	均匀一致
杂质	无肉眼可见异物
气味	无酸味、霉味及其他异味
口感	煮熟后口感不粘、不牙碜

(3)理化要求。挂面的理化指标见表 2-4。

表 2-4 挂面的理化指标

项目	指标
水分含量	≤14.5%
酸度/(mL/10 g)	≤4.0
自然断条率	≤5.0%
熟断条率	≤5.0%
烹调损失率	≤10.0%

(4)食品安全要求

按 GB 2761—2017、GB 2762—2022、GB 2763—2021 的国家有关标准、规定执行。

表 2-5 挂面检验项目及重要程度分类

<table>
<tr><th rowspan="2">序号</th><th rowspan="2" colspan="2">检验项目</th><th rowspan="2">依据法律法规或标准条款</th><th rowspan="2">强制性/推荐性</th><th rowspan="2">检测方法</th><th colspan="2">重要程度分类</th></tr>
<tr><th>A类</th><th>B类</th></tr>
<tr><td>1</td><td colspan="2">净含量</td><td>定量包装商品计量监督管理办法</td><td>强制性</td><td>GB/T 40636—2021</td><td></td><td>●</td></tr>
<tr><td rowspan="3">2</td><td rowspan="3">感官</td><td>色泽</td><td rowspan="6">GB/T 40636—2021
LS/T 3213
LS/T 3304
企业标准</td><td rowspan="3">强制性/推荐性</td><td rowspan="3">GB/T 40636—2021</td><td rowspan="3"></td><td rowspan="3">●</td></tr>
<tr><td>气味</td></tr>
<tr><td>烹调性</td></tr>
<tr><td>3</td><td colspan="2">水分</td><td>强制性/推荐性</td><td>GB 5749</td><td></td><td>●</td></tr>
<tr><td>4</td><td colspan="2">酸度</td><td>强制性/推荐性</td><td>GB 5009.239</td><td></td><td>●</td></tr>
<tr><td>5</td><td colspan="2">烹调损失</td><td>强制性/推荐性</td><td>GB/T 40636—2021</td><td></td><td>●</td></tr>
<tr><td>6</td><td colspan="2">弯曲折断率</td><td rowspan="2">GB/T 40636—2021
LS/T 3213
企业标准</td><td>强制性/推荐性</td><td>GB/T 40636—2021</td><td></td><td>●</td></tr>
<tr><td>7</td><td colspan="2">熟断条率</td><td>强制性/推荐性</td><td>GB/T 40636—2021</td><td></td><td>●</td></tr>
<tr><td>8</td><td colspan="2">盐分</td><td>LS/T 3214
企业标准</td><td>强制性/推荐性</td><td>GB/T 12457—2008</td><td></td><td>●</td></tr>
<tr><td>9</td><td colspan="2">铝(Al)</td><td>GB 2762</td><td>强制性</td><td>GB/T 5009.182</td><td></td><td>●</td></tr>
<tr><td>10</td><td colspan="2">黄曲霉毒素 B_1</td><td>GB 2761</td><td>强制性</td><td>GB 2761—2017</td><td>●</td><td></td></tr>
<tr><td>11</td><td colspan="2">过氧化苯甲酰</td><td>GB 2760</td><td>强制性</td><td>GB/T 5461</td><td></td><td>●</td></tr>
<tr><td>12</td><td colspan="2">着色剂</td><td>GB 2760</td><td>强制性</td><td>GB/T 5009.35</td><td></td><td>●</td></tr>
<tr><td>13</td><td colspan="2">食品标签</td><td>GB/T 40636—2021
LS/T 3213
GB 7718—2011
GB 28050—2011</td><td>强制性</td><td></td><td></td><td>●</td></tr>
</table>

2. 挂面加工关键控制点

(1)原辅料的使用与添加。面粉应符合要求，特别是湿面筋含量应不低于 26%，一般为 26%～32%；加水量一般控制在 25%～32%。可根据面粉中面筋情况增减水量。一般按面筋量增减 1%，加水量相应增减 1%～1.5%。

(2)和面时间。和面时间的长短对和面效果有明显的影响，比较理想的调粉时间为 15 min 左右，最少不低于 10 min。

(3)面团温度。面团温度是由水温、面温、散热、机械吸热共同决定的，实际生产中调整面团温度主要靠变化水温。面团的最佳温度为 30 ℃左右，由于环境温度不断变化，面粉温度也随之变化，水温也需要跟着调整。

3. 挂面质量评价项目

(1)断条率：在面条烘干时，断条根数占上架面条根数的百分比。

(2)面条的规格：从样品中任意抽取面条 10 根，用直尺、测厚规分别测其长度、宽度及厚度，计算其算术平均数。

(3)色泽、气味：要求色泽正常，均匀一致；气味正常，无酸味、霉味及其他异味。

(4)净重偏差：随机抽取样品 10 包，称重、计算净重偏差。

(5)不整齐度、自然断条率：抽取样品 1.0 kg，将有毛刺、疙瘩、并条、扭曲和长度不足规定 1/3 的面条检出称重，计算不整齐度。并将上述不整齐度中长度不足 2/3 的面条检出称重，计算自然断条率。

(6)弯曲断条率：抽取面条 20 根，截取 180 mm 长条，分别放在标有厘米刻度和角度的平板上，用左手固定零位端，右手缓缓沿水平方向向左移动，使面条弯曲成弧形，计算未到规定的弯曲角度折断面条数与 20 的比值，即为弯曲折断率。

(7)烹调时间：抽取面条 40 根，放入样品重量 50 倍的沸水中，保持水沸腾状态，从面条放入 2 min 开始取样，然后每隔 0.5 min 取样一次，每次一根，用两块玻璃板压扁，观察内部白硬心线，白硬心线消失时所记录的时间为烹调时间。

(8)熟断条率：抽取面条 40 根，放入样品重量 50 倍的沸水中，保持水沸腾状态，达到烹调时间时，将面条挑出，计算断条率并检验烹调性。

(9)烹调损失率：称取 10.0 g 面条，放入 500 mL 沸水中，保持水沸腾状态，达到烹调时间时，将面条挑出，面汤冷却至常温后，转移至 500 mL 容量瓶中并定容，摇匀后，用吸量管吸取 50 mL 倒入已干燥至恒重的 250 mL 烧杯中，放在电炉上加热蒸发掉大部分水分后，再吸入 50 mL 面汤加热蒸发至干，放入 105 ℃恒温干燥箱烘干至恒重，计算烹调损失率。

二、方便面的加工与质量监控

(一)方便面的起源

方便面，又称快食面、即食面，是在传统面条生产的基础上应用现代科学技术生产的一种主食方便食品。中国历史上记载的“汤饼”“素面”可以被看作方便面的“雏形”。1958 年，日本的安藤百福把面条制作工艺进行了创新：以小麦粉为原料，经和面、熟化、复合压延、切条折花等工序制成生面条，经过蒸煮使面条充分糊化，然后油炸脱水，制成方便面。在 20 世纪 80 年代初，中国引进生产线，此后方便面就以其方便、安全、风味多样、符合中国饮食文化背景的优势迅速发展，现在方便面已经是工业化、产业化较成功的一个小麦产品。

(二)方便面的分类

1. 油炸方便面

油炸方便面干燥速度快，糊化程度高(淀粉 α 化率可高为85%以上)，面条内部结构具有多孔性，复水性能好，且具有油炸的香味。但由于含油高，油炸方便面易氧化变质，产生油哈味。

2. 热风干燥方便面

热风干燥方便面是指将蒸熟糊化的湿面条在 70～90 ℃的热风中进行脱水干燥的方便面。它具有干燥时间长、糊化度低、复水性差等缺陷，但其产品不易氧化变质，保存期长，生产成本较低。

3. 微波干燥方便面

微波干燥具有穿透性强、升温快等特点，弥补热风干燥和油炸干燥的不足之处，因而微波干燥方便面产品具有贮存期长、复水性好、价格低的特点。但微波干燥具有耗能高、渗透性大等缺点。微波干燥工艺一般有两种，一种是全部采用微波干燥工艺，另一种是采用油炸、微波两种脱水工艺。

4. 非脱水方便面

在脱水方便面不断发展的同时，高水分方便面如速食煮面、冷冻熟面等也相继问世，使方便面产品不断推陈出新。

方便面按包装可分为袋装、杯装和碗装，通常是以所附带的汤料来命名的，如红烧排骨面、麻辣牛肉面、西红柿鸡蛋打卤面等。

(三)方便面加工基本原理

方便面是以小麦粉或其他谷物粉、淀粉等为主要原料，添加或不添加辅料，经加工制成的面饼。它是添加或不添加方便调料的面条类预包装方便食品。方便面的加工原理是将成型后的面条通过汽蒸，使其中的蛋白质变性，淀粉高度 α 化，然后借助油炸或热风将煮熟的面条进行迅速脱水干燥。这样制得的产品不但易保存，而且易复水食用。最大的优点是食用、保存、携带方便，只需用热水浸泡几分钟即可食用，而且内附各种调味汤料，可以满足不同的口味需求。

(四)方便面加工工艺

1. 加工方便面的原辅料

(1)面粉。生产方便面的原料是小麦粉。油炸方便面的小麦粉加工精度要求达到特制一等粉的标准，面筋含量为32%～34%，筋力较强；用作非油炸方便面的小麦粉，面筋含量要求在28%～32%。使用高筋力粉可制得弹力强的面条，但糊化时间长且成本较高。实际生产中，可通过在高筋力粉中掺以一定量的中筋力粉进行调整。

(2)油脂。油脂的品质对方便面的品质和货架期都有重要影响。对油炸方便面来说，油脂质量占到方便面质量的20%左右，占总成本的50%左右。油炸方便面用的油脂，应该口味好、价格低、性质稳定、保存性好、烟点高。目前，使用的油脂大部分是棕榈油。棕榈油所含亚油酸、亚麻酸低于其他植物油，因而化学性质比较稳定，在低温和高温下发生氧化、分解反应的速度相对较慢。

(3)水。方便面生产中要求选用软水(表 2-6)。

表 2-6　方便面水质要求

含铁量	硬度	有机物	含锰量	碱度	pH
<0.1 mg/L	<10 度	<1 mg/L	<0.1 mg/L	<30 mg/L	5～6

(4)食盐。盐主要起强化面筋筋力的作用，其次是增味、防腐作用。在和面时一般加入面粉质量 2%～3%的食盐。

(5)碱。加碱能有效强化面筋，并使方便面蒸煮速度加快、复水性好，口感爽滑不黏口，不会出现浑汤现象。一般可选用碳酸钾、碳酸钠、磷酸钾和钠盐等，用量以 0.1%～0.2%为宜。

(6)添加剂。方便面中使用的添加剂主要有面条中使用的品质改良剂、色素，以及油中使用的抗氧化剂等。品质改良剂有：复合磷酸盐(磷酸二氢钠、偏磷酸钠、聚磷酸钠、焦磷酸钠的混合物)，单硬脂酸甘油酯，聚丙烯酸钠，瓜儿胶、魔芋精粉，海藻酸钠、黄原胶、卵磷脂及变性淀粉等，用量一般为 0.2%～0.4%。添加剂可以增加面条的弹性，改善口感等。油中使用的抗氧化剂主要有 BHA 和 BHT 等。

2. 方便面生产工艺流程

(1)油炸方便面的工艺流程。

原辅料→和面→静置熟化→轧片→切条成型→蒸面→切断折叠→油炸→冷却→汤包→包装。

(2)非油炸方便面的工艺流程。

原辅料→和面→静置熟化→轧片→切条成型→蒸面→切断折叠→热风干燥→冷却→汤包→包装。

3. 方便面生产操作工序

(1)和面。和面是通过和面机的搅拌、糅合作用，将小麦粉及其他辅料拌和成具有良好加工性能的面团。

和面时，加水量一般控制在小麦粉质量的 25%～32%，具体的加水量根据小麦粉的品质(蛋白质和损伤淀粉含量)、加碱量、加盐量及加工工艺而定。和面时，水温控制在 25～30 ℃；和面时间夏季控制在 7～8 min，冬季控制在 10～15 min。

经过一定时间的搅拌，小麦粉与水、辅料充分混合均匀，形成具有弹性、韧性、延伸性、黏性的可塑性面团。

(2)熟化。同加工挂面的熟化，将调粉机中和好的颗粒状面团静置或在低温条件下低速搅拌一段时间，使水分最大限度地渗透到蛋白质胶体粒子的内部，使之充分吸水膨胀，互相黏连，进一步形成面筋网络组织，面团达到加工面条的最佳状态。

熟化设备依其结构分为立式、卧式和输送带式。目前生产中能实现连续生产的是采用立式熟化机。其搅拌杆的转速一般为 5 r/min，熟化时间一般控制在 20 min 左右，熟化温度控制在 25 ℃左右。

(3)切条折花。切条折花就是生产出一种具有独特的波浪形花纹的面条，其主要目的是防止直线型面条在蒸煮时会黏结在一起，折花后脱水快，食用时复水时间短。

面条的波纹形成通常是由波纹成型机来完成。利用面刀切成的面条具有前后往复摆动的特点，使面条通过一个成型模具，模具下部有一条无级变速的传送带，它的线速度比面条小，从而形成阻力面。面条通过成型模具时与模具体前后壁发生碰撞而产生扭曲力，在下面的传送带上扭曲堆积形成波浪状花纹。

(4)蒸面。蒸面的目的是使淀粉受热糊化和蛋白质变性，面条由生变熟。蒸面是在连续式自动蒸面机上进行的。为了保证淀粉糊化度在80%以上，采用的蒸汽压力为1～3 kg/cm^2，时间为90～120 s。利用蒸汽使淀粉受热糊化和蛋白质变性，由生面制成熟面。适当延长蒸面时间，提高面条的糊化度，可改善面条的食用品质。

(5)切断及折叠。从连续蒸面机出来的熟波纹面带通过一对做相对旋转的切刀和托辊，按一定长度被切断；与此同时，曲柄连杆机构上做往复运动的折叠板正好插在被切断面块的中部送入折叠导辊与分排输送带之间，面块被折叠进来。

(6)脱水干燥。面块干燥有热风干燥和油炸干燥两种。为了防止面块在热风干燥中淀粉老化，热空气的温度应大于淀粉的糊化温度即70～80 ℃，相对湿度低于70%，干燥时间35～45 min，面块的最终含水量为8%～10%。油炸干燥是将蒸熟的面块放入140～150 ℃的棕榈油中脱水。由于油温较高，面块中的水分迅速汽化逸出，并在面条中留下许多微孔，因而其复水性好于热风干燥方便面。但油炸后，面条含20%左右的油脂，易氧化酸败，且食用过多油脂，对人体健康不利。

(7)冷却与包装。方便面的冷却是在冷却机内进行的。冷却机由机架、冷却隧道、冷却风扇、不锈钢丝输送带及传动设备组成。经3～4 min冷却，待面块温度降为稍高于室温(约5 ℃)后，进行包装。在包装前应进行金属探测和质量检查。面块与调味料用复合包装材料(OPP/PE等)由自动包装机包在一起并标明生产日期。

(8)调味汤料。调味汤料是方便面的重要组成部分，相同的面块不同的汤料可以组成多种产品。常用的汤料有鸡肉汤料、牛肉汤料、三鲜汤料和麻辣汤料等。汤料的形态有粉末状、颗粒状、膏状和液体状，我国方便面生产中，这几种形式的汤料均有应用。

①调味汤料组成。生产调味汤料的原料很多，根据其性能及作用，大体上可分为咸味剂、鲜味剂、甜味剂、香辣料、风味料、香精等。

②调味汤料配方。配方的好坏直接影响调味料的风味和香气，在实际生产中，应根据产品定位，消费对象的口味，经合理调配、反复试验筛选，最后确定所用配方。

4. *方便面的质量控制*

(1)感官指标。方便面质量要求参照GB 17400—2015，方便面感官要求见表2-7。

表2-7 方便面感官要求

项目	要求	检验方法
色泽	具有产品应有的色泽	按食用方法取适量被测样品置500 mL无色透明烧杯中，在自然光下观察色泽、形态，闻其气味，用温开水漱口后品其滋味
滋味、气味	无异味、无异嗅	
状态	外形整齐或一致，无正常视力可见外来异物	

(2)理化指标。方便面理化指标应符合表 2-8 的规定。

表 2-8　方便面理化指标

项目	指标	检验方法
水分/(g/100 g)	—	—
油炸	≤10	GB 5009.3
非油炸	≤14	—
酸价(以脂肪计)KOH/(mg/g) 油炸面饼	≤1.8	GB 5009.229—2016
过氧化值(以脂肪计)/(g/100 g)	≤0.25	GB 5009.227—2016

(3)污染物限量。污染物限量应符合 GB 2762 中带馅(料)米面制品的规定。

(4)微生物限量。

①致病菌限量应符合 GB 29921—2003 中方便米面制品的规定。

②微生物限量还应符合表 2-9 的规定。

表 2-9　方便面微生物限量

项目	采样方案[a]及限量				检验方法
	n	*c*	*m*	*M*	
菌落总群[b]/(CFU/g)	5	2	10^4	10^5	GB 4789.2—2016
大肠菌群[b]/(CFU/g)	5	2	10	10^2	GB 4789.3 平板计数法—2016

注：[a] 样品的采样及处理按 GB 4789.1—2016 执行；[b] 仅适用于面饼和调料的混合检验。

方便面内不应混有异物、焦渣；添加剂应符合 GB 2760 的规定；食品营养强化剂的使用应符合 GB 14880 的规定。

相关标准：

《中华人民共和国国家标准　食品安全国家标准　方便面(GB 17400—2015)》

《中华人民共和国国家标准　挂面(GB/T 40636—2021)》

任务 1　挂面的加工与质量评价

实训目标

知道挂面加工的流程，能画出挂面加工的工艺流程图；会查阅挂面的国家标准，知道我国挂面的种类；会评价挂面的品质。

任务描述

通过课堂讲授、查阅资料，观看挂面加工企业的视频，熟悉我国挂面的加工历史、挂面的种类，画出挂面加工的工艺流程图；根据国家标准对供试样品进行品质评价。需要 4 学时。

实训准备

1. 知识储备：阅读资料单及查阅相关资料，完成预习单。

【预习单】

(1)我国挂面加工最早源于哪个朝代?

(2)最适宜加工挂面的面粉有何特点?

(3)挂面加工的流程有哪些?

(4)影响挂面品质的因素有哪些?

(5)按照国家挂面标准，挂面的品质评价主要有哪些指标?

2. 材料准备：三种以上挂面品种。

3. 工具准备：煮锅、筷子等食品感官品尝用具。

任务实施

【任务单】

一、挂面加工的历史

通过教师讲解、自己查阅资料，熟悉我国挂面的加工历史，并将结果填入下表。

挂面加工的历史

我国最早加工挂面的朝代:					
写出挂面的称呼演变过程:					
最近 5 年我国挂面的产量					

二、挂面分类

查阅 GB/T 40636—2021，写出挂面的种类及特点，判断供试样品的种类，并将结果填入下表。

挂面分类

类型	特点	样品类型

三、挂面加工过程

通过教师讲授及观看挂面加工视频，总结挂面的加工过程，并将结果填入下表。

挂面的加工过程

加工挂面的主要工序	原料选择	和面熟化	压延	切条	烘干	切断	称量包装
操作要点							
是否质量控制点							

四、挂面的质量评价

依据 GB/T 40636—2021 对供试样品进行评价，并将结果填入挂面质量评价表。

挂面质量评价

样品编号	弯曲断条率	熟断条率	烹调损失率	不整齐度	烹调时间
1					
2					
3					

五、画出加工挂面的工艺流程图

考核评价

依据附件表1对实训过程的表现进行评价。

总结反馈

实训过程有哪些不足？是什么原因造成的？

知识拓展

1. 查阅挂面质量评价国家标准。

2. 挂面的质量安全问题有哪些？

任务2　小麦粉面筋含量的测定与品质评价

实训目标

知道小麦粉面筋含量对小麦品质的影响，会测定小麦粉的面筋含量、评价小麦粉面筋的品质；能根据小麦粉面筋含量及面筋品质判断面粉种类并选择其用途。

任务描述

利用水洗法测定三种小麦粉的面筋含量，并对面筋的品质进行测定评价。需要2学时。

实训准备

1. 知识储备：阅读资料单及查阅相关资料，完成预习单。

【预习单】

(1)面筋含量的测定方法有哪些？如何测定？

(2)怎样评价面筋的品质？

2. 材料准备：三种面粉(高筋、中筋、低筋)，依次编号为1、2、3。

3. 工具准备：天平(1/100)1台，小搪瓷碗1个，量筒(10 mL或20 mL)1个，100 mL烧杯1个，玻璃棒1根(或牛角匙1把)，脸盆1个，直径1.00 mm的圆孔筛或装有CQ20筛绢的筛子1个，表面皿1个，滤纸1盒，电热烘箱1台，盐水洗涤装置1架，30 cm直尺1把。

4. 试剂的准备：

(1)碘—碘化钾溶液的制备：称取0.1 g碘和1.0 g碘化钾，用水溶解后再加水至250 mL，用于检查淀粉是否洗净。

(2)2%的盐水溶液。

任务实施

【任务单】

一、测定小麦粉面筋含量的意义

查阅资料完成下表。

小麦粉面筋的意义

面筋的定义	
面筋的实质	
面筋含量对面粉的影响	

二、小麦粉面筋含量的测定

参阅知识链接中的方法测定小麦粉的湿面筋含量，将测定结果填入小麦粉面筋的测定表。

小麦粉面筋的测定

面粉种类	1 号面粉	2 号面粉	3 号面粉
面粉质量			
湿面筋质量			
湿面筋含量			

三、面筋颜色、气味、弹性和延伸性的鉴定

将鉴定结果填入小麦粉面筋品质的测定表。

小麦粉面筋品质的测定

面粉种类	1 号面粉	2 号面粉	3 号面粉
面筋的颜色			
面筋的气味			
面筋的弹性			
面筋的延伸性			

考核评价

依据附件表 2 对实训过程的表现进行评价。

总结反馈

实训过程有哪些不足？是什么原因造成的？

知识拓展

1. 市场上的高筋面粉有哪些商品名？
2. 市场上的低筋面粉有哪些商品名？

知识链接

面筋含量的测定与面筋质量的评价

小麦粉中的蛋白质一半以上是面筋，面筋不溶于水，但吸水力很强，吸水后膨胀形成紧密坚固与橡胶相似的弹性物质。通常加工精度高的小麦粉，其面筋含量也较高，加工制成的馒头、面包，松软可口。小麦和小麦粉发生异常变化时，其面筋含量和性质均有变化。因此测定小麦面筋含量和性质，是衡量其品质好坏的一项重要指标。

一、小麦粉湿面筋含量的测定方法

1. 水洗法

(1)称样。从平均样品中称取定量试样，一般特高筋粉 15 g，标准粉 20 g，普通粉 25 g。

(2)和面。将试样放进洁净的搪瓷瓶中，加入相当试样一半的室温水(20～25 ℃)，用玻璃棒搅和，再用手和成面团，直至不粘手为止。然后放入盛有水的烧杯中，在室温下静置 20 min。

(3)洗涤。将面团放在手上，再放有圆孔筛的脸盆的水中轻轻揉搓，洗去面团内的淀粉、麸皮等物质。在揉洗过程中必须注意更换脸盆中清水数次(换水时注意筛上是否有面筋散失)。反复揉洗至面筋挤出的水遇碘水无蓝色反应为止。

(4)排水。将洗净的面筋放在洁净的玻璃板上，用另一块玻璃板压挤面筋，排出面筋中游离水，每压一次后取下并擦干玻璃板。反复压挤到稍感面筋有粘板时为止(约压挤 15 次)。

(5)称重。排水后取出面筋在预先烘干称重的表面皿或滤纸上，称总重量。

(6)计算湿面筋含量。

2. 盐水洗涤法

(1)称样及和面。称取 10 g 小麦粉样品于小搪瓷碗中，加入 2% 的盐水溶液 5.6 mL，用玻璃棒或牛角匙拌和面粉，然后用手揉捏成表面光滑的面团。

(2)洗涤。将面团放在手掌中心，开启盐水洗涤装置螺旋水止，使盐水缓滴至面团上(盐水流速调节为每分钟 60～80 mL)，同时，用另一食指和中指压挤面团，不断挤压，压平，卷回，以洗去面团中淀粉，盐溶性蛋白质及麸皮，洗至面筋团形成后(约 5 min)，关闭盐水，再将已形成的面筋团继续用自来水冲洗，揉捏，直至面筋中的麸皮和淀粉洗净为止。

(3)检查。将面筋放入搪瓷碗中，加清水约 5 mL，用手揉捏数次，取出面筋，再加水加入碘液 3～5 滴，混匀后放置 1 min，如已洗净，则此水溶液不呈蓝色，否则应继续用自来水洗涤。

(4)排水、称重、计算结果。

二、面筋质量的评价

1. 面筋颜色、气味评价

湿面筋呈淡灰色、深灰色等，以淡灰色为好，煮熟的面筋为灰白色，品质正常的面筋略有小麦粉气味。

2. 面筋的弹性和延伸性评价

(1)面筋的弹性，指面筋被拉伸或按压后恢复到初始状态的能力。弹性分为强、中、弱三类。强弹性面筋不粘手，复原能力强；弱弹性面筋，黏手，几乎无弹性，易断碎。

(2)面筋的延伸性，指面筋被拉伸时所表现的延伸能力。其简易测定方法如下：称取湿面筋 4 g，在 20～30 ℃清水中静置 15 min，取出后搓成 5 cm 长条，用双手的食指、中指和拇指拿住两端，左手放在米尺零点处，右手沿米尺拉伸至断裂为止。

长度在 15 cm 以上的为延伸性好，8～15 cm 为延伸性中等，8 cm 以下为延伸性差。

洗后面筋的延伸长度与静置时间长短有密切关系。静置时间长，延伸长度随之增加。

按照弹性和延伸性，面筋分为 3 等。

上等面筋：弹性强，延伸性好或中等；

中等面筋：弹性强，延伸性差或弹性中等而延伸性好；

下等面筋：无弹性，拉伸时易断裂或不易黏聚。

3. 面粉按面筋含量不同分为

(1)高筋粉(强筋粉、高蛋白质粉或面包粉)。蛋白质含量为 12%～15%，湿面筋质量>35%。高筋粉适宜制作面包、起酥糕点、泡芙和松酥饼等。

(2)低筋粉(弱筋粉，低蛋白质粉或饼干粉)。蛋白质含量为 7%～9%，湿面筋质量<25%。低筋粉适宜制作蛋糕、饼干、混酥类糕点等。

(3)中筋粉(通用粉，中蛋白质粉)。是介于高筋粉与低筋粉之间的一类面粉，蛋白质含量为 9%～11%，湿面筋质量为 25%～35%。中筋粉适宜做水果蛋糕，也可以用来制作面包。

任务 3　鲜切面条加工与质量评价

实训目标

学会鲜切面条的原辅料准备及预处理，能加工鲜切面条，知道鲜切面条的质量监控点，会使用小型压面机，会评价鲜切面条的品质。

任务描述

利用高筋面粉、中筋面粉、低筋面粉各 500 g，分别加工鲜切面条，要求压片厚度 1 mm，面条宽度 2 mm，面条长度 50 cm 以上。测定三种面条的出条率、色泽、气味、不整齐度、烹调时间、熟断条率、烹调损失率等感官品质。需要 4 学时。

实训准备

1. 知识储备：阅读资料单及查阅相关资料，完成预习单。

【预习单】

(1)鲜切面条的国家标准有哪些内容？

(2)鲜切面条的加工流程。

(3)鲜切面条的贮藏方式和贮藏条件有哪些?

(4)鲜切面条的销售渠道有哪些?

2. 材料准备：高筋、中筋、低筋三种面粉各 500 g，食盐，饮用水。

3. 设备工具：压面机(检查、清洗)、尺子、计数器、煮锅、电磁炉、筷子等。

任务实施

【任务单】

一、原辅料处理

根据鲜切面加工要求选取材料，并将预处理结果填入原辅料预处理表。

原辅料预处理

原料	面粉	饮用水	盐
预处理方式			
用量			

二、和面、熟化

根据操作过程将和面、熟化的设备、方法及质量控制点等填入下表。

和面、熟化

	拌粉	熟化
使用设备		
工作要点		
是否质量控制点		

三、压延、切条、称量、包装

根据操作过程将压延、切条、称量、包装的设备、方法及质量控制点等填入下表。

压延、切条、称量、包装

	压延	切条	称量	包装
使用设备				
工作要点				
是否质量监控点				

四、面条的感官检验

根据面条品感官评价标准对加工的鲜切面进行感官评价，并将分值填入表中。

面条品感官评价标准

项目	分数	评分标准	得分
色泽	10	有光泽，乳白或淡黄(8～10 分)；无光泽或稍暗(6～8 分)；色泽灰暗(4～6 分)	
表观状态	10	表面光滑、无毛刺、无并条、宽窄符合要求且厚薄均匀一致(8～10 分)；表面较光滑、个别面团有毛刺、并条，或宽窄厚薄不太均匀(6～7 分)；表面粗糙、有毛刺、并条，或宽窄厚薄不太均匀(4～5 分)	

续表

项目	分数	评分标准	得分
坚实度	10	软硬合适(8～10 分)；稍软或稍硬(7 分)；很软或很硬(4～6 分)	
弹性	15	指面条在咀嚼时，咬劲和弹性的大小。弹性好(12～15 分)；弹性一般为(9～11 分)；弹性差(6～8 分)	
光滑性	15	指面条入口时的光滑程度。光滑爽口(13～15 分)；较光滑(11～13 分)；不爽口(8～10 分)	
食味	10	指品尝时的味道。麦香味浓郁(8～10 分)；基本无异味(5～7 分)；有异味(3～4 分)	
出条率	10	加工后的成品面条占面团的百分数。出条率在 90% 以上为 10 分，80%～90%为 7 分，70%～80%为 6 分，70%以下为 4 分	
熟断条率	10	一定数量的面条煮熟后，断面条占供试面条的百分数。熟断条率是 0 为 10 分，5%～8%为 7 分，9%～10%为 6 分，10%以上为 4 分	
烹调损失率	10	面条煮熟过程中溶化在面汤中面粉数量，以百分数记。烹调损失率是 5%以下为 10 分，5%～8%为 7 分，9%～10%为 6 分，10%以上为 4 分	
总分			

考核评价

依据附件表 2 对实训过程的表现进行评价。

总结反馈

实训过程有哪些不足？是什么原因造成的？

知识拓展

1. 查阅鲜切面条的质量评价国家标准。

2. 鲜切面条的质量安全问题有哪些？

知识链接

面条品质评价项目与测定方法

1. 出条率：符合标准的面条占面团的质量百分比。

2. 断条率：将一半成品面条挂在烘干架上，恒温干燥 2 h，计算断裂的面条所占百分比。

断条率＝断条面条数/上架面条根数×100%(国家标准≤5%)。

3. 不整齐度：在另一半面条中挑出不整齐的面条，计算所占百分数。

不整齐度面条：有毛刺、疙瘩、并条、扭曲、短条(长度不足面条的 1/3)的面条所占的百分比。

4. 熟断条率检验：取一定数量的面条，放入沸水中煮熟，计算断条占的百分比。

5. 烹调时间的确定：取一定数量的面条，放入沸水中煮，水保持沸腾状态，2 min 后取样，每隔 0.5 min 取样一次，观察是否有白心、硬心，没白心、硬心时为烹调时间。

6. 烹调损失测定：单位重量的面条煮熟后，将面汤烘干，计算面汤中残留的面的质量所占的百分比。

7. 弯曲断条率：一定数量的干面条，计算弯曲后折断的条数占试验数量的百分比。

面条弯曲断条率评价标准：

面条厚度＞0.9 mm，弯曲角度≥25°；

面条厚度≤0.9 mm，弯曲角度≥30°。

任务 4　方便面加工与质量控制

实训目标

知道方便面加工的流程，能画出方便面加工的工艺流程图；会查阅方便面的国家标准，知道我国方便面的生产能力；会评价方便面的品质。

任务描述

通过课堂讲授、查阅资料，观看方便面加工企业的视频，熟悉我国方便面的加工能力与出口情况，熟悉现有方便面的种类，画出方便面加工的工艺流程图；根据国标对供试样品进行品质评价。需要 2 学时。

实训准备

1. 知识储备：阅读资料单及查阅相关资料，完成预习单。

【预习单】

(1)我国最早引入方便面是哪个时期？目前我国方便面生产能力如何？

(2)加工方便面对面粉有何要求？

(3)方便面加工的流程有哪些？

(4)加工方便面辅料有哪些？

(5)按照方便面国家标准，方便面的品质评价主要有哪些指标？

2. 材料准备：三种以上方便面品种。

3. 工具准备：煮锅、筷子等食品感官品尝用具。

任务实施

【任务单】

一、我国方便面的加工情况

通过阅读资料单、教师讲授及自己查阅资料了解我国方便面的加工情况，并将结果填入下表。

方便面加工概况

我国最早引进方便面的生产线是：
我国目前的方便面生产能力：
最近 5 年我国方便面的出口量：

二、方便面分类

下载查阅方便面国家标准 GB 17400—2015，写出方便面的种类及特点，判断供试样品的种类，并将结果填入下表。

方便面分类

类型	特点	样品类型

三、方便面加工过程

通过阅读资料单、教师讲授、观看视频，以及自己查阅资料学习掌握方便面的加工过程，并将结果填入下表。

方便面加工过程

加工方便面的主要工序	原料选择	和面熟化	切条折花	蒸面	切断折叠	烘干	称量包装
操作要点							
是否质量控制点							

四、方便面的质量评价

依据国家标准 GB 17400—2015 对供试样品进行评价，并将结果填入下表。

方便面质量评价

样品编号	净含量	熟断条率	烹调损失率	不整齐度	烹调时间
1					
2					
3					

五、画出方便面加工工艺流程图

考核评价

依据附件表 1 对实训过程的表现进行评价。

总结反馈

实训过程有哪些不足？是什么原因造成的？

知识拓展

1. 查阅方便面质量评价国家标准。
2. 方便面的质量安全问题有哪些？

任务5　方便面加工企业参观

实训目标

明白方便面加工企业的安全常识；厘清整个企业厂房的布局，知道主要工作岗位；清楚各个车间工作内容；了解企业工艺管理规定、设备管理制度，了解各车间岗位管理制度、操作规程；学习企业文化。

任务描述

参观方便面加工企业，学习企业安全生产章程，记录各生产车间的布局，清楚各个车间工作内容；参观总控制台的操作程序，明白各车间控制台的操作工序；学习企业员工管理规定、设备管理制度；学习企业文化，了解劳务报酬。了解主要工序作业指导书、成品管理作业指导书、辅料和包装材料作业指导书、滞留区作业指导书，了解企业的“HACCP文件”及“关键工序控制操作规程”。需要4学时。

实训准备

1. 知识储备：登录相关企业的网站，查阅资料，完成预习单。

【预习单】

(1)阅读该企业的简介。

(2)了解该企业产品种类。

(3)了解该企业经营理念。

(4)了解该企业的社会服务等公益行为。

2. 材料准备：以小组为单位设计企业调查表，并打印纸质版，便于调查。

3. 工具准备：记录笔、头盔、工衣等。

任务实施

【任务单】

一、企业的概括

通过对企业网上资料的了解及实地参观填写企业概况表。

企业概况

位置	
联系电话	
入厂要求	
第一印象及体会：	

二、方便面加工车间参观记录

认真聆听企业人员的讲解并及时咨询提问，了解方便面加工车间的作业情况，并填写下表。

方便面加工车间参观记录

加工项目	配料	和面	压条	折花	蒸面	干燥	配料包	包装	质检
所在楼层									

续表

加工项目	配料	和面	压条	折花	蒸面	干燥	配料包	包装	质检
是否封闭									
工作人数									
感受体会：									

三、品管部参观

认真聆听企业人员的讲解并及时咨询提问，了解品管部的主要工作，并填写下表。

方便面品管部参观记录

检验项目						
主要工作						
要求						
感受体会：						

四、企业文化

认真听取企业人员介绍，仔细阅读企业宣传走廊，了解企业文化，并将结果填入下表。

企业文化参观记录

企业发展历程	
企业荣誉	
企业愿景	
企业公益	
感受体会：	

考核评价

依据附件表 3 对实训过程的表现进行评价。

总结反馈

本次参观最大的收获有哪些？自己是否具备入职这样企业的条件？是否愿意入职？

知识拓展

我国方便面加工企业有哪些？各企业有哪些知名品牌？

项目三　蒸制面食品加工与质量监控

本项目内容包括蒸制面食品文化、蒸制面食品的种类和特点以及销售方式，馒头、花卷等主要蒸制面食品的加工工艺流程及质量监控，蒸制面食品的国家标准，蒸制面食品的发展前景，蒸制面食品工厂化加工的机械设备及面临的问题。本项目实操环节分为蒸制面食品加工过程与质量控制、馒头的加工及质量评价 2 个任务。

知识储备

【资料单】

一、蒸制面食品技术的产生和文化历史

(一)蒸制面食品技术的产生和地位

人类在认识自然和改造自然的历程中，对于水蒸气的利用有两大创举，一是发明蒸制食物的陶甑，标志着农耕文明步入成熟；二是发明蒸汽机，使人类跨入工业社会。这两大发明均具有划时代的意义，也具有同等重要的历史地位。人类发明蒸制食物大约在6000年前，“黄帝时有釜甑”(《古史考》)，人类进入了“蒸谷为饭，烹谷为粥”的真正的火食时代。把谷物放在底部有孔的陶甑中，再把陶甑置于陶釜上，火把陶釜中的水烧沸，水蒸气通过陶甑底部的孔进入陶甑中，把谷物隔水蒸熟，人们从此吃上了不煳不生、干湿适中的“饭”。食物蒸制方法巧妙地借助水火相济产生的神奇精灵——蒸汽来熟化食物，达到了单独使用水或火均不能达到的效果，它的发明体现出古人的高度智慧。蒸制食物使人们的饮食生活更加丰富和精致，是人类饮食史上一个新的里程碑。

今天，食物蒸制方法仍然是使用最广泛的主食加工方法，除了蒸锅(釜)、蒸笼(甑)的材质在不断改进外，其基本结构和加工方法与几千年前几乎一模一样。这说明食物蒸制方法经得起时间的考验，具有非常合理的技术内涵和不可替代的实用价值。

(二)蒸制面食品文化历史

中国古代，饼是所有“粉食”的通称。北宋《湘素杂记》记有“凡以面为食具者，皆谓之饼。故火烧而食者，呼为烧饼；水瀹而食者，呼为汤饼；笼蒸而食者，呼为蒸饼”；汤饼是今天面条、面片、饺子、馄饨等的滥觞；饵是米粉做的“饼”。

古代的欧洲人以游牧为主，逐水草而居。经常的迁徙和居无定所使他们的饮食生活比较简单，加之他们的主食中肉食比例较大，所以他们加工食物以烧烤为主。后来有了小麦粉，加工食物仍然沿袭了烧烤的方法。就是把调好的面团拍打成饼，摊在烧红的石板上烘烤熟，吃起来快捷，带着也方便。

蒸法在西方饮食史中几乎就没有出现过，或者出现后又被放弃。所以，西方古时无蒸法，现在也极少使用蒸法加工食物。中国古代农耕发达，而且形成了南米北粟的食物格局。生活比较固定、时间相对充裕的我国先民，逐渐发明了较复杂的蒸法来熟化食物，把米或粟蒸成饭。小麦传入后，开始也是蒸煮成麦饭，后来有了面粉，仍沿用蒸法做出蒸饼。所以中国拥有馒头和米饭两个典型的蒸制食物，这是一个独一无二的饮食现象，其他国家几乎没有。日本学者石毛直道称：“蒸食技术在世界上属中国最为发达，因而它成为具有中国特色的烹调方法之一。这一技术还影响了朝鲜半岛、日本及东南亚各国的饮食文化，中国人在利用火的热量方面在世界居于领先地位。”

中国人吃馒头的历史，至少可以追溯到战国时期。“馒头”的叫法出自三国时期。明人郎瑛在《七修类稿》记有：“馒头本名蛮头，蛮地以人头祭神，诸葛之征孟获，命以面包肉为人头以祭，谓之‘蛮头’，今讹而为馒头也。”通过馒头名称的来历，还看到了中国文化中闪烁出的“仁爱”的人性光辉。《本草纲目》记有“蒸饼味甘、性平、无毒。具有消食、养脾

胃、温中化滞、益气和血、止汗、利三焦、通水道”的功能。实际上，国外的食品史学者也非常推崇中国的馒头，把它誉为中华面食文化的象征。

(三)蒸制面类主食品的现实定位

以馒头为代表的蒸制面类主食品应该成为当今人类主食品的第一选择，这不仅是科学的判断，也是人类历史发展的必然。世界经济的一体化使人类进行着新的大融合，东西方文化的交汇融合使主食品的来源广泛、经济；加工方法科学、简便；产品安全卫生、营养平衡、美味可口、食用方便。业内出现了认为吃馒头老土或提出中国主食的产业化方向应该是面包化，提倡中国人应以面包为主食的观点。持这种观点的人一方面对食品蒸制技术的先进性和馒头等蒸制面类主食品的优越性认识不够；另一方面是对民族饮食文化不自信。如果认识了食品蒸制技术的历史地位和蒸制面类主食品的现实定位后，应该树立对蒸制面类主食品的自信心，并义不容辞地担当起把馒头推向世界的历史责任。

我国蒸制面食品在漫长的发展历史中，已形成了众多的各具特色的、风味各异的独特种类。大体上讲，可分为北方(戗面)馒头和南方(发酵)馒头。北方馒头的特点是麦香浓郁，有咬劲。著名的有山东高桩馒头、陕西罐罐馍、河南开封的杠子馒头等。其原料比较简单，除少数地区加一些食糖和食盐外，大部分地区只用小麦粉、酵母(或面肥)和水。南方馒头的特点是色白暄软，绵软味甜。馒头也分为有馅和无馅品种，馅料有肉、蔬菜或糖等。

(四)馒头工业化生产的必要性

国内外都十分重视馒头的工业化生产，加拿大、美国、澳大利亚、法国和日本食品及小麦专家多次来我国探讨馒头加工技术，其目的就是为了掌握不同小麦品种生产的预混合馒头专用粉与馒头质量的关系。我国的馒头市场具有巨大的潜力，作为东方传统食品，不仅受到国际重视，国内也很重视，各级政府也把蒸制面食工程列入厨房工程的一个重要内容，开发创新适合东方区域的以馒头为主的蒸制面食品生产、市场流通及管理模式是一件十分重要的大事。

伴随着科技的不断进步，馒头工业化生产的研究和应用必将出现大的进步和飞跃发展，从而使主食馒头工业化生产技术逐渐充实，不断完善，更加普及。目前，有关蒸制面食的攻关目标主要集中在：专用面粉的配制，产品改良剂的使用效果，揉面、成型、排放的连续自动化，发酵自动控制和连续汽蒸设备，以及功能性蒸制面食开发，产品保鲜技术，产品质量标准制定等方面。而理论研究方向主要为：蒸制面食发酵理论研究、面团调制与揉轧的物理化学变化及其与产品质量关系、蒸制过程基本原理研究、生产及存储过程中微生物变化、产品营养与保健性探索、传统特色产品的挖掘和生产原理研究等。越来越多的专家学者投身于蒸制食品的研究中，新的成果不断出现。随着经济的进一步发展，生活节奏加快和生活水平的提高，我国百姓对蒸制面食提出了更高的要求。顺应时代的发展并加速技术革命，是蒸制面食生产企业和研究者必须面对的问题。

(五)我国蒸制面食品的发展方向

1. 实现规模化生产，降低生产成本

目前我国大多馒头厂的生产规模一般日处理面粉为2～5 t，生产的人力、能源消耗还比较大，没有充分体现工业化的优势。产品不仅需要卫生放心，更需要成本低廉和稳定的感官性能。为了形成更大规模的生产企业，并且保持质量稳定，需要有固定的生产工艺参数和连贯的自控设备，同时控制原料质量，注意面粉、酵母和工艺用水等主要原料的状况，保证生产环境和设备条件良好，减少可变因素，降低变数的范围。原料成本、人力成本、能源消耗和管理费用是生产的主要成本。尽量使用简易而有效的生产设备，严格生产管理，减少任何不必要的消耗，从管理中要效益，从规模中要效益。同时，还要解决产品保鲜和销售环节控制等方面问题，使产品在较大范围内销售，并能以良好的状态到达消费者手中。

2. 自动生产线推广应用

工艺研究、设备制造和计算机编程等方面的人才未形成有机的结合体，是限制蒸制面食自动化推广应用的主要因素之一。跨学科人才的交流与结合已经成为科学研究的必然趋势。自动化生产线一定会在蒸制面食生产企业中得到推广，使生产效率更加提高，劳动强度进一步降低。

3. 新技术在蒸制面食生产中的应用

随着科学技术的发展，微波技术、超微技术、超高温技术、超低温技术、超高压技术、微胶囊技术以及新型生物技术等在食品加工领域得到了较广泛的应用。目前，速冻技术已经被成功地应用于蒸制面食，解决了蒸制面食的存储保鲜问题，使产品远销成为现实。

4. 开发花色品种，增加产品的附加值

蒸制面食新品种的开发将主要集中在两个方面：传统地方特色产品的挖掘和工业化生产，以及借鉴其他食品配方并结合其他生产工艺加工出风味独特、保质期较长的品种。目前，我国馒头品种较以前丰富了许多，但仍有持续发展的空间，市场需要更多种的特殊风味和营养性质的馒头，以满足不同消费人群的需求。

5. 朝速食化、方便化发展

馒头需蒸制后趁热食用才好，因此销售的热馒头在一些城市比较受欢迎。但保温存放有一定的时间和条件限制，规模化生产的产品一般为冷馒头，而且消费者即便买到热馒头，吃剩下的仍需要冷藏保存。冷馒头口感变硬，需要复蒸才能食用(而复蒸后风味、口感品质也会下降)。生产出无需保温、较长存储期内柔软且不腐败的馒头产品，是未来馒头技术攻关的一个重要方向。

6. 蒸制面食品进一步加工

面食蒸制后，可以利用烘烤、油炸、干燥等方法进行再加工。目前，市场上已经出现馒头片、馒头干、土馍等产品。由于蒸制面食低油、低糖，易于消化，这些产品是很好的保健食品，加上良好的口感和风味，备受消费者欢迎，发展潜力巨大。“安全、营养、美味、方便”是未来食品工业发展的基本要求。

二、蒸制面食品加工原理及分类

(一)面食品蒸制原理

面团经醒发后，在蒸制过程中，以蒸汽为传热介质对面食进行熟制，主要的传热方式是传导和对流作用，也有少量辐射作用。

1. 对流

由于流体微团改变空间位置所引起的流体和固体壁面之间的热量传递过程称为对流换热。在蒸柜或蒸锅中，热蒸汽混合物与面食表面的空气发生对流作用，使面食表面吸收部分热量而升高温度。同时，蒸汽在面食表面冷凝。当蒸锅中的空气排尽后，对流作用减缓，但是，由于蒸柜内有一定的压强，馒头表面的冷凝蒸汽又重新蒸发，新的蒸汽补充过来，使得面食进一步升温。对流作用贯穿于蒸制的全过程，特别在蒸制初期起到主导作用。

2. 传导

传导是由物体内部分子和原子的微观运动所引起的一种热量转移方式。蒸柜内的热量不仅是由水蒸气直接传导给馒头坯，而且在面坯内部的热量是由一个质点传给另一个质点，使产品成熟。传导是蒸制面食熟制的主要传热方式之一。

3. 辐射

辐射换热是指通过载能电磁波使物体间发生热交换的过程。辐射可以在空中传播，其辐射强度与距离、环境温度有关。热量不需要任何介质就可直接辐射给面食。蒸制装置内部的蒸汽管壁、锅壁等高温界面会产生少量的热辐射。

实际上，热交换的过程往往不是由一种形式单独进行的，而是由基本过程组合而成的复合过程。

(二)蒸制面食分类

蒸制发酵面食是馒头加工厂、馒头作坊的主要产品，主要包括实心馒头、花卷、包子、蒸糕。

1. 实心馒头

实心馒头是狭义上的馒头，又称为“馍”“馍馍”“卷糕”“大馍”“蒸馍”“饽饽”“面头”“窝头”等。此类产品是以单一的面粉或数种面粉为主料，除发酵剂外一般少量或不添加其他辅料，经过和面、发酵和蒸制等工艺加工而来。实心馒头又包括主食馒头、杂粮馒头、营养强化馒头和点心馒头。

2. 花卷

花卷可称为层卷馒头，是面团经过揉轧成片后，不同面片相间层叠或在面片上涂抹一层辅料，然后卷起形成不同颜色层次或分离层次的馒头品种。也有卷起后再经过扭卷或折叠造型成各种花色形状，然后醒发和蒸制成为美观而又好吃的馒头品种。花卷有许多种花色，又可分为油卷类、杂粮花卷、甜味花卷、其他特色花卷。

3. 包子

包子是一类带馅馒头，是将发酵面团擀成面皮，包入馅料捏制成型的一类带馅蒸制面食。产品皮料暄软，突出馅料的风味，风味和口感非常独特，深受全国各地百姓的欢迎。从形状看，包子还可以分为提褶、秋叶、钳花、佛手、道士帽等。从馅心口味上看，包子也有甜、咸之别。甜馅包子又包括豆包、果馅包、其他甜馅包子；咸馅包子习惯上捏成带有皱褶花纹的圆形，包括肉馅包子和素馅包子两大类。

4. 蒸糕

蒸糕又分为发酵蒸糕、蒸制蒸糕、特色蒸糕。发酵蒸糕又称为发糕，是一类非常松软的馒头，其面团调制得相当软，甚至为糊状，经过发酵、成型、醒发、蒸制而来，产品大多为甜味。常见的发糕有杂粮发糕、大米发糕、奶油发糕等。

三、蒸制面食品的加工工艺

(一)蒸制面食品加工工艺流程

原辅料→和面→发酵→轧面→成型→醒发→蒸制→冷却→成品。

(二)蒸制面食品加工工序

1. 原辅料处理

(1)小麦粉。制作北方传统馒头的小麦粉，筋力应中等或中等偏上，湿面筋含量应在28%以上，面团的稳定时间在4 min以上。南方馒头的蛋白质与筋性比北方馒头要求稍低一些。蛋白质含量过高，筋性过强，生产出来的馒头表面易皱缩、开裂；蛋白质含量过低，筋力过弱，馒头体积小，咬劲差。投料前的粉最好过筛，除去杂质。

(2)发酵剂。馒头常用的发酵剂有酵母、化学膨松剂、面肥(老面头)。

①酵母。酵母通常有三种：鲜酵母又称压榨酵母、活性干酵母、即发活性干酵母。鲜酵母优点是价格便宜，缺点是活性不稳定、发酵速度慢、不易长途运输、贮存时间短且贮存条件严格，需要在冰箱或冷库等低温条件下贮存，会增加设备投资和电能消耗，使用前需要30～35 ℃的温水活化10～15 min。活性干酵母是由鲜酵母经低温干燥而制成的颗粒酵母，它具有活性很稳定、发酵力较高、使用量也很稳定、不需低温贮存等优点，可在常温下贮存1年左右，使用前需用温水活化；缺点是成本较高。即发活性干酵母是近年来发展起来的一种发酵速度很快的高活性新型干酵母，与鲜酵母、活性干酵母相比，具有使用非常方便、使用前无须溶解和活化等优点，可直接加入面粉中拌匀即可，省时省力。即发活性干酵母活性特别高，在所有的酵母中即发型酵母的使用量最小；活性特别稳定，因采用真空密封或充氮气包装，贮存达数年而活力无明显变化，故使用量很稳定；发酵速度快，能大大缩短发酵时间，特别适合于快速发酵工艺；不需低温贮存，只要贮存在室温状态下的阴凉处即可，无任何损失浪费，节约了能源。即发活性干酵母的这些优势是目前能在全国广泛使用并代替鲜酵母的原因。其缺点是价格较高。

②化学膨松剂。常见的化学膨松剂是碳酸氢钠、碳酸钠和发酵粉。碳酸氢钠俗称小苏打，白色粉末、无臭味，为碱性膨松剂，分解温度在60 ℃以上。受热分解后残留部分为碳酸钠，使成品呈碱性。如果使用不当会影响成品口味和色泽。碳酸钠俗称纯碱、食用碱等，纯品为白色粉末状物质。其主要作用是：降低面团酸度，调节面团pH近中性，可防止产品萎缩；还可以使水中的二价或多价金属沉淀，从而降低和面用水的硬度；与一些有机酸反应生成有机酸盐，具有特殊的碱香味。北方一些地区的百姓比较喜爱稍带碱味的馒头。但碱的加入可能破坏部分B族维生素，蒸制后pH高于7.2时馒头会变为黄色，影响产品外观，因此不可过量添加。发酵粉俗称泡打粉，成分是“小苏打＋酸性盐＋中性填充物(淀粉)”。由于发酵粉是根据酸碱中和的反应原理而配制的，生成物显中性，因此可以消除小苏打在使用中的缺点。

③面肥(老面头)：又称酸面团，是传统馒头生产所用的发酵剂。面肥是以上次做馒头留下的发酵面团作为主要发酵菌种(酵头)，少量补充酵母或酵子，加入面粉和成面团，放入大容器中，在自然条件下适当保温保湿过夜发酵而成。面肥在我国古老的面食品发酵中占有重要地位，其来自原料及自然界的微生物，菌种丰富，发酵产物营养更全面，正在被工业化开发利用。

(3)水。在馒头生产中，要求水的 pH 为 7～8，水的温度在 30 ℃左右，这是酵母的最佳发酵温度；水的硬度一般采用中等硬度为宜。加水量与面粉的筋力强弱、面粉本身的水分含量有关。对生产主食馒头来说，如果采用的是中筋粉，且未添加油脂和奶粉，加水量可控制在 43%以下。加水量超过这个量的话，可能造成馒头机粘辊的现象。添加奶粉会使吸水率提高，加入 1%的无糖奶粉，吸水率要增加 1%。糖的添加会使面团的吸水率减少。为得到相同硬度的面团，每加入 1%的糖量，要减少 0.6%的吸水率。食盐对吸水量有较大的影响，如添加 2%的食盐，比无盐面团减少 3%的吸水量。

2. 和面

和面又称为面团调制、调粉、搅拌、捏合，是蒸制面食生产中最关键的工序之一。面团调制的目的是使各种原料充分分散和均匀混合，加速面粉吸水、胀润形成面筋，使面团具有良好的弹性和韧性。拌入空气有利于面团发酵。

面团搅拌的六个阶段：混合原料阶段、面团卷起阶段、面筋扩展阶段、搅拌完成阶段、搅拌过渡阶段、面筋打断水化阶段。面团在搅拌完成阶段时，面筋已完全形成，柔软而且具有良好的延伸性。这时搅拌钩在转动时面团又会再黏附在缸的边侧，但当搅拌钩离开缸侧时，黏附在缸侧的面团又会随钩离去，并会发出噼啪的打击声和嘶嘶的粘缸声。此时面团的表面干燥而有光泽且细腻无粗糙感。用手拉取面团时有良好的伸展性和弹性，并且能拉出一块很均匀的面筋膜。此时为搅拌的最佳阶段，即可停止，进行发酵或成型。

3. 发酵

面团发酵是面粉等各种原辅料搅拌成面团后，一般需要经过一段时间的发酵过程，才能加工出体积膨大、组织松软有弹性、口感疏松、风味诱人的产品。

(1)面团发酵的目的。发酵时酵母大量繁殖，产生 CO_2 气体，促进面团体积的膨胀。这可以改善面团的加工性能，使之具有良好的延伸性，降低弹、韧性，为馒头的最后醒发和蒸制时获得最大的体积奠定基础。同时使面团和馒头得到疏松多孔、柔软似海绵的组织和结构，使馒头具有诱人的香甜味。

(2)影响发酵的因素。影响面团发酵的主要因素实质上就是产气能力和面团的持气能力两个方面。

①影响酵母产气能力的因素有温度、pH、酒精浓度、酵母数量、发酵时间。在一定的温度范围内，温度提高，酵母的产气量增加，发酵速度快。在馒头实际生产过程中，面团温度要控制在 26～32 ℃，快速发酵法生产馒头时，面团温度应控制在 30 ℃左右，发酵室温度不宜超过 35 ℃。酵母适宜在酸性条件下生长，最佳 pH 范围为 5～6，此时产气能力较强。酵母耐酒精的能力很强，但随着发酵的进行，酒精的浓度越来越大时，酵母的生长和发酵作用便逐渐停止。一般地说，面团中引入酵母（或面肥)数量越多，发酵力越大，发酵时间就越短；但用量过多，超过了限度，反而会引起发酵力的衰退。发酵时间对面团质量影响极大，时间过长，发酵过头，面团质量差，酸味强烈，熟制时软塌不暄。发酵时间过短，胀发不足，也影响成品质量。

②影响面团持气能力的因素有小麦粉、面粉吸水率、面团搅拌、面团温度。小麦粉中蛋白质的数量和质量是面团持气能力的决定性因素。一般来说，作为发酵的面不宜太硬，稍软一点较好，同时还要根据天气冷暖以及面粉质量（面筋质多少、面粉粗细、含水量高低)、干湿等情况全面考虑。最初的搅拌条件对发酵时的持气能力影响很大，特别是快速

发酵法要求搅拌必须充分，才能提高面团的持气性。温度对搅拌时的水化速度、面团的软硬度以及发酵过程中持气能力有很大影响。温度过高的面团，在发酵过程中，酵母的产气速度过快，面团的持气能力下降。

4. 轧面、成型

成型前面团必须经过轧面过程，以保证面团中的气体排出，组织细密，产品洁白。传统的方法是将面团放于案板上人工按压和翻折，劳动强度大，现今工厂多采用揉面机揉面。面团发酵之后要轧面，轧面后，面团要进入成型机。在成型过程中，设备对面团有搅拌、揉捏、挤出、切割、搓光等作用。工厂应用较多的是卧式双辊螺旋成型机，也有少数厂家使用盘式馒头成型机。采用卧式双辊螺旋成型机，生产出的馒头洁白细腻而带有层次。但在面团的一端总是有旋状纹，又称为旋或节巴，难以消除。

5. 醒发

醒发又称为饧发、饧面。醒发是面团的最后一次发酵，在控制温度和湿度的条件下，使经整形后的面团达到应有的体积和形状。醒发是为了使面团恢复柔韧性，促进面筋进一步形成，从而使产品组织疏松。

(1)醒发的条件。醒发的温度取决于多种条件，但主要是根据酵母发酵的温度来确定。一般说来，酵母的最适宜的生存温度为 30 ℃，但由于酵母在 38 ℃时产气能力最强，为了防止醒发时间过长而使坯软塌，一般采用产气最快的 38～40 ℃作为醒发温度。温度过低，酵母产气能力差，醒发慢，延长了生产周期，且使产品不够挺立；醒发温度过高，发酵过于剧烈，可能会造成馒头表面有裂纹，而且醒发时间过短，设备的运作没有足够的缓冲时间，容易出现醒发过度的情况。醒发工序要求的相对湿度在 70%～90%范围为佳，湿度过小，会使面坯表面干燥，阻止面坯的膨胀，影响成品的光洁度，严重时还会使蒸出的馒头有大的裂纹；湿度过高，会造成馒头表面产生水泡，颜色发暗，而且产品不够挺立，易粘盘。采用一次发酵工艺的醒发时间一般控制在 50～80 min 为宜。

(2)面团醒发程度的判断。面团醒发适宜程度一般是根据操作员的经验来判断，醒发程度应视不同的产品、工艺而定。醒发时间不足，产品体积小，内部组织结构不良，严重的还会产生死面馒头一样的产品；醒发过度，会使产品味酸，并且可能由于膨胀过度超过了面团的延伸限度而使得产品表面塌陷，缺乏光泽或表面不平，出现黑色暗斑，内部出现大蜂窝状孔洞而使产品变得组织结构粗糙，口感变硬。总体原则是：面团软可醒发重一些，面团硬醒发轻一些；面筋强醒发时间长，面筋弱醒发时间短。具体的醒发程度要在生产实践中慢慢摸索。一般情况下，判别醒发的程度，主要观察面团体积膨大的倍数(以 2～3 倍为宜)。

6. 蒸制

汽蒸是蒸制面食加工的熟制工序，加热方式的不同使得蒸制面食不同于面包，并有蒸制面食特有的风味和营养。在蒸制过程中，产品发生了一系列的物理、化学及生物化学变化，具体如下。

馒头蒸制过程中温度发生变化；馒头蒸制过程体积增大；馒头蒸制过程中各层水分含量增加；pH 下降，酸度增强；淀粉发生糊化和水解，蛋白质发生变性与水解；酵母菌、乳酸菌和醋酸菌的生命力逐渐下降；蒸制过程中，产品的风味逐渐形成。

馒头的成熟依照一般的概念应该是如下状态：馒头中绝大部分微生物已经死亡，馒头的形态已经固定，不粘手、有弹性、爽口，馒头淀粉的糊化度（α 化）达到最大、最适于人体吸收。蒸制时间的长短受到面坯大小、通蒸汽量、产品种类及形状的影响。

7. 冷却

馒头冷却为 50～60 ℃时包装最为理想，这样既不会将多余的水蒸气蒸发掉而损失蒸制面食内部水分，并保持产品仍然柔软，也不会因高温而造成包装袋内产生露水。常用的冷却方法是将出蒸柜的蒸制面食放在蒸车上或倒在冷却台上，让其自然冷却 20～30 min。

冷却过程应该尽量提高环境湿度，避免干燥空气的直吹。为了提高冷却速率，可以用潮湿冷空气对流来加快降温。一般冷却包装间不可有“过堂风”，如果在干燥的气候条件下冷却，要在房间内安置加湿装置。

8. 包装

当馒头中心部位冷却为 50～60 ℃时，应立即进行包装。如继续长时间暴露于空气中，蒸制面食等产品极易老化，感染霉菌，水分损失太大，影响风味。

包装材料有硝酸纤维素薄膜、聚乙烯、聚丙烯等。其中，尤以聚乙烯塑料袋应用最为广泛。目前，馒头的包装袋上一般打一两个小孔，以便蒸汽挥发，防止露水泛白产品。

四、蒸制面食品质量监控

蒸制面食品与发酵烘焙面食品(面包等)相比较，都需要经过发酵，然而蒸制面食品的熟制方法是蒸汽加热，产品不仅要求多孔柔软，而且具有色白、味淡、皮薄、水分含量高等特点。蒸制面食品表皮薄而柔软，支撑力比较弱，更容易出现起泡、裂口、发皱、萎缩等问题；汽蒸温度较低，不产生褐变反应，表面和内部都为乳白色，但由于不能掩盖黄、灰、褐色等颜色，会因原料或工艺等因素而导致产品颜色不好；口味平淡使制品中的香、酸、甜、苦、咸、馊、涩、腥、异味等的风味很容易显现出来，稍有不良的污染或原料风味以及加工产生的气味，都会明显地影响产品质量；汽蒸使产品水分，特别是表面水分增加，加热温度低于 108 ℃，灭菌不能够彻底，许多产品销售又是在保温条件下进行，故一般保质期非常短，甚至 6 h 之内就发生腐败变质现象；蒸制面食品为日常必需的主食，占摄入食品的比例较大，对营养和卫生要求更高，任何抗营养或有害成分的添加和污染都会对百姓的身心健康造成很大的影响。因此，蒸制面食品较烘焙面食更容易出现质量问题，而且质量劣变的因素复杂，较难控制。

(一)馒头风味问题

馒头的风味是消费者最为敏感的质量指标之一。其应为纯正的发酵麦香味，后味微甜，稍带中性有机盐的味道(碱味)，无酸、涩、苦、馊、腥、怪异等不良风味。影响风味的因素有面粉质量、水质、增白剂的添加、面团发酵、面团酸碱度等。生产中应根据影响风味的因素，采取相应措施，调整原料和工艺，使馒头风味更好。如：生产馒头的面粉应是优质小麦加工而来，工艺用水最好使用纯净的饮用水，选用无味或味淡的植物油刷盘，尽量不使用化学试剂或化学方法增白，掌握发酵条件，调整面团的酸碱度等。

(二)馒头内部结构及口感问题

馒头的口感是决定质量的最重要指标之一。优质的馒头应为柔软而有筋力，弹性好而不发黏，内部有层次，呈均匀的微孔结构。常见问题有馒头发黏无弹性，馒头过硬不暄，馒头过暄、筋力弹性差，馒头层次差或无层次，馒头内部空洞不够细腻。生产中需要通过调整原料和工艺，改善馒头内部结构，使口感更好。如：不能用发芽、虫蚀、发霉、冻伤等劣变小麦生产的面粉；多加水和酵母量，和面至最佳状态并充分揉面，延长醒发时间使馒头内部呈细密多孔结构；调整好面团酸碱度，使产品柔软暄腾；减小汽蒸时汽压，缩短汽蒸时间；坯剂大小应符合馒头机要求，且扑粉不可过多；和面时保证搅拌时间和效率，确保物料混合均匀且面筋充分形成。

(三)萎缩

有时馒头在汽蒸或复蒸时萎缩变黑而无法食用，在馒头保温存放时也偶有发生。消除馒头萎缩除需要控制小麦粉品质外，还与发酵剂的选择、加水量、小麦粉改良剂、醒发程度、面团调制、蒸制条件等有关系。即发活性干酵母，发酵能力强且用量较大，对面团的搅拌程度要求严格，比其他方法蒸制出的馒头更容易萎缩。老面由于面团经过第一次发酵后，面团内部的面筋网络结构完全舒展，增加了面团的柔韧性，即使再经过两次短时间发酵也不至于使面筋溶解或过度拉断，能保持面团的组织结构良好，不易出现萎缩，且酵母用量比一次发酵法的用量少。三次发酵法，即包括面浆发酵、面团发酵和馒头坯醒发 3 个过程，这种方法蒸制的馒头，风味和口感都比较好，但比较容易出现萎缩。

为了避免萎缩现象的发生，要把好面粉质量关，选择筋力适中，优质面粉，和好面团，保证加碱量，控制和面水温；控制醒发条件如醒发温度不超过 45 ℃、馒头坯醒发完全启动后才能进蒸柜、并且不可醒发过度、醒发后坯仍有一定的弹性。

(四)馒头外表不光滑、色泽不好

优质的馒头应为表面光滑、无裂口、无裂纹、无气泡、无明显凹陷和凸疤。表面光滑与否对于商品馒头的销售影响很大。优质馒头表面应为亮白色，颜色一致、有光泽、无黄斑、无暗点。内部也应为乳白色，颜色一致。馒头的色泽是一种视觉效果，与乳化、膨胀、透明度等有关。严格控制好原料的质量和工艺的关键点，就可避免或减少这种现象。

(五)馒头保鲜

馒头等蒸制面食品是微生物生长的良好培养基，容易腐败。伴随着馒头工业优化生产速度的加快，保存时间短，常温储藏易发霉、易老化等保鲜问题成为制约馒头工业化生产的瓶颈。馒头老化后风味变差，营养价值降低，且发霉后存在食用安全隐患。

目前，在生产中应用一些乳化剂、酶制剂、亲水胶体、维生素 C、抗性淀粉、燕麦 β-葡聚糖、海藻酸钠和魔芋葡甘聚糖、α-淀粉酶、双乙酰酒石酸甘油酯、马铃薯变性淀粉等，添加后可以延缓馒头老化的进程。其中，乳化剂和酶制剂是比较常用的抗老化剂，可以延长产品的保质期。

采用抗菌剂、物理抑菌、控制贮藏条件、辐照法、低温冷却法、气调保鲜、保鲜包装、生物防腐等技术对馒头进行保鲜，也可以有效抑制馒头的霉变和变质，起到保鲜作用，使馒头的保存期限显著延长。

五、功能性蒸制面食品发展

近年来，我国功能性食品的消费者越来越多，不仅有老年人，还包括部分儿童和中青年。此外，随着对营养需求的改变，人们不再满足于面食的主食功能，更希望其对机体有明显的调节功能。因此，我国膳食结构中占有很大比重的面制主食——馒头功能性方向发展的前景广阔。以小麦粉为主要原料，添加含生物活性成分的物质制作而成的功能性馒头不仅能够增加馒头的花色品种，还有利于增强馒头的营养价值和保健功能，即通过其中有效生物成分的协同作用，实现降低肥胖、血脂、血糖以及减少肠胃病等慢性疾病患病风险。

目前，杂粮馒头在饮食结构和均衡膳食方面越来越成为人们日常饮食不可或缺的部分。荞麦、燕麦、青稞、高粱、薯类、桑叶、山药、枸杞子和南瓜等富含膳食纤维、抗性淀粉、植物多糖(山药多糖、南瓜多糖)。将其加入小麦粉中制作成具有降血糖功能的馒头，可以有效控制血糖生成指数GI(Glycemic index)，有利于延缓糖尿病及其并发症的发生。高血压、高血脂被称为威胁人类生命的“第一杀手”。单纯的药理治疗有很大的副作用，而含有活性成分的降压、降脂保健馒头的开发不仅符合药食同源的理念，还有助于提高普通馒头的营养价值，同时利于调节机体，增强体质，满足人们的健康需求，如杏鲍菇馒头、香菇馒头、葛根馒头、豆粉馒头、紫薯馒头、黑米馒头、马铃薯馒头等。苦荞、葡萄皮、大豆等中含有的多酚、大豆卵磷脂等类物质，可以清除DPPH自由基，起到抗氧化作用。目前，功能性馒头的发展依然存在一定的问题，如加工工艺不够成熟，还有待进一步完善，所以功能性馒头的研究还处于起步阶段。但功能性馒头的开发符合人们健康饮食的理念，强化主食的营养和保健作用将成为未来面制主食的发展方向。

相关标准：

《中华人民共和国国家标准　粮油检验　小麦粉馒头加工品质评价(GB/T 35991—2018)》

任务1　蒸制面食品加工过程与质量控制

实训目标

知道蒸制面食品的种类和特点与销售方式；能画出蒸制面食品的工艺流程图；会查阅蒸制面食品的国家标准，并能根据标准进行评价；了解工厂化加工馒头等蒸制面食品的机械设备。

任务描述

通过课堂讲授、查阅资料，观看馒头等加工企业的视频，熟悉馒头、花卷等蒸制面食品的种类，识记蒸制面食品对原辅料的要求；画出蒸制面食品的工艺流程图；了解电蒸箱、和面机等蒸制面食品加工设备。需要2学时。

实训准备

1. 知识储备：阅读资料单及查阅相关资料，完成预习单。

【预习单】

(1)了解我国蒸制面食品技术的产生和地位。

(2)蒸制面食品的加工原理是什么？

(3)蒸制面食品有哪些种类？

(4)画出蒸制面食品的工艺流程图。

(5)加工馒头需要哪些原料？有何要求？

(6)馒头等蒸制面食品的感官指标和理化指标有哪些要求？

(7)馒头等蒸制面食品的国家标准有哪些？

2. 材料准备：三种以上馒头品种、馒头蒸制加工设备。

3. 工具准备：蒸锅等。

任务实施

【任务单】

一、我国蒸制面食品加工技术与定位

阅读资料单及查阅资料，学习我国蒸制面食品加工技术的发展历程与定位，并填写下表。

蒸制面食品的起源与发展

蒸制技术起源	
蒸制技术的定位	
我国蒸制面食品发展方向	

二、馒头加工工艺

阅读资料单及查阅资料，学习馒头的加工工艺，并填写下表。

馒头的加工工艺

加工馒头的主要工序	原料选择	和面	发酵	轧片成型	醒发	汽蒸	冷却包装
操作要点							
是否质量监控点							
改进建议：							

三、蒸制面食品的质量安全

阅读资料单及查阅资料，学习蒸制面食品的质量安全问题，并填写下表。

蒸制面食品的质量安全

蒸制面食品常见的质量问题	
改进建议：	

四、蒸制面食品的评价

依据GB/T 35991—2018，对供试样品进行评价，并将结果填入下表。

蒸制面食品的评价

样品编号	色泽	气味	质地	蓬松度	滋味
1					
2					
3					

五、画出馒头加工的工艺流程图

考核评价

依据附件表1对实训过程的表现进行评价。

总结反馈

实训过程有哪些不足？是什么原因造成的？

知识拓展

1. 查阅蒸制面食品的国家标准。
2. 蒸制面食品的质量安全问题有哪些？

任务 2 馒头的加工及质量评价

实训目标

会根据产品要求准备馒头等蒸制面食品的原辅料；能加工馒头、花卷等蒸制面食品，知道蒸制面食品的质量监控点；会使用和面机、电蒸箱等蒸制面食品加工设备；会评价馒头、花卷等蒸制面食品的品质。

任务描述

选用合适的小麦面粉 500 g，加工发酵馒头。要求馒头大小均匀，单个净重 100 g 左右。对加工好的馒头进行品质的检验，测定其比容、外观形状、色泽、气味、结构、弹韧性、黏牙、气味等。需要 4 学时。

实训准备

1. 知识储备：阅读资料单及查阅相关资料，完成预习单。

【预习单】

(1)查阅资料，学会馒头的比容测定方法。

(2)查阅行业标准，写出馒头等蒸制面食品的质量监控点。

(3)蒸制面食品的贮藏方式和贮藏条件有哪些要求？

(4)蒸制面食品的销售渠道有哪些？

2. 材料准备：面粉 500 g，酵母、白砂糖，饮用水。

3. 设备工具：和面机、蒸箱、煮锅、电磁炉、面包比容仪、筷子等。

任务实施

【任务单】

一、原辅料处理

根据操作过程将原辅料预处理过程填入原辅料预处理表。

原辅料预处理

	面粉	酵母	小苏打	白糖	水
预处理方式					
用量					

二、和面、发酵

根据和面、发酵操作过程填写下表。

和面、发酵过程

	和面	发酵
工作要点		
是否质量监控点		

三、揉面、分剂、整形、醒发、汽蒸、冷却、包装

根据操作过程将揉面、分剂、整形、醒发、汽蒸、冷却、包装过程填入下表。

揉面、分剂、整形、醒发、汽蒸、冷却、包装

	揉面	分剂	整形	醒发	汽蒸	冷却	包装
设备							
工作要点							
是否质量监控点							

四、馒头的检验

根据馒头品质评价标准对馒头进行感官评价，并将结果填入馒头检验评价结果表中。

馒头品质评价标准表

项目	分数	评分标准
比容(mL/g)	20	馒头的体积质量比，比容大于或等于 2.8 得满分 20 分；比容小于或等于 1.8 得最低分；比容 2.8～1.8 之间，每下降 0.1 扣 1.5 分
宽高比	5	宽高比小于等于 1.40 得最高分 5 分；大于 1.60 得最低分 0 分；在 1.40～1.60 之间每增加 0.05 扣 1 分
弹性	10	手指按压回弹性好 8～10 分；手指按压回弹弱 6～7 分；手指按压不回弹或按压困难 4～5 分
表面色泽	10	光泽性好 8～10 分；稍暗 6～7 分；灰暗 4～5 分
表面结构	10	表面光滑 8～10 分；皱缩、塌陷、有气泡或烫斑 4～7 分
内部结构	15	气孔细腻均匀 12～15 分；气孔细腻基本均匀，有个别气泡 10～12 分，边缘与表皮有分离现象，扣 1 分；气孔基本均匀，但有下列情况之一的 8～9 分：过于细密，有稍多气泡，气孔均匀但结构稍显粗糙；气孔不均匀或结构很粗糙 5～7 分
韧性	10	咬劲强 8～10 分；咬劲一般 6～7 分；咬劲差，切时掉渣或咀嚼干硬 4～5 分
黏性	10	爽口不黏牙 8～10 分；稍黏 6～7 分；咀嚼不爽口，很黏 4～5 分
食味	10	正常小麦固有的香味 10 分；滋味平淡 6～8 分；有异味 2～3 分
总分	100	

馒头检验评价结果

性状	表面色泽	高宽比	比容		弹性
得分					
性状	表面结构	内部结构	韧性	黏性	食味值
得分					

考核评价

依据附件表 2 对实训过程的表现进行评价。

总结反馈

实训过程有哪些不足？是什么原因造成的？

知识拓展

1. 查阅馒头的质量评价国家标准。

2. 馒头、花卷的质量安全问题有哪些？

知识链接

使用面包测量仪测定馒头的比容

(1)将待测馒头称重，精确至 0.1 g。

(2)选择适当体积的馒头模块(与待测面包体积相仿)，放入体积仪底箱中，盖好，从体积仪顶端放入填充物，至标尺零线。盖好顶盖后反复颠倒几次，消除死角空隙，调整填充物加入量至标尺零线。

(3)取出面包模块，放入待测馒头。拉开插板使填充物自然落下。在标尺上读出填充物的刻度，为馒头的实测体积。

馒头比容仪计算方法：$P=V/W$。

式中：P——馒头比容(mL/g)；

V——馒头体积(mL)；

W——馒头重量(g)。

允许差：两次测定值之差应小于 0.1 mL/g。

(4)馒头比容仪注意事项

①要安置在干燥、清洁处，保持箱体内清洁卫生。

②每次实验前要检查零点，实验后要将待测食品的碎渣清理干净。

③在使用过程中，插板的插入和拔出，用力要求适量，要使填充物自然落下，不要碰撞仪器，以免影响测量结果。

④填充物(油菜子)使用前的处理：将除去杂质并洗去灰尘的油菜子约 2 kg，晾干后放入 105 ℃以下的烘箱内，烘 30 min，取出冷却后放入塑料袋中备用。

第三单元
稻谷及米粉加工与质量监控

本单元依据加工企业的产品类型分为稻谷制米与质量监控、米粉的加工与质量监控2个项目；根据不同岗位工作内容，结合教学手段等分为稻谷制米的过程与质量控制、大米加工精度与大米品质的检验等6个任务，需要在校外实训基地(大米加工企业)与校内粮油加工实训室实施完成。教师根据地域情况及专业特点全部或选择部分任务进行教学。

项目一　稻谷制米与质量监控

本项目内容包括稻谷的种类、特点，稻谷碾米的加工过程与质量控制点等内容。本项目实操环节分为稻谷制米的过程与质量控制、稻谷品质的检验、大米加工精度与大米品质的检验、大米加工企业参观4个任务。

知识储备

【资料单】

一、稻谷的种植

稻谷即水稻的籽粒，水稻是世界上最主要的粮食作物之一，全球水稻常年播种面积约为15 000万 hm^2，产量维持在600亿kg左右，世界水稻生产绝大部分分布在东亚、东南亚、南亚的季风区以及东南亚的热带雨林区。近半个世纪以来，随着人口的迅猛增长，粮食危机一直是人类需要首先解决的问题，水稻是解决人类吃饭问题的重要粮食作物之一。

20世纪50—60年代半矮秆基因的利用，使水稻产量提高了30%左右，史称第一次绿色革命。20世纪70年代中期，我国“杂交水稻之父”袁隆平团队攻克了杂交水稻的“三系”配套的技术，使水稻产量再提高30%以上。进入21世纪，袁隆平团队比原计划提前一年选育成第二代超级杂交稻，大面积示范亩产800 kg，比第一期超级稻每亩高50 kg以上，米质优良。2011年、2012年超级杂交稻第三期目标实现，百亩示范亩产分别达926.6 kg、917.7 kg。2013年，启动亩产1 000 kg的超级杂交稻第四期目标攻关，2013年9月第四期超级稻实现百亩平均亩产988.1 kg。2016年7月实现双季超级稻年亩产1 537.78 kg，创双季稻产量世界纪录。2017年9月，超级杂交稻品种“湘两优900(超优千号)”又创亩产纪录，获得了亩产1 149.02 kg的超级产量，为世界粮食持续稳定增产做出了新的贡献。

袁隆平院士2019年获“共和国勋章”，被法国、美国等多个国家及世界粮农组织等多个国际组织授予荣誉及奖章，为世界粮食安全做出了卓越贡献，被誉为“当代神农”。

二、稻谷的种类

稻谷是我国重要的粮食作物，栽培历史悠久，总产量居世界首位。种植区域广泛，产量高、适应性强，在我国国民经济中具有极其重要的地位。目前，绝大多数的栽培稻属于禾本科稻属，普通栽培稻亚属，谷粒长 4～7 mm。

(一)按粒形粒质分

根据 GB/T 17891—2017 规定，按粒质将稻谷可分为粳稻谷、糯稻谷和籼稻谷三类。

1. 粳稻谷

粒形短而宽厚，呈椭圆形或卵圆形，稃毛长而密，米饭胀性较小，黏性较大。早粳稻谷腹白较大，硬质较少；晚粳稻谷腹白较小，硬质较多。

2. 糯稻谷

糯稻谷按其粒形、粒质还可分为粳糯稻谷和籼糯稻谷。粳糯稻谷籽粒一般呈椭圆形，米粒呈白色、不透明，也有呈半透明状，黏性大；籼糯稻谷籽粒呈长椭圆形或细长形，长粒呈乳白色、不透明，也有呈半透明状，黏性大。

3. 籼稻谷

粒形细长而稍扁平，呈长椭圆形或细长形，稃毛短而稀，米饭胀性较大、黏性较小。早籼稻谷腹白较大，硬质较少；晚籼稻谷腹白较小，硬质较多。

(二)按生长的季节和生长期长短分

按生长的季节和生长期长短分，可分为以下 3 种。

(1)早稻谷：生长期一般为 90～120 d。

(2)中稻谷：生长期一般为 120～150 d。

(3)晚稻谷：生长期一般为 150～170 d。

此外，也可按照稻谷的栽种地区土壤水分的不同分为水稻谷和旱稻谷。一般情况下，除了特别强调是旱稻谷外，均认为是水稻谷。

三、稻谷的工艺性质

稻谷的工艺性质是指稻谷的籽粒形态结构、化学成分、物理性质等。稻谷的工艺性质直接影响大米的质量和出米率的高低，不同品种、等级的稻谷具有不同的工艺性质，不同的加工方法和加工精度对稻谷的工艺性质的要求也不同。

(一)稻谷籽粒的形态结构

稻谷在收获时黏附着稻壳，稻谷籽粒由稻壳和颖果(糙米)两部分组成。

1. 谷壳

制米加工中稻壳经砻谷机脱去而成为颖果，也称为糙米。稻壳由两片退化的叶子内颖(内稃)和外颖(外稃)组成，内外颖的两缘相互钩合包裹着颖果，构成完全密封的稻壳。稻壳约占稻谷总质量的 20%，主要成分为纤维素(30%)、木质素(20%)、灰分(20%)和戊聚糖(20%)、蛋白质(3%)，维生素和脂肪的含量较少，灰分中含有约 95%的二氧化硅。

2. 糙米

除去稻壳以后的稻谷称为糙米，糙米由受精后的子房发育而成。根据植物学的概念，整粒糙米是一个完整的果实，由于其果皮和种皮在米粒成熟时愈合在一起，所以称为颖

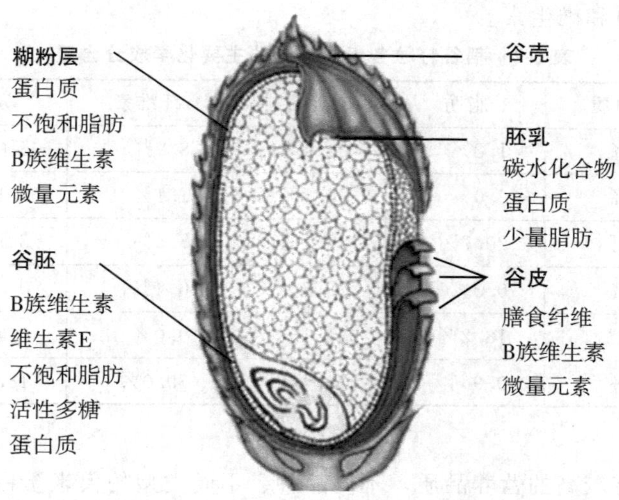

图 3-1　稻谷颖果的形态结构

果。颖果没有腹沟，长 5～8 mm，粒重约 25 mg，由颖果皮、胚和胚乳三部分组成。颖果皮由果皮、种皮和珠心层构成，包裹着成熟颖果的胚乳。

3. 胚、胚乳

胚乳在种皮内，由糊粉层和内胚乳两部分组成。胚位于糙米的下腹部，包含胚芽、胚根、胚轴和盾片四部分。在糙米中，果皮和种皮约占 2%，珠心层和糊粉层占 5%～6%，胚芽占 2.5%～3.5%，内胚乳占 88%～93%。在糙米碾白时，果皮、种皮和糊粉层一起被剥除，这三层常合称为米糠层。米糠和米胚含有丰富的蛋白质、膳食纤维、脂肪、B 族维生素和矿物质，具有较高的营养价值。

表 3-1　稻谷籽粒各主要组成部分质量比例

种类	稻壳	果皮与种皮	糊粉层与珠心层	胚	胚乳
糙米	—	2.1%	4.7%	2.5%	90.7%
稻谷	20%	1.5%	4.5%	2%	72%

4. 淀粉粒与糊粉层

(1)淀粉粒。淀粉分子在大米中以淀粉粒的形式存在。淀粉粒是淀粉分子的集聚体，大米淀粉是一种复合淀粉粒，呈椭圆形或球形。不同品种的大米由于遗传及环境条件的影响形成形状、结构和性质各异的淀粉粒。淀粉粒细胞由横向排列的长形薄壁细胞构成，越深入组织内部，细胞越大。淀粉粒的间隙中，充满着一种类蛋白质的物质，此类物质越多，淀粉粒越紧密，则胚乳组织越透明而坚实。此胚乳为角质胚乳，质地较硬，又称玻璃质。反之如果此类物质少，淀粉粒之间有空隙，则胚乳组织松散且呈粉状。此胚乳为粉质胚乳。米粒的腹白和心白为胚乳的粉质部分。

(2)糊粉层。糊粉层由排列整齐的类似方形的厚壁细胞构成。糊粉层细胞较大，胞腔中充满着微小的粒状物质，称为糊粉粒，其中含有蛋白质、脂肪、维生素及有机磷酸盐。

(二)稻谷的化学成分

稻谷籽粒中的主要化学成分有蛋白质、脂肪、淀粉、纤维素、灰分和水分等，此外还含有一定量的矿物质和维生素。

表 3-2 稻谷籽粒各组成部分的主要化学成分含量

种类	蛋白质	脂肪	淀粉	纤维素	灰分	水分
稻谷	8.1%	1.8%	64.5%	8.9%	5.0%	11.7%
糙米	9.1%	2.0%	74.5%	1.1%	1.1%	12.2%
胚	21.6%	20.7%	29.1%	7.5%	8.7%	12.4%
胚乳	7.6%	0.3%	78.8%	0.4%	0.5%	12.4%
皮层	14.8%	18.2%	35.1%	9.0%	9.4%	13.5%
稻壳	3.6%	0.9%	29.4%	39.0%	18.6%	8.5%

1. 蛋白质

大米蛋白质具有较高的营养品质，不同品种、不同类型的大米蛋白质含量不同，即使同一品种，也因产地、生长发育条件的不同而有所差异。我国三分之一的人口以大米为主食。大米蛋白质在膳食结构中所占比例较大，大米蛋白质的营养品质优良，主要体现在下列三个方面。

(1)米谷蛋白是大米蛋白质的主要成分，其组成中含赖氨酸高的碱溶性谷蛋白占 80%。其赖氨酸含量比其他一些谷物种子高。

(2)米蛋白的氨基酸组成较均衡，但缺乏赖氨酸和苏氨酸，这两种氨基酸分别为第一限制性氨基酸和第二限制性氨基酸。

(3)大米蛋白质与其他谷物蛋白质相比，具有较高的生物价(BV 值)和蛋白质效用比率(PER 值)。常见谷物蛋白质生物价与效用比率如表 3-3 所示。

表 3-3 常见谷物蛋白质生物价与效用比率

谷物	蛋白质效用比率(PER)	生物价(BV)
大米	1.36～2.56	77
大豆	0.7～1.8	58
小麦	1.0	67
玉米	1.2	60
棉子	1.3～2.1	—

2. 脂肪

糙米的皮层含有大量脂肪，是加工油脂的优良原料。大米中的脂肪酸大约 20%为不饱和脂肪酸，包括亚油酸和亚麻酸，比例接近 1∶1。脂肪在胚乳中分布不均匀，中心部位含量最低，外层含量最高，整粒米的脂肪含量为 0.2%～0.92%。米饭可口性受其中脂类含量所影响，油酸含量越高，米饭光泽性越好。有研究表明，米饭香味与米粒所含不饱和脂肪酸量有关。

3. 淀粉

淀粉是大米最主要的组成成分，占整粒大米的 77%～80%。大米中直链淀粉及支链淀粉的含量因品种、气候等不同而有所差异，一般可根据两者的含量将大米区分为糯米和非糯米。糯米不含直链淀粉，几乎都是由支链淀粉组成，其中含有约99%的支链淀粉；非糯米可按照含直链淀粉的多少，划分为低直链淀粉(9%～20%)大米、中等直链淀粉(20%～25%)大米及高直链淀粉(≥25%)大米等。

(1)直链淀粉。直链淀粉与碘液反应呈深蓝色络合物，直链淀粉与碘的呈色反应与其分子长度有密切关系：聚合度在12以下的短直链淀粉遇碘不显色，聚合度为12～15呈棕色，聚合度为20～30呈红色，聚合度为35～40呈紫色，聚合度45以上呈蓝色，吸收光谱在650 nm处为最高值。直链淀粉吸收碘量为19%～20%。直链淀粉难溶于水，溶液性质不稳定，凝沉性强。直链淀粉可用来制成强度高、柔软性高的纤维和薄膜，具有纤维素制品的性质，例如，籼米含直链淀粉多，米质松散，食用品质较低，但籼米适合加工米粉。

(2)支链淀粉。支链淀粉与碘形成紫红色复合物，支链淀粉吸收碘量小于1%。支链淀粉易溶于水，溶液较稳定，凝沉性弱。糯米和粳米不含有直链淀粉或含量较少，基本上为支链淀粉，米质较黏稠，有良好的食用品质，除直接食用外，也特别适于加工年糕。

4. 矿物质

稻谷中的矿物质元素主要存在于稻壳、胚和皮层中，某些矿物质大量存在于白米中。糙米中63%的钠和74%的钙存在于白米中。白米加工精度越高，矿物质损失越大。

5. 维生素

大米中的维生素含量较低，且多数属于水溶性的维生素，如B族维生素的硫胺素、核黄素、烟酸、吡哆醇、泛酸、叶酸等，几乎不含有水溶性维生素抗坏血酸和脂溶性的维生素A和维生素D。强化米可以弥补米中维生素缺乏的现象。

(三)稻谷籽粒的物理性质

稻谷籽粒的物理性质包括千粒重、密度、容重、谷壳率、爆腰率、出糙率、散落性和自动分级。

1. 千粒重

千粒重是指1 000粒稻谷的质量，单位是“g”，通常以风干状态稻谷籽粒进行计量。稻谷的千粒重为15～43 g，一般为22～30 g，千粒重大于28 g的稻谷为大粒，24～28 g的为中粒，20～24 g的为小粒，小于20 g的为极小粒。

2. 密度

密度是指稻谷籽粒单位体积的质量，单位以g/L或g/cm^3表示。我国稻谷的密度为1.17～1.22 g/cm^3。

3. 容重

容重是指单位容积内稻谷的质量，用g/L或kg/m^3表示。稻谷的容重一般为450～600 g/L。

4. 谷壳率

谷壳率是指稻壳占净稻谷质量的百分比。一般粳稻谷壳率小于籼稻，同类型稻谷中则是早稻谷的谷壳率小于晚稻谷。

千粒重、密度和容重与谷粒的大小、粒形及饱满程度呈正相关，即与胚乳所占质量比例呈正相关。粒形、表面性状对容重影响较大，但对千粒重、密度的影响较小；颖壳结构对密度和容重影响较大，对千粒重的影响较小。此外，化学组成及谷物籽粒各部分的比例对千粒重、密度和容重也有一定的影响。

5. 爆腰率

米粒上的横向裂纹称为爆腰，爆腰率是指爆腰米粒占试样的百分率。爆腰的糙米籽粒强度降低，加工易出碎米，使出米率降低。爆腰率高的稻谷不适合加工高精度大米。

6. 出糙率

出糙率是评价商品稻谷质量等级的重要指标，是指一定数量稻谷全部脱壳后获得全部糙米质量占稻谷质量的百分率，其中不完善粒折半计算。谷壳率高的稻谷出糙率低，加工脱壳困难；谷壳率低的稻谷出糙率高，加工脱壳容易。

7. 散落性

散落性是指谷物颗粒具有类似于流体且有较大局限性的流动性能。谷物群体中谷粒间的内聚力较弱，易产生流动性，但自然下落至平面时只能形成圆锥体，而不像液体形成一个平面。

8. 自动分级

固体颗粒群体在流动或受到振动时，颗粒之间在大小、形状、密度、表面状态和绝对质量等方面存在着差异，性质相同的颗粒向某一特定区域聚集，造成颗粒群体的重新分布即自然分层，这一现象称为自动分级。自动分级的一般规律是：大而轻的物料悬浮于料层的上部；重而大和轻而小的物料分别位于中层；小而重的物料沉于料层底部。

(四)稻谷籽粒的结构力学性质

因为不同的稻谷籽粒组织具有不同的化学组成和细胞结构，所以稻谷各部分表现出不均匀的结构力学性质。为了在加工过程中能合理安排工艺流程和技术参数，确保白米的完整性，需要对稻谷的结构力学性质有充分的了解。

1. 糙米的力学性质

颖壳的主要成分是二氧化硅和粗纤维，具有较硬的质地，机械力承受能力较强，对米粒起保护作用。皮层主要由细胞壁物质纤维素、半纤维素和木质素构成，其中也含有较多的矿物质，胞壁较厚，且内容物较少。由于皮层处于种子的外层，其韧脆性受水分的影响较大，加工时为了提高皮层的完整性可以在表面着水，使其软化。胚乳的细胞壁较薄，分布在基质蛋白质网络中的淀粉具有较大程度的结晶结构，刚性较大，胚乳的质量约占整个籽粒的90%，因此胚乳的结构力学性质对碾米工艺起主要影响作用。胚的细胞壁很薄，内容物原生质具有胶体性质，细胞的韧性较强，能被压扁而不破裂。

糙米颗粒在机械力的作用下，会发生变形而产生内部应力，当外力的作用超过一定的强度时，糙米颗粒将破裂。米粒的抗破坏强度可用抗压强度、抗弯曲强度、抗剪切强度等来表示。碾米过程中糙米主要受挤压的作用。

2. 影响糙米力学性质的因素

稻谷的类型、籽粒的水分含量、胚乳的组成及温度等因素可影响稻谷和糙米结构力学性质。

(1)稻谷的类型。粳稻谷米粒机械强度大，耐压性能好，加工时不易产生碎米，有较高的出米率；糯稻谷和籼稻谷的米粒机械强度小，耐压性能差，加工时易产生碎米，出米率较低。

(2)胚乳的结构，主要表现在腹白心白粒和角质粒的差别上，心白粒的机械强度较腹白粒的强度小，角质粒的机械强度最大，粉质粒的机械强度最小。爆腰粒的机械强度小于该品种的平均强度，且折断的位置始于原裂纹处。

(3)水分含量。在一定的范围内，水分增加会导致糙米的机械强度减弱。为了确保稻米加工的机械强度和安全贮藏，水分含量应控制在15%以下，原料水分较高时需先进行干燥处理。水分对糙米机械强度的影响如表3-4所示。

表3-4　水分对糙米机械强度的影响

水分	抗压强度/kg		抗弯曲强度/kg		抗剪切强度/kg	
	腹白心白粒	角质粒	腹白心白粒	角质粒	腹白心白粒	角质粒
15.28%	5.89	5.94	3.39	3.80	2.02	2.69
17.39%	5.02	5.34	3.05	3.18	1.46	2.10
19.12%	2.91	3.54	2.15	2.37	1.30	1.52
21.51%	2.63	2.86	2.02	2.17	1.04	1.49
23.24%	2.05	2.35	1.42	1.61	0.91	1.15

(4)温度：温度在0～5 ℃时米粒的机械强度最大，随着温度的上升，米粒的机械强度下降。温度对糙米籽粒机械强度的影响如表3-5所示。夏季气温较高，由于加工过程中米粒受机械作用而发热升温，因此会进一步降低米粒的机械强度，易产生碎米。

表3-5　温度对糙米籽粒机械强度的影响

温度	水分	抗压强度/kg			
		破碎	爆腰	破碎	爆腰
−20 ℃	12.4%	12.54	10.91	7.81	6.39
0 ℃		13.22	12.25	8.79	7.37
20 ℃	18.0%	12.08	11.23	8.06	6.78
30 ℃		11.46	10.66	7.81	5.73

四、稻谷的清理

用于加工的稻谷，由于选种、栽培、收割、脱粒、干燥、储运等因素，一般都会混有一定数量的杂质。稻谷清理是根据稻谷和杂质在某些物理性质上的不同，采用合适的清理设备，通过适当的清理设备，运用适宜的工艺和妥善的操作方法，将夹杂在稻谷内的各种杂质有效地剔除，得到纯净的稻谷，确保生产正常进行，以提高大米纯度及工艺效能。

(一)清理的目的与要求

1. 稻谷清理的目的

稻谷中的杂质，不仅影响稻谷的安全储藏性，同时给稻谷加工带来很大的危害。稻谷中如含有金属、石块等坚硬杂质，在加工过程中容易使机器损坏，影响设备的正常安全工作；某些坚硬杂质与设备表面撞击摩擦产生火花甚至可引起火灾或粉尘爆炸。稻谷中如含有体积大、质轻而柔软的杂质，如布片、杂草、秸秆、纸屑等，进入机器时会阻塞喂料机构，使进料不均，降低进料速度，影响设备效率。稻谷中如含有泥沙、尘土等细小杂质，带入车间后会造成粉尘飞扬污染环境，对工人的身体健康有一定影响。稻谷中杂质混入成品中，会降低产品的纯度，影响成品的质量，因此加工的首要任务是清理除杂。

2. 稻谷中杂质的种类

稻谷中的杂质可按化学性质或杂质大小进行分类，按化学性质可分为有机杂质与无机杂质。有机杂质包括杂草种子、虫尸、虫卵、虫蛹及瘪谷等；无机杂质包括泥沙、石块、磁性矿石与金属杂质等。按大小可分为三类：一是大杂，是留存在直径为 5.0 mm 圆孔筛上的杂质；二是中杂，指通过 5.0 mm 但留存在 2.0 mm 圆孔筛上的杂质，其中最难除去的杂质有稗子及形状大小与稻谷相似的并肩石、并肩泥等；三是小杂，指通过 2.0 mm 圆孔筛以下的杂质。

3. 稻谷清理的工艺要求

稻谷清理要求做到"净谷上砻"，要有效地清除稻谷中所含的各种杂质。进入砻谷工段的净谷含杂总量不应超过 0.6%，含沙石不应超过 1 粒/kg，含稗不应超过 30 粒/kg。清理过程中，可根据原粮的特点和加工需要，利用筛理进行大小粒的分级。通过稻谷的分级加工，可降低除杂困难，提高后续工艺的效能。净谷是经过清理后，杂质减少为一定限量以下的稻谷。经过清理工艺过程后，进入砻谷工序的净谷含杂量必须符合表 3-6 中规定的指标。

表 3-6 净谷的最大限度杂质含量指标

项目		计量单位	最大限度含量
含杂总量		%	0.60
其中	砂石	粒/kg	1
	稗子	粒/kg	30

引自：《粮食加工》，李则选等编，化学工业出版社，2005.01

(二)清理的方法及原理

清理杂质的方法很多，主要是利用杂质与谷粒物理性质的不同进行分选。稻谷清理的方法、原理、常用设备及作用见表 3-7。

表 3-7 稻谷清理的方法、原理、常用设备及作用

方法	原理	常用设备	作用
风选法	利用稻谷与杂质空气动力学性质的差异	吹式风选机、吸式风选机、循环风选机	分离稻谷中的轻杂
筛选法	利用稻谷与杂质的粒度差异	初清筛、振动筛、平面回旋筛、高速筛	分离与稻谷粒度相差较大的杂质
精选法	利用稻谷与杂质的长度差异	碟片精选机、滚筒精选机、碟片滚筒组合机	分离与稻谷长度相差较大的杂质
磁选法	利用杂质的磁性	磁筒、永磁滚筒、电磁滚筒	分离稻谷中的磁性杂质
密度分选法	利用稻谷与杂质的密度差异	比重去石机、重力分级机、浓集机	分离稻谷中的石子
光电分选法	利用稻谷与杂质光学和电学性质的差异	光电分选装置	分离与稻谷色差较大或介电常数相差较大的杂质

1. 风选法

风选法是根据谷粒与杂质在悬浮速度等空气动力学性质方面的差异，利用特定形式的气流使杂质与谷粒分离的方法。根据气流的运动方向不同，分为垂直气流风选法、水平气流风选法及倾斜气流风选法等；按照气流运动方式不同也可分为吹式风选法、吸式风选法和循环式风选法等。

2. 筛选法

为了达到稻谷和杂质分离的目的，根据杂质与谷粒在粒度大小、形状等方面存在的差异，选择适宜筛孔尺寸的筛面组合，使杂质和谷粒的混合物通过筛面时，分别成为筛上物和筛下物即为筛选法。筛选法需满足三个基本条件：一是过筛物必须与筛面接触；二是选择适宜的筛孔形状及大小；三是筛选物料与筛面应有相对运动。

筛面形式有两种：冲孔筛与编织筛。冲孔筛一般用 0.5～2.5 mm 厚的薄钢板制造，质量大、刚度好、不易变形，但开孔率较低。冲孔筛又分为波纹和平面两种筛面，筛孔形状有长方形、圆形及等边三角形等；筛孔的排列方式有平行排列和交错排列两种。编织筛用金属丝编织而成，开孔率较高，质量小，由于承载能力较弱，筛孔易发生变形现象。通常，筛面层数多的情况下使用编织筛，筛面层数少时使用冲孔筛，筛孔一般有短形和长形。

筛选法在稻谷制米加工中应用广泛，用于清理及同类型物料的分级。常见筛选设备有圆筛、溜筛、振动筛及平面回转筛等。

3. 精选法

根据谷粒和杂质长度的不同，利用具有一定形状、大小的袋孔的工作面进行分离的方法称为精选法。精选法主要分离与稻谷大小、形状、比重相近的异粒粮食杂质。精选法分离工作面形式有碟片和滚筒两种形式。

4. 磁选法

利用磁力清除谷粒中金属杂质的方法称为磁选法。当物料通过磁场时，粮粒为非磁性物质，可自由通过磁场，磁性的金属杂质在磁场中被磁化而与磁场产生相互吸引，从而达到清除磁性金属杂质的目的。通常使用永久磁铁做磁场，常见的磁选器有栏式、栅式与滚筒式设备。

5. 密度分选法

借助谷粒与杂质密度的不同，利用运动过程中产生自动分级的原理，采用适宜的分级面使之分离称为密度分选法。密度分选法包括干法与湿法，一般干法使用较广泛。干法密度去石机是具有代表性的设备之一，可分为吸式和吹式两种类型。

6. 光电分选法

利用谷物和杂质对光的吸收或反射、介电常数的不同进行分离的方法称为光电分选法。光电分选法也包括工业上已经使用的有色选法，用于黄粒米的分离去除。

(三)常规稻谷加工清理流程

为了获得最佳的分离和清理效果，可根据不同的清理方法及特点，在选择设计清理流程时，要利用谷物和杂质的最大差异性。对清理的情况应及时进行工艺效果的评价，以便了解设备的运作情况，正确指导生产。评价清理工艺效果的指标为杂质去除率和净粮提取率：杂质去除率是指清理前后杂质含量的差与清理前杂质的比；净粮提取率是清理后净谷含量与清理前净谷含量的比。常规稻谷加工清理流程如下：

稻谷(计量)→筛选风选组合→密度分选(去石)→磁选→精选→净谷(计量)。

五、砻谷与谷糙分离

稻谷清理后，再进入砻谷及其产品的分离工艺过程。稻谷加工中脱去稻壳的工艺过程称为砻谷。若用稻谷直接碾米，能源消耗高、产量低、出米率低、碎米较多，且成品色泽差、纯度和质量低、混杂度高。砻谷的任务是将清理后的稻谷进行脱壳，并将谷壳分离，同时对脱掉壳的糙米与未脱壳的稻谷进一步分选，使未脱壳的稻谷再次脱壳。脱壳制得纯净糙米后，方才进行碾米。禁止不经过砻谷机脱壳就直接将稻谷进行碾米的做法。送入稻谷砻谷后的混合物称为砻下物，主要包括糙米、未脱壳的稻谷、稻壳、碎糙米和未成熟粒等。

(一)砻谷

砻谷是根据稻谷结构的特点，由砻谷机施加一定的机械力而实现的。按脱壳时的受力和脱壳方式，稻谷脱壳可分为端压搓撕脱壳、挤压搓撕脱壳及撞击脱壳 3 种。

1. 端压搓撕脱壳

谷粒长度方向的两端受两个不等速运动的工作面的挤压、搓撕而脱去颖壳的方法称为端压搓撕脱壳。砂盘砻谷机是应用端压搓撕脱壳原理的典型设备之一，它的基本构件是上下平行安置的两个砂盘。上盘固定下盘转动，谷物在两盘间隙内受到挤压、剪切和撕搓等作用而脱壳。砂盘砻谷机具有结构简单、造价低，砂盘可自行浇铸等优点；缺点是此法脱壳率低，对糙米的损伤大，碎米率较高。

2. 挤压搓撕脱壳

谷粒两侧受两个不等速运动的工作面的挤压、搓撕而脱去颖壳的方法为挤压搓撕脱壳。利用挤压搓撕脱壳作用机理的典型设备为胶辊砻谷机，其工作部件是一对富有弹性的橡胶辊或聚酯合成胶辊，两辊做相向不等速运动，依靠挤压力和摩擦力使稻壳破裂并与糙米分离，两辊间的压力可以调节。不同品种的稻谷所需要的压力有一定差异，压力过大，会使米粒变色、变脆，并缩短辊筒寿命。通常，每使用 100～150 h 即需要更换辊筒。

3. 撞击脱壳

高速运动的粮粒与固定工作面撞击而脱去颖壳的方法称为撞击脱壳。离心砻谷机是运用撞击脱壳机理的典型设备。谷物进入设备后落在离心盘上，由于受到离心力的作用，谷粒被高速甩向设备的内筒壁而产生较大的撞击力，将稻壳撞裂脱掉。

(二)谷壳分离

谷壳分离是指从砻下物中将稻壳分离出来的过程。砻下物经稻壳分离后，每 100 kg 稻壳中含饱满粮粒应少于 30 粒；谷糙混合物中含稻壳量不应超过 1.0%；糙米中含稻壳量应小于 0.10%。谷壳分离主要利用稻壳与谷糙在物理性质上的差异使之相互分离。稻壳与谷糙在悬浮速度上存在较大的差异，因此最适宜谷壳分离的方法为风选法。一般砻谷机的下部均带有谷壳分离装置，即砻下物流经分级板产生自动分级，稻壳浮于砻下物上层由气流穿过砻下物时带起，从而使稻壳从砻下物中分离出来。

(三)谷糙分离

由于砻谷机不可能一次性全部脱去稻谷颖壳，砻谷后的糙米中仍含有一小部分稻谷未脱壳。为保证净糙入碾米机，故需进行谷糙分离。谷糙分离是对分离稻壳后的砻下物进行分选，使糙米与未脱壳稻谷分离的过程。谷糙分离方式有两种：一种方式是以筛选原理为基础，利用稻谷和糙米粒度的差异，谷糙混合物充分自动分级后，稻谷上浮，糙米下沉，使用合适的筛面，使糙米充分接触分级面而得以分离；另一种方式是以谷物和糙米在密度、弹性和表面性质方面的差异为基础进行分离，在分离设备内部碰撞和表面摩擦时，稻谷和糙米向不同的方向运动而分离。

六、碾米及成品整理

稻谷经砻谷及产品分离后，净糙米进入碾米和成品整理工艺过程。

(一)碾米

碾米的主要目的是碾除糙米的皮层，使其成为符合规定精度等级标准要求的成品白米的过程。

1. 碾米的作用

糙米皮层虽含有脂肪、蛋白质等较多的营养素，但粗纤维含量高，吸水性、膨胀性差，食用价值较低且不易贮藏。大米加工精度用糙米去皮的程度来作为衡量的依据，即糙米去皮越多，成品大米精度越高。在碾米过程中，在使成品大米达到符合规定的质量标准前提下，应尽量保持米粒完整，减少碎米，提高出米率，提高大米的纯度，降低碾米能耗。

2. 碾米的方法

(1)化学碾米，是先用溶剂对糙米皮层进行处理，然后对糙米进行轻碾的方法，可同时得到白米和米糠。化学碾米碎米少、出米率高、米质好，但成本高，溶剂损耗、残留等问题不易解决，未被广泛使用。化学碾米还可以利用纤维素酶分解糙米皮层，不经碾制即可使糙米皮层脱落而制得白米。

(2)机械碾米，也称为常规碾米，是运用机械设备产生的作用力对糙米进行碾白的方法。这种方法被世界各国广泛使用。

(二)机械碾米的基本原理

根据作用力的特性可将机械碾米分为研削碾白和摩擦擦离碾白两种。

1. 研削碾白

研削碾白适于碾制籽粒结构强度较差、表皮干硬的粉质米粒，是借助高速转动的金刚砂辊筒表面无数锐利的砂刃对糙米皮层进行运动研削，使米皮破裂脱落，达到糙米碾白的目的。研削碾白压力小，产生的碎米较少，成品表面光洁度较差，米色暗而无光，易出现精度不均匀现象，米糠含淀粉较多。

2. 摩擦擦离碾白

由于米粒与碾白室构件之间、米粒与米粒之间的相对运动，糙米在碾白室内产生相互间的摩擦力，当这种摩擦力深入到米粒皮层的内部，米皮沿胚乳表面产生相对滑动，并被拉伸、断裂，直至擦离。这种强烈的摩擦作用使糙米皮层剥落的过程称为擦离，利用擦离使糙米碾白的方法称为摩擦擦离碾白。

摩擦擦离碾白压力较大，也可称为压力碾白。碾白时所需摩擦力要大于米粒皮层自身的结构强度和米皮与胚乳的结合力，而小于胚乳自身的结构强度。米粒表皮干硬、塑性差则碾白效果不好；表面柔软、塑性好、涩性大的米粒，应用摩擦擦离碾白效果较佳。摩擦擦离碾白制成的大米，表面细腻光洁、精度均匀、有较好的色泽，但由于碾白压力大，易产生碎米。

(三)碾米机

碾米机主要由进料机构、碾白室、出料机构、传动机构与机座等部件组成。其中碾白室是影响碾米工艺效果的重要因素。碾白室由碾辊、螺旋输送器及米筛等构成。根据作用方式可将碾米机分为研削型碾米机、擦离型碾米机和混合型碾米机。

1. 研削型碾米机

研削型碾米机均为砂辊碾米机，其碾辊线速度较大，通常为 15 m/s 左右，也称为速度式碾米机。研削型碾米机碾白压力较小，机形比擦离型碾米机大。

2. 擦离型碾米机

擦离型碾米机为铁辊式碾米机，由于具有较大的碾白压力也称为压力式碾米机。擦离型碾米机碾辊线速度较低，约为 5 m/s，碾制相同数量大米时，其碾白室容积比其他类型的碾米机要小，常用于高精度米加工，多采用多机组合，轻碾多道碾白。擦离型碾米机有较大的碾白压力，常用于饲料碾轧、菜子磨泥、小麦剥皮等。

3. 混合型碾米机

混合型碾米机为砂辊或砂铁辊结合的碾米机，其碾白作用以研削为主，擦离为辅，碾辊线速度一般为 10 m/s 左右，介于擦离型碾米机和研削型碾米机之间。混合型碾米机兼有研削型与擦离型碾米机的优点，有较好的工艺效果。碾白平均压力和米粒密度比研削型碾米机稍大，机形适中。

(四)碾米对稻谷籽粒的影响

糙米碾白时，米粒的种皮、果皮、外胚乳和糊粉层等被剥离而成为米糠，外胚乳和糊粉层称为内糠层，果皮和种皮称为外糠层。

糙米出糠率的大小与米糠层的厚度和糠层的表面积密切相关。在加工同一精度的大米时，品质优良的品种及成熟而饱满的稻谷，由于其纵沟较浅、糠层较薄，表面积相对减小，有较低的出糠率，出米率较高。另外，腹白和心白多的稻谷，结构疏松，硬度较低，加工时容易出碎米，品质差，耐贮藏性不佳。有爆腰的稻谷，加工时易产生较多的碎米。爆腰率与稻谷的晒干程度有关，若稻谷晒得过干，爆腰率高，影响米的品质。

碾米时，除糠层被碾去外，大部分的胚也被碾下来。加工高精度的白米时，胚几乎全部脱落而进入米糠中。理论的白米应当是纯胚乳，实际上糠层和胚都不会完全被碾去。因此，大米的精度可根据米粒留皮的程度和留胚的多少来判断。大米的精度越高，除去的糠层和糊粉层越多。糠层和糊粉层中维生素和蛋白质含量丰富，因此从营养学角度，不宜加工过高精度的米。

(五)成品及副产品的整理

糙米碾成白米后，表面常黏有一些糠粉，米温较高，并混有一定数量的碎米。为了提高成品大米的质量，利于贮藏，在成品大米包装前需进行擦米除糠、凉米降温、分级除碎及成品整理等工艺处理。

1. 擦米

擦米是为了擦除黏附在白米表面的糠粉，使白米表面光洁，提高成品的感官色泽，有利于大米贮藏及米糠的回收利用。擦米机的擦米辊均用棕毛、皮革或橡胶等柔软材料制成。擦米辊四周围有花铁筛或不锈钢金属筛布，米粒在两者之间运动而被擦刷。

2. 凉米

凉米的目的是降低米温，以便于贮藏。尤其在加工高精度大米时，米温比室温高，如不经冷却立即包装进仓，易使成品发热霉变。一般在擦米的同时进行凉米，可使用气流与米粒进行逆向热交换，将凉米与吸糠有机地结合起来，也可利用喷风米机碾米和白米气流输送冷却成品。

3. 白米分级

白米分级通常采用筛选设备进行，分级的目的是根据成品质量要求分离出超过标准的碎米。我国大米质量国家标准中有关碎米的规定为：留存在直径 2 mm 的圆孔筛上，不足正常整米的 2/3 的米粒为大碎米；通过直径 2 mm 圆孔筛，留存直径 1 mm 圆孔筛上的碎粒为小碎米。世界各国把大米含碎率作为区分大米等级的重要指标。

4. 副产品的整理

稻谷加工的副产品包括稻壳、米糠、碎糙米等，为了便于副产品的安全贮藏和综合利用，通常将副产品由混杂的状态整理成相对纯净的状态。

(1)稻壳整理。稻壳整理常采用风选法，从砻谷机吸出的稻壳由离心分离器收集后，进入稻壳分离器进行二次分离。

(2)未熟粒和碎糙米的整理。未熟粒是指生长不完全的米粒，其组成与完善粒相同，但是机械强度小，碾米时易破碎而混入米糠中。碎糙米的机械强度比未成熟粒高一些，但因其粒度和断裂处的强度较小，碾米时易破碎混入米糠中增加米糠的淀粉含量，使米糠油的质量受到影响。混在谷糙中的未熟粒可在分离碎糙米的工艺中被同时分离出来，混在稻壳中的未熟粒和碎糙米可在稻壳整理时分离出来。

七、白米的标准与质量控制

各类大米精度，以国家制定的精度标准样品对照检验。在制定精度标准样品时，需参照相关规定：特等为背沟有皮，粒面米皮基本去净的占 85%以上；标准一等为背沟有皮，粒面留皮不超过 1/5 的占 80%以上；标准二等为背沟有皮，粒面留皮不超过 1/3 的占 75%以上；标准三等为背沟有皮，粒面留皮不超过 1/2 的占 70%以上。

我国各种等级的早籼米、籼糯米的含碎总量不超过 35%，其中小碎米为 2.5%(见表 3-8)；各种等级的晚籼米的含碎总量不能超过 35%，其中小碎米为 2%(见表 3-9)；各种等级的早粳米及粳糯米的含碎总量分别不能超过 30%和 20%，其中小碎米为 2.0%(表 3-10)；各种等级的晚粳米的含碎总量不能超过 15%，其中小碎米为 1.5%(见表 3-11)。

表 3-8 早籼米、籼糯米质量指标

<table>
<tr><th rowspan="2">等级</th><th rowspan="2">加工精度</th><th rowspan="2">不完善粒</th><th colspan="5">最大限度杂质</th><th colspan="2">碎米</th><th rowspan="2">水分</th><th rowspan="2">色泽气味口味</th></tr>
<tr><th>总量</th><th>糠粉</th><th>矿物质</th><th>带壳稗粒粒/kg</th><th>稻谷粒粒/kg</th><th>含碎总量</th><th>小碎米</th></tr>
<tr><td>特等</td><td>按实物标准样品对照检验留皮程度</td><td>3.0%</td><td>0.25%</td><td>0.15%</td><td>0.02%</td><td>20</td><td>8</td><td rowspan="4">35.0%</td><td rowspan="4">2.5%</td><td rowspan="4">14.0%</td><td rowspan="4">正常</td></tr>
<tr><td>标准一等</td><td>按实物标准样品对照检验留皮程度</td><td>4.0%</td><td>0.30%</td><td>0.20%</td><td>0.02%</td><td>50</td><td>12</td></tr>
<tr><td>标准二等</td><td>按实物标准样品对照检验留皮程度</td><td>6.0%</td><td>0.40%</td><td>0.20%</td><td>0.02%</td><td>70</td><td>16</td></tr>
<tr><td>标准三等</td><td>按实物标准样品对照检验留皮程度</td><td>8.0%</td><td>0.45%</td><td>0.20%</td><td>0.02%</td><td>90</td><td>20</td></tr>
</table>

表 3-9 晚籼米质量指标

<table>
<tr><th rowspan="2">等级</th><th rowspan="2">加工精度</th><th rowspan="2">不完善粒</th><th colspan="5">最大限度杂质</th><th colspan="2">碎米</th><th colspan="2">水分</th><th rowspan="2">色泽气味口味</th></tr>
<tr><th>总量</th><th>糠粉</th><th>矿物质</th><th>带壳稗粒粒/kg</th><th>稻谷粒粒/kg</th><th>含碎总量</th><th>小碎米</th><th>一类地区</th><th>二类地区</th></tr>
<tr><td>特等</td><td>按实物标准样品对照检验留皮程度</td><td>3.0%</td><td>0.25%</td><td>0.15%</td><td>0.02%</td><td>20</td><td>8</td><td rowspan="4">35.0%</td><td rowspan="4">2.0%</td><td rowspan="4">14.0%</td><td rowspan="4">14.5%</td><td rowspan="4">正常</td></tr>
<tr><td>标准一等</td><td>按实物标准样品对照检验留皮程度</td><td>4.0%</td><td>0.30%</td><td>0.20%</td><td>0.02%</td><td>50</td><td>12</td></tr>
<tr><td>标准二等</td><td>按实物标准样品对照检验留皮程度</td><td>6.0%</td><td>0.40%</td><td>0.20%</td><td>0.02%</td><td>70</td><td>16</td></tr>
<tr><td>标准三等</td><td>按实物标准样品对照检验留皮程度</td><td>8.0%</td><td>0.45%</td><td>0.20%</td><td>0.02%</td><td>90</td><td>20</td></tr>
</table>

注：一类地区包括广东、广西、福建、四川、云南、贵州、河南、湖北、陕西；二类地区为除一类地区以外的地区。

表 3-10　早粳米及粳糯米质量指标

等级	加工精度	不完善粒	最大限度杂质					碎米			水分	色泽气味口味
			总量	糠粉	矿物质	带壳稗粒粒/kg	稻谷粒粒/kg	含碎总量		小碎米		
								早粳	粳糯			
特等	按实物标准样品对照检验留皮程度	3.0%	0.25%	0.15%	0.02%	20	4	30.0%	20.0%	2.0%	14.5%	正常
标准一等	按实物标准样品对照检验留皮程度	4.0%	0.30%	0.20%	0.02%	50	6					
标准二等	按实物标准样品对照检验留皮程度	6.0%	0.40%	0.20%	0.02%	70	8					
标准三等	按实物标准样品对照检验留皮程度	8.0%	0.45%	0.20%	0.02%	90	10					

表 3-11　晚粳米质量指标

等级	加工精度	不完善粒	最大限度杂质					碎米		水分		色泽气味口味
			总量	糠粉	矿物质	带壳稗粒粒/kg	稻谷粒粒/kg	含碎总量	小碎米	一般地区	六省区	
特等	按实物标准样品对照检验留皮程度	3.0%	0.20%	0.15%	0.02%	10	4	15.0%	1.5%	15.5%	14.5%	正常
标准一等	按实物标准样品对照检验留皮程度	4.0%	0.25%	0.20%	0.02%	20	6					
标准二等	按实物标准样品对照检验留皮程度	6.0%	0.30%	0.20%	0.02%	30	8					
标准三等	按实物标准样品对照检验留皮程度	8.0%	0.35%	0.20%	0.02%	40	10					

注：六省区指贵州、云南、福建、广东、广西、四川。

相关标准：

《中华人民共和国国家标准　优质稻谷(GB/T 17891—2017)》

《中华人民共和国国家标准　大米(GB/T 1354—2018)》

任务1　稻谷制米的过程与质量控制

实训目标

知道我国先民种植稻谷的历史，学习“水稻之父”袁隆平为实现“禾下乘凉梦”而进行的艰苦卓绝的科学研究历程；明白稻谷的种类与特点；知道稻谷制米的工艺流程图；知道稻谷制米的加工设备名称。

任务描述

通过课堂讲授、查阅资料，观看稻谷加工企业的视频，知道我国先民种植稻谷的历史，学习“水稻之父”袁隆平为实现“禾下乘凉梦”而进行的艰苦卓绝的科学研究历程；学习识记稻谷的种类与特点；画出稻谷制米的工艺流程图；说出稻谷制米的机械设备名称。需要2学时。

实训准备

1. 知识储备：阅读资料单及查阅相关资料，完成预习单。

【预习单】

(1)我国先民最早驯化栽培稻谷是在哪个朝代？

(2)袁隆平先生“禾下乘凉梦”的意义是什么？

(3)稻谷的工艺性质是指稻谷的哪些特性？

(4)根据GB/T 17891—2017、GB/T 1354—2018规定，我国的稻谷怎样分类？不同类型有何特点？

(5)稻谷、糙米、白米有何区别？

(6)稻谷制米前为什么要清理？

(7)稻谷清理主要有哪些环节？

(8)什么是砻谷？“净谷上砻”对净谷要求有哪些？

2. 材料准备：稻谷样品、糙米样品、白米样品。

3. 工具准备：稻谷清理设备图片、稻谷加工视频等。

任务实施

【任务单】

一、稻谷种植概况

阅读资料单及查阅相关资料，填写下表。

我国稻谷种植概况

<table>
<tr><td rowspan="2">我国先民最早种植稻谷的朝代、文献</td><td colspan="2">朝代</td><td colspan="2">记载文献</td></tr>
<tr><td colspan="2"></td><td colspan="2"></td></tr>
<tr><td rowspan="2">袁隆平的杂交水稻的单产</td><td>第一代超级稻</td><td>第二代超级稻</td><td>第三代超级稻</td><td>第四代超级稻</td></tr>
<tr><td></td><td></td><td></td><td></td></tr>
<tr><td rowspan="3">谈谈“禾下乘凉梦”的意义</td><td colspan="4"></td></tr>
<tr><td colspan="4"></td></tr>
<tr><td colspan="4"></td></tr>
</table>

二、稻谷分类

下载查阅稻谷国家标准 GB/T 17891—2017，写出稻谷的种类及特点，判断供试样品的种类，将结果填入稻谷分类表。

稻谷分类

种类	特点	样品类型

三、稻谷的清理

根据教学视频与图片，认识稻谷清理的设备，整理后将结果填入下表。

稻谷清理的设备

设备类型	机械设备名称		作用
风选法			
筛选法			
精选法			
磁选法			
密度分选法			
光电分选法			

四、画出稻谷清理工艺流程

五、砻谷和谷糙分离

根据教学视频与图片，学习砻谷与谷糙分离，将结果填入下表。

砻谷和谷糙分离

砻谷的种类及特点	端压搓撕脱壳：
	挤压搓撕脱壳：
	撞击脱壳：
净糙米杂质指标	

六、碾米及成品整理

根据教学视频与图片，学习碾米及成品整理，将结果填入下表。

碾米及成品整理

机械碾米的种类及特点	研削碾白	摩擦擦离碾白
成品整理的内容		
副产品整理的内容		

七、画出稻谷制米的工艺流程图

考核评价

依据附件表 1 对实训过程的表现进行评价。

总结反馈

实训过程有哪些不足？是什么原因造成的？

知识拓展

1. 袁隆平先生获得了哪些国家级以及国际奖项？

2. 我国杂交水稻对世界粮食安全的影响。

任务2 稻谷品质的检验

实训目标

会检验稻谷的千粒重、容重、爆腰率；会评价稻谷的品质。

任务描述

通过学习、示范、操作实施，明白稻谷的千粒重、容重、爆腰率等品质及对加工品质的影响，学会检验稻谷的千粒重、容重、爆腰率、出米率的方法，会计算稻谷的千粒重、爆腰率、出糙率、出米率等工艺参数。本任务在食品加工实训室完成。需要2学时。

实训准备

1. 知识储备：阅读资料单及查阅相关资料，完成预习单。

【预习单】

(1)稻谷的物理性质有哪些？

(2)怎样测定稻谷的千粒重、密度、容重？

(3)什么是稻谷的谷壳率、爆腰率、出糙率，这些数据说明了什么？

(4)什么是散落性和自动分级？对稻谷的加工和贮藏有何影响？

(5)粳稻谷、糯稻谷和籼稻谷哪种稻谷的出米率高？哪种容易产生碎米？

2. 材料准备：3种以上稻谷。

3. 工具准备：电热恒温水浴锅、蒸锅、天平(1/100)1台，镊子1把，尺子1把，放大镜1把，培养皿3套，玻璃板1块，刀片，计数器等。

任务实施

【任务单】

一、稻谷的物理性质

阅读资料单，查阅相关资料，将稻谷的物理性质填入下表。

稻谷的物理性质

稻谷的物理指标	千粒重	密度	容重
定义			
单位及一般数值			
测定方法			
指导意义			
稻谷的物理指标	谷壳率	爆腰率	出糙率
定义			
单位及一般数值			

续表

稻谷的物理指标	谷壳率	爆腰率	出糙率
测定方法			
指导意义			

二、检验结果

测定稻谷的性质，将检验结果填入下表。

稻谷物理性质的检验

项目	品种 1	品种 2	品种 3
爆腰率			
千粒重			
容重			
粒形			
色泽			
气味			
谷壳率			
出糙率			

考核评价

依据附件表 2 对实训过程的表现进行评价。

总结反馈

实训过程有哪些不足？是什么原因造成的？

知识拓展

1. 查阅稻谷质量评价国家标准。
2. 怎样贮藏稻谷？稻谷的质量安全问题有哪些？

知识链接

稻谷物理性质测定方法

1. 爆腰率的测定：随机取 50 粒糙米，用放大镜挑选出爆腰的糙米，计算爆腰糙米占试样的百分数。重复 3 次，计算其平均数。

2. 测定千粒重：随机供试样品 1 000 粒，测定其质量。重复 3 次，计算平均数。

3. 测定容重：从供试样品中取单位体积的大米，测定其质量，计算单位体积大米的容重(g/L)。重复 3 次，计算平均数。

4. 粒形的测定：用尺子测定其粒长、粒宽及籽粒的厚度。重复 3～5 粒。

5. 色泽：将大米籽粒在黑色的纸上撒一薄层，在散射光下观察是否有黄米粒、是否有光泽，并进行描述。

6. 气味：随机取几粒待测样品，置于手掌中，嗅其味道，双手搓热或哈热气后再嗅其气味，并进行描述。

任务3　大米加工精度与大米品质的检验

实训目标

会检验大米的黄米粒率、裂纹米粒率、整精米粒率、恶白粒率等；会评价大米加工精度。

任务描述

通过学习、示范、操作实施，检验供试样品大米的加工精度，根据检验结果评价供试样大米，完成大米的加工精度检验，黄米粒率、裂纹米粒率、大米整精米粒率、垩白粒率、角质率、垩白度的检验与测定。本任务在食品加工实训室完成。需要2学时。

实训准备

1. 知识储备：阅读资料单及查阅相关资料，完成预习单。

【预习单】

(1)稻谷籽粒的结构及组成？白米属于稻谷籽粒的哪一部分？

(2)国家标准GB/T 1354—2018将白米分为哪几种？主要分类依据是什么？

(3)糙米与白米的营养价值有何差异？

(4)糙米碾白时主要去掉了哪些结构？

(5)如何强化白米的营养物质？

(6)什么是腹白和心白？

(7)什么是角质和粉质？

(8)留胚米怎样加工？如何贮藏？

2. 材料准备：

(1)3种以上白米。

(2)实验试剂的准备：

①0.1%品红石碳酸溶液：称0.5 g石碳酸加入10 mL浓度95%的乙醇，再加入盐基品红1 g，待溶解后，用水稀释到500 mL，充分混合后，存储于棕色瓶中备用。

(可用4 g品红溶于100 mL浓度9.5%的硫酸溶液中，配制品红染液)

②1.25%硫酸溶液：用量筒取比重1.84、浓度95%的浓硫酸7.2 mL，注入盛有400～500 mL水的容器内，然后加水稀释到1 000 mL备用。

③苏丹-Ⅲ乙醇溶液：取苏丹-Ⅲ约0.4 g于100 mL 95%的乙醇中，配成饱和溶液。

3. 工具准备：电热恒温水浴锅1个，蒸锅1个，天平(1/100)1台，镊子1把，尺子1把，放大镜1把，培养皿3套，玻璃板1块，刀片，计数器等。

任务实施

【任务单】

一、大米加工品质的评价

阅读资料单，查阅相关资料，完成大米加工品质评价方法的学习，将结果填入下表。

大米加工品质的评价

<table>
<tr><td>评价指标</td><td colspan="3">留皮程度</td></tr>
<tr><td>测定方法</td><td colspan="3"></td></tr>
<tr><td>评价指标</td><td>裂纹米粒率</td><td>黄米粒率</td><td>整精米粒率</td></tr>
<tr><td>测定方法</td><td></td><td></td><td></td></tr>
<tr><td>指导意义</td><td></td><td></td><td></td></tr>
<tr><td>评价指标</td><td>垩白粒率</td><td>角质率</td><td>垩白度</td></tr>
<tr><td>测定方法</td><td></td><td></td><td></td></tr>
<tr><td>指导意义</td><td></td><td></td><td></td></tr>
<tr><td rowspan="2">评价指标</td><td colspan="3">蒸煮品质</td></tr>
<tr><td>最佳蒸煮时间</td><td colspan="2">加水量</td></tr>
<tr><td>测定方法</td><td></td><td colspan="2"></td></tr>
<tr><td>指导意义</td><td></td><td colspan="2"></td></tr>
</table>

二、检验结果

测定样品大米的加工品质，将检验结果填入下表。

大米加工品质的检验

项目	样品 1	样品 2	样品 3
留皮程度			
整精米率			
黄米粒率			
裂纹米粒率			
垩白粒率			
角质率			
垩白度			
最佳蒸煮时间			
加水量			

考核评价

依据附件表 2 对实训过程的表现进行评价。

总结反馈

实训过程有哪些不足？是什么原因造成的？

知识拓展

1. 查阅我国白米质量评价国家标准。
2. 怎样贮藏大米？大米的质量安全问题有哪些？

知识链接

大米加工精度的测定方法

1. 大米加工精度的测定(可选择一种方法)。

(1)品红石碳酸溶液染色法。

称取标准样品和试样各 20 g，从中不加挑选地各数出整米 50 粒，分别放入两个蒸发皿内，用清水洗去浮糠。倒出清水，各注入品红石碳酸溶液数毫升，淹没米粒，浸泡约 20 s，米粒着色后，倒出染色液，用清水洗 2～3 次，滗净水。用 1.25%硫酸溶液荡洗 2 次，每次约 30 s，倒出硫酸溶液，用清水洗 2～3 次。根据颜色对比留皮程度，米粒留皮部分呈红紫色，胚乳部分呈浅红白色。

(2)苏丹-Ⅲ染色法。

按上法数出整米 50 粒，用苏丹-Ⅲ乙醇饱和溶液浸没米粒，然后置于 70～75 ℃水浴中加温约 5 min，使米粒着色。然后倒出染色液，用 50%乙醇洗去多余的色素。皮层和胚芽呈红色，胚乳部分不着色。

2. 大米整精米粒率的测定：每个供试样品随机取样 50 粒，在放大镜下按标准挑选出整精米，计算整精米占供试样的比例，重复 2～3 次。

3. 黄米粒率的测定：每个供试样品随机取样 50 粒，在放大镜下挑选黄米粒，计算黄米粒占供试样的比例，重复 2～3 次。

4. 裂纹米粒率的测定：每个供试样品随机取样 50 粒，在放大镜下按标准挑选出裂纹米粒，计算裂纹米粒占供试样的比例，重复 2～3 次。

5. 垩白粒率的测定：每个供试样品随机取 50 粒完整的大米，在放大镜下按标准挑选出垩白米粒，计算垩白米粒占供试样的比例，重复 2～3 次。

6. 角质率的测定：每个供试样品随机取 10 粒完整的大米，测定每粒大米角质占的百分比，计算其平均数。

7. 垩白度的测定：每个供试样品随机取 10 粒完整的大米，测定每粒大米垩白占的百分比，计算其平均数。

8. 测定不同大米的蒸煮品质：用蒸锅取等量的待测样品，分别煮米，记录不同品种的成熟时间和适宜加水量。

任务 4　大米加工企业参观

实训目标

明白大米加工企业的安全常识；厘清整个企业厂房的布局，知道主要工作岗位；清楚各个车间工作内容；了解企业工艺管理规定、设备管理制度，了解各车间岗位管理制度、操作规程；学习企业文化。

任务描述

参观大米加工企业，学习企业安全生产章程，记录各生产车间的布局，清楚各个车间工作内容；参观总控制台的操作程序，明白各车间控制台的操作工序；学习企业员工管理规定、设备管理制度；学习企业文化，了解劳务报酬。了解主要工序作业指导书、成品管理作业指导书、辅料和包装材料作业指导书、滞留区作业指导书；了解企业的“HACCP文件”及“关键工序控制操作规程”。需要4学时。

实训准备

1. 知识储备：浏览相关企业的网站，完成预习单。

【预习单】

(1)阅读该企业的简介。

(2)了解该企业产品种类。

(3)了解该企业经营理念。

(4)了解该企业的社会服务等公益行为。

2. 材料准备：以小组为单位设计企业调查表，并打印纸质版，便于调查。

3. 工具准备：记录笔、头盔、工衣等。

任务实施

【任务单】

一、企业的概括

通过对企业网上资料的了解及实地参观，填写企业概况表。

企业概况表

位置	
联系电话	
入厂要求	
第一印象及体会：	

二、大米加工车间参观

跟随企业引导人员认真观察、及时提问，并将结果填入下表。

大米加工车间参观记录

加工项目	风选	去石	磁选	砻谷	谷糙分离	碾米	成品整理	光电分选	包装
所在楼层									
是否封闭									
工作人数									
感受体会：									

三、品管部参观

跟随企业引导人员认真观察、及时提问，并将结果填入下表。

品管部参观记录

检验项目					
主要工作					
要求					
感受体会：					

四、企业文化

认真听取企业人员介绍，仔细阅读企业宣传走廊，了解企业文化，并将结果填入下表。

企业文化参观记录

企业发展历程	
企业荣誉	
企业愿景	
企业公益	
感受体会：	

考核评价

依据附件表 3 对实训过程的表现进行评价。

总结反馈

本次参观最大的收获有哪些？自己是否具备入职这样企业的条件？是否愿意入职？

知识拓展

我国大米加工企业主要有哪些？各企业有哪些知名品牌？

项目二　米粉的加工与质量监控

本项目内容包括米粉的种类、特点，米粉的加工过程与质量控制等内容。本项目实操环节分为米粉的加工过程与质量控制、米粉品质的评价 2 个任务。

知识储备

【资料单】

一、米粉的概念与分类

米粉是以大米为原料磨成的粉。日常生活中我们所称的米粉是以大米为原料，经过洗米、浸泡、磨浆、搅拌、蒸粉、压条、干燥等一系列工艺所制成的一种圆截面、长条状米制品。米粉在我国南方地区如湖南、湖北、广西、江西、福建等地称为米粉，而在云南、贵州、四川等地称为米线，比较著名的产品有桂林米粉、福建兴化粉、广东的沙河粉等。米粉具有质地柔韧、洁白细嫩、晶莹透明、口感爽滑等特点，有汤粉、凉拌、炒粉、火锅等多种食用方法，在米制品中占有重要的地位。

米粉的命名和分类，使米粉品种日趋规范化，以满足工业化的要求。根据加工和食用方式，米粉可分为湿米粉、干米粉、速冻米粉和方便米粉。

(一)湿米粉

根据产品外形湿米粉可分为扁粉和圆粉，是以大米为原料，经过磨浆、糊化、成型、冷却等生产工艺制成，并未经干燥的米粉，如桂林米粉、常德米粉、过桥米线、沙河粉等。

(二)干米粉

干米粉是加工后的湿米粉经脱水干燥能长期保存的米粉。食用时需煮熟，如直条米粉、米排粉等。

(三)速冻米粉

速冻米粉是加工后的湿米粉在－30 ℃快速冷冻，然后在0 ℃以下长期保存的米粉，如速冻调理米粉。

(四)方便米粉

方便米粉又称即食米粉，是加工后的湿米粉经脱水干燥后(或不脱水保鲜包装)能够长期保存，且食用时用热水冲泡3～5 min能够马上食用的米粉。根据是否脱水可分为方便米粉和保鲜方便米粉；根据形状可分为方便米线(米粉)和方便卷粉(河粉)。

目前，早餐店里的米粉一般都是湿米粉，也有采用干米粉泡水后复原成的湿米粉。包装后进入市场流通的一般为干米粉(如直条米粉)、方便米粉(如方便米线和方便卷粉等)。

二、米粉的生产与质量控制

米粉的生产工艺主要分为湿法生产与干法生产两种。湿法生产的米粉具有柔韧可口、断条率低、产品质量好的特点，但生产用水量大，淀粉损失量大，出品率较低，能源消耗多。干法生产的米粉出品率低，设备投资少，动力消耗低，具有严格的操作要求，产品质量不容易控制。

(一)原料预处理

原料预处理是米粉生产的第一道工序，主要包括大米清洗、润米和浸泡等过程。

1. 大米清洗

大米清洗主要是除去对生产操作和产品质量有影响的米粒中的谷粒、砂石、糠粉、糠麸等，其主要作用体现在四个方面：一是减少断条率，增加米粉的韧性；二是改善米粉的色泽，增加透明度；三是提高生产设备的连续性；四是增加米粉的适口性。通过清洗一般要达到含砂量小于0.02%，含谷量小于2粒/kg，大米留皮总量不大于15%等要求。

2. 润米和浸泡

润米和浸泡分别是干法生产与湿法生产的主要工序。其目的是要让米粒充分吸水，软化分解其原有的坚硬组织，不仅为米粒的粉碎或磨浆提供了良好的生产条件，而且为米粉淀粉组织的重新组合提供了有力保证。影响润米和浸泡效果的因素很多，操作时间为2～12 h以内。一般要求润米后其水分为28%～30%，浸泡后大米含水量为40%～45%，干法生产对水分的控制更加为严格。在气温较高的条件下，为防止米粒发酸，可在米粒中添加2%的食用酒精，并适当缩短润米和浸泡时间。

3. 影响原料预处理的因素

(1)只洗不碾，当原料等级较低时，就会影响产品的质量。

(2)流量太大，物料不能充分地清洗和碾削，杂质清洗不完全，也会影响产品质量。

(3)影响润米和浸泡质量的主要因素有着水量、润米和浸泡时间及环境温度和湿度。一般着水量应保持在浸过大米表面5 cm左右；润米和浸泡时间应掌握在2～12 h之间，根据实际情况灵活掌握，如气温较高时，润米和浸泡时间可缩短，气温较低时，时间可适当延长；若时间过短，米粒未润透，米质软硬不一，使磨浆时出现粉状粗细不匀或米浆粗粒过多的现象，对粉条淀粉组织合成新的紧密结构和降低断条率不利；空气中湿度大、温度低，米粒中水分蒸发速度慢，应适当延长润米时间；空气湿度小、温度高，米粒中的水分蒸发快，应适当提高着水量。

(二)粉碎

利用机械克服米粒内部的凝聚力，将其分裂成粉末的过程为粉碎。粉碎通常有磨碎和击碎两种方式。磨碎是利用上下两个锋利坚硬的磨盘，对米粒进行研压和摩擦使其粉碎，常用于湿米粉的生产；击碎是利用高速回转式粉碎机撞击米粒使其粉碎，一般用于干法生产米粉。

1. 粉碎的作用

(1)便于蒸料。大米经过润米后，水分虽然基本渗透到米粒的中心，但并没有均匀浸泡整个颗粒，如不经过粉碎直接去蒸料，将导致蒸料时间延长、效果较差、消耗大及产量降低等结果。

(2)便于挤条成型。把颗粒状的大米制成条，需有粉碎过程，否则很难制成粗细均匀、富有弹性及韧性的米粉条或加工成细嫩的粉片。

(3)利于淀粉的重新优化组合。米粒加工成粉条，改变了原淀粉组织结构，淀粉组织结构重新组合，若大米先经过粉碎，破坏原有米粒淀粉的组织结构，使其均匀吸水膨胀，再经蒸料和挤压可使之成为紧密坚实的条状结构。

(4)利于淀粉糊化。经润米后，米粒中的水分依然较难达到平衡，因为粒状物通常比粉状物大，用粉碎或研磨的方法破坏其结构，水分易渗透到颗粒中间，因此利于淀粉的糊化。

2. 粉碎要达到的技术指标

(1)湿磨时磨浆后的米浆应全部通过 40～50 目绢筛。如一台磨浆机达不到指标，为了使米浆的细度能达到要求，应采用双机联磨。磨浆后米浆的含水量在 40%～50%。

(2)干磨粉碎后的粉末应 80%均能通过 60 目绢筛。若粉末达不到细度要求，或粉末内有较多的粒子状物，除了检查前工序的生产质量外，还可在粉碎后采取增设分级筛的方法，将残留的粒子重新粉碎。粉碎后粉末的含水量应控制在 24%～28%。

为了让粉末粒子之间的水分能够达到自然渗透平衡，粉碎以后的粉末应当静置 1～2 h，因为在润米中，米粒中心的水分一般比边缘少，其因粉碎发热同时散发了部分水分，所以粉碎以后的粉末应当静置一段时间。

3. 粉碎质量的控制

(1)湿法加工米粉磨浆质量的控制。

①浸米时间：大米浸泡时间短，米粒没有吸足水分，淀粉组织未得到软化，在磨浆中会出现米浆中粗粒物较多的现象。因此，为了保证米浆质量，要认真控制好浸米时间，未达到规定浸米时间的米粒，决不允许入机。

②磨浆机转速：转速是保证磨浆机产量和质量的前提。转速高，进入工作面的米粒流量会增加，产量也会相应提高，但米粒所受到的冲击力也较大，容易造成米浆中含粗粒物多。为了保证磨浆机研磨出的米浆质量优、产量高，应按照设备出厂规定的技术要求确定转速。

③磨盘工作面的锋利程度：磨盘工作面的形状对米浆粗细度有较大的影响。若磨盘工

作面较光滑圆钝，米浆粗细度较差；磨盘工作面粗糙锋利，研磨出的米浆较细嫩。

④流量：流量是指进入磨浆机的米粒和水的混合流量。流量与轧距在操作中是相互配合的。轧距固定，流量必须保持一定，否则就会影响设备效率。进料时，进水量过多或过少均会影响米浆质量。进水量太小，进米粒量多，又会造成米浆浓度大，影响蒸浆；进水量太大，会造成米浆粗粒多。生产中为了稳定磨浆质量、提高生产效率，需合理控制流量与轧距。

⑤磨片轧距：轧距是决定磨浆机效率的主要因素。通常，米浆粗细度会随着轧距的变化而变化。轧距大，压力小，米浆中粗粒多；轧距小，压力大，米浆细嫩。但磨片轧距太小，产量会减少，同时导致米浆温度升高。因此，要根据生产实际情况确定磨片轧距来提高设备的生产效率。

(2)干法加工米粉磨粉质量的控制。

①米粒含水量高，产量明显下降、电耗上升；米粒含水量低，产量高、耗电少，但粒子状物多，影响米粉条质量。

②锤片的线速度是粉碎机主要的工作性能之一，其产量、质量都随着锤片线速度的升高而增加，当转速达不到设计要求时，产量减少，粉碎物粗。

③筛孔是保证粉末质量的关键因素。筛孔过大，通过筛孔的粉末就粗；筛孔过小，通过筛孔的粉末就细，但产量减少。在生产时一般采用孔径为 0.6 mm 的筛孔。

④风压低，风量小，物料传输困难，粉碎机不能正常运转。

⑤在一定范围内增加流量，产量的增加比能耗增加要快很多。但达到单产最低能耗后，继续增加流量，会导致单产能耗增大。

(三)蒸料

蒸料是米粉生产的重要工序之一，是把已粉碎为粉末或已磨浆的大米淀粉，在一定的温度下糊化的过程。

1. *蒸料目的和作用*

(1)蒸料是大米淀粉在一定的温度下糊化成为胶体的过程，以便加工成米粉条。

(2)蒸料目的。大米经过洗米、润米和粉碎，米粒仅仅是发生物理变化，并未发生化学变化。直接把这些粉状物与水混合并挤压，很难把其加工成坚韧细嫩的米粉条。如果经高温糊化，就能形成富有黏性的胶体，才具有胶合的可能性。

(3)蒸料作用。通过蒸料把大米中的晶态淀粉分子与非结晶态淀粉分子之间的氢键拉开，使它们各自成为胶体。在温度 58～61 ℃时，水分充足的条件下，淀粉开始吸水膨胀，结晶体慢慢地“溶解”。持续一段时间后，淀粉粒子全部解体成为胶体。淀粉成为胶体后，黏性较强，才能挤压成条。

2. *蒸料方法*

生产米粉条时蒸料方法有所差异，有榨粉和切粉、干法和湿法。

(1)榨粉时主要有四种蒸料的方法。第一种是把米浆放到蒸料带上蒸熟后输送到榨机榨条；第二种是用过滤脱水机械将米浆脱水后，放入蒸料器内进行糊化；第三种是将粉状物混合后，用榨机制成颗粒，然后将颗粒放入蒸锅内蒸熟；第四种是把粉状物加入搅拌蒸料机内，加入适当的水，启动电机，打开蒸汽阀将料蒸熟。

(2)切粉生产的蒸料方法。切粉生产的蒸料方法是把混合后的米浆均匀地落到蒸料带上，由蒸锅加热糊化。蒸浆法和搅拌蒸料法的机械化程度高，蒸料效果好，劳动强度较小，适宜产量较大的米粉条生产厂家。

3. 干法加工米粉蒸料质量控制

(1)增加米粉条强度。要在粉状物内掺入4%～10%的已回笼蒸熟的碎粉条，而且这些碎粉条要浸泡成米浆再加入，这样做的目的是为了增加米粉条的强度。刚开始生产若没有回笼碎粉条作增黏剂，可用蒸熟的米饭替代，把米饭浸成米浆混合到粉状物中去。这样既可提高米粉条的黏性，又可增加米粉条的大米香味。

(2)控制蒸料糊化程度。为了更好地控制蒸料糊化程度，料既不能蒸得太熟，也不能太生。料蒸得太熟，榨出的米粉条容易粘连；料蒸得太生，榨出来的米粉条韧性差、断条率升高、米粉条在烹调中淀粉溶解在水中的比例大。蒸料熟度一般控制在80%～85%。

(3)控制蒸料后的含水量。蒸料时的水分添加量应根据实际生产情况而定。原粉状物含水量低，可多添加一些水；原粉状物含水量高，蒸料时可少添加一些水。一般情况下，粉料中含水量高，蒸料时间短、熟化快、韧性差、榨条困难；粉料中含水量低，蒸料过程时间长、熟化慢，榨机推料阻力大，仪器设备容易受损。通常物料蒸熟后含水在28%～36%为宜。

(4)控制蒸料温度。由于蒸料方法不同，蒸料温度也各不同。通常，温度在58～61 ℃大米淀粉就开始糊化，但是在大批量的机械化生产中，继续保持该温度会出现产量低、蒸料时间长的现象，不适应批量生产。批量生产要求大米淀粉糊化温度保持在80～90 ℃，且不能低于80 ℃。

(5)控制蒸料时间。蒸料时间与大米淀粉糊化程度、色泽、水分等因素密切相关。蒸料时间短料不熟，粉条泛白，产品断条率高。蒸料时间太长，色泽淡黄，米粒含水率过高。因此，确定蒸料时间要全面考虑蒸料含水率、蒸料方法、温度等主要因素。

(6)注意蒸后物料保温。物料蒸熟后，不直接进入挤料机，应采取相应的措施(如覆盖麻布)保持物料温度，以防止冷却后水分散发过多而导致米料硬化、影响榨条等现象。

(7)蒸料的转速。转速慢，粉状物入机后不能充分扩散和对流，机内物料结团快，使糊化了的面块包围未糊化的物料，很难达到预定的糊化效果。通常，蒸料机的搅拌线速度控制在7.5～8.5 m/s为宜。

(四)挤料、榨条、冷却与松丝

1. 挤料

挤料是把经过蒸料糊化后的淀粉用机械挤压胶合的第一道工序。

(1)挤料作用。米粉经高温拌蒸后，淀粉受热而迅速吸水糊化成胶体。胶体未经过外力挤压，胶粒之间的结构不紧密，只有经外力挤压才能使它们紧密坚实地胶合成整体，把其制成条状。

(2)挤料方法。把经过糊化的粉料输送到螺旋式的榨条机内，在螺旋推力的作用下，不断将物料推向前运动，使它们在机膛内挤压成团，然后从出料孔排出。

(3)挤料质量控制。被挤压出的料条应该结构紧密坚实，且具有良好的透明度。刚糊化的粉料虽有一定的透明度，但并不显著，只有经过挤料后透明度才会提高。如果挤压出来的米料仍显白色，说明机膛压力不足，进料不够，应增加进料的流量。对于泛白色的米料应重新再进行挤料，这样才能达到挤料的技术要求。

2. 榨条

榨条是确定米粉条直径、形状、规格和进一步加强淀粉胶合性的主要工序，也称为出丝或挤丝。榨条的方法是把经过挤料后的米料输送到螺旋式榨条机内，在螺旋推进力的压迫下，使米料穿过筛孔板成为粉条。

3. 冷却

米粉条从榨条机挤压出来，温度最高可达 80 ℃，如不冷却，米粉条容易粘连在一起，使产品质量受到影响。冷却在米粉条生产中的作用非常重要。由于米粉条的生产工艺不同，其冷却方法也各异，常见的冷却方法有风冷却和结合冷却两种。

(1)风冷却。风冷却是利用风扇通风做短时间的冷却，其作用是疏松粉条、减少粘连结块的现象、风干米粉条表面带有的黏性凝液。用此方法冷却，对米粉条的品质不会引起改变。

(2)结合冷却。结合冷却是采用风冷却和自然冷却相结合的方法，米粉条经风冷却后，再让其自然冷却几小时，以达到产品质量标准。结合冷却的作用有两方面。

①结合冷却可促使粉条淀粉 α 化向 β 化转变。β 化是指 α 化淀粉经冷却后的回生，这种冷却方法会改变米粉条的品质，仅适于排粉的生产，不适合方便米粉条的生产。主要的原因是方便米粉条要求全部是 α 化淀粉，只需用开水浸泡，即可食用。如方便米粉条中的淀粉 α 化转变为 β 化状态，米粉条想用开水泡熟是很难的，即便泡透，吃起来也会有夹生感。而排粉则要求久煮不糊、汤不浑浊、爽口，因此必须要有 α 化淀粉的回生过程。

②结合冷却有熟化作用，也称熟成或静置。它的做法是将风冷后的米粉条放在不通风的室内，使其静置，促使条内淀粉粒子定性和水分平衡。静置的时间通常为 2～4 h。静置时间太短，会使米粉条内淀粉粒子来不及固定而被水分子扩散运动打乱，影响产品烹调性；静置时间太长，既挤占场地，同时易产生发霉现象。

温度也是影响米粉淀粉回生的重要因素之一，同时回生要在一定的时间内才能完成。常温条件下，几分钟内淀粉回生率是微小的。因此，很多厂家在排粉生产过程中，用 4～16 h 来完成淀粉 α 化向 β 化的转变，然后再进行松丝复蒸。

4. 松丝

松丝是指将出条切断冷却后的米粉条进行疏散。

(1)松丝的作用。米粉条在出条中带有黏液，虽经强制冷却和风干，但仍有少量的米粉条粘连在一起。如果不松丝，米粉条经复蒸烘干后，会相互粘连结堆，成型困难。

(2)松丝的方法。松丝一般采用手工或机械处理。生产直条状米粉条常采用手工松丝；生产排粉通常采取机械松丝。排粉是经长时间冷却后淀粉已回生的米粉，米粉条表面已结膜硬化，在松丝中不怕挤压，适应于机械松丝。松丝的技术要求是要做到不夹条、不结块。

(五)蒸煮、切断与产品成型

1. 蒸煮

蒸煮是二次糊化的过程，是指把从榨条机出来并冷却后的米粉送入复蒸器内，由蒸汽直接加热，使其进一步糊化；或把刚从榨条机出来的米粉条直接投入沸腾的水中，使其再次糊化的过程。

(1)蒸煮作用。蒸煮的作用是把组成米粉条的淀粉全部 α 化。经过第一次蒸料后大米淀粉糊化程度仅为 80%～85%。挤成条后，淀粉组织结构表面致密，但淀粉粒子并没有完全相互胶合，只有再经过蒸煮，让米粉条继续受热吸水糊化，才能将糊化程度迅速提高为95%以上，从而形成稳定的米粉条，达到所要求的技术。因此，蒸煮是米粉条淀粉组织结构完全胶合的特殊工序，也是排粉生产中不可或缺的主要环节，应认真对待。

(2)蒸煮方法。常用的蒸煮方法有水煮法和干蒸法两种。

①水煮法。水煮法的工作过程是将榨条机挤出来的米粉条加入100 ℃沸水锅内，糊化后立即捞出成型。水煮的技术要求是锅内的水必须是沸水，米粉条下锅时要将其均匀散开，水煮时间不超过60 s。若水煮时间太长，米粉条易溶解在水中，淀粉损失大，成品率较低，应用较少。

②干蒸法。干蒸法是把米粉条放在容器内利用蒸汽糊化。这种方法在米粉条生产中应用广泛，主要有连续复蒸、间歇复蒸和高压复蒸等。

2. 蒸煮质量控制

蒸煮的目的是提高米粉条淀粉糊化程度。米粉条生产中，淀粉糊化程度越高，产品的吐浆值(米粉条在烹调中淀粉溶解在水中的比值)和断条率就越低，烹调性则越好。所以，在操作中应认真掌握蒸煮技术，严格控制蒸煮温度、蒸煮时间等工艺参数。

(1)蒸煮温度。淀粉的基本糊化温度为58~61 ℃。在米粉条蒸煮过程中，尤其是在间歇复蒸器内，米粉条堆叠较厚，需要用95～99 ℃才能达到蒸煮效果。因此，很多生产厂家利用压力容器复蒸米粉条来提高复蒸温度，以达到更佳的复蒸效果。

(2)蒸煮时间。米粉条复蒸时间与粉质含水率和原淀粉糊化程度密切相关。在蒸煮温度相同的情况下，米粉条含水多，已糊化的淀粉回生少，则淀粉再糊化速度快，蒸煮时间短；如果米粉条含水少，已糊化淀粉回生多，则淀粉再糊化速度慢，蒸煮时间长。在流水生产作业中，其糊化速度较快，所需蒸煮的时间短，一般是14～16 min。在排粉生产中，出丝后经4～16 h的冷却，淀粉回生多，必须延长蒸煮时间才能使淀粉全部糊化。在排粉生产中蒸煮温度应保持在95～99 ℃，时间应不少于30 min。

3. 切断与产品成型

产品的成型是米粉条生产中不能缺少的一道主要工序，也称米粉条的成型。其成型的好坏对产品的干燥脱水及产品的销售影响较大。米粉条的成型必须做到松散、透气性能好，便于干燥脱水，且要求造型美观大方、样式新颖、包装得体、携带方便，才能吸引顾客。

米粉条成型很有讲究，如常见的有圆条波纹状的波纹粉、圆条折叠状的排粉、扁条湿状的米粉、烘干切断成型的切粉等。不同形状的米粉条，成型方法有所不同。例如：波纹状成型是控制出丝速度与输送速度之比，与此同时限制出丝头与传输带之间的距离，迫使米粉条弯曲成起伏不大的波纹；直条状成型是用相应的机械，将米粉条排散，运用米粉条自身的重力拉直而成；折叠成型是用手工的方法把米粉条折叠成疏散的块状；条状成型是利用出条筛孔板的孔形、孔径挤压而成等。

(六)干燥

干燥是米粉生产中的一个重要环节，干燥技术的要求因米粉品质不同而有所差异。

1. 干燥速度

在一定的温度下单位时间内被干燥物中汽化出水分的量称为干燥速度。米粉条的干燥时间不能过短，通常控制在4 h以上。若干燥时间太短，将会产生一些不良现象，如米粉条内有气泡。气泡是指米粉条烘干后，能用肉眼看见的像鱼子状的透明斑点。产生气泡的原因是干燥时间短、脱水速度快，米粉条内水分子剧烈运动而成。米粉条中的气泡多，既影响外观，又增加了米粉的断条率。另外，也会产生米粉条脱水不均匀的现象，如干燥时间过短，米粉条易吸热不均匀，吸热多的部位，水分蒸发速度快，吸热少的部位，水分蒸发较慢，造成米粉条脱水不均匀。脱水不均匀可使已干燥的部位脆裂，而没有干燥的部位发生霉变。

2. 干燥质量

米粉条经过脱水后，不应产生酥脆断裂、变色、变味、出现斑点等现象。在实际生产中，不论采取哪种干燥方法，都会经常出现米粉条开裂的情况，这种现象也称为酥条。造成这种现象的原因是干燥速度过快，使米粉条变色。另外，米粉条出现斑点也是干燥速度过快、温度高所造成的。

为了提高干燥质量，防止米粉条酥脆、变色、起斑点，必须要根据米粉的干燥原理，根据不同的环境条件，选择合理的工艺参数。根据长期生产经验表明，环境空气的相对湿度大、气温低，烘干质量好。因此，有很多生产厂家采用“低温长时间”的干燥方法。

3. 方便米粉条的干燥

方便米粉条经过复蒸处理后要立即脱水干燥。方便米粉条是用优质脆米为原料制成的，是一种淀粉全部糊化的米粉条。干燥时要用 50 ℃左右的温度迅速脱水。这样做的目的是为了使方便米粉条生产中可较快地固定 α 化淀粉，以防止 α 化状态的淀粉向 β 化转化。只有固定了 α 化淀粉，米粉条才能具有良好的复水性能，即在沸水内浸泡 3 min 就能食用。

我国方便米粉条的干燥方法常运用的是热风干燥，把经过复蒸后的米粉条迅速送入温度 50 ℃左右的干燥室内，用热风连续脱水 3～4 h，使米粉条的含水量迅速降低为 13%～13.5%。利用热风干燥时，特别需要注意的是温度和时间的控制，以防止淀粉回生老化。

三、米粉生产现状及发展趋势

(一)米粉生产现状

我国幅员辽阔，各地饮食习惯不同，北方人喜欢面食，南方人偏爱米食。如广东、广西、湖北、湖南、云南、贵州、江西等地，人们喜欢吃米粉，尤其是桂林、昆明等地一日三餐均把米粉作为主食。据调查统计，仅广东与湖南两省，每个省米粉的市场需求量每天都在数十万千克以上，全年需求量高达几亿千克。

与面条、方便面的机械化生产相比，我国南方人喜爱的米粉生产速度较缓慢。各地新鲜米粉一般是当天加工，当天食用，无法长期贮存。方便米粉主要是利用现代的食品科学技术，将新鲜的米粉经后续加工使之能长期保存且方便即食的一类方便食品，是继方便面大量占有市场后，近年来很受消费者青睐的方便食品。

广东米粉是最早生产的方便米粉，主要是将米粉干燥包装制成。作为一种主要的米制品和传统的出口商品，广东米粉已有 40 多年的发展历史，其生产技术不断革新和完善，产品品种不断翻新，质量逐步提升，已成为广东省出口的龙头商品。中华人民共和国成立前，广东米粉的生产属于手工加工的作坊式，但其产品却有整齐的外观和较好的食用品质。自 20 世纪 80 年代起，广东米粉年出口额均超过 800 万美元。

20世纪50年代，广东米粉已经开始用简单的流水线进行机械生产，并有产品出口。其生产方法是把大米由风尘磨磨成粉末，蒸成米糕状压片出丝或加米饭拌匀压二次片出丝，再经平底锅蒸炊，火力、时间全凭经验进行掌控，没有具体参数可供控制。因此，产品质量不稳定，时好时差。干燥时利用太阳晒，产量严重受限，产品质量、卫生情况较差，“霉粉”“糖心粉”时有发生，遇到阴雨天气时，粉排变黄、变黑，中间发霉、产酸、“长毛”，成品成批报废，损失较大。用硫黄燃烧产生的SO_2作为防腐剂和漂白剂，虽然使米粉产品变质率明显降低，但硫黄燃烧时，由于在密闭室内，气流不均匀，对不同位置的米粉作用不同，造成色泽差异大，SO_2残留量不均匀，有的米粉SO_2残留量高达1000 mg/kg，直接影响了米粉的风味和质地，限制了广东米粉在国际市场上的竞争力。

20世纪60年代，开始用隧道式热风干燥土炉代替太阳晒干工艺，基本形成了流水线生产作业。20世纪80年代初期，广东米粉生产工艺发生改革，米粉生产基本上采用了半机械化或机械化的连续生产工艺，利用湿磨代替了风尘磨。湿磨工艺降低了大米粉碎动力消耗及粉尘的污染，提高了粉粒破碎度和质量。为降低劳动强度，很多工厂采用了洗粉机和连续松丝机，如广东番禺制粉厂在吸取了其他生产线优点的基础上，排粉生产采用米粉出丝的方法，经一段时间的β化后再进行低压复蒸的连续工艺。原料大米的品质选择与控制是米粉生产质量控制的关键因素。多数米粉加工厂凭经验控制米粉品质，准确性低，难以掌控。

保鲜方便米粉是近年来新兴的一种方便米粉。与方便干米粉生产工艺相比，保鲜方便米粉存在两大难点：一是米粉在储存过程中易发生老化现象，米粉易碎、易断条，无新鲜滑爽感；二是为保持米粉的新鲜度，需达到商业无菌要求，使之防霉防腐。

市场上的方便米粉品种繁多，花色品种不断翻新，但其市场占有率及销售量都不及方便面。目前，生产方便米粉厂家均没有形成像康师傅、统一等企业的生产规模，其主要原因是还没有形成像方便面那样的市场容量。生产技术还不够成熟，造成风味不佳、产品成本过高等，制约了方便米粉的市场前景。在风味方面存在的问题为入味较难，无论是干燥米粉还是鲜湿米粉在浸泡食用时，都感到食之无味。主要的原因为米粉的分子结构紧密，成凝胶状；干燥脱水后分子结构更加紧密，复水后，米粉吸水膨胀，更阻止了调味料的浸入。而方便面经油炸脱水干燥后，使干燥的面条留下更多间隙，便于复水时吸收调味料，从而入味快、入味好。

由于鲜湿米粉自身含水量大，冲泡时吸水少，比干燥米粉更难入味。各厂家为了解决这项技术难题，将粉条做细、粉片做薄，取得了较显著的效果。我国传统米粉的吃法是配以原汁原味的鸡汤汁或骨汤汁，这是米粉制作的精髓，也是米粉能够流传至今的关键所在。目前市场上的方便米粉所配套的调味料，绝大多数根本不含有汤汁原料，有些虽加有肉类抽提物，但添加量有限，食用时根本感觉不到米粉的原有风味，与传统的米粉存在较大的差异。这是我国方便米粉不能迅速发展的主要原因。

(二)米粉的发展趋势

近年来，世界市场上的方便食品销量每年以10%～15%的速度递增。调查报告显示，近几年湖南地区方便食品每年支出的增长为2%～3%，方便米制食品每年增加3%～4%。随着消费者对油炸食品的进一步了解，人们越来越关注方便食品的安全问题，绿色食品将是未来世界食品的主流。由于方便面在油炸过程中会产生多环芳烃类物质，对人体健康产生一定的危害，中国绿色食品发展中心不受理方便面申报绿色食品，而米粉不需油炸处理，故不存在类似方便面的食品安全问题，这将带给米粉更大的发展空间。

目前，国内外涉足米粉的开发与生产的企业较少，还没有创建国内的米粉知名品牌。我国的米粉市场主要分布在南方各省，包括以大米为主要原料生产的米粉及以红薯等为主要原料生产的粉丝类。这两类产品中都是以干性的方便米粉为主，鲜湿米粉在市场上并不多见。保鲜方便米粉具有方便面无法比拟的优势，能满足人们对健康、安全的追求，符合世界方便食品发展潮流，其市场需求量呈逐年上升趋势。随着人们生活水平的大幅提高，人们对食品的要求越来越高。而非油炸的方便米粉、保鲜方便米粉以其健康、营养、爽滑的概念迎合了现代消费者的理念，掀起了一股未来方便食品的热潮。

相关标准：

《中华人民共和国轻工行业标准　方便米粉(米线)(QB/T 2652—2004)》

《广西壮族自治区地方标准　食品安全地方标准　鲜湿米粉(DBS 45/050—2021)》

《广西壮族自治区地方标准　食品安全地方标准　干制米粉(DBS 45/051—2018)》

任务1　米粉的加工过程与质量控制

实训目标

知道米粉在行业、消费者中的名称；知道米粉加工的流程，能画出米粉加工的工艺流程图；会查阅米粉的国家标准，知道我国米粉的生产能力；会评价米粉的品质。

任务描述

通过课堂讲授、查阅资料，观看米粉加工企业的视频，熟悉我国的米粉的加工能力与出口情况，熟悉我国米粉的种类和知名品牌，画出米粉加工的工艺流程图。需要2学时。

实训准备

1. 知识储备：阅读资料单及查阅相关资料，完成预习单。

【预习单】

(1)我国人民最早加工米粉是哪个时期？

(2)我国米粉有哪些知名品牌？

(3)米粉生产方法有哪些？分别有何特点？

(4)影响润米和浸泡质量的主要因素有哪些？

(5)米粉加工时粉碎的作用是什么？

(6)影响磨浆效果的主要因素有哪些？

(7)蒸料有哪些技术要求？

(8)挤料的技术要求有哪些？

(9)榨条的技术要求有哪些？

(10)蒸煮的目的是什么？

2. 材料准备：干米粉、鲜米粉、方便米粉三种各三包。

3. 工具准备：煮锅、筷子等食品感官品尝用具。

任务实施

【任务单】

一、我国米粉的加工情况

通过阅读资料单、教师讲授，以及自己查阅资料了解我国米粉的加工情况，并将结果填入下表。

米粉加工概况

我国人民最早加工米粉始于哪个朝代：
我国米粉的知名品牌：
我国米粉的出口国家与出口量：

二、米粉分类

查阅 QB/T 2652—2004、DBS 45/050—2021、DBS 45/051—2018，写出米粉的种类及特点，判断供试样品的种类，并将结果填入下表。

米粉的种类

类型	特点	样品类型

三、米粉的加工过程

通过阅读资料单、教师讲授、观看视频，以及自己查阅资料学习掌握米粉的加工过程，并将结果填入下表。

米粉加工过程

加工米粉的主要工序	大米清洗浸泡	粉碎	蒸料糊化	挤料榨条
操作要点				
是否质量控制点				
加工米粉的主要工序	冷却	松丝	蒸煮(二次糊化)	干燥
操作要点				
是否质量控制点				

四、画出米粉加工工艺流程图

考核评价

依据附件表 1 对实训过程的表现进行评价。

总结反馈

实训过程有哪些不足？是什么原因造成的？

知识拓展

1. 查阅米粉质量评价国家标准。

2. 米粉的质量安全问题有哪些？

任务 2　米粉品质的评价

实训目标

知道我国米粉的知名品牌及其经济价值；能依据米粉的国家标准进行米粉的品质评价。

任务描述

熟悉米粉的感官评价方法，对米粉样品进行评价。本任务在粮油加工实训室完成。需要 2 学时。

实训准备

1. 知识储备：阅读资料单及查阅相关资料，完成预习单。

【预习单】

(1)加工米粉对大米有何要求？

(2)米粉加工的流程有哪些？

(3)米粉有哪些种类？分类依据有哪些？

(4)按照国家标准，米粉的品质评价主要有哪些指标？

2. 材料准备：干米粉、鲜米粉、方便米粉三种类型各两个品牌。

3. 工具准备：煮锅、筷子等食品感官品尝用具。

任务实施

【任务单】

一、米粉品质的评价

阅读资料单，查阅相关资料，根据米粉感官评价标准完成米粉样品的品质评价。

米粉感官评价标准

项目	指标	评分标准
色泽	白色或固有色泽，透明性好，无杂色	8～10
	白色或固有色泽，或有较少杂色，透明性较好	5～7
	色泽不均匀，杂色多，透明性较差	0～4
气味	具有纯正米香味，气味浓郁，无其他异味	8～10
	米香味较纯正，气味较浓，无或少有异味	5～7
	米香味不纯正或气味淡，或有其他异味	0～4
组织形态	粉条表面光滑，富有弹性，形态完整，无明显碎粉	8～10
	粉条表面较光滑，较有弹性，形态较完整，无或少有碎粉	5～7
	粉条表面粗糙，无弹性或弹性很小，形态不完整，有明显碎粉	0～4

续表

项目	指标	评分标准
口感	口感柔软、顺滑，黏弹性适度，无黏牙或夹生现象	8～10
	口感较柔软，黏弹性较大或较小，有少许黏牙或夹生现象	5～7
	口感差，黏弹性过大或过小，有黏牙或夹生现象	0～4

二、检验结果

将米粉评价结果填入下表。

米粉感官评价

项目		色泽	气味	组织形态	口感
方便米粉	品种 1				
	品种 2				
干米粉	品种 1				
	品种 2				
鲜米粉	品种 1				
	品种 2				

考核评价

依据附件表 2 对实训过程的表现进行评价。

总结反馈

实训过程有哪些不足？是什么原因造成的？

知识拓展

米粉的微生物检验指标有哪些？理化检验指标有哪些？结合其他课程进行相关项目检验。

知识链接

米粉生产中常见的添加剂种类及其作用

1. 玉米淀粉：玉米淀粉纯度高，能改善淀粉凝胶特性；其颗粒大，糊化温度低，可使大米粉糊化度提高；直链淀粉含量高，凝胶回生更快，有利于米粉断条率下降，提高米粉洁白度，促进其熟化度。一般用量为 2%～5%。

2. 食盐：在米粉生产中食盐添加量一般为 0.1%～0.5%，能较好地改善米粉品质；但加入量过多会使产品变脆，易吸潮。

3. 马铃薯变性淀粉：马铃薯变性淀粉糊化温度低，黏度降低，不易老化，柔软透明有光泽，口感爽滑且有咬劲。添加量一般为 2%～10%。其可使米粉更加光滑、有油润透明感，提高粉体的弹性和嚼劲，延长保质期。

4. 磷酸盐类：米粉生产中，常用的磷酸盐有正磷酸盐、焦磷酸盐、聚磷酸盐和偏磷酸盐等；添加的复合磷酸盐主要有磷酸氢二钠或焦磷酸钠，添加量一般控制在 0.1%～0.4%。随着温度的升高，复合磷酸盐能促进淀粉的可溶性物质的渗出，增强淀粉之间的结合力。酸根离子具有螯合作用，能增加米粉的抗拉强度。

5. 乳化剂：原料中添加乳化剂可有效解决原料黏性过大的问题，常用的乳化剂有甘油单硬脂酸酯、脂肪酸蔗糖酯、卵磷脂等。乳化剂能稳定产品的组成状态，其组成结构，改善口感，提高产品质量，延长货架期。

6. 防腐剂：防腐剂能杀灭微生物或抑制其繁殖，减少产品腐败变质现象。常用的防腐剂主要有苯甲酸钠、山梨酸、双乙酸和霉克等。当 pH 为 5.0、山梨酸钾添加量为 0.05%、双乙酸钠添加量为 0.08%时，对湿米粉的保鲜效果较好。

7. 醋酸：主要用于调节 pH，酸度的提高可加速老化，并使米粉有蓬松感。

8. 酶制剂：酶制剂是通过酶的催化作用，排出氧气防止酚类有机物氧化反应，分解细菌消除微生物危害，保持产品质量。常用的天然酶制剂有葡萄糖氧化酶、异淀粉酶、纤维素酶和溶菌酶等。

所有添加剂的用量必须符合相关标准（Q/JSL 0004S—2023、DBS 45/050—2021、DBS 45/051—2018）。

第四单元

焙烤食品加工与质量监控

本单元依据轻工行业焙烤食品的分类、西饼店等焙烤食品加工企业的产品类型，分为焙烤行业认知、面包的加工与质量监控、饼干的加工与质量监控、蛋糕的加工与质量监控、月饼的加工与质量监控、其他焙烤食品的加工与质量监控 6 个项目；根据不同岗位工作内容，结合教学手段等分为焙烤食品及其原辅料认知、面包的加工过程与质量控制等 21 个任务，需要在焙烤加工实训室实施完成。教师根据本专业教学要求，全部或选择部分任务进行教学实践。

项目一　焙烤行业认知

本项目内容包括焙烤食品行业认知及发展趋势、焙烤食品的分类、焙烤食品加工原辅料认知、焙烤食品加工工具的认知等内容。本项目实操环节分为焙烤食品加工企业参观，焙烤食品及其原辅料认知，焙烤设备、工具的使用和保养 3 个任务。

知识储备

【资料单】

一、焙烤食品的行业现状

目前，我国焙烤行业正处于快速发展阶段，行业统计显示，2022 年我国焙烤食品行业相关企业注册数量为 29 345 家，焙烤食品行业市场规模达 2 853 亿元。随着人均消费水平的增长及餐饮消费结构的调整，市场有望进一步扩容，预计 2025 年焙烤食品行业市场规模将达 3 518 亿元。

2023 年相关餐饮研究数据显示，每星期至少购买一次焙烤食品的消费者占比达到 93.2%，其中每天购买烘焙食品的消费者达 6.6%。且单笔消费 20～40 元的占比最高，达 38.6%。消费群体庞大，行业发展前景广阔。92.7%的消费者更倾向购买有品牌的焙烤食品，81%的消费者对部分品牌有明显偏好。因此，打造多样化、个性化的营养、健康、安全的焙烤食品是未来焙烤食品行业的发展方向。

中国焙烤食品糖制品工业协会和北京贝克瑞会展服务有限责任公司于 1997 年首次举办中国国际焙烤展览会(Bakery China)，20 多年来连续举办 26 届。中国国际焙烤展览会现已发展成为全球首屈一指的焙烤食品糖制品行业全产业链专业展览会。以行业为基石，为行业服务，促行业发展，该展览会在推进行业持续健康发展的进程中发挥了举足轻重的作用。伴随着行业发展，中国焙烤匠人在世界技能大赛、世界面包锦标赛、UIBC青年糖艺师世界锦标赛、烘焙世界杯等国际赛事崭露头角，尽显风采，多次获得世界各地专业赛事金、银、铜等奖项，并在标杆类赛事上获得摘取冠军的飞跃式发展。

二、焙烤食品的发展趋势

(一)安全、卫生是最基本的发展趋势

焙烤食品是以小麦粉为主要原料，采取焙烤加工手段来对产品进行熟制的一类食品。主要包括面包、饼干、蛋糕等。随着人们生活水平的提高，人们对其自身生命健康的日趋关注和食品销售与消费的国际化，食品企业必须十分注重提高食品的卫生安全性。我国卫生部门等相关管理机构正在按照《中华人民共和国食品安全法》的规定，加强和完善食品的卫生安全监管工作，确保食品安全卫生。

为了不断改善和提高食品的安全性，焙烤食品企业必须注意以下几个方面。

1. 原料选择

依据国家标准选择焙烤食品加工的原辅料，坚决杜绝非食品添加剂的使用，按照国家标准严格控制焙烤食品添加剂的用量。严格管控原料的保质期，使用最新鲜的、无公害、无污染的食品原料。

2. 生产过程控制

根据行业要求设计建设加工环境，为科学卫生的市场过程创造条件。注意生产加工过程的卫生控制，防止非食品成分、有毒有害成分的混入，严格执行生产各环节的质量监控工作。

3. 销售过程管理

焙烤食品原料及产品的保鲜期较短，大多需要冷链运输与冷冻贮藏，注意运输过程、贮存条件的严格控制。

(二)注意营养价值和营养平衡

21世纪食品发展趋势是天然、营养、保健、安全、卫生。人们始终把健康放在第一位。人们生活水平提高，对食品的要求也越来越高，如营养食品、保健食品、功能食品、绿色食品等，已成为食品消费市场的热点。崇尚自然、回归自然已成为世界性的不可抗拒的潮流。焙烤食品也必须要以安全、卫生、营养、健康作为最基本的发展趋势。

未来焙烤食品的发展应该要适合人们对营养的追求。最近调查资料显示，全球营养、保健食品的开发，北美约占60%、欧洲占49%～50%、亚太地区约占30%，主要是无脂、低脂食品，其次是低糖、无糖食品。生产营养成分丰富和各营养成分的比例关系符合人体需要模式的营养平衡食品，是食品企业追求的目标，是焙烤食品开发的根本趋势。未来焙烤食品配料必须以营养成分丰富和各营养成分比例关系平衡为目标，以保证人们健康为目的，改变长期以来过分追求“色、香、味、形”和精米白面的饮食习惯。

(三)全谷物焙烤食品的开发

谷物有稻谷、小麦、玉米、高粱、大麦、燕麦等。谷物有很多营养特性，如脂肪一般占籽粒重量的1%～2%，数量虽少，但营养价值高。谷类中脂肪主要由不饱和脂肪酸组成，同时含有较多的维生素E。谷物不仅有很高的营养价值，而且对降低血清胆固醇和防止动脉硬化都有良好的作用。另外，谷物是B族维生素含量较丰富的作物，它同时还含有2%～3%的纤维素和半纤维素。以产自高寒山区的燕麦、小米、荞麦、高粱、玉米、红小

豆等十余种五谷杂粮为主要原料，采用当今国际最先进的连续蒸煮挤压高新技术制成的早餐食品和五谷杂粮焙烤食品，具有高蛋白、低脂肪、低胆固醇、低糖，富含膳食纤维。多谷物营养杂粮焙烤食品是用添加大豆蛋白、玉米等多谷物营养杂粮混合粉制作而成的，包括各种面包、糕点、饼干，能让现代人们达到瘦身和健康的效果。

(四)功能性焙烤食品配料发展迅速

功能性食品配料是食品工业发展的一个趋势，也是功能性焙烤食品业的一个发展趋势。在功能性食品发展上，日本处于领先地位，2003 年达 117 亿美元；美国第二，为 105 亿美元；英国为 28 亿美元；德国为 28 亿美元；意大利为 15 亿美元。在功能性焙烤食品配料方面有膳食纤维、低聚糖、糖醇、大豆蛋白、功能性脂类、植物活性成分、活性肽、维生素和矿物元素等。

现代医学已经证明膳食纤维的生理功效主要表现在低能量、预防肥胖症、调节血糖水平、降血脂、抑制有毒发酵产物、润肠通便、预防结肠癌和调节肠道菌群等方面。在焙烤食品中膳食纤维主要用于高纤维面包和高纤维饼干中。

大豆蛋白是一种重要的植物蛋白，尤其是经过分离和改性后的大豆蛋白，能去除对人体健康不利的因子，营养价值得到提升。它可以用于面包、饼干的生产，如美国开发了含 15g 大豆蛋白的能量棒。

功能性油脂包括不饱和脂肪酸、复合脂质、脂肪改性产品和脂肪替代品。不饱和脂肪酸如亚麻酸、花生四烯酸、EPA、DHA 等，这类物质具有显著的降血脂、降血糖、预防心血管疾病等功效。

植物活性成分，大多具有不同强度的抗氧化、抗菌和免疫调节等功能，对心血管疾病和某些肿瘤具有一定辅助治疗功效。对于焙烤食品，植物活性成分对油脂的抗氧化功能显得尤为重要，如竹叶黄酮等，能作为天然抗氧化剂应用于焙烤食品中。

(五)低能量、无糖焙烤食品的开发

目前，低能量、无糖焙烤食品引起了广泛的关注，并且逐渐成为流行饮食时尚。低能量、无糖焙烤食品配料主要有功能性低聚糖、功能性糖醇和功能性油脂等。

功能性低聚糖是由 3～9 个单糖经糖苷键连接而成的低度聚合糖，它不被消化吸收而直接进入大肠内，优先被双歧杆菌利用，是双歧杆菌的有效增强因子。此外，功能性低聚糖还能减少有毒发酵产物和有害细菌酶的产生，抑制病原菌和腹泻，防止便秘，增强免疫力和抗肿瘤机能，降低血清胆固醇，保护肝功能，促进合成维生素，促进钙吸收以及低能量，不引起龋齿等。在焙烤食品中功能性低聚糖可用于制作低能量面包、蛋糕及低能量饼干，以及双歧月饼等。

功能性糖醇是由相应的糖经过加氢还原制得，如木糖醇、乳糖醇、甘露醇、赤藓糖醇、麦芽糖醇等。它们在人体中的代谢途径与胰岛素无关，可用于糖尿病人的专用食品。如赤藓糖醇具有纯天然、无热量(＜0.2 kcal/g)、高耐受量等特点，适合糖尿病患者食用，在加工过程中性能稳定，并且有助于食品贮存。这些优点使它在焙烤行业中能够更加广泛地被应用于蛋糕和饼干的制作。

无糖焙烤食品配料，主要以功能性低聚糖和功能性糖醇取代蔗糖。功能性低聚糖和功能性糖醇具有上述功能特性，既解决了糖尿病患者难品甜味之苦，又不会引起血糖与胰岛素水平大幅度波动，适合糖尿病病人和肥胖人群食用。糖醇不是口腔微生物的适宜发酵底物，不会引起牙齿龋坏，有利于保护儿童的牙齿健康。因其甜度适宜、口感清爽、低热量，糖醇也适宜健康人群食用。另外，用无糖焙烤甜味改良剂制作的无糖食品弥补了以传统工艺制作无糖食品造成的“面包像馒头、月饼像砖头、蛋糕像发糕”等缺陷，在“色、香、味、形”上均有大幅度提高。

此外，在低能量烘焙食品配料中油脂可使用油脂替代品，如葡聚糖是其中之一，在低能量蛋糕、低能量饼干有较多应用。使用油脂替代品代替传统油脂将是焙烤食品的未来发展趋势。

(六)焙烤食品创新多元化

焙烤食品创新迈向多元化，并与糖果、冰激凌类等产品结合，形成一系列的全新产品。在产品的创新中，质量和品质起着相当重要的作用。

焙烤食品在休闲消费和节日消费中占据重要位置，而且以年轻消费者居多，因此融入时尚元素是其发展方向之一。时尚元素涵盖了产品风味、产品形状、产品包装等方面。如对巧克力重度消费者生活形态的考察中发现，这部分消费者对于“时尚”“品质”“身份”和“健康”的追求较为强烈。如早餐冰激凌，是焙烤食品与冰激凌的结合，内含酸奶成分、外为谷物涂层，还有三明治冰激凌等，都是烘焙食品的一个发展趋势。

2020 年的家庭焙烤市场迎来爆发式发展。据 7 月 16 日中央电视台 3·15 晚会报道，基于电商平台的销售数据，焙烤原料在该年上半年的销售额同比增长了 10 倍，电烤箱、厨师机、电动打蛋器、三明治机销量分别同比增长了 165%、879%、433%、9841%。适应空前蓬勃的家庭焙烤市场发展趋势，家庭焙烤业快速兴起，主流的家庭焙烤美食分享平台、培训机构数量大幅增加，呈现出焙烤行业的多元化就业模式。

三、焙烤食品的分类

(一)西式糕点

西式糕点又称西点，分为混酥类、清酥类、蛋糕类、面包类、泡芙类、甜品类、巧克力类、艺术造型类共八大类。按照目前市场销售的分类可分为以下四大品类。

1. 面包类

面包类包含硬式面包、软式面包、脆皮面包、松质面包、艺术面包等。

2. 蛋糕类

蛋糕类包含面糊类蛋糕、乳沫类蛋糕、戚风类蛋糕、裱花蛋糕、艺术蛋糕等。

3. 西点类

西点类包含派、塔、松饼、甜炸圈饼、奶油空心饼、比萨、果冻类及其他小西点等。

4. 饼干类

饼干类包含甜饼干、咸饼干、小西饼、煎饼、曲奇等。

(二)中式糕点

我国地域辽阔，饮食文化历史悠久，中式糕点经过不同地区的制作发展为不同的风味。这些糕点按风味可以分为京式糕点、广式糕点、苏式糕点、扬式糕点、潮式糕点、宁绍式糕点、闽式糕点、高桥式糕点、川式糕点、滇式糕点、秦式糕点、台式糕点等。各种风味也称为中点的帮派。

中式焙烤类食品一般指糕点，中式糕点分为烘烤制品、油炸制品、蒸煮制品、熟粉制品、其他制品五大类。

1. 烘烤制品

烘烤制品分为酥类、松酥类、松脆类、酥层类、酥皮类、水油皮类、糖浆皮类、松酥皮类、硬酥皮类、发酵类、烘糕类、烤蛋糕类。

2. 油炸制品

油炸制品分为酥皮类、水油皮类、松酥类、酥层类、水调类、发酵类、糯糍类。

3. 蒸煮制品

蒸煮制品分为蒸蛋糕类、印模糕类、韧糕类、发糕类、松糕类。

4. 熟粉制品

熟粉制品分为热调软糕类、印模糕类、切片糕类。

5. 其他制品

其他制品如沙琪玛类等。

四、焙烤食品的主要原料及作用

(一)面粉

1. 高筋小麦粉

高筋小麦粉应选用硬质小麦加工，用于生产面包等高面筋质食品。高筋小麦粉等级指标如表 4-1 所示。

表 4-1 高筋小麦粉等级指标

等级	1	2
面筋质(以湿基计)	≥30.0%	
蛋白质(以干基计)	≥12.2%	
灰分(以干基计)	≤0.70%	≤0.85%
粉色、麸星	按实物标准样品对照检验	
粗细度	全部通过 CB 36 号筛，留存在 42 号筛的不超过 10.0%	
	全部通过 CB 30 号筛，留存在 36 号筛的不超过 10.0%	
含沙量	≤0.02%	
磁性金属物/(g/kg)	≤0.003	
水分	≤14.5%	
脂肪酸值(以湿基计)	≤80	
气味、口味	正常	

2. 低筋小麦粉

低筋小麦粉应选用软质小麦加工，用于生产饼干、糕点等低面筋食品。

3. 专用小麦粉

专用小麦粉是指专供生产某类食品或只作某种用途的小麦粉。我国现在已经有行业标准的专用小麦粉有：面包用小麦粉、面条用小麦粉、饺子用小麦粉、馒头用小麦粉、发酵饼干用小麦粉、酥性饼干用小麦粉、蛋糕用小麦粉、糕点用小麦粉、自发小麦粉等。

(二)油脂

1. 油脂在焙烤食品的作用

(1)增加营养价值，补充能量。油脂可增加焙烤食品的营养价值，特别是各种必需脂肪酸、脂溶性维生素、磷脂、甾醇等。同时，油脂可以补充人体的能量，油脂的产能量很大，高于蛋白质和糖类，每克油脂可产生能量 37.66 kJ。

(2)增进口味，改善口感。各种油脂都有自身独特的风味，加入焙烤食品后不仅能保持原来的特有风味，特别是经过烘焙，在水、高温及空气条件下，油脂必然有少量分解成甘油和脂肪酸，脂肪酸在醇存在下，可发生再酯化。生成乙酸乙酯就产生菠萝香味，生成丁酸乙酯就产生香蕉芳香等，使面包、饼干、糕点等产品产生特有的芳香，改善口感。

(3)包入空气，丰满酥松。酥是添加油脂糕点产品的重要特性之一，酥的程度在一定范围内同加入的油脂量有关。这主要是油脂在调制面团时，能在面粉的蛋白质及淀粉外围形成油膜，阻止它们吸水、膨胀，不易形成胶状物，从而降低面粉的结合力，使产品的组织脆弱。另外，当蛋白质、淀粉不易形成胶状物时，势必结合力降低，间距增大，使面团中的空气均匀分布在其中，经烘焙就会胀发，使产品带来自然的丰满、酥松。

(4)促进乳化，光滑油亮。奶油、人造奶油等都是较好的乳化剂，能使产品光滑、油亮，着色均匀，花纹清晰，柔软新鲜，显著增加产品的感官色彩。

(5)阻止发黏，便于操作。油脂能在吸水物的外层形成油膜，阻止吸水物吸水，不利于胶状物形成，即使形成胶状物，油脂也有降低黏性的作用，所以便于操作。

(6)有可塑性，防止变形。不少油脂本身就有很好的可塑性，如猪油、奶油、人造奶油、起酥油等。这些油脂用于酥性产品，使产品酥松，不易收缩变形，花纹清晰，有利于产品规格化。

(7)传热迅速，保水防干。油脂沸点高，传热迅速，对油炸制品有很重要的意义。在不适宜的油温下，它既能使油炸制品外层的水分迅速挥发置换，又能使胶状物因高温迅速凝固，阻止制品内部水分的挥发，使制品不致过分干燥，影响质量和降低出品率。

(8)降低吸水量，增长存放期。含油脂多的糕点制品，一般较含油脂少的制品存放期长。因为含油脂多的制品吸水性低，不利于各种细菌的发育繁殖，含油脂多时，油脂本身存放期就会增长，相对存放期也增长。

2. 焙烤食品常用油脂

(1)奶油。有含水和不含水两种。它是将天然牛奶的上表层收集起来的奶乳经过剧烈搅拌而成的均相平滑的产品。它是美欧厨房中和餐桌上的必备品，从简单的早餐烤面包片到复杂的烹饪和糕点制作，都离不开奶油。用奶油制成的成品具有十分诱人的特殊的油脂香气和奶香气。

(2)玛琪琳，又称植物黄油、麦琪琳、乳玛琳、马加林，是在非乳脂油中形成的油包水型或水包油型乳状液，在组成和外形上都与奶油十分接近，又称人造奶油。人造奶油最早是法国人于 1860 年发明的。它是用不饱和脂肪酸取代了饱和脂肪酸的富于奶油香味的天然奶油替代品。生产人造奶油的原料主要为棉子油、花生油、玉米胚芽油以及部分动物油脂。

(3)起酥玛琪琳。是以低熔点的牛油混合其他动物油或是植物油做成的高熔点油脂，专门用于起酥皮的制作。它的熔点通常都在 44 ℃以上，必须在专业的西点材料行才买得到。该油脂内含有熔点较高的动物性牛油，用于西点、起酥面包和膨胀多层次的产品中，一般含水以不超过20%为佳。

(4)起酥油，又称白油，因其看起来雪白，形似猪油。起酥油是食品工业的专用油脂之一。它具有一定的可塑性或稠度性，用作糕点的配料、表面喷涂或脱模等。它是可以用来酥化或软化焙烤食品，使蛋白质及碳水化合物在加工过程中不致成为坚硬的块状，从而改善口感。

(5)发酵奶油。发酵奶油是在制作奶油的初期，在乳脂中加入乳酸菌种后搅拌使之发酵后，制成的奶油。发酵奶油具有特殊的风味，在欧洲较为常见，被认为是欧式风味的奶油。

(6)植物油。植物油是从一些植物的籽或果仁中压榨出来的油脂，常见的有大豆油、花生油、菜子油、玉米油、橄榄油、芝麻油，还有最近推出的葵花子油、山茶油。

(7)棕榈油。棕榈油在世界上被广泛用于烹饪和食品制造业。它被当作食用油、松脆脂油和人造奶油来使用。像其他食用油一样，棕榈油容易被消化、吸收以及促进健康。棕榈油是脂肪里的一种重要成分，属性温和，是制造食品的好材料。从棕榈油的组合成分看来，它的高固体性质甘油含量让食品避免氢化而保持平稳，并有效地抗拒氧化。它也适合炎热的气候，成为糕点和面包厂产品的良好佐料。由于棕榈油具有的这几种特性，它深受食品制造业所喜爱。

(8)鲜奶油。鲜奶油由鲜奶浓缩而成，其含油量约为36%，可用作蛋糕表面装饰。

(三)糖与糖浆

焙烤食品中常用糖主要有白砂糖、绵白糖、赤砂糖、红糖、冰糖、糖粉等，其主要成分为蔗糖；常用糖浆有饴糖、葡萄糖浆、果葡糖浆、蜂蜜和转化糖浆等，呈黏稠液体状，由多种成分组成，如葡萄糖、果糖、麦芽糖、糊精等。

1. 性质特点

(1)甜度。糖的甜度没有绝对值，目前主要是利用人的味觉来比较。一般以蔗糖的甜度为100来比较各种甜味物质的甜度，如果糖最甜175、葡萄糖74、麦芽糖32。

(2)溶解性。糖可溶于水。不同的糖在水中的溶解度不同，果糖最高，其次是蔗糖、葡萄糖。

(3)结晶性。蔗糖极易结晶，晶体形态较大。葡萄糖也易于结晶，但晶体很小。果糖则难于结晶。饴糖、葡萄糖浆分别是麦芽糖、葡萄糖、低聚糖和糊精的混合物，为粘稠状液体，具有不结晶性。一般来说不易结晶的糖，对结晶的抑制作用较大，有防止蔗糖结晶的作用。如熬制糖浆时，加入适量饴糖或葡萄糖浆，可防止蔗糖析出或返砂。

(4)吸湿性和保潮性。糖的这种性质对于保持糕点的柔软和贮藏具有重要的意义。蔗糖和葡萄糖浆的吸湿性较低，转化糖浆和果葡糖浆的吸湿性高，故可用高转化糖浆和果葡糖浆、蜂糖来增加饼坯的滋润性，并在一定时期内保持柔软。葡萄糖经氢化生成的山梨醇具有良好的保潮性质，作为保潮剂在焙烤食品工业中正在得到广泛应用。

(5)渗透性。糖溶液具有较强的渗透压，糖分子很容易渗透到吸水后的蛋白质分子或其他物质中间，而把已吸收的水排挤出来。因此，糖不仅可以增加制品的甜味，又能起到延长保存期的作用。又如，面团中添加糖或糖浆，可降低面筋蛋白质的吸水性，使面团弹性和延伸性减弱。

(6)黏度。不同的糖黏度不同。蔗糖的黏度大于葡萄糖和果糖，糖浆黏度较大。利用糖的黏度可提高产品的稠度和可口性。如搅打蛋泡、蛋白膏时加入蔗糖、糖浆可增强气泡的稳定性；在某些产品的坯团中添加糖浆可促进坯料的黏结；利用糖浆的黏度防止蔗糖的结晶返砂等。

(7)焦糖化和美拉德反应。饴糖、转化糖、果葡糖浆、中性的葡萄糖糖浆、蜂蜜等在焙烤食品中使用时，常作为着色剂，加快制品烘烤时的上色速度，促进制品颜色的形成。而在焙烤食品中应用广泛的蔗糖，熔点为 186 ℃，对热敏感性较低，即呈色不深。糖的焦糖化作用还与 pH 有关。溶液的 pH 低，糖的热敏感性就低，着色作用差；相反 pH 升高则热敏感性增强。因此，有些 pH 低的转化糖浆、葡萄糖浆在使用前，最好先调成中性，才有利于糖的着色反应。

美拉德反应是使焙烤食品表面着色的另一个重要途径，也是焙烤制品产生特殊香味的重要来源。美拉德反应除了产生色素物质外，还产生一些挥发性物质，形成特有的烘焙香味。影响美拉德反应的因素有：温度、还原糖量、糖的种类、氨基化合物的种类、pH。温度升高，美拉德反应趋强烈；还原糖(葡糖糖、果糖)含量越多，美拉德反应越强烈；pH 呈碱性，可加快美拉德反应的进程。果糖发生美拉德反应最强，葡萄糖次之。故中性的葡萄糖浆、转化糖浆、蜂蜜极易发生美拉德反应；非还原性的蔗糖不起美拉德反应，呈色作用以焦糖化为主。但在面包类发酵制品中由于酵母分泌的转化酶的作用，部分蔗糖在面团发酵过程中转化成葡萄糖和果糖，而参与美拉德反应。

(8)抗氧化性。糖溶液具有抗氧化性，因为氧气在糖溶液中溶解量比在水溶液中多，因而糖在含油脂较高的食品中有利于防止油脂氧化酸败，增加保存时间。同时，糖和氨基酸在烘焙中发生美拉德反应生成的棕黄色物质也具有抗氧化作用。

2. 糖、糖浆在焙烤食品中的功用

(1)良好的着色剂。糖的焦糖化作用和美拉德反应，可使烤制品在烘焙时形成金黄色或棕黄色表皮和良好的烘焙香味。

(2)改善制品的风味。糖使制品具有一定甜味和各种糖特有的风味。在烘焙成熟过程中，糖的焦糖化作用和美拉德反应的产物使制品产生良好的烘焙香味。

(3)改善制品的形态和口感。糖在糕点中起到骨架作用，能改善组织状态，使外形挺拔。糖在含水较多的制品内有助于产品保持湿润柔软；在含糖量高、水分少的制品内，糖能促进产品形成硬脆口感。

(4)作为酵母的营养物质，促进发酵。糖作为酵母发酵的主要能量来源，有助于酵母的繁殖和发酵。在面包生产中加入一定量的糖，可促进面团的发酵。但也不宜过多，如点心面包的加糖量为 20%～25%，否则会抑制酵母的生长，延长发酵时间。

(5)改善面团物理性质。糖在面团搅拌过程中起反水化作用，调节面筋的胀润度，增加面团的可塑性，使制品外形美观、花纹清晰，还能防止制品收缩变形。

(6)对面团吸水率及搅拌时间产生影响。正常用量的糖对面团吸水率影响不大。但随着糖量的增加，糖的反水化作用也越强烈，面团的吸水率降低，搅拌时间延长。

(7)提高产品的货架寿命。糖的高渗透压作用，能抑制微生物的生长和繁殖，从而提高产品的防腐能力，延长产品的货架寿命。糖具有吸湿性和保潮性，可使面包、蛋糕等焙烤食品在一定时期内保持柔软。故而，含有大量葡萄糖和果糖的糖浆不能用于酥类制品，否则吸湿返潮后失去酥性口感。还由于糖的上色作用，含糖量高的面包等产品在烘烤时着色快，缩短了烘烤时间，产品内可以保存更多的水分，从而达到柔软的效果。而加糖量较少的面包等产品，为达到同样的颜色程度，就要增加烘烤时间，这样产品内水分蒸发得多，易造成制品干燥。

(8)提高食品的营养价值。糖的营养价值主要体现在它的发热量。100 g 糖能在人体中产生 400 kcal 的热量。糖极易为人体吸收，可有效地清除人体的疲劳，补充人体的代谢需要。

(9)装饰美化产品。利用砂糖粒晶莹闪亮的质感、糖粉的洁白如霜，撒在或覆盖在制品表面起到装饰美化的效果。

(四)奶和奶制品

1. 提高制品的营养价值

面粉是面包、糕点和饼干的主要原料，但面粉中赖氨酸含量较低，维生素含量较少。烘焙专用奶粉中含有丰富的蛋白质和人体所需的必需氨基酸，维生素和矿物质含量丰富。所以将其加入焙烤食品中，可提高食品的营养价值，尤其是强化维生素 B_2 和钙质等。

2. 提高面团的吸水率

烘焙专用奶粉中含有大量蛋白质，其中酪蛋白占蛋白质总含量的 80%～82%，酪蛋白含量的多少会影响面团的吸水率。乳粉的吸水率为自重的 100%～125%。因此，每增加 1%的乳粉，面团的吸水率就增加 1%～1.25%，焙烤食品的产量和出品率也相应增加，从而使成本降低。

3. 提高面团筋力和搅拌能力

烘焙专用奶粉中含有的大量乳蛋白质具有增强面筋的作用，可以提高面团筋力和面团的强度，不会因搅拌时间的延长而导致搅拌过度，特别是对低筋面粉更有利。

4. 提高面团的发酵力

烘焙专用奶粉可以提高面团的发酵力，使之不因发酵时间的延长而成为发酵过度的老面团。此外，烘焙专用奶粉中含有大量蛋白质，对面团发酵过程中 pH 变化具有一定缓冲作用，使面团发酵速度适当放慢，有利于面团均匀膨胀，增大面包体积。另外，烘焙专用奶粉可刺激酵母内酒化酶的活力，提高糖的利用率，有利于二氧化碳的产生。

5. 改善制品的组织

由于烘焙专用奶粉提高了面团筋力，改善了面团发酵耐力和持气性，因此含有烘焙专用奶粉的制品，组织均匀、柔软、酥松，并富有弹性。

6. 延缓制品的老化

烘焙专用奶粉中含有的蛋白质、乳糖及矿物质等成分具有抗老化作用。烘焙专用奶粉中含有的蛋白质可以增加面团吸水率，改善面筋性能，增大面团体积，减缓制品老化速度，延长保鲜期。

7. 良好的着色剂

烘焙专用奶粉中含有具有还原性的乳糖，不能被酵母利用，发酵后仍全部留在面团中。在烘烤期间，乳糖与蛋白质中的氨基酸发生褐变反应，形成诱人的色泽。烘焙专用奶粉用量增多，制品的色泽就加深。乳糖的熔点较低，在烘烤期间着色快。因此，凡是使用较多烘焙专用奶粉的焙烤食品，都要适当降低烘焙温度并延长烘焙时间。否则，制品着色过快，易造成外焦内生的现象。

8. 赋予制品浓郁的奶香味

烘焙专用奶粉中的脂肪，赋予了制品浓郁的奶香风味。将烘焙专用奶粉加入焙烤食品中，可以抑制低分子脂肪酸挥发，使奶香更加浓郁，从而起到促进食欲、提高制品食用价值的作用。

(五)蛋与蛋制品

1. 提高制品的营养价值

禽蛋的营养成分极其丰富，含有人体所必需的优质蛋白质、脂肪、类脂、矿物质及维生素等营养物质，而且消化吸收率非常高，是优质的营养食品。禽蛋具有较高的能值。禽蛋蛋白质含量不仅高，而且属于完全蛋白质或足价蛋白质，其蛋白质的消化吸收率为98%，生物价为94%，氨基酸评分为100%。禽蛋中含有的磷脂对人体的生长发育极为重要，是大脑和神经系统活动所不可缺少的重要物质。

蛋品加入面包和糕点中，能提高营养价值。此外，鸡蛋和乳品在营养上具有互补性。鸡蛋中铁相对较多，钙较少；而乳品中钙较多，铁较少。因此，在面包、糕点和饼干中将蛋品和乳品混合使用，营养成分可以互相补充。

2. 改善制品的色、香、味、形

在面包、糕点表面涂一层蛋液，经烘焙后呈漂亮的红褐色，这是美拉德反应的结果。加蛋的面包、蛋糕成熟后具有特殊的蛋香味，并且结构疏松多孔，体积膨大而柔软。

3. 蛋黄的乳化作用

蛋黄中起乳化作用的组分是磷脂、脂蛋白和蛋白质。蛋黄中含有许多磷脂，磷脂具有亲油性和亲水性的双重性质，是一种理想的天然乳化剂。它能使油、水和其他材料均匀地分布在一起，促进制品组织细腻、质地均匀、疏松可口，具有良好的色泽，使制品保持一定的水分，在贮藏期内保持柔软。

目前，烘焙业使用蛋黄粉来生产面包、糕点和饼干。它既是天然乳化剂，又是很好的营养物质。在使用时，可将蛋黄粉和水按 1∶1 的比例混合，搅拌成糊状后，再添加到面团或面糊中。

4. 蛋白的起泡作用

蛋白是一种亲水胶体，具有良好的起泡性，在糕点、面包生产中具有重要意义，特别是在西点的加工装饰方面。蛋白经过强烈搅打，蛋白薄膜将混入的空气包围起来形成泡沫，受表面张力制约，迫使泡沫成为球形。蛋白胶体具有黏度，和加入的原材料附着在蛋白泡沫层四周，使泡沫层变得浓厚坚实，增强了泡沫的机械稳定性。制品在烘焙时，泡沫内的气体受热膨胀，增大了产品的体积，这时蛋白质遇热变性凝固，使制品酥松多孔并具有一定的弹性和韧性。因此，蛋在蛋糕、面包中能起到蓬松、增大体积的作用。

蛋白可以单独搅打成泡沫用于生产蛋白类糕点和西点，也可以以全蛋的形式加入蛋糕中，如制作蛋糕。打蛋白是糕点制作中的重要工序，其中有许多因素影响泡沫的形成。

(1)黏度大的物质有助于泡沫的形成和稳定。在打蛋时常加入糖，就是利用糖具有黏度的性质。在生产中一般使用化学性质较稳定的蔗糖，而不宜加入葡萄糖、果糖和麦芽糖等还原糖，以免发生美拉德反应。

(2)油是一种消泡剂，打蛋时千万不要沾上油。油的表面张力很大，而蛋白气泡膜很薄，当油接触到蛋白气泡时，油的表面张力大于蛋白膜本身的延伸力而将蛋白膜拉断，气泡立即消失。蛋黄和蛋白分开使用，就是因为蛋黄中含有油脂。

(3)pH 对蛋白泡沫的形成和影响很大。蛋白在偏酸性情况下气泡较稳定，而在 pH 6.5～9.5 时形成泡沫很强但不稳定。打蛋白时加入酸或酸性物质如磷酸盐、酸性酒石酸钾、醋酸及柠檬酸等，就是调节蛋白的 pH，破坏它的等电点，促进起泡。因为蛋白在等电点时，黏度最低，不起泡或气泡不稳定。

(4)温度与气泡形成有直接关系。在 30 ℃时新鲜蛋白的起泡性最好，黏性最稳定，温度太高或太低均不利于蛋白的起泡。

(5)蛋的新鲜程度也直接影响蛋白的起泡。新鲜蛋的浓厚蛋白多，稀蛋白少，起泡性最好；陈蛋则起泡性较差，特别是长期贮藏和变质的蛋起泡性最差。这是因为蛋中的蛋白质被微生物破坏，氨基酸态氮多，蛋白少，故起泡性差。

5. 蛋品的热凝固性

当蛋品中的蛋白质受热温度为 54～57 ℃时，蛋白质开始变性凝固，60 ℃时加快变性，达到 80 ℃并在含水分较低时极易碎裂。蛋品中的脂肪和磷脂本身能阻止胶状物吸水，有利于制品的可塑性。所以，含有蛋品的食品，经油炸或烘焙后，就会更加酥脆。

6. 饰裱美化

有些糕点，特别是西点，在成型之后还要在外表进行装饰。装饰的膏、糊就以蛋白为主要原材料。当在蛋白中加上色料，调成各种色调，可裱制出各种别致新颖的图案，以起饰裱美化的作用。

(六)馅料

馅料在烘焙食品中的作用如下。

1. 改善制品的口味

含馅产品的口味主要由馅心来体现。其一，大多数包馅产品的馅心在整个产品中占有很大比重，通常是坯料占 50%，馅心占 50%，有些时候馅心甚至能达到 80%。其二，在评判包馅产品时，人们往往将馅心作为衡量的标准，许多产品就因为馅料讲究、做工精细、巧用调料，使产品达到“鲜、香、嫩、润、爽”而大受顾客的欢迎。

2. 影响产品的形状

馅料与产品的成型有着密切关系。馅料能美化产品的外形，如广式白莲月饼，馅料本身就晶莹剔透，烘烤完成以后产品油润有光泽，并且可以做成各种各样的形状。制作八宝饭等，常用馅料在表面做成各种花纹图案，使外形美观，富有艺术性。坯料包入馅料以后有利于造型、入模，烘烤后不走样，不塌陷，使外观花纹清晰美观，而这对馅料的软硬度、生熟度有很高要求。如用于花色品种的馅料，一般应干一些、稍硬一些，这样才能撑住皮坯，保持形态不变；皮薄或油酥制品的馅料，一般情况下应支撑熟馅，以防内外生熟不一或影响形态；皮坯性质柔软的，馅料也应相应柔软，才有利于产品的包捏成型，如果馅料过于粗大，就不利于包捏成型。

3. 形成产品的特色

焙烤食品中有许多独具特色的产品，虽与所用坯料及成型和成熟方法有关，但大多数是通过馅料来突出其风味特色的。馅料也体现地方特色，如广式馅料制作精细、口味清淡，具有鲜嫩爽香等特点；苏式肉馅多掺鲜美皮冻，卤多味美。

4. 丰富产品的花色品种

馅料用料广泛，调味方法和加工方法多样，使得馅料的花色丰富多彩，从而丰富了焙烤食品的品种。

(七)食品添加剂

1. 乳化剂

(1)由于乳化剂本身具有两亲特性，能增加食品组分间的亲和力，降低界面张力，所以能够提高食品质量，改善食品原料的加工工艺性能。

(2)与淀粉形成配合物，使产品得到较好的瓤结构，增大食品体积，防止老化及增强保鲜。

(3)用作油脂结晶调整剂，控制食品中油脂的结晶结构，改善食品口感质量。

(4)与原料中的蛋白质及油脂配合，增强面团强度。

(5)充气，稳定和改善气泡组织结构，提高食品内部结构质量，使食品更快释放出香味。

(6)提高食品的持水性，使产品更加柔软，可使食品增重。

(7)代替昂贵的配料，降低成本。

(8)乳化后的营养成分更容易被人体吸收，某些乳化剂有杀菌防腐效果。

2. 面团改良剂

面团改良剂是指能够改善面团加工性能、提高产品质量的一类添加剂的统称。面团改良剂还被称为面粉品质改良剂、面团调节剂、酵母营养剂等。面团改良剂现在多为混合制剂，包括面粉处理剂、乳化剂、酶制剂、食品营养强化剂、水硬度和面团 pH 调节剂、缓冲剂、各种氧化剂和还原剂类物质。

面团改良剂除可以提高面团的筋力外，还能使面团网络结构更具有规律性，纹理清晰，组织均匀，气孔壁薄，透明性好，色泽洁白。

面团改良剂品种繁多，按化学成分可分为无机改良剂、有机改良剂、混合型改良剂。

3. 增稠剂

(1)起泡作用和稳定泡沫作用。增稠剂可以发泡，形成网络结构，它的溶液在搅拌时形成小泡沫，可包含大量气体，并因泡沫表面黏性增加使其稳定。如蛋糕、面包等食品中使用增稠剂 CMC 等做发泡剂。

(2)成膜作用。增稠剂能在食品表面形成非常光润的薄膜，可防止冰冻食品、固体粉末食品表面吸湿导致质量下降。

(3)用于生产低能量食品。增稠剂都是大分子物质，许多来自天然胶质，在人体内几乎不被消化、吸收。所以用增稠剂代替部分糖浆、蛋白质溶液等原料，很容易降低食品的能量。并且，果胶、海藻酸钠还具有降低血液中胆固醇的作用，可用于生产保健食品。

(4)保水作用。在面制品中增稠剂可以改善面团的吸水性。调制面团时，增稠剂可以加速水分向蛋白质分子和淀粉颗粒渗透的速度，有利于调粉过程。增稠剂能吸收几十倍乃至上百倍于其含量的水分，并具备持水性。这些特性可以改善面团的吸水量，增加产品的质量。由于增稠剂有凝胶特性，使面制品弹性增强，淀粉 α 化程度提高，不易老化变干。

4. 着色剂

着色剂又称食用色素，是以食品着色为目的的食品添加剂。着色剂在焙烤食品中一般用于产品表面装饰、馅料调色以及果料、蜜饯着色等。它可使制品美观，表达一定的含义。

5. 食品香料

食品香料(香精)是以改善、增加和模仿食品香气和香味为主要目的食品添加剂，也称香味剂。食品香料是由多种挥发性物质所组成，食品中使用的香料也称赋香剂或增香剂，可分为天然和人工合成两大类。香料物质一般属于有机化合物，其分子结构中大多含有一定种类的发香基团。

6. 抗氧化剂

食品在贮藏、运输过程中除受微生物的作用而发生腐败变质外，还和空气中的氧发生化学作用，引起食品特别是油脂或含油脂食品变质。这不仅降低食品营养价值，使食品的风味和颜色变劣，而且产生有害物质，危及人体健康。防止食品氧化变质的方法之一就是在食品中添加抗氧化剂。

抗氧化剂的作用机理比较复杂，主要有以下几种：通过抗氧化剂的还原作用，降低食品内部及周围的氧气含量；弱化氧化酶的作用；抗氧化剂提供的氢原子，与脂肪酸自动氧化反应产生的过氧化物相结合，中断连锁反应，从而阻止氧化反应继续进行；能将氧化反应的物质封闭。

7. 防腐剂

防腐剂是对食品中的微生物(含霉菌)具有杀灭、抑制或阻止其生长作用的食品添加剂。在焙烤食品生产中，防腐剂的目的不仅是增加食品的贮藏时间，还必须保持食品原有的色、香、味和营养成分，起到保鲜作用。

焙烤食品在贮藏、流通过程中，主要是由微生物生长繁殖引起腐败变质。为延长食品的保质期，在食品中常使用防腐剂，对霉菌、需氧芽孢杆菌或革兰氏阴性杆菌等微生物产生抑制作用。与其他食品保存方法相比，正确使用防腐剂具有简捷、无需特殊设备、经济等优点，是被广泛采用的一种保藏食品方法。

(八)水分和食盐

1. 水在烘焙食品中的作用

要求制作面包等焙烤食品原料用水应是透明、无色、无臭、无异味、无有害微生物，不允许致病菌的存在，能满足生活饮用水水质标准。此外，面包加工对水的硬度、碱度及温度也有相应要求。

(1)水化作用，使面粉中的蛋白质吸水、胀润形成面筋网络，构成制品的骨架；使淀粉吸水糊化，形成具有加工性能的面团。

(2)调节和控制面团的黏稠度。

(3)溶解干性原辅料，使各种原辅料充分混合，成为均匀一体的面团或面糊。

(4)调节和控制面团温度。

(5)水可促进酵母的生长及酶的水解作用。一切生化反应均需要水作为反应介质，一切生物活动均需在水溶液中进行。

(6)作为烘焙、蒸制的传热介质。

(7)制品中保持一定的含水量可使其柔软湿润，延长制品的保鲜期。

2. 食盐在烘焙食品中的作用

(1)增进制品风味。

(2)调节和控制发酵速度。

(3)增强面筋筋力。

(4)改善面包的内部颜色。

(5)增加面团调制时间。

五、烘焙机械与设备及安全使用

(一)主要设备

1. 和面机

和面机被用来调制黏度极高的浆体或弹塑性固体，揉制不同性质的面团，如酥性面团、韧性面团、水面团等。搅拌容器轴线为垂直方向布置的，称为立式和面机；搅拌容器轴线处于水平位置的，称为卧式和面机。立式和面机和卧式和面机如图 4-1、图 4-2 所示。

图 4-1　立式和面机

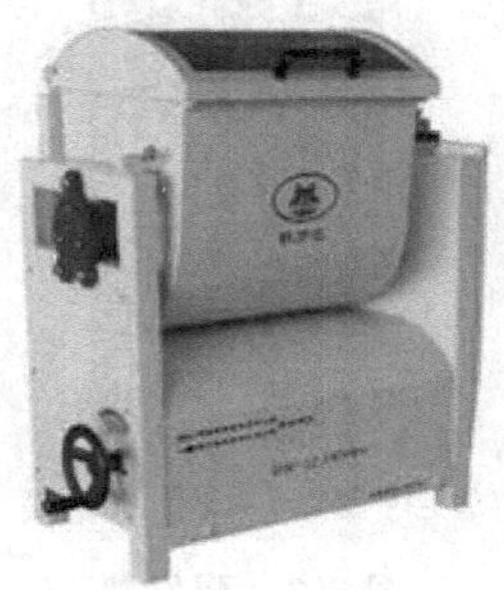

图 4-2　卧式和面机

2. 烤箱与烤炉

烤箱与烤炉是用于烘烤的设备，烤炉按照结构形式不同可分为箱式炉和隧道炉。烤箱如图 4-3，隧道炉如图 4-4 所示。

图 4-3　烤箱

图 4-4　隧道炉

3. 打蛋机和打蛋器

打蛋机和打蛋器是用于将鸡蛋打成蛋糊的机械，如图 4-5、图 4-6 所示。

图 4-5 打蛋机

图 4-6 打蛋器

4. 醒发箱

醒发箱如图 4-7 所示，用于面包面团的发酵。前店后厂加工模式的西饼屋常用冷藏一醒发一体机(图 4-8)，便于冷冻面团的运输。

图 4-7 醒发箱

图 4-8 冷藏一醒发一体机

5. 其他烘焙小工具

如图 4-9 至 4-20 所示。

图 4-9 刮铲

图 4-10 面粉筛

图 4-11 手工打蛋器(蛋甩)

图 4-12 分剂刀

图 4-13 蛋糕模具

图 4-14 抹刀

图 4-15　吐司模具

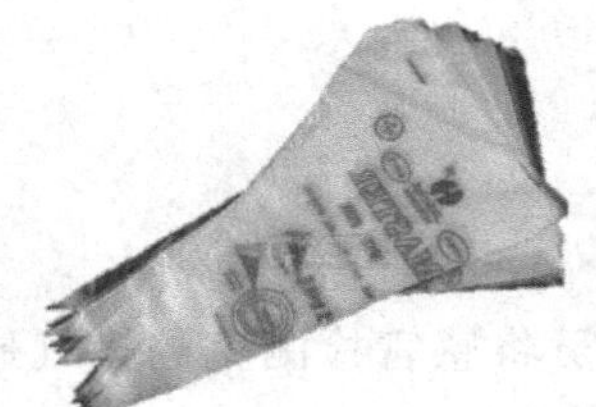
图 4-16　裱花袋

图 4-17　裱花嘴

图 4-18　饼干模具

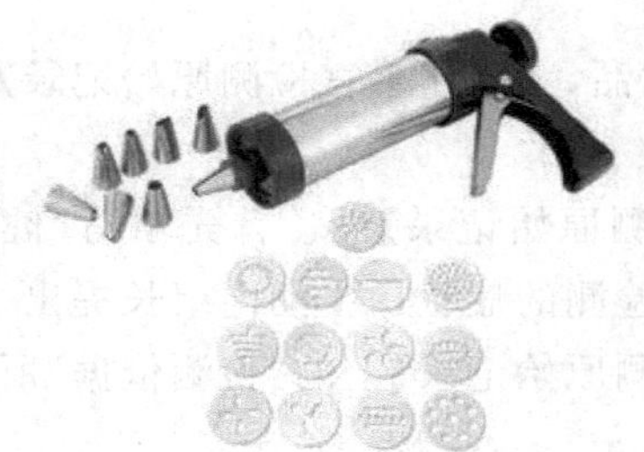
图 4-19　饼干挤出模具

图 4-20　法棍面包模具

(二)烘焙设备的安全措施

(1)超出机架的传动件和不安全的工作部件要安装防护装置。

(2)在以电力作为动力源或热源的设备上，要进行可靠接地，以防触电。

(3)在加热设备中，要安装温度自控装置，以免发生火灾。

(4)定期检查和维修，及时修换易损零件，消除隐患。

(5)对操作工进行机械知识和安全知识的教育，并进行培训和考核后再单独操作。

(三)设备使用注意事项

(1)使用前要了解所使用设备的性能、工作原理和操作规程，同时还应该了解设备在该工序中的各种要求。

(2)了解设备性能后，使用前要认真检查易损零件的完好情况，发现损坏的零件及时维修或更换。对摩擦件要经常进行检查，并上好润滑油。

(3)在开机前，必须检查和清理场地，防止其他物件卷入机内。

(4)开机之前，要检查电器开关和保险装置是否完整，若有损坏或短缺时，要采取相应措施。注意电器是否受潮或沾水。

(5)操作机械时必须戴好工作帽、穿好工作服，防止头发和工作服卷入机器中。

(6)开机时，要检查是否有助手或其他人员处在不安全的位置。设备运行时，工作人员要集中注意力，不能离开工作岗位，发现有异常声响时应分析原因或立即停机检查。

(7)烘焙机械大多一机多用，因此，生产时应根据不同的产品需要，对其规格、设备的速度、温度等进行调节。还要视气温、原料等进行调节。

(8)要严格遵守操作规程。

六、烘焙食品的质量控制

(一)感官检验

1. 检测前的准备

(1)检测前半小时，由样品制备员将感官检测室的换气扇打开，并将空调温度设定为20～25 ℃，记录室内温度、湿度。

(2)感官检测员在接到检测任务后，提前15 min到达感官检测室，按指定位置就座，调整状态，保持安静。

(3)样品制备员按要求准备样品，填写【感官检测原始记录】“样品编号”“检测依据”“检测项目”后，发放给感官检测员。

(4)感官检测员收到【感官检测原始记录】后，首先填写“健康状况”项目，对个人健康状况进行自查，如有不适合感官检测的症状，主动向组长提出。

(5)感官检测员根据【感官检测原始记录】上的“检测依据”所示标准号，查找《感官检测标准》，仔细阅读检测项目规定。

(6)样品制备员准备漱口用水、相关检测用具(刀、叉、牙签等)、一次性手套、纸巾、垃圾桶等用品，每人一份。

2. 检测流程

(1)样品制备员首先发放完整样品，每位检测员观察1 min左右，并填写“外观”“色泽”等检测项目。

(2)完整样品检测结束后，样品制备员发放分割样品，每位检测员观察、品尝5 min左右，填写“滋味”“气味”“组织状态”等检测项目。

(3)每个品种检测结束后，感官检测员需休息5～10 min，方可进行下一轮检测。

(二)微生物检验

微生物检验是焙烤食品的一项重要的工作，方法和相关内容同《食品微生物检验》。执行标准如下：

1. 菌落总数检验

执行GB 4789.2《食品微生物学检验　菌落总数测定》。

2. 大肠菌群检验

执行GB 4789.3《食品微生物学检验　大肠菌群计数》。

(三)理化检验

焙烤食品的理化检验按国家标准检验水分、灰分、蛋白质、脂肪、还原糖等营养物质指标，以及汞、砷等重金属指标，添加剂指标等执行。

相关标准：

《广东省食品安全企业标准　焙烤食品用配料(Q/GLZS 0015 S—2019)》

《广东省食品安全企业标准　焙烤食品馅料(Q/HX 0002 S—2019)》

《团体标准　全谷物焙烤食品(T/CABCI-02-2018)》

任务1　焙烤食品加工企业参观

实训目标

知道大中型焙烤食品加工企业的部门设置与工作岗位，了解不同岗位员工的基本素质要求及企业的入职要求、待遇等；知道企业产品种类、销售方式、产值等；厘清整个企业厂房的布局，清楚各个车间工作内容；了解企业管理制度；学习企业文化。

任务描述

参观某焙烤食品加工厂，咨询企业的部门设置与工作岗位，咨询不同岗位员工的基本素质要求；咨询企业的入职要求、待遇等；咨询企业产品种类、销售方式、产值等；了解企业管理制度；学习企业文化、企业安全生产章程；记录各生产车间的布局，清楚各个车间工作内容；咨询企业的质量监控体系。需要 4 学时。

实训准备

1. 知识储备：登录相关企业的网站，完成预习单内容。

【预习单】

(1)阅读该企业的简介。

(2)了解该企业产品种类。

(3)了解该企业经营理念。

(4)了解该企业的社会服务等公益行为。

2. 材料准备：以小组为单位设计企业调查表，并打印纸质版，便于调查。

3. 工具准备：记录笔、头盔、工衣等。

任务实施

【任务单】

一、企业的概括

通过对企业网上资料的了解及实地参观填写企业概况表。

企业概况表

位置	
联系电话	
入厂要求	
第一印象及体会：	

二、加工车间参观

跟随企业引导人员认真观察、及时提问，并将结果填入下表。

加工车间参观记录

产品类型							
是否封闭							
工作人数							

三、品管部参观

跟随企业引导人员认真观察、及时提问，并将结果填入下表。

品管部参观记录

检验项目					
主要工作					
要求					

四、企业文化

认真听取企业人员介绍，仔细阅读企业宣传走廊，了解企业文化，并将结果填入下表。

企业文化参观记录

企业发展历程	
企业荣誉	
企业愿景	
企业公益	

五、参观体会

列举你最感兴趣的工作岗位1～2个，分析自己的优势、不足和需要积累的技能及需要提高的能力。填入下表。

参观体会

工作岗位	主要职责	优势或不足	需要积累的技能	需要提高的能力

考核评价

依据附件表3对实训过程的表现进行评价。

总结反馈

本次参观最大的收获有哪些？自己是否具备入职这样企业的条件？是否愿意入职？

知识拓展

我国较大规模的焙烤加工企业有哪些？各企业有哪些知名品牌？

任务2　焙烤食品及其原辅料认知

实训目标

能描述一些知名品牌焙烤食品的主要产品及特点；知道常见焙烤食品的类别；知道加工焙烤食品常用的面粉、糖类、蛋品、油脂、泡打粉、酵母等原辅料的特点及其用途，能根据产品选择原辅料。

任务描述

通过阅读资料单，以及实训室展示的焙烤食品、原辅料，描述焙烤食品的主要类型及其特点；叙述面粉、糖类、蛋品、油脂、泡打粉、酵母等原辅料的特点及其用途。本任务在焙烤实训室完成。需要2学时。

实训准备

1. 知识储备：阅读资料单，完成预习单。

【预习单】

(1)我国焙烤食品行业的发展现状如何?

(2)为了提高食品的安全性，焙烤食品企业必须注意哪些方面的控制?

(3)你熟悉的焙烤企业有哪些?经营特点是什么?

(4)阐述焙烤食品的发展方向。

(5)西式糕点和中式糕点是怎样分类的?

2. 材料准备。

(1)三个以上不同品牌的焙烤食品，能体现不同种类的面包(主食面包、硬面包、甜面包等)、蛋糕(油蛋糕、复合蛋糕、艺术蛋糕等)、饼干(曲奇、苏打饼干等)、月饼、派、蛋挞等类型。

(2)常用的焙烤食品原料：不同种类的面粉(高筋、中筋、低筋)、糖(白砂糖、糖浆、糖霜)、油脂(黄油、奶油、植物油)、乳品(牛乳、烘焙奶粉)、蛋品(鲜蛋、蛋黄粉)等。

(3)常用的焙烤食品辅料：泡打粉、活性干酵母、蛋糕油、小苏打、巧克力、可可粉、抹茶粉等。

3. 工具准备：小铁碗、小勺、筷子等取用食品的小工具。

任务实施

【任务单】

一、识别并描述西式面食品的特点

参考曲奇饼干的特点，通过观看实物、资料图片、录像资料，每组列举其他六项焙烤食品的特点，填写下表。

西式面食品的特点

产品名称	曲奇饼干	吐司	法棍	提拉米苏	蛋挞	派	泡芙
分布	阿拉伯国家、东欧国家等						
特点	以黄油、面粉为主料加工						
销售方式	西点屋						
品牌	味多美						
类型	饼干						

二、识别并描述常见中式焙烤食品的类型特点

参考月饼的特点，通过观看实物、资料图片、录像资料，每组列举其他六项中式糕点的特点，填写下表。

中式面食品的特点

产品名称	月饼	桃酥	麻花	老婆饼	沙琪玛	枣糕	蒸蛋糕
分布	广东等华南地区						
特点	馅料讲究，种类多						
销售方式	门店、超市						
品牌	稻香村						
类型	月饼类						

三、识别并描述焙烤原辅料的特点

写出下列焙烤原辅料的特点、商品名及适宜加工的焙烤食品等。

烘焙用面粉

面粉种类	特点(面筋含量等)	常见商品名	适宜加工的焙烤产品
高筋面粉			
中筋面粉			
低筋面粉			

焙烤用油脂

油脂的种类	特点(状态、使用方法)	产品名称
黄油		
奶油		
植物油		

焙烤用糖品

焙烤常用糖品种类	特点(甜度、状态、使用方法)	适宜加工的焙烤产品
蔗糖(绵、砂、糖粉)		
糖霜		
糖浆		

焙烤用乳品、蛋品

	乳品		蛋品	
焙烤常用乳品种类	鲜乳	乳粉	鲜蛋	蛋粉
特点				
作用				
适宜加工的焙烤产品				

焙烤用辅料

种类	疏松剂			改良剂	营养强化剂		香味剂
	酵母	小苏打	泡打粉	食盐	维生素	矿物质	香兰素
功能							
用量							
商品名称							
适宜加工的焙烤产品							

实训评价

依据附件表2对实训过程的表现进行评价。

总结反馈

查阅相关资料，总结常用焙烤原辅料的质量控制问题。

知识拓展

根据营养平衡的特点，谈谈焙烤面食品的原料配方问题。

任务3　焙烤设备、工具的使用和保养

实训目标

认识并学会使用各种焙烤机械，能够正确使用烤箱、和面机、醒发箱等设备，并知道如何清洗和保养；学会使用打蛋机/手持打蛋器、曲奇饼干机/枪等焙烤加工常用小工具；知道各种设备的安全使用常识。

任务描述

认识并使用烤箱、和面机、醒发箱等设备，清洗和保养设备；使用手持打蛋器、曲奇枪等焙烤加工常用小工具；识记各种设备的安全使用常识。本项目在焙烤实训室完成。需要2学时。

实训准备

1. 知识储备：阅读资料单，完成预习单。

【预习单】

(1)常用的焙烤加工设备有哪些？主要功能分别是什么？

(2)使用焙烤设备的安全措施主要有哪些？

(3)使用焙烤设备时应注意哪些问题？

2. 工具准备：和面机，大、中、小三种不同类型的烤箱，醒发箱，打蛋机，手持打蛋器，曲奇饼干机/枪，各类蛋糕、饼干模具、刮刀、抹刀等焙烤食品加工常用小工具。

任务实施

【任务单】

一、大型加工设备的使用与保养

跟随指导老师开启和面机、打蛋机、醒发箱、大烤箱，明白使用方法、清洗及保养措施。填写下表。

和面机、打蛋机、醒发箱、大烤箱的使用与保养

设备名称	使用要求(电源电压要求、开机、关机、搅拌头的使用等)	清洗方法	保养措施	注意事项
和面机				
打蛋机/手持打蛋器				
醒发箱				
大烤箱				

二、小型机器的使用与保养

跟随指导老师学会手持打蛋器、曲奇饼干枪的使用方法、清洗及保养措施。填写下表。

手持打蛋器、曲奇饼干枪的使用与保养

设备名称	使用要求(是否接电源,开机、关机顺序等)	清洗方法	保养措施	注意事项
打蛋机/手持打蛋器				
曲奇饼干机/枪				

三、小工具的识别、使用与保养

跟随指导老师学会各类刀具、模具的使用方法、清洗及保养措施。填写下表。

刀具、模具的使用与保养

名称	使用特点	清洗方法	保养措施	注意事项

实训评价

依据附件表 2 对实训过程的表现进行评价。

总结反馈

回顾使用过的焙烤工具,总结使用过程中出现的问题。

知识拓展

查阅相关资料,描述国际上比较先进的焙烤工具。

项目二　面包的加工与质量监控

本项目内容包括面包的特点与分类、原辅料处理、加工工艺流程、质量监控等,选取面包坊的主要品类吐司面包、牛角面包等进行加工。本项目实操环节分为面包的加工过程与质量控制、吐司面包的加工与质量评价、牛角面包的加工与质量评价 3 个任务。

知识储备

【资料单】

一、我国面包加工现状

(一)市场需求大，行业发展快

面包是焙烤食品中历史最悠久、消费量最大、品种繁多的一大类食品，是美国及欧洲许多国家的主食。据统计，美国年消费汉堡包约 500 亿个、热狗约 300 亿个，平均每人每年消费约 400 个。德国年人均消费面包约 84 kg，欧洲国家中最低为意大利，年人均消费量约 50 kg。日本年人均消费面包约 10 kg。世界上年人均消费面包最高的是俄罗斯，人均消费约 102 kg。

由于我国人民的生活方式和饮食习惯，长期以来我国人民对于面包的消费量较低，面包年人均消费量低于 9 kg。随着我国经济水平的提高和城镇化发展的加快，面包作为主食、方便食品已被我国的广大消费者接受。我国面包年产量在 21 世纪初迎来了快速发展期，2000 年面包年产量约为 160 亿千克，2010 年突破了 480 亿千克。虽然我国面包产量稳步、持续增长，但人均消费量仍偏低，因此我国面包市场潜力很大。

(二)加工技术和设备的更新

面包加工企业已由原来的小作坊向规范化的大中型企业发展，企业重视国际先进设备的引进、消化、吸收和创新，不断更新生产设备，加大技术改造力度，努力改善生产条件。如多功能变速搅拌机、面包半自动分割滚圆机、连续分割滚圆机、电动面团定量分割机、连续式面机、自动控温控湿整形机、自动控温控湿发酵箱、醒发箱、方包自动生产线、汉堡面包生产线、丹麦面包生产线、法式花色面包生产线、全自动面团冷藏发酵箱、分层上下火单独控制的电烤炉、热风旋转电烤炉等的引进和普及，使得面包的加工更规范，质量的可控性大大提高。

(三)原辅料的开发与创新

面包是一种经过发酵的焙烤食品，它是以小麦粉、酵母、盐和水为基本原料，添加适量糖、油脂、乳品、鸡蛋、果料、添加剂等，经搅拌、发酵、成型、醒发、烘焙而制成的食品。

随着食品科技的发展，面包原辅材料的选择范围得到了扩大，如全麦面包、燕麦面包、玉米面包等杂粮面包，强化食品营养的特色面包、果味面包等，丰富了市场的需求，满足了广大消费者的需求。

(四)面包的保鲜与货架期

面包的保鲜与货架期是面包加工企业最关注的问题，近年来，新型、安全保鲜剂的应用延长了面包的货架期，使面包的流通更广泛，使偏远地区的面包供应更新鲜、更安全。

前店后厂的经营模式使得面包加工、销售一体化，城镇消费者可以很方便买到新鲜的面包。

二、面包的特点与分类

(一)面包的特点

1. 易于机械化和大规模生产

生产面包有定型的成套设备，可以大规模、机械化、自动化生产，生产效率高，便于节省大量的能源以及人力和时间。

2. 耐贮存

面包是经 200 ℃以上的高温烘烤而成，杀菌比较彻底，甚至连中心部位的微生物也能杀灭，一般可贮存几天不变质，比米饭、馒头耐贮存。

3. 食用方便

面包作为谷类食品的一种，其包装简单，携带方便，可以随吃随取，不像馒头、米饭还得配菜。特别适应旅游和野外工作的需要。

4. 易于消化吸收、营养价值高

制作面包的面团经过发酵，使部分淀粉分解成简单的和易于消化的糖，面包内部形成大量蜂窝状结构，扩大了人体消化器官中各种酶与面包接触的面积。而且，面包表皮的碳水化合物经糊化后，都有利于消化吸收。一般来说面包在人体中的消化率高于馒头 10%，高于米饭 20%左右。

(二)面包的分类

目前，国际上尚无统一的面包分类标准。特别是随着面包工业的发展，面包的种类不断翻新，面包的分类也各不相同。

我国对面包的分类大致有两种方法。一种是按面包原料及食用目的分为 8 类：风味多样的主食面包；花式各样的甜面包；口味各异的加馅面包；层次分明的嵌油面包；食疗兼备的保健面包；免用烤箱的油面包；快速简便的三明治；形态逼真的象形面包。另一种是常用的面包分类方法，它把面包分为以下 5 种。

1. 硬质面包

硬质面包其实就是一种内部结构接近结实的面包。它的特点是面包越吃越香，经久耐嚼且具有浓郁的醇香。这种面包一般添加成分较低，配方中使用的糖、油脂皆为面粉用量的 4%以下。所采用的面粉介于高筋和中筋面粉之间，并相应地减少加水量，其目的是控制面筋的扩展程度和体积的膨胀，缩短发酵所需时间，从而使烘焙后的食品具有整体的结实感。如法国面包，其特点具有吐司面包所不及的浓馥麦香味道，表皮或硬或脆，内部组织需有韧性，但并不太强，有嚼劲。硬质面包的保质期较一般面包长，比较经济实惠。

2. 软质面包

体形较大，柔软细致，须用土司烤模焙烤。此类面包讲求式样美观，组织细腻，需要有良好的焙烤弹性，面筋须充分搅拌出来，基本发酵必须适当，才能得到良好形态和组织。其特性为表皮颜色呈金黄色，且薄而柔软，内部组织颜色洁白或浅如白色并有丝状光泽，组织细腻均匀，咀嚼时容易嚼碎且不黏牙。

3. 酥皮面包

其特性为产品面团中裹入很多有规则层次油脂，加热汽化成一层层又松又软的酥皮，外观呈金黄色，内部组织为一层层松脆层次。

4. 松质面包

松质面包中可添加各种口味馅料，一般为较高成分面包。配方中使用的糖、油脂皆为面粉量的10%以上，馅料为面团质量20%以上，组织较为柔软，可应用各式馅料来做成最终的烘焙品。其特性为成分较高，配方中含糖、蛋、油脂量较多，外表形状及馅料变化多，外观漂亮美观，内部组织细致均匀，风味香甜柔软。

5. 杂粮面包

凡在软式或硬式面包中添加合法的谷物或核果，且添加量不低于面粉量20%的多谷物、高纤维含量、低糖、低油、低热量产品，均为此类，如杂粮葡萄面包、葵花子面包等。其特性为低成分，高纤维面包配方中油、糖、蛋含量极微，甚至有些不添加。有些产品配方中含麸皮、稞麦、黄豆、葵花子等多谷类原料，其目的是通过杂粮的加入增加各种蛋白质、脂肪、氨基酸等营养成分，易于被人体吸收。此种面包外观呈光亮状，内部组织较为紧密，外皮酥脆。杂粮面包中杂粮的亲水率较面粉低，其内部结构松软而富有弹性。也有将松质面包、杂粮面包等保健面包和三明治面包以及各种花样面包合并在一起。

三、面包的加工工艺流程

面包的制作，无论是手工操作，还是机械化生产，都包括三大基本工序，即面团搅拌、面团发酵和成品焙烤。在这三大基本工序的基础上，根据面包品种特点和发酵过程常将面包的生产工艺分为一次发酵法(直接法)、二次发酵法(中种法)和快速发酵法。

(一)一次发酵法

一次发酵法的优点是发酵时间短，提高了设备和车间的利用率，提高了生产效率，且产品的咀嚼性强、风味较好。缺点是面包的体积较小，且易于老化；批量生产时，工艺控制相对较难，一旦搅拌或发酵过程出现失误，无弥补措施。

(二)二次发酵法

二次发酵法的优点是面包的体积大，表皮柔软，组织细腻，具有浓郁的芳香风味，且成品老化慢。缺点是投资大，生产周期长，效率低。

二次发酵流程：原辅材料处理→第一次调制面团→第一次发酵→第二次调制面团→第二次发酵→整形→成型→烘焙→冷却→包装→成品。

(三)快速发酵法

快速发酵法是指发酵时间很短(20～30 min)或根本无发酵的一种面包加工方法。整个生产周期只需2～3 h。其优点是生产周期短、生产效率高，投资少，可用于特殊情况或应急情况下的面包供应。缺点是成本高，风味相对较差，保质期较短。

面包最普遍、最大量、最基本的制作方法还是一次发酵法和二次发酵法。

四、面包加工技术要点与质量控制

(一) 面包配方

面包配方是指制作面包的各种原辅料之间的配合比例。要设计一种面包的配方，首先要根据这种面包的色、香、味与营养成分、组织结构等特点，充分考虑各种原辅料对面包加工工艺及成品质量的影响，在选用基本原料的基础上，确定添加哪些辅助原料。面包配方中基本原料有面粉、酵母、水和食盐，辅料有砂糖、油脂、乳粉、改良剂以及其他乳品、蛋、果仁等。面包配方一般用烘焙比来表示，面粉的用量为100，其他配料占面粉用量的百分之几。

1. 一次发酵法配方

配方1：面包专用粉100 g、水58 g、白砂糖6 g、油脂3 g、酵母1.4 g、食盐1.0 g、复合改良剂1.0 g。

配方2：面包专用粉100 g，水58 g，鲜酵母2 g，面粉改良剂0.25 g，盐2 g，糖2 g，黄油2 g。

2. 二次发酵法配方

(1)中种面团：专用粉75 g，水45 g，鲜酵母2 g，面粉改良剂0.25 g。

(2)主面团：专用粉25 g，糖20 g，人造奶油12 g，蛋5 g，奶粉4 g，盐1.5 g，水12 g。

3. 快速发酵法配方

配方1(起酥面包配方)：专用粉100 g，奶油20 g，鸡蛋12 g，牛奶5 g，鲜酵母10 g，冷冻鲜奶油15 g，馅料奶油35 g。

配方2：面包专用粉100 g，水58 g，白砂糖18 g，鸡蛋12 g，奶粉5 g，酵母1.4 g，食盐0.8 g，复合改良剂0.5 g。

(二)面团调制

面团调制也称调粉或搅拌，是指在机械力的作用下，各种原辅料充分混合，面筋蛋白和淀粉吸水润胀，最后得到一个具有良好黏弹性、延伸性、柔软、光滑的面团的过程。面包制作最重要的两道工序就是面团的调制和发酵。面包生产成功与否，面团的调制占25%的因素，发酵的好坏占70%的因素，其他操作工序占5%的因素。由此可见，面团调制的重要性。如果面团搅拌达到最佳程度，以后的工序易于进行，并能保证产品质量。

1. 面团搅拌的投料顺序

调制面团时的投料次序因制作工艺的不同略有差异。一次发酵法的投料次序为：先将所有的干性原料(面粉、奶粉、砂糖、酵母等)放入搅拌机中，慢速搅拌2 min左右，然后边搅拌边缓慢加入湿性原料(水、蛋、奶等)，继续慢速搅拌3～4 min，最后在面团即将形成时，加入油脂和食盐，快速搅拌(4～5 min)，使面团最终形成。二次发酵法是将部分面粉和全部酵母、改良剂、适量水和少量糖先搅成面团，一次发酵后，再将其余原料全部放入和面机中，最后放入油脂和盐。由此可知，不论采用何种发酵工艺，油脂和食盐都是在面团基本形成时加入，原因是食盐和油脂有抑制面粉水化的作用。

2. 面团搅拌时间的确定

面团最佳搅拌时间应根据搅拌机的类型和原辅料的性质来确定。目前，国产搅拌机绝大多数不能变速，搅拌时间一般需15～20 min。如果使用变速搅拌机，只需10～12 min。变速搅拌机，一般慢速(15～30 r/min)搅拌5 min，快速(60～80 r/min)搅拌5～7 min。面团的最佳搅拌时间还应根据面粉筋力、面团温度、是否添加氧化剂等多种因素，在实践中逐渐摸索。

3. 加水量

加水量越少，会使面团的卷起时间缩短，而卷起后在扩展阶段中应延长搅拌时间，以使面筋充分扩展。但水分过少时，又会使面粉的颗粒难以充分水化，形成的面筋性质较脆，稳定性较差。故水分过少，做出的面包品质较差。面团中水分充足，则会延长卷起的时间，但一般搅拌稳定性好，当面团达到卷起阶段后，就会很快地使面筋扩展，完成搅拌的工作。在无奶粉使用情况下，加水率大约在60%。

4. 面团温度的控制

适宜的面团温度是面团发酵的必要条件。实际上，在面团搅拌的后期，发酵过程已经开始。为了防止面团过度发酵，以得到最好的面包品质，面团形成时温度应控制在26～28 ℃。在生产实践中，面团温度在没有自动温控调粉机的情况下，主要靠加水的温度来调节，因为水在所有材料中不仅热容量大，而且容易加温和冷却。水的温度不仅与面团调制的温度有关，而且与调粉机的构造、速度(一般情况下，低速搅拌升温2～3 ℃，中速搅拌升温7～15 ℃，高速搅拌升温10～15 ℃，手工搅拌升温3～5 ℃)、室温、材料配合、粉质、面团的硬软、重量有关。所需水温可由经验公式计算得出。

所需水温＝(3×面团理想温度)－(室温＋粉温＋机器摩擦升温)

5. 搅拌机的速度

搅拌机的速度对搅拌和面筋的扩展的时间影响较大。一般稍快速度搅拌面团，卷起时间较快，完成时间短，面团搅拌后的性质也佳。对面筋特强的面粉如用慢速搅拌，很难使面筋充分扩展，变得柔软而具有良好的伸展性和弹性。面筋稍差的面粉，在搅拌时应用慢速搅拌，以免使面筋折断。

(三)面团的发酵

1. 面团发酵的作用

面团的发酵是指以酵母为主，面粉中其他微生物参与的复杂发酵过程。在酵母的转化酶、麦芽糖酶等多种酶的作用下，将面团中的糖分解为酒精和二氧化碳；面团中各种糖、氨基酸、有机酸、酯类等的共同作用，使面团具有芳香气味。以上复杂过程称为面团发酵。面团在发酵的同时也进行着一个熟成过程，面团的成熟是指经过发酵过程的一系列变化，面团的性质对于制作面包达到最佳状态。即不仅产生大量的二氧化碳气体和各类风味物质，而且经过一系列的生物化学变化，使得面团的物理性质如伸展性、保气性等均达到最良好的状态。面团发酵的基本作用是：在面团中积蓄发酵生成物，给面包带来浓郁的风味和芳香；使面团变得柔软而易于伸展，在烘烤时得到极薄的膜；促进面团的氧化，强化面团的持气能力；产生使面团胀发的二氧化碳气体；有利于烘烤时的上色反应。

2. 酵母的发酵

发酵是使面包获得气体、实现膨松、增大体积、改善风味的基本手段。酵母的发酵作用是指酵母利用糖(主要是葡萄糖)经过复杂的生物化学反应最终生成二氧化碳气体的过程。

发酵过程包括有氧呼吸和无氧呼吸。在面团的发酵初期，酵母的有氧呼吸占优势，并进行迅速繁殖，产生很多新芽孢。随着发酵的进行，无氧呼吸逐渐占优势。到发酵后期，一方面无氧呼吸进行得越旺盛，整个发酵过程中以无氧呼吸为主对面包的生产和质量是有利的，因为无氧呼吸产生酒精，可使面包具有醇香味；另一方面有氧呼吸会产生大量的气体和热量，过快地产生气体不利于面团中气泡的均匀分散，大气泡较多，过多的热量使面团的温度不易控制，过高的面团温度会引起杂菌如乳酸菌、醋酸菌的大量繁殖，从而影响面包质量。采用二次发酵工艺制作的面包质量较好的原因在于第一次发酵使酵母繁殖，面团中含有足够的酵母数量增强发酵后劲，通过对一次发酵后面团的搅拌，一方面可使大气泡变成小气泡，另一方面可使面团中的热量散失并使可发酵糖再次和酵母接触，使酵母进行无氧呼吸。

影响酵母产气因素如下。

(1)温度。温度高，酵母的产气量增加，发酵速度快。但温度过高，产气过快，不利于面团的持气和气泡的均匀分布。面团的发酵温度一般控制在 26～28 ℃。

(2)pH。酵母发酵的最适 pH 为 5～6，在此 pH 下酵母产气能力强。

(3)渗透压。面团发酵过程中，影响酵母活性的渗透压主要由糖和盐引起。糖用量为5%～7%时产气能力大，超出此范围，糖用量越多，发酵能力越受到抑制。食盐能够抑制酶的活性，食盐的用量越多，酵母的产气能力越低。食盐用量超过 1%时，对酵母活性就有明显抑制作用。

3. 影响面团持气的因素

(1)面粉。面粉中蛋白质的数量和质量是面团持气能力的决定性因素，面粉的成熟不足或过度都使面团的持气能力下降，成熟不足应使用改良剂，成熟过度时应减少面团改良剂的用量。

(2)乳粉和蛋品。乳粉和蛋品均含有较多的蛋白质，对面团发酵的酸碱度有缓冲作用，均能提高面团的发酵耐力和持气性。

(3)戊聚糖的作用。戊聚糖是一种植物胶，对面粉的焙烤特性有显著影响。有实验证实，在弱筋粉中添加 2%的水溶性戊聚糖，能使面包的体积增加 30%～45%。在面团中加入汉生胶或槐豆胶，也可增加面团的持气性。

(4)面团搅拌。面团搅拌到面筋网络充分形成而又不过度，此时面团的持气性最好。

4. 面团成熟

面团发酵时，经过一系列复杂的变化，达到制作面包的最佳状态，称作成熟，这一过程叫熟成。也就是调制好的面团，经过适当时间的发酵，蛋白质和淀粉的水化作用已经完成，面筋的结合扩张已经充分，薄膜状组织的伸展性也达到一定程度，氧化也进行到适当程度，使面团具有最大的气体保持力和最佳风味条件。对于还未达到这一目标的状态，称为不熟，如果超过这一时期则称为过熟，这两种状态的气体保持力都较弱。在面包制作中，发酵面团是否成熟是成品品质的关键，因此，如何判断发酵面团是否成熟十分重要。

鉴别面团发酵成熟的方法有以下几种。

(1)回落法。面团发酵一定时间后，在面团中央部位开始向下回落，即为发酵成熟。但要掌握在面团刚开始回落时，如果回落幅度太大则发酵过度。

(2)手触法。用手指轻轻按下面团，手指离开后，面团既不弹回，也不继续下落，表示发酵成熟；如果很快恢复原状，表示发酵不足，如果面团很快凹下去，表示发酵过度。

(3)温度法。面团发酵成熟后，一般温度上升 4～6 ℃。

(4)pH 法。面团发酵前 pH 为 6.0 左右，发酵成熟后 pH 为 5.0，如果低于 5.0，则说明发酵过度。

(四)面包的整形

将发酵好的面团做成一定形状的面包坯称作整形。整形包括分块、称量、搓圆、中间醒发、压片、成型。在整形期间，面团仍进行着发酵过程，整形室所要求的条件是温度

26～28 ℃，相对湿度 85％。

1. 分块

分块应在尽量短的时间内完成，主食面包的分块最好在 15～20 min 内完成，点心面包最好在 30～40 min 内完成，否则因发酵过度影响面包质量。由于面包在烘烤中有 10％～12％的质量损耗，故在称量时将这一质量损耗计算在内。

2. 搓圆

搓圆就是使不整齐的小面块变成完整的球形，恢复在分割中被破坏的面筋网络结构。手工搓圆的要领是手心向下，用五指握住面团，向下轻压，在面板上顺一个方向迅速旋转，将面团搓成球状。

3. 中间醒发

中间醒发也称静置。面团经分块、搓圆后，一部分气体被排除，内部处于紧张状态，面团缺乏柔软性，如立即进行压片或成型，面团的外皮易被撕裂，不易保持气体。因此需一段时间的中间醒发。中间醒发的工艺参数为：温度 27～29 ℃，湿度 80％～85％，时间 12～18 min。

4. 压片

压片是提高面包质量、改善面包纹理结构的重要手段。其主要目的是将面团中原来不均匀的大气泡排除掉，使中间醒发产生的新气泡在面团中均匀分布。压片分手工压片和机械压片，机械压片效果好于手工压片。压片机的技术要求是转速 140～160 r/min，辊长 220～240 mm，压辊间距 0.8～1.2 cm。如果生产夹馅面包，压辊间距应为 0.4～0.6 cm，面片不能太厚。

5. 成型

成型是将压片的小面团做成所需要的形状，使面包的外观一致。一般花色面包多用手工成型，主食面包多用机械成型。

(五)最终发酵

成型后还需要一个醒发过程，也称为最后发酵。经过整型的面团，几乎已失去了面团应有的充气性质，面团经过整型时的辊轧、卷压等过程，大部分气体已被压出，同时面筋失去原有的柔软而变得脆硬和发黏，如立即送入炉内烘烤，则烘烤的面包体积小，组织颗粒非常粗糙，同时顶上或侧面会出现空洞和边裂现象。为得到形态好、组织好的面包，必须使整形好的面团重新再产生气体，使面筋柔软，增强面筋伸展性和成熟度。

醒发的工艺条件为：温度 38～40 ℃、湿度 80％～90％。最后发酵时间要根据酵母用量、发酵温度、面团成熟度、面团的柔软性和整型时的跑气程度而定，一般为 30～60 min。对于同一种面包来说，最后发酵时间应是越短越好，时间越短做出的面包组织越好。

最终发酵程度的判断常用的方法有以下几种。

(1)一般最后发酵结束时，面团的体积应是成品体积的 80％，其余 20％留在炉内胀发。对于方包，由于烤模带盖，所以好掌握，一般醒发到 80％即可。

(2)用整型后面团的胀发程度来判断，要求胀发为装盘时的 3～4 倍。

(3)根据外形、透明度和触感判断。发酵开始时，面团不透明和发硬，随着膨胀，面团变柔软，表面有半透明的感觉。最后，随时用手指轻摸面团表面，感到面团越来越有一种膨胀起发的轻柔感，根据经验利用以上感觉判断最佳发酵时期。

(六)面包的焙烤与冷却

焙烤是面包制作的三大基本工序之一，是指醒发好的面包坯在烤炉中成熟的过程。面团在入炉后的最初几分钟内，体积迅速膨胀。其主要原因有两方面，一方面是面团中已存留的气体受热膨胀；另一方面由于温度的升高，在面团内部温度低于 45 ℃时，酵母变得相当活跃，产生大量气体。一般面团的快速膨胀期不超过 10 min。随后的焙烤过程主要是使面团中心温度达到 100 ℃，水分挥发，面包成熟，表面上色。

1. 面包焙烤的温度和时间

面包焙烤的温度和时间取决于面包辅料成分多少、面包的形状、大小等因素。焙烤条件的温度范围大致为 180～220 ℃，时间 15～50 min。焙烤的最佳温度、时间组合必须在实践中摸索，根据烤炉不同、配料不同、面包大小不同具体确定，不能生搬硬套。若使用的烤炉能控制面火和底火，在焙烤的初始阶段，底火应高于面火，以利于水分挥发，体积最大限度地膨胀。面火 160 ℃，底火 180～185 ℃，在焙烤的后期，面火应上升为 210～220 ℃上色，底火仍在 180～185 ℃。如果不能控制底火和面火，可用分阶段升温法。初始温度 180～185 ℃，中间温度 190～200 ℃，最后温度 210～220 ℃。

2. 面包焙烤的湿度

有些面包烤炉上有加湿器，通过加湿可以控制面包皮的厚薄。面包皮的形成是面团表面迅速干燥的结果。由于面团表面与干燥的高温空气接触，其水分汽化非常快。如果需要较厚的面包皮，一般需向烤炉内加湿，使面包表面水分汽化速率减慢，表面受到较大程度的焙烤，从而形成较厚的面包皮。

3. 面包的冷却、包装

刚出炉的面包表面温度高(一般大于 180 ℃)，面包的表皮硬而脆，面包内部含水量高，瓤心很软，经不起外界压力，稍微受力就会使面包压扁。压扁的面包回弹性差，失去面包固有的形态和风味。出炉后经过冷却，面包内部的水分随热量的散发而蒸发，表皮冷却到一定程度就能承受压力，再进行挪动和包装。

相关标准：

《中华人民共和国国家标准　面包质量通则(GB/T 20981—2021)》

任务1　面包的加工过程与质量控制

实训目标

知道面包加工的原理；学会选用加工面包的原辅料；能根据面包的种类写出面包的加工工艺流程；知道面包加工的质量监控点。

任务描述

叙述面包加工的原理；根据不同配方选择加工面包的原辅料；根据面包的种类写出面包的加工工艺流程与面包加工的质量监控点。本任务在焙烤实训室完成。需要 2 学时。

实训准备

1. 知识储备：阅读资料单，完成预习单。

【预习单】

(1)面包可分为哪些种类？

(2)加工面包的原辅料有哪些?

(3)面包加工的原理是什么?

(4)加工面包需要的设备有哪些?

(5)面包加工的工艺流程有哪些?

(6)面包加工的共同工序有哪些?

(7)面包加工的质量监控点有哪些?

2. 材料准备：高筋面粉、面包粉、酵母、三种以上面包。

3. 工具准备：烤箱、醒发箱、和面机等加工工具。

任务实施

【任务单】

一、面包的分类

下载查阅 GB/T 20981—2021，写出面包的种类及特点，判断供试样品的种类，并将结果填入下表。

面包的种类

类型	特点	样品类型

二、面包的工艺流程

通过阅读资料单、教师讲授、观看视频，以及自己查阅资料写出面包的加工工艺流程，并将结果填入下表。

面包的加工工艺流程

类型	工艺流程	产品举例
一次发酵法		
二次发酵法		
快速发酵法		

三、面包加工工序与质量控制点

通过阅读资料单、教师讲授、观看视频，以及自己查阅资料写出面包加工的工序与质量控制点，并将结果填入下表。

面包加工工序与质量控制点

面包加工工序	操作内容	使用设备	质量控制点
原辅料预处理			
和制面团			
发酵			

续表

面包加工工序	操作内容	使用设备	质量控制点
面团发酵成熟度判断			
整形			
醒发			
烘烤			
冷却			

考核评价

依据附件表1对实训过程的表现进行评价。

总结反馈

实训过程有哪些不足？是什么原因造成的？

知识拓展

查阅面包质量评价的国家标准。

任务2 吐司面包的加工与质量评价

实训目标

知道二次发酵加工吐司面包的工艺流程；学会选用加工吐司面包的原辅料；学会加工吐司面包及其感官评价方法。

任务描述

每组加工500 g面粉的吐司面包，写出加工方案，包括配方、加工工序等内容；对加工的吐司面包进行感官评价。本任务在焙烤实训室完成。需要6学时。

实训准备

1. 知识储备：阅读资料单，完成预习单。

【预习单】

(1)二次发酵加工吐司面包的工艺流程有哪些？

(2)二次发酵加工吐司面包的原辅料有哪些？

(3)二次发酵加工吐司面包需要的设备有哪些？

(4)吐司面包的感官评价标准是什么？

2. 材料准备：高筋面粉(面包粉)、酵母、食盐、黄油、牛奶、鸡蛋。

参考配方：高筋面粉1 000 g，水550 g，黄油60 g，食盐15 g，鲜酵母20 g。

3. 工具准备：烤箱、醒发箱、和面机、分剂刀、面包模具等加工工具。

任务实施

【任务单】

一、配方及原辅料处理

按照配方称取原辅料，并进行预处理，将操作过程填入下表。

吐司面包的配方与原辅料预处理

面粉	酵母	糖	油脂	蛋品	食盐	水	其他
是否合格							
用量							
预处理方式							

二、调制面团、发酵

调制面团并发酵，将操作过程填入下表。

面团的和制与发酵

	调制种子面团	第一次发酵	调制主面团	第二次发酵
设备与工具				
操作要点				
要求				

三、分剂、整形、醒发

分剂、整形、醒发，并将操作过程填入下表。

分剂、整形、醒发

	分剂	整形	醒发
设备			
工作要点			
要求			

四、烘烤、冷却、切片、包装

烘烤、冷却、切片、包装，将操作过程填入下表。

烘烤、冷却、切片、包装

	烘烤	冷却	切片	包装
设备				
工作要点				
要求				

五、感官评价

每组一名同学与老师组成考核组，根据吐司面包感官评价标准对各组加工产品进行评价，将分值填入表中。

吐司面包感官评价标准

项目	指标	得分
色泽	色泽金黄，着色均匀(20 分)	
形状	形态美观，无塌陷，具有本品种应有的形状(20 分)	

续表

项目	指标	得分
滋味与气味	香气正常浓郁、甜味适中，无异味(30 分)	
质地与口感	纹理清晰、质地松软、有嚼劲，口感好，无杂质(30 分)	

考核评价

依据附件表 2 对实训过程的完成情况评价。

总结反馈

实训过程有哪些不足？是什么原因造成的？

知识拓展

市场上常见的吐司面包有哪些品牌？

任务 3　牛角面包的加工与质量评价

实训目标

知道一次发酵法加工牛角面包的工艺流程；学会选用加工牛角面包的原辅料；学会加工牛角面包及其感官评价方法。

任务描述

每组加工 500 g 面粉的牛角面包，写出加工方案，包括配方、加工工序等内容；对加工的牛角面包进行感官评价。本任务在焙烤实训室完成。需要 4 学时。

实训准备

1. 知识储备：阅读资料单，完成预习单。

【预习单】

(1)一次发酵加工牛角面包的工艺流程有哪些？

(2)一次发酵加工牛角面包的原辅料有哪些？

(3)一次发酵加工牛角面包需要的设备有哪些？

(4)牛角面包的感官评价标准是什么？

2. 材料准备：高筋面粉(面包粉)、酵母、食盐、黄油、牛奶、鸡蛋。

参考配方：高筋面粉 800 g，低筋面粉 200 g，砂糖 200 g，食盐 15 g，鲜酵母 30 g，水 500 g，黄油 100 g，牛奶 100 g，鸡蛋 150 g。

3. 工具准备：烤箱、醒发箱、和面机、分剂刀、面包模具等加工工具。

教学实施

【任务单】

一、配方及原辅料处理

根据配方称量原辅料，并预处理，将操作过程填入下表。

牛角面包的配方与原辅料预处理

	面粉	酵母	糖	油脂	蛋品	食盐	牛奶
是否合格							

续表

	面粉	酵母	糖	油脂	蛋品	食盐	牛奶
用量							
预处理方式							

二、调制面团、发酵

实施操作并记录面团的和制与发酵过程，填入下表。

面团的和制与发酵

	调制面团	发酵	压片	包入黄油折叠
设备与工具				
操作要点				
要求				

三、整形、醒发、烘烤

实施操作并记录整形、醒发、刷蛋液、烘烤等过程，填入下表。

整形、醒发、刷蛋液、烘烤

	擀制面片	切分三角面块	卷曲成型	醒发	刷蛋液	烘烤
设备						
操作要点						
要求						

四、感官评价

每组一名同学与老师组成考核组，根据牛角面包感官评价标准对各组加工产品进行评价，并将分值填入表中。

牛角面包感官评价标准

项目	指标	得分
色泽	色泽金黄，着色均匀(20 分)	
形状	形态美观，分层明显而不分离、无塌陷、具有本品种应有的形状(20 分)	
滋味与气味	香气正常浓郁、甜味适中，无异味(30 分)	
质地与口感	质地松软、有嚼劲，口感好，无杂质(30 分)	

考核评价

依据附件表 2 对实训过程的完成情况评价。

总结反馈

实训过程有哪些不足？是什么原因造成的？

知识拓展

市场上常见的甜面包有哪些？怎样分类？有哪些品牌？

知识链接

面包烘焙工职业能力考核规范

表 4-2 面包烘焙工职业能力考核规范

工作任务	操作规范	相关知识	考核比重
(一) 烘制准备	1. 能检查工器具是否完备； 2. 能进行工器具、操作台等的卫生清洁和消毒工作； 3. 能按照产品要求选择原料和辅料； 4. 能配比原辅料	1. 烘焙面包的种类； 2. 烘焙面包的营养价值知识； 3. 食品原辅料基础知识； 4. 面包烘焙工器具常识； 5. 面包烘焙卫生基础知识； 6. 主要原料的性能和营养基础知识； 7. 原辅料配比基础知识； 8. 称重器具的使用方法	25%
(二) 面团醒发	1. 能操作搅拌机，将面粉和各种辅材调制成产品品种和工艺要求所需的面团； 2. 能对面团进行发酵； 3. 能运用分割机根据面包种类与规格进行分割和称量； 4. 能运用滚圆机进行面包初成型； 5. 能使用面包模具成型； 6. 能手工完成简单的面包造型； 7. 能判断面团是否达到二次醒发； 8. 能根据面包的造型要求进行修型； 9. 能进行排盘； 10. 能调节醒发箱的温度、湿度和时间，使半成品最终醒发	1. 面包加工工艺基础知识； 2. 搅拌机的操作常识； 3. 面团调制工艺常识； 4. 发酵工艺常识； 5. 分割机的操作、维护和保养知识； 6. 滚圆机的操作知识； 7. 面团在各种类型的模具内成型所需要的不同条件； 8. 面包造型工艺基础知识； 9. 面包修型的方法和要求	50%
(三) 烘焙	1. 能清洁、维护和保养面包烤箱； 2. 能对最终发酵的半成品进行上光； 3. 能按各类面包的工艺要求调整烤箱温度、湿度、时间； 4. 能冷却各类面包； 5. 能对各类面包进行包装	1. 各种面包烤箱的特点、用途和使用方法； 2. 各种烤箱的清洁、维护和保养知识； 3. 上光的作用、要求和上光材料的基础知识； 4. 面包冷却和包装的基础知识和卫生要求	25%

项目三 饼干的加工与质量监控

本项目内容包括饼干的特点与种类、原辅料处理、加工工艺流程、质量监控等，选取市场上的主要品类苏打饼干、曲奇饼干等进行加工。本项目实操环节分为饼干的加工过程与质量控制、苏打饼干的加工与质量评价、曲奇饼干的加工与质量评价3个任务。

知识储备

一、我国饼干加工现状

饼干是一类休闲焙烤食品，随着人们对旅游休闲生活方式喜欢和推崇，饼干的需求量逐年增加。有关饼干新品种和新工艺的开发研究也呈现出前所未有的突破，种类多，风味各异，尤其是富含高膳食纤维的杂粮特色饼干、营养保健饼干受到消费者的青睐。如燕麦饼干、小米饼干、马铃薯饼干、富锌饼干、高纤维饼干、南瓜饼干、胡萝卜饼干、功能性低聚果糖、寡肽饼干和燕麦饼干等，日益受到消费者的喜爱。

饼干的加工机械进入了快速发展阶段，采用了大容量自控卧式调粉机以适应产量的提高；成型方面由摆式冲印成型、辊印成型等发展成为二者结合的辊切成型机。

适宜西饼屋及家庭厨房制作的挤浆成型、挤条成型及切割成型的各种加工模具日新月异，使饼干的制作更为方便。原材料利用更普遍，种类更多，风味更加独特，这非常适宜杂粮饼干的制作。

二、饼干的特点与分类

饼干的主要原料是小麦面粉，再添加糖类、油脂、蛋品、乳品等辅料，饼干花色品种繁多，常用的分类方法有两种：一种是按原料的配比分类，另一种是按成型的方法与油、糖用量的范围来分类。

(一)按原料配比分类

按原料的配比分，将饼干分为以下5类(表4-3)。

表4-3 饼干按原料的配比分类

种类	油糖比	油糖与面粉比	品种
粗饼干类	0：10	1：5	硬饼干、发酵硬饼干
韧性饼干类	1：2.5	1：2.5	低档甜饼干，如：动物、什锦饼干等
酥性饼干类	1：2	1：2	一般甜饼干，如：椰子、橘子饼干等
甜酥性饼干类	1：1.35	1：1.35	高档酥饼类甜饼干，如：桃酥等
发酵饼干类	10：0	1：5	中、高档苏打饼干

(二)按成型方法与油糖用量的范围分类

该法一般把饼干分为苏打饼干、冲印硬饼干、辊印饼干、冲印软饼干和挤条饼干5类。此外，还有一类以挤浆成型方法制造的小蛋黄饼干，或者称为杏元饼干。这是一种不用油脂，以蛋和糖为主体的，体积较大且质量较轻的小圆形膨松型饼干，适合儿童食用。

曲奇饼干是使用挤花成型的方法生产的。这类面团由于含油糖比较高而显得较为柔软，用机械挤压的方法使面团在挤花的头子中压出，制成形似花瓣状产品，十分美观。该成型方法即挤浆成型的发展和改良，拟取代旧式的钢丝切割成型。

根据GB/T 20980—2021的规定，饼干按其加工工艺的不同，可分为12类：酥性饼干、韧性饼干、发酵(苏打)饼干、薄脆饼干、曲奇饼干、夹心饼干、威化饼干、蛋圆饼干、蛋卷、黏花饼干、水泡饼干、其他饼干(除上述11类之外的饼干)。

三、饼干的加工工艺流程

因品种类型不同，饼干的加工工艺流程也有差别，基本工艺流程为：

原辅料预处理→面团的调制→辊轧→成型→焙烤→冷却→包装。

四、饼干加工技术要点与质量控制

(一)面团调制

面团调制是将生产饼干的各种原辅料混合成具有某种特性面团的过程。饼干生产中，面团调制是最关键的一道工序，它不仅决定成品饼干的风味、口感、外观、形态，而且还直接关系以后的工序能否顺利进行。

1. 酥性面团调制

酥性面团是用来生产酥性饼干和甜酥饼干的面团。要求面团有较大的可塑性和有限的黏弹性，面团不粘轧辊和模具，饼干坯应有较好的花纹，焙烤时有一定的胀发率而又不收缩变形。要达到以上要求，必须严格控制面团调制时面筋蛋白的吸水率，控制面筋的形成。主要应注意以下几点。

(1)配料次序。

调制前先要辅料预混，是指在调粉操作前将除面粉以外的原辅料混合成糨糊状的混合物。对于乳粉、面粉等易结块的原料要预先过筛。

(2)面团调制时间和面团成熟度判断。

面团调制时间的控制，是酥性面团调制的又一关键技术。延长调粉时间，会促进面筋蛋白的进一步水化，因而面团调制时间是控制面筋形成程度和限制面团黏性的最直接因素。在实际生产中，应根据糖、油、水的量和面粉质量，以及调制面团时的面团温度和操作经验，来具体确定面团的调制时间。一般来说，油少、糖少、水多的面团，调制时间短(12～15 min)，而油大、糖大、水少的面团，调制时间长(15～20 min)。在酥性面团调制过程中，要不断用手感来鉴别面团的成熟度。即从调粉机中取出一小块面团，观察有无水分及油脂外露。如果用手搓捏面团，不粘手，软硬适中，面团上有清晰的手纹痕迹，当用手拉断面团时，感觉稍有连接力，拉断的两面头不应有收缩现象，则说明面团的可塑性良好，已达到最佳程度。

(3)糖、油的搅拌。

在糖、油较多时，面团的性质比较容易控制。但有些糖、油量比较少的面团调制时极易起筋，要特别注意操作，避免搅拌过度。

(4)加淀粉与头子量。

加淀粉是为了抑制面筋形成，降低面团的强度和弹性，增加塑性的措施，而加头子量则是加工机械操作的需要。因为在冲印法进行成型操作时，切下饼坯必然要余下一部分头子。另外，生产线上也会出现一些无法加工成成品的面团，这些也称作头子。为了将这些头子再利用，常常需要把它再掺到下次制作的面团中去。头子由于已经过辊轧和长时间的胀润，所以面筋形成程度要比新调粉的面团要高得多。为了不使面团面筋形成过度，头子掺入面团中的量要严格控制，一般不超过10%。如果面团筋力十分脆弱，面筋形成十分缓慢，加入头子可以增强面团强度，使操作情况改善。

(5)面团温度。

温度是影响面团调制的重要因素。温度低，蛋白质吸水少，面筋强度低，形成面团黏度大，操作困难；温度高，则蛋白质吸水量大，面筋强度大，形成面团弹性大，不利于饼干的成型和保形，成品饼干酥松感差。另外，温度高、用油量大的面团可能出现走油现象，对饼干质量和工艺都有不利影响。因此，在生产中应严格控制面团温度。一般用水温来控制调粉温度。酥性面团的调粉温度一般控制在22～28 ℃，而甜酥饼干面团温度在20～25 ℃。夏季气温高，可用冷水调制面团。

(6)静置时间。

面团调制好后，适当静置几分钟到十几分钟，使面筋蛋白水化作用继续进行，以降低面团黏性，适当增加其结合力和弹性。若调粉时间较长，面团的黏弹性较适中，则不进行静置，立即进行成型工序。面团是否需静置和静置多少时间，视面团调制程度而定。

2. 韧性面团调制

韧性面团是用来生产韧性饼干的面团。这种面团要求具有较强的延伸性和韧性、适度的弹性和可塑性、面团柔软光润，强度和弹性不能太大。与酥性面团相比，韧性面团的面筋形成比较充分，但面筋蛋白仍未完全水合，面团硬度仍明显大于面包面团。

(1)面团的充分搅拌。

要达到韧性面团的上述要求，调粉的最主要措施是加大搅拌强度，即提高机器的搅拌速度或延长搅拌的操作时间。

(2)投料顺序。

韧性面团在调粉时可一次性将面粉、水和辅料投入机器搅拌，但也有按酥性面团的方法，将油、糖、蛋、奶等辅料加热水或热糖浆在和面机中搅匀，再加入面粉。如果使用改良剂，则应在面团初步形成时(约10 min后)加入。由于韧性面团调制温度较高，疏松剂、香精、香料一般在面团调制的后期加入，以减少分解和挥发。

(3)淀粉的添加。

调制韧性面团，通常均需添加一定量的淀粉。因为淀粉是一种有效的面筋浓度稀释剂，有助于缩短调粉时间，增加可塑性。此外，在韧性面团中使用，还有一个目的就是使面团光滑，降低黏性。

(4)加水量控制。

韧性面团通常要求面团比较柔软。加水量要根据辅料及面粉的量和性质来适当确定。一般加水量为面粉的22%～28%。

(5)面团温度。

面团温度直接影响面团的流变学性质。根据经验，韧性面团温度一般在 38～40 ℃。面团的温度常用加入的水或糖浆的温度来调整，冬季用水或糖浆的温度为 50～60 ℃，夏季用水或糖浆的温度为 40～45 ℃。

(6)面团调制时间和成熟度的判断。

韧性面团的调制，不但要使面粉和各种辅料充分混匀，还要通过搅拌，使面筋蛋白与水分子充分接触，形成大量面筋，降低面团黏性，增加面团的抗拉强度，有利于压片操作。另一方面通过过度搅拌，将一部分面筋在搅拌桨剪切作用下不断撕裂，使面筋逐渐处于松弛状态，一定程度上增强面团的塑性，使冲印成型的饼干坯有利于保持形状。韧性面团的调制时间一般在 30～35 min。对面团调制时间不能生搬硬套，应根据经验，通过判断面团的成熟度来确定。韧性面团调制到一定程度后，取出一小块面团搓捏成粗条，用手感觉面团柔软适中，表面干燥，当用手拉断粗面条时，感觉有较强的延伸力，拉断面团两断头有明显的回缩现象，此时面团调制已达到了最佳状态。

(7)面团静置。

为了得到理想的面团，韧性面团调制好后，一般需静置 10 min 以上(10～30 min)，以松弛形成的面筋，降低面团的黏弹性，适当增加其可塑性。另外，静置期间各种酶的作用也可使面筋柔软。

3. 苏打饼干面团调制和发酵

苏打饼干是采用生物发酵剂和化学疏松剂相结合的发酵性饼干，具有酵母发酵食品的特有香味，多采用 2 次搅拌、2 次发酵的面团调制工艺。

(1)面团的第一次搅拌与发酵。

将配方中面粉的 40%～50%与活化的酵母溶液混合，再加入调节面团温度的生产配方用水，搅拌 4～5 min。然后在相对湿度 75%～80%、温度 26～28 ℃下发酵 4～8 h。发酵时间的长短依面粉筋力、饼干风味和性状的不同而异。通过第一次较长时间的发酵，使酵母在面团内充分繁殖，以增加第二次面团发酵潜力。同时，酵母的代谢产物酒精会使面筋溶解和变性，产生的大量 CO_2 使面团体膨胀至最大。继续发酵，气体压力超过了面筋的抗拉强度而塌陷，最终使面团的弹性降到理想程度。

(2)第二次搅拌与发酵。

将第一次发酵成熟的面团与剩余的面粉、油脂和除化学疏松剂以外的其他辅料加入搅拌机中进行第二次搅拌。搅拌开始后，缓慢撒入化学疏松剂，使面团的 pH 达 7.1 或稍高为止。第二次搅拌所用面粉，主要是使产品口感酥松，外形美观，因而需选用低筋粉。第二次搅拌是影响产品质量的关键，它要求面团柔软，以便辊轧操作。搅拌时间一般为 4～5 min，使面团弹性适中，用手较易拉断为止。第二次发酵又称为后续发酵，主要是利用第一次发酵产生的大量酵母，进一步降低面筋的弹性，并尽可能地使面团结构疏松。一般在 28～30 ℃发酵 3～4 h 即可。

(二)饼干成型

对于不同类型的饼干，成型方式是有差别的，成型前的面团处理也不相同。如生产韧性饼干和苏打饼干一般需辊轧或压片，生产酥性饼干和甜酥饼干一般直接成型，而威化饼干、曲奇饼干则须挤浆成型。

1. 冲印成型

冲印成型是一种古老而且目前仍广泛使用的饼干成型方法。它的优点是能够适应多种大众产品的生产，如粗饼干、韧性饼干、苏打饼干等。凡是面团具有一定韧性的饼干品种都可用冲印成型。

2. 辊印成型

辊印成型机的上方为料斗，料斗的底部有一对直径相同的辊筒。一个称作喂料辊，另一个称作模具辊。喂料辊对面团有携带能力，模具辊上装有使面团成型的模具。两辊相对转动，面团在重力和两辊相对运动的摩擦力作用下不断填充到模具辊的模具中。在两辊中间有一紧贴模具辊的刮刀，可将饼干坯上超出模具厚度的部分刮下来，即形成完整的饼干坯。当嵌在模具辊上的饼干坯随辊转动到正下方时，接触帆布传送带和脱模辊，在饼干坯自身重力和帆布摩擦力的作用下，饼坯脱模。脱了模的饼坯由帆布传送带输送到烤炉的钢丝网带上进入烤炉。这种设备只适用于配方中油脂较多的酥性饼干，对有一定韧性的面团不易操作。

3. 辊切成型

辊切成型是综合冲印成型及辊印成型两者的优点，克服其缺点设计出来的新的饼干成型工艺。它的前部分用的是冲印成型的多道压延辊，成型部分由印花辊、切割辊及橡胶辊组成。面带经前几道辊压延成理想的厚度后，先经花纹辊压出花纹，再在前进中经切割辊切出饼坯，然后由斜帆布传送带送走边料。这种成型方法由于它是先压成面片而后辊切成型，所以具有广泛的适应性，能生产韧性、酥性、甜酥性、苏打等多种类型的饼干，是目前较为理想的一种饼干成型工艺。

4. 挤出成型

挤出成型有钢丝切割成型、挤条成型、挤浆成型等。钢丝切割成型是利用挤压装置将面团从模孔中挤出，模孔有花瓣形和圆形多种，每挤出一定厚度，用钢丝切割成饼坯。挤条成型与钢丝切割成型原理相同，只是挤出模孔的形状不同。挤浆成型是用液体泵将糊状面团间歇挤出，挤出的面糊直接落在烤盘上，如曲奇饼干的成型。

(三)饼干的焙烤

饼干焙烤的主要作用是降低产品水分，使其熟化，并赋予产品特殊的色、香、味和组织结构。在焙烤过程中，化学疏松剂分解产生的大量 CO_2，使饼干的体积增大，并形成多孔结构，淀粉胶凝，蛋白质变性凝固，使饼干定型。

1. 隧道式烤炉焙烤

在工业化生产中，饼干的焙烤基本上都是使用可连续化生产的隧道式烤炉。整个隧道式烤炉由 5 节或 6 节可单独控制温度的烤箱组成，分为前区、中区和后区 3 个烤区。前区一般使用较低的焙烤温度，为 160～180 ℃，中区是焙烤的主区，焙烤温度为 210～220 ℃，后区温度为 170～180 ℃。

2. 不同饼干的焙烤要求

对于配料不同、大小不同、厚薄不同的饼干，焙烤温度，焙烤时间都不相同。韧性饼干的饼干坯中面筋含量相对较多，焙烤时水分蒸发缓慢，一般采用低温长时焙烤。酥性饼干由于含油糖多，含水量少，入炉后易发生“油摊”现象，因此常采用高温短时焙烤。苏打饼干入炉初期底火应旺，面火略低，使饼干坯表面处于柔软状态有利于饼干坯体积膨胀和

CO_2 气体的逸散。如果炉温过低，时间过长，饼干易成僵片。进入烤炉中区后，要求面火逐渐增加而底火逐渐减弱，这样可使饼干膨胀到最大程度并将其体积固定下来，以获得良好的产品。

(四)冷却、包装

刚出炉的饼干表面温度在 160 ℃以上，中心温度也在 110 ℃左右，必须冷却后才能进行包装。一方面，刚出炉的饼干水分含量较高，且分布不均匀，口感较软，在冷却过程中，水分进一步蒸发，同时使水分分布均匀，口感酥脆；另一方面，冷却后包装还可防止油脂的氧化酸败和饼干变形。冷却通常是在输送带上自然冷却，也可在输送带上方用风扇进行吹风冷却，但不宜用强烈的冷风吹，否则饼干会发生裂缝。饼干冷却为 30～40 ℃时即可进行包装、储藏和上市出售。

相关标准：

《中华人民共和国国家标准　饼干质量通则(GB/T 20980—2021)》

任务 1　饼干的加工过程与质量控制

实训目标

知道饼干的类型；学会选用加工不同种类饼干的原辅料；能根据饼干的种类写出对应的加工工艺流程；知道加工饼干的质量监控点。

任务描述

叙述饼干的类型；根据不同配方选择加工饼干的原辅料；根据饼干的种类写出加工饼干的工艺流程与饼干加工的质量监控点。本任务在焙烤实训室完成。需要 6 学时。

实训准备

1. 知识储备：阅读资料单，完成预习单。

【预习单】

(1)饼干可分为哪些种类?

(2)加工饼干的原辅料有哪些?

(3)加工饼干需要的设备有哪些?

(4)各类饼干加工的工艺流程。

(5)饼干加工的质量监控点。

2. 材料准备：低筋面粉、小苏打、泡打粉，三种以上饼干。

3. 工具准备：烤箱、和面机等加工工具。

教学实施

【任务单】

一、饼干的分类

查阅 NY/T 1046—2016，写出饼干的种类及特点，判断供试样品的种类，并将结果填入下表。

饼干的种类

类型	特点	样品类型

二、饼干的加工工艺流程

通过阅读资料单、教师讲授、观看视频，以及自己查阅资料写出饼干的加工工艺流程，并将结果填入下表。

饼干的加工工艺流程

类型	工艺流程	产品举例
韧性饼干		
酥性饼干		
曲奇饼干		

三、饼干加工工序与质量控制点

通过阅读资料单、教师讲授、观看视频，以及自己查阅资料写出饼干加工工序与质量控制点，并将结果填入下表。

饼干加工工序与质量控制点

饼干加工工序	操作内容	使用设备	质量控制点
原辅料预处理			
和制面团			
整形			
刷蛋液			
烘烤			
冷却			

考核评价

依据附件表 2 对实训过程的表现进行评价。

总结反馈

实训过程有哪些不足？是什么原因造成的？

知识拓展

查阅饼干质量评价的国家标准。

任务 2　苏打饼干的加工与质量评价

实训目标

知道加工苏打饼干需要的原辅料；能写出苏打饼干的加工工艺流程；会加工苏打饼干

并进行质量评价。

任务描述

撰写苏打饼干的加工方案，包括配方、加工工序、人员分工等，每组加工 300 g 面粉的苏打饼干，并进行质量评价。本任务在焙烤实训室完成。需要 6 学时。

实训准备

1. 知识储备：阅读资料单，完成预习单。

【预习单】

(1)加工苏打饼干主要原料有哪些？确定本次苏打饼干加工的配方。

(2)加工苏打饼干需要哪些工具与设备？

2. 材料准备：低筋面粉、高筋面粉、玉米淀粉、小苏打、泡打粉、食盐、牛奶、鸡蛋等。

参考配方：低筋面粉 300 g、淀粉 50 g、白砂糖 150 g、黄油 100 g、泡打粉 2 g、盐 1.5 g、小苏打 2 g、蛋黄 70 g、牛奶 100 g。

3. 工具准备：烤箱、饼干模具、和面机、压片机等加工工具。

教学实施

【任务单】

一、原辅料处理

根据操作过程写出原辅料预处理内容，填写下表。

苏打饼干原辅料预处理

材料	面粉	小苏打	淀粉	牛奶	植物油脂	鸡蛋	泡打粉	食盐	其他
用量									
预处理方式									

二、饼干制作

根据操作过程写出和制面团、发酵、压片、辊轧成型、烘烤、冷却的操作内容，填写下表。

苏打饼干原辅料预处理

工序	和制面团	发酵	压片	辊轧成型	烘烤	冷却
工作要点						
要求						

三、感官评价

根据苏打饼干感官评分标准评价苏打饼干的品质，填写分值。

苏打饼干感官评分标准

项目	指标	分值
形态	外形完整，边缘整齐，薄厚一致，表面无生粉，有小气孔或小针眼(20 分)	
色泽	表面呈均匀一致的乳白色，底部呈金黄色，表面有油润感(20 分)	

续表

项目	指标	分值
滋味气味	酥松香脆、味道纯正，有发酵香味、无异味(30分)	
组织	组织细腻，层次多而分明，无油污、无杂质(30分)	

考核评价

依据附件表2对实训过程的表现进行评价。

总结反馈

实训过程有哪些不足？是什么原因造成的？

知识拓展

超市调研及网上查阅苏打饼干的主要类型、生产企业、知名品牌。

任务3　曲奇饼干的加工与质量评价

实训目标

知道加工曲奇饼干需要的原辅料；能写出曲奇饼干的加工工艺流程；会加工曲奇饼干并进行质量评价。

任务描述

撰写曲奇饼干的加工方案，包括配方、加工工序、人员分工等，每组加工200 g面粉的曲奇饼干，并进行质量评价。本任务在焙烤实训室完成。需要4学时。

实训准备

1. 知识储备：阅读资料单，完成预习单。

【预习单】

(1)加工曲奇饼干主要原料有哪些？确定本次曲奇饼干加工的配方。

(2)加工曲奇饼干需要哪些工具与设备？

2. 材料准备：低筋面粉、糖粉、黄油、食盐、牛奶、鸡蛋等。

参考配方：黄油100 g、低筋面粉200 g、鸡蛋90 g、糖粉80～100 g。

3. 工具准备：打蛋机、烤箱、曲奇枪、裱花模具等加工工具。

教学实施

【任务单】

一、原辅料处理

根据操作过程写出原辅料预处理内容，填写下表。

曲奇饼干原辅料预处理

材料	低筋面粉	糖粉	黄油	鸡蛋	食盐
用量					
预处理方式					

二、饼干制作

根据操作过程写出打发蛋糊、调粉、挤坯成型、烘烤、冷却的操作内容，填写下表。

曲奇饼干原辅料预处理

工序	打蛋糊	调粉	挤坯成型	烘烤	冷却
工作要点					
要求					

三、感官评价

根据曲奇饼干感官评分标准评价曲奇饼干的品质，填写分值。

曲奇饼干感官评分标准

项目	指标	分值
形态	花纹清晰美观，大小一致，厚薄均匀(20 分)	
色泽	表面呈均匀一致的乳黄色。底部呈金黄色(20 分)	
滋味气味	酥松香脆、味道纯正，有曲奇饼干的奶油香味、无异味(30 分)	
组织	组织细腻，质地酥松，无油污、无杂质(30 分)	

考核评价

依据附件表 2 对实训过程的表现进行评价。

总结反馈

实训过程有哪些不足？是什么原因造成的？

知识拓展

超市调研及网上查阅曲奇饼干的主要类型、生产企业、知名品牌。

项目四　蛋糕的加工与质量监控

本项目内容包括蛋糕的种类、原辅料处理、加工工艺流程、加工方法及质量监控等。根据蛋糕的主要类型，选取西饼屋的主要品类瑞士蛋卷(清蛋糕)、马芬杯蛋糕(油蛋糕)、艺术蛋糕坯(戚风蛋糕)等进行加工。本项目实操环节分为蛋糕的加工过程与质量控制、瑞士蛋卷的加工与质量评价、马芬杯蛋糕的加工与质量评价、戚风蛋糕坯的加工与质量评价 4 个任务。

知识储备

【资料单】

蛋糕是用鸡蛋、白糖、小麦粉为主要原料，以牛奶、果汁、奶粉、香粉、色拉油、水，起酥油、泡打粉为辅料，经过搅拌、调制、烘烤后制成的一种海绵状松软的焙烤食品。

一、蛋糕的分类

(一)根据配料的不同分类

1. 海绵蛋糕

海绵蛋糕又称清蛋糕，有丰富的、细密的气泡结构，质地松软，富有弹性。

2. 油脂蛋糕

油脂蛋糕质地酥散、滋润，带有油脂尤其是奶油的特有香味。

3. 水果蛋糕

水果蛋糕是在油脂蛋糕中加入一种或几种水果制成的果味蛋糕。根据果料加入的多少，水果蛋糕又可分为重型、中型和轻型三种类型。

4. 装饰大蛋糕

装饰大蛋糕是以海绵蛋糕或油脂蛋糕为蛋糕坯，经过适当装饰制成的具有一定艺术品位的喜庆蛋糕。糕体装饰得华贵而又高雅，精美而又别致。

(二)根据使用原料、搅拌方法、面糊性质和膨发途径分类

1. 乳沫类蛋糕

乳沫类蛋糕主要原料依次为蛋、糖、小麦粉，另有少量液体油，且当蛋用量较少时要增加化学疏松剂以帮助面糊起发。根据蛋的用量的不同，乳沫类蛋糕又可分为海绵类与蛋白类。使用全蛋的称为海绵蛋糕，若仅使用蛋白的称为天使蛋糕。

2. 面糊类蛋糕(油底蛋糕)

面糊类蛋糕主要原料依次为糖、油、面粉，其中油脂的用量较多，并依据其用量来决定是否需要加入或加入多少化学蓬松剂。其主要膨发途径是通过油脂在搅拌过程中结合拌入的空气，使蛋糕在炉内膨胀。例如，日常所见的牛油戟、提子戟等。

3. 戚风蛋糕

戚风蛋糕是综合上述两类蛋糕的制作方法而成，即蛋白与糖及酸性材料按乳沫类打发，其余干性原料、流质原料与蛋黄则按面糊类方法搅拌，最后把二者混合起来即可。例如，戚风蛋卷、草莓戚风蛋糕等。

二、蛋糕加工工艺流程

原辅料预处理(面粉过筛、鸡蛋清洗等)→打蛋糊→调制面糊→浇模→烘烤→成品。

三、蛋糕的加工技术要点与质量控制

(一)原料准备

原料准备主要包括原料清理、计量，鸡蛋的清洗、去壳，面粉和淀粉的疏松、碎团、过筛(60 目以上)等。不过筛可能有块状粉团进入蛋糊中，而使面粉或淀粉分散不均匀，导致成品蛋糕中有硬心。

(二)打糊

1. 打糊的类型

(1)清蛋糕打糊。对于以鸡蛋为主的清蛋糕来说，打糊主要是将鸡蛋与糖放于一起充分搅打，使鸡蛋胀发，尽量使之溶有大量空气泡，同时使糖溶解。打好的鸡蛋糊成稳定的

泡沫，呈乳白色，体积为原来的3倍左右。

(2)油蛋糕打糊。对于油蛋糕来说，打糊主要是将糖与人造奶油混在一起先搅打，使糖均匀分散于油脂中，再将鸡蛋慢慢加入一起搅打至呈乳白色，即打糊完毕。与鸡蛋不同，人造奶油起泡性很差，其打糊后的胀发性并不大。不过，油蛋糕的体积质量一部分是靠膨松剂来达到的。

(3)戚风蛋糕打糊。蛋清与蛋黄分开打发，蛋清部分按照清蛋糕的方法搅打，蛋黄部分加入面粉等材料搅拌均匀，再将蛋清部分分次加入蛋黄面糊中。

2. 打糊的质量控制

打糊是蛋糕生产的关键，蛋糊打得好坏将直接影响成品蛋糕的质量，特别是蛋糕的体积质量(蛋糕质量与体积之比)。若蛋糊打得不充分，则焙烤后的蛋糕胀发不够，蛋糕的体积质量便小，蛋糕松软度差；若蛋糊打过头，则因蛋糊的“筋力”被破坏，持泡能力下降，蛋糊下塌，焙烤后的蛋糕虽能胀发，但因其持泡能力下降而表面“凹陷”。

蛋糊的起泡性与持泡能力还与打蛋时的温度有关。打蛋时蛋糊温度升高，则黏稠度下降，起泡性增加，易于起泡胀发，但持泡能力下降。一般在21℃时，起泡能力和持泡性平衡。因此，冬季打蛋时应采取保暖措施，以保证蛋糊质量。

在工厂生产蛋糕时，有时用蛋量比较少，蛋糊比较稠，则可在打蛋时加入适量的水。因水无起泡性，一般在蛋糊快打好时再加入，否则虽有利于打蛋时起泡，但蛋糊持泡能力太差会影响蛋糕质量。

油脂是消泡剂，当容器周围残留有油脂时，鸡蛋起泡性很差。因此，打蛋时容器一定要清洁。

(三)拌粉

拌粉即将过筛后的面粉与淀粉混合物加入蛋糊中搅匀的过程。对清蛋糕来说，若蛋糊经强烈的冲击和搅动，泡就会被破坏，不利于焙烤时蛋糕胀发。因此，加粉时只能慢慢将面粉倒入蛋糊中，同时轻轻搅动蛋糊，以最轻、最少的翻动次数，拌至见不到生粉即可。

对油蛋糕来说，则可将过筛后的面粉、淀粉和膨松剂慢慢加入打好的人造奶油与糖混合物中，用打蛋机的慢挡或人工搅动来拌匀面粉，不宜用力过猛。

(四)装模、焙烤

为防止面粉下沉，拌糊后的蛋糊应立即装模焙烤。蛋糕模的形状各异，对焙烤蛋糕来说，要在模内涂上一层植物油或猪油以防止黏模，然后轻轻将蛋糊均匀加于其中，并送至烤炉中焙烤，整个过程中不能用力撞击蛋糊。

蛋糕焙烤的炉温一般在200 ℃左右。清蛋糕180 ℃，20 min；油蛋糕220 ℃，40 min。焙烤过程中，首先烤炉中水蒸气在蛋糕糊表面冷凝积露，待蛋糕糊表面温度上升至100 ℃后，水分开始汽化，蛋糕糊内部水分向表面扩散，由表面逐渐蒸发出去。与此同时，蛋糕糊内部气泡逐渐受热膨胀，使蛋糕体积膨胀，当温度达一定程度后，蛋白质凝固和淀粉吸水膨胀胶凝，使蛋糕定型。由于淀粉胶凝需吸收大量水分，故成品蛋糕较柔软。

当水分蒸发到一定程度后再加上蛋糕表面温度的上升，在表面形成了由焦糖化反应和美拉德反应引起的金黄色，产生了特殊的蛋糕香味。

蛋糕烤熟程度可以以蛋糕表面颜色深浅或蛋糕中心的蛋糊是否黏手为标准。成熟的蛋糕表面一般为均匀的金黄色，若有像蛋糊一样的乳白色，说明并未烤透。蛋糕中的蛋糊仍黏手，说明未烤熟；不黏手，则焙烤即可停止。

烤炉可以是间歇式的，也可以是连续式的。

蛋糕大小、焙烤温度、时间的关系如表 4-4 所示。

表 4-4 蛋糕大小、焙烤温度、时间的关系

蛋糕重量/g	炉温	焙烤时间/min	上下火控制
<100	200 ℃	12～18	上下火相同
100～450	180 ℃	18～40	下火较上火大
450～1000	170 ℃	40～60	下火大，上火小

(五)冷却、脱膜、包装

刚出炉的蛋糕很柔软，需稍冷却后再脱膜。脱膜后的蛋糕冷透后再行包装、出售。

蛋糕出炉后可在表面刷上一层食用植物油，使之光滑油亮，同时也具有一定的保湿和防止微生物生长的作用。

(六)装饰

装饰蛋糕在包装前需要进行色调装饰、裱花装饰、馅料装饰、表面装饰和模型装饰等。装饰需扎实的基本功，熟练精湛的技术，同时还涉及审美情调和艺术想象力。

(七)布朗尼的加工案例

布朗尼(Chocolate Brownie)，又叫巧克力布朗尼蛋糕、核桃布朗尼蛋糕或者波士顿布朗尼，发源于 19 世纪末的美国，20 世纪上半叶风靡于美国、加拿大等国家。布朗尼蛋糕的质地介于蛋糕与饼干之间，它既有乳脂软糖的甜腻，又有蛋糕的松软。布朗尼的原料通常包括坚果、糖霜、生奶油、巧克力等。布朗尼通常可以直接用手抓取食用，并配以咖啡、牛奶。制作布朗尼可以在表面覆盖冰激凌、生奶油、杏仁糖或撒上粉状糖霜等。

1. 布朗尼配方

(1)高筋面粉 150 g，低筋面粉 150 g，鸡蛋 250 g，砂糖 150 g，盐 1.5 g，可可粉 50 g，无盐黄油 150 g，巧克力 200 g，朗姆酒(或白兰地或白葡萄酒)15 mL，碎核桃仁适量。

(2)黑巧克力 150 g，黄油 70 g，细砂糖 50 g，牛奶 45 mL，高筋面粉 60 g，鸡蛋 150 g，可可粉 15 g，盐 1.5 g，香草精 2.5 mL，巧克力奶油霜 200 g。

(3)黑巧克力 60 g，牛奶 30 g，黄油 15 g，朗姆酒糖浆(注：朗姆酒糖浆做法：水 75 g 和细砂糖 65 g 混合加热煮沸，等糖水冷却后，加入朗姆酒 15 mL 即成)。

2. 布朗尼的加工工艺流程

原辅材料处理 →黄油、巧克力、朗姆酒隔水加热溶化→蛋糖打发→混合液态料→高筋面粉、低筋面粉及可可粉、盐混合均匀→加入液态料→搅拌均匀→灌模→撒坚果表面装饰→烘焙→冷却→成品。

3. 布朗尼加工工序与质量控制

(1)将鸡蛋打入盆中，加入糖略拌匀。隔水边加热边搅拌为 45 ℃左右离火，隔着热水用打蛋器打发至乳白浓稠状。

(2)将巧克力切成小块，黄油切成小块，隔水加热至溶化，加入朗姆酒，再倒入全蛋糊中拌和。

(3)高筋面粉、低筋面粉及可可粉、盐混合均匀，筛入全蛋巧克力糊中拌匀。

(4)将面糊倒入模型至1/2处，抹平轻摔震出气泡，撒上碎核桃。

(5)烤箱160 ℃预热10 min后，将烤盘放在烤箱25 min左右，取出脱模切小块即可。

相关标准：

《中华人民共和国国家标准　食品安全国家标准　糕点、面包卫生规范(GB 8957—2016)》

任务1　蛋糕的加工过程与质量控制

实训目标

知道蛋糕加工的原理；学会选用加工不同类型蛋糕的原辅料；能根据蛋糕的种类写出相应的加工工艺流程；知道蛋糕加工的质量监控点。

任务描述

叙述油蛋糕、清蛋糕、戚风蛋糕的加工原理；根据不同配方选择加工蛋糕的原辅料；根据蛋糕的种类写出各类蛋糕的加工工艺流程与蛋糕加工的质量监控点。本任务在焙烤实训室完成。需要2学时。

实训准备

1. 知识储备：阅读资料单，完成预习单。

【预习单】

(1)蛋糕可分为哪些种类？

(2)加工油蛋糕、清蛋糕、戚风蛋糕的原辅料分别有哪些？

(3)油蛋糕、清蛋糕、戚风蛋糕加工的原理是什么？

(4)加工蛋糕需要的设备有哪些？

(5)油蛋糕、清蛋糕、戚风蛋糕的加工工艺流程有哪些？

(6)蛋糕加工的质量监控点有哪些？

2. 材料准备：低筋面粉、蛋糕粉、泡打粉、蛋糕油，油蛋糕、清蛋糕、戚风蛋糕三种类型的蛋糕或图片。

3. 工具准备：打蛋机、手持打蛋器、烤箱等加工工具。

教学实施

【任务单】

一、蛋糕的分类

下载查阅GB 8957—2016，写出蛋糕的种类及特点，判断供试样品的种类，并将结果填入下表。

蛋糕的种类

商品名	特点	样品类型

二、蛋糕的加工工艺流程

通过阅读资料单、教师讲授、观看视频，以及自己查阅资料写出蛋糕的加工工艺流程，并将结果填入下表。

蛋糕的加工工艺流程

类型	工艺流程	产品举例
油蛋糕		
清蛋糕		
戚风蛋糕		

三、蛋糕加工工序与质量控制点

通过阅读资料单、教师讲授、观看视频，以及自己查阅资料写出蛋糕加工的工序与质量控制点，并将结果填入下表。

蛋糕加工工序与质量控制点

蛋糕加工工序		操作内容	使用设备	质量控制点
原辅料预处理				
打发蛋糊	清蛋糕			
	油蛋糕			
	戚风蛋糕			
搅打面糊				
浇模				
烘烤				
冷却				

考核评价

依据附件表 2 对实训过程的表现进行评价。

总结反馈

实训过程有哪些不足？是什么原因造成的？

知识拓展

查阅蛋糕质量评价的国家标准。

任务 2　瑞士蛋卷的加工与质量评价

实训目标

知道加工瑞士蛋卷需要的原辅料；能写出瑞士蛋卷的加工工艺流程；会加工瑞士蛋卷并进行质量评价。

任务描述

撰写瑞士蛋卷的加工方案，包括配方、加工工序、人员分工等，每组加工 200 g 面粉的瑞士蛋卷，并进行质量评价。本任务在焙烤实训室完成。需要 4 学时。

实训准备

1. 知识储备：阅读资料单，完成预习单。

【预习单】

(1)加工瑞士蛋卷主要原料有哪些？请确定加工配方。

(2)加工瑞士蛋卷需要哪些工具与设备？

2. 材料准备：鸡蛋、低筋面粉、白砂糖、牛奶、泡打粉、果酱等。

参考配方：鸡蛋 600 g、低筋粉 200 g、糖 200 g、泡打粉 2 g、食用油 80 mL、淡奶油 200 mL、果酱、盐 2 g。

3. 工具准备：打蛋机、烤箱、橡皮刮刀、勺子等工具。

教学实施

【任务单】

一、原辅料处理

根据操作过程写出原辅料预处理内容，填写下表。

瑞士蛋卷原辅料预处理

材料	低筋面粉	鸡蛋	白砂糖	牛奶	泡打粉
用量					
预处理方式					

二、瑞士蛋卷的制作

根据操作过程写出打发蛋糊、调制面糊、浇模、烘烤、冷加工成型的操作内容，填写下表。

瑞士蛋卷原辅料预处理

工序	打发蛋糊	调制面糊	浇模	烘烤	冷加工成型
工作要点					
要求					

三、感官评价

根据瑞士蛋卷感官评分标准评价瑞士蛋卷的品质，填写分值。

瑞士蛋卷感官评分标准

感官性状	标准	分数
形态	外形美观，切口整齐、果酱不外漏，有该品种应有的形态(20 分)	
色泽	表面蓬松，呈乳白色，且颜色均匀，无杂色(20 分)	
滋味与口感	口感香甜、有该品种应有的风味，无异味(30 分)	
组织	组织松软，果酱均匀，有本品种应有的组织结构(30 分)	

考核评价

依据附件表 2 对实训过程的表现进行评价。

总结反馈

实训过程有哪些不足？是什么原因造成的？

知识拓展

超市调研及网上查阅清蛋糕的主要类型、生产企业、知名品牌。

任务3　马芬杯蛋糕的加工与质量评价

实训目标

知道加工马芬杯蛋糕需要的原辅料；能写出马芬杯蛋糕的加工工艺流程；会加工马芬杯蛋糕并进行质量评价。

任务描述

撰写马芬杯蛋糕的加工方案，包括配方、加工工序、人员分工等，每组加工200 g面粉的马芬杯蛋糕，并进行质量评价。本任务在焙烤实训室完成。需要4学时。

实训准备

1. 知识储备：阅读资料单，完成预习单。

【预习单】

(1)加工马芬杯蛋糕主要原料有哪些？请确定加工配方。

(2)加工马芬杯蛋糕需要哪些工具与设备？

2. 材料准备：鸡蛋、低筋面粉、白砂糖、牛奶、泡打粉、奶油等。

参考配方：低筋面粉200 g、鸡蛋200 g、牛奶100 g、白砂糖150 g、食盐2 g、奶油200 g、泡打粉2 g。

3. 工具准备：打蛋机、烤箱、橡皮刮刀、马芬杯蛋糕模具、勺子等工具。

教学实施

【任务单】

一、原辅料处理

根据操作过程写出原辅料预处理内容，填写下表。

马芬杯蛋糕的原辅料预处理

材料	低筋面粉	鸡蛋	白砂糖	牛奶	奶油	泡打粉
用量						
预处理方式						

二、马芬杯蛋糕的制作

根据操作过程写出打发蛋糊、调制面糊、浇模、烘烤、冷加工成型的操作内容，填写下表。

马芬杯蛋糕的制作

工序	打发蛋糊	调制面糊	浇模	烘烤	冷却加工成型
工作要点					
要求					

三、感官评价

根据马芬杯蛋糕感官评分标准评价马芬杯蛋糕的品质，填写分值。

马芬杯蛋糕感官评分标准

感官性状	标准	分数
形态	外形美观，表面膨发略高出杯口，有该品种应有的形态(20 分)	
色泽	表面蓬松，色泽金黄，呈现少量焦糖色，无杂色(20 分)	
滋味与口感	口感香甜、绵软，有该品种应有的风味，无异味(30 分)	
组织	组织松软，质地均匀，有本品种应有的组织结构(30 分)	

考核评价

依据附件表 2 对实训过程的表现进行评价。

总结反馈

实训过程有哪些不足？是什么原因造成的？

知识拓展

超市调研及网上查阅油蛋糕的主要类型、生产企业、知名品牌。

任务 4　戚风蛋糕坯的加工与质量评价

实训目标

知道加工戚风蛋糕需要的原辅料；能写出戚风蛋糕的加工工艺流程；会加工戚风蛋糕并进行质量评价。

任务描述

撰写戚风蛋糕的加工方案，包括配方、加工工序、人员分工等，每组加工 300 g 面粉的戚风蛋糕，并进行质量评价。本任务在焙烤实训室完成。需要 4 学时。

实训准备

1. 知识储备：阅读资料单，完成预习单。

【预习单】

(1)戚风蛋糕主要原料有哪些？请确定加工配方。

(2)加工戚风蛋糕需要哪些工具与设备？

2. 材料准备：鸡蛋、低筋面粉、白砂糖、牛奶、泡打粉等。

参考配方：低筋面粉 200 g、鸡蛋 600 g、牛奶 50～80 g、糖 150 g、食盐 2 g、植物油 50 g、无铝泡打粉 2 g、适量柠檬汁。

3. 工具准备：打蛋机、烤箱、橡皮刮刀、戚风蛋糕坯模具等工具。

教学实施

【任务单】

一、原辅料处理

根据操作过程写出原辅料预处理内容，填写下表。

戚风蛋糕原辅料预处理

材料	低筋面粉	鸡蛋	白砂糖	牛奶	泡打粉
用量					
预处理方式					

二、戚风蛋糕的制作

根据操作过程写出打发蛋糊、调制面糊、浇模、烘烤、冷却的操作内容，填写下表。

戚风蛋糕的制作

工序	打发蛋糊	调制面糊	浇模	烘烤	冷却
工作要点					
要求					

三、感官评价

根据戚风蛋糕感官评分标准评价戚风蛋糕的品质，填写分值。

戚风蛋糕感官评分标准

感官性状	标准	分数
形态	外形美观，表面较平整，无开裂，略高出模具口，有该品种应有的形态(20 分)	
色泽	色泽金黄，色泽均匀，无杂色(20 分)	
滋味与口感	口感香甜、松软，有该品种应有的风味，无异味(30 分)	
组织	组织细密均匀，质地蓬松，有本品种应有的组织结构(30 分)	

考核评价

依据附件表 2 对实训过程的表现进行评价。

总结反馈

实训过程有哪些不足？是什么原因造成的？

知识拓展

西饼屋调研及网上查阅戚风蛋糕的主要类型、生产企业、知名品牌。

项目五　月饼的加工与质量监控

本项目内容包括月饼文化、种类，原辅料处理，月饼加工的工艺流程、加工方法及质量监控等内容。根据月饼的主要类型，选取中秋市场上的主要品种广式月饼、酥皮月饼、冰皮月饼等进行加工。本项目实操环节分为月饼的加工过程与质量控制、广式月饼的加工与质量评价、酥皮月饼的加工与质量评价、冰皮月饼的加工与质量评价 4 个任务。

知识储备

【资料单】

月饼在中国有着悠久的历史。据史料记载，早在殷、周时期，江、浙一带就有一种纪念太师闻仲的边薄心厚的“太师饼”，此乃中国月饼的“始祖”。汉代张骞出使西域时，引进芝麻、胡桃，为月饼的制作增添了辅料，这时便出现了以胡桃仁为馅的圆形饼，名曰“胡饼”。据传有一年中秋之夜，唐玄宗和杨贵妃赏月吃胡饼时，唐玄宗嫌“胡饼”名字不好听，杨贵妃仰望皎洁的明月，脱口而出“月饼”，从此“月饼”的名称便在民间逐渐流传开。《洛中见闻》曾记载：中秋节新科进士曲江宴时，唐僖宗令人送月饼赏赐进士。可见月饼在中国流传已久，是久负盛名的传统节日特色美食，深受中国人民的喜爱。

月饼的形状圆又圆，又是合家分吃，所以它象征着团圆和睦，是中秋节这一天的必食之品。月饼不仅是一种内涵丰富、美味可口的中华点心，更是中华食文化的标记之一。每到八月十五中秋节，无论哪里的炎黄子孙，都会思念故乡，都会以月饼来庆祝一年的收获，祝福亲人的团圆。

一、月饼的分类

根据中国本土月饼和中西方饮食文化结合产生的新式月饼，月饼分为两大类：传统月饼和非传统月饼。

(一)传统月饼

1. 按加工工艺分类

(1)烘烤类月饼。以烘烤为最后熟制工序的月饼。

(2)熟粉成型类月饼。将米粉或面粉等预先熟制，然后制皮、包馅、成型的月饼。

(3)其他类月饼。应用其他工艺制作的月饼。

2. 按地方风味特色分类

(1)广式月饼。以广东地区制作工艺和风味特色为代表的，使用小麦粉、转化糖浆、植物油、碱水等制成饼皮，经包馅、成型、刷蛋、烘烤等工艺加工而成的口感柔软的月饼。

(2)京式月饼。以北京地区制作工艺和风味特色为代表的，配料上重油、轻糖，使用提浆工艺制作糖浆皮面团，或糖、水、油、面粉制成松酥皮面团，经包馅、成型、烘烤等工艺加工而成的口味纯甜、纯咸，口感松酥或绵软，香味浓郁的月饼。

(3)苏式月饼。以苏州地区制作工艺和风味特色为代表的，使用小麦粉、饴糖、油、水等制皮，小麦粉、油制酥，经制酥皮、包馅、成型、烘烤等工艺加工而成的口感松酥的月饼。

(4)其他。以其他地区制作工艺和风味特色为代表的月饼。

3. 按馅料分类

(1)蓉沙类：分为莲蓉类和其他杂蓉类。

①莲蓉类：包裹以莲蓉为主要原料加工成馅的月饼。除油、糖外的馅料原料中，莲蓉含量应不低于60%。

②豆蓉(沙)类：包裹以各种豆类为主要原料加工成馅的月饼。

③栗蓉类：包裹以板栗为主要原料加工成馅的月饼。除油、糖外的馅料原料中，板栗含量应不低于60%。

④杂蓉类：包裹以其他含淀粉的原料加工成馅的月饼。

(2)果仁类：包裹以核桃仁、杏仁、橄榄仁、瓜子仁等果仁和糖等为主要原料加工成馅的月饼。馅料中果仁含量应不低于20%。

(3)果蔬类：分为枣蓉(泥)类、水果类、蔬菜类。

①枣蓉(泥)类：包裹以枣为主要原料加工成馅的月饼。

②水果类：包裹以水果及其制品为主要原料加工成馅的月饼。馅料中水果及其制品的用量不低于25%。

③蔬菜类：包裹以蔬菜及其制品为主要原料加工成馅的月饼。

(4)肉与肉制品类：包裹馅料中添加了火腿、叉烧、香肠等肉与肉制品的月饼。

(5)水产制品类：包裹馅料中添加了虾米、鱼翅(水发)、鲍鱼等水产制品的月饼。

(6)蛋黄类：包裹馅料中添加了咸蛋黄的月饼。

(二)非传统月饼

非传统月饼的原料上油脂、糖分较低，外形新颖独特，口感更加香醇、也更美味，更加符合年轻消费者的喜好，如法式月饼、冰激凌月饼等。

1. 法式月饼

法式月饼是将中国月饼文化和法国糕点工艺结合制成的一种非传统月饼，有乳酪、巧克力榛子、草莓、蓝莓、蔓越莓、樱桃等多种口味。其口感香醇美味、松软细腻，味道与小蛋糕等法式西点类似。

2. 冰皮月饼

冰皮月饼特点是饼皮无须烤，冷冻后进食。其以透明的乳白色表皮为主，也有紫、绿、红、黄等颜色。口味各不相同，外表十分谐美趣致。

3. 冰激凌月饼

冰激凌月饼完全由冰激凌做成，只用月饼的模子。八月十五，已是中秋但天气炎热未完全去除，冰激凌月饼美味加清凉，也是很多消费者热衷的选择。

4. 果蔬月饼

果蔬月饼特点是馅料主要是果蔬，馅心滑软，风味各异。馅料有哈密瓜、凤梨、荔枝、草莓、冬瓜、芋头、乌梅、橙等，又配以果汁或果酱，因此果蔬月饼更具清新爽甜的风味。

5. 海味月饼

海味月饼是比较名贵的月饼，有鲍鱼、鱼翅、紫菜、鳐柱等，口味微带咸鲜，以甘香著称。

6. 纳凉月饼

纳凉月饼是把百合、绿豆、茶水糅进月饼馅精制而成，为最新的创意，有清润、美颜之功效。

7. 椰奶月饼

椰奶月饼以鲜榨椰汁、淡奶及瓜果制成馅料，含糖量、含油量都较低，口感清甜，椰味浓郁，入口齿颊留香。椰奶月饼有清润、健胃、美颜功能。

8. 茶叶月饼

茶叶月饼又称新茶道月饼，以新绿茶为主馅料，口感清淡微香。茶叶月饼中有一种茶蓉月饼是以乌龙茶汁拌和莲蓉，较有新鲜感。

9. 保健月饼

这是近几年才出现的功能月饼，有人参月饼、钙质月饼、药膳月饼、含碘月饼等。

10. 象形月饼

象形月饼过去称猪仔饼，馅料较硬，多为儿童之食；外观生动，是小孩的新宠。

11. 黄金奶油月饼

黄金奶油月饼饼皮奶油味十足，色泽呈黄金色，口感极佳。

12. 迷你月饼

迷你月饼主要形状小巧玲珑，制法精致考究，包装小巧，食用方便，是加工的方向。

二、月饼加工工艺流程

原辅料预处理→和制饼皮→制作馅料→包馅→成型→烘烤→冷却→成品。

三、月饼加工技术要点与质量控制

(一)和面

首先将煮沸溶化过滤后的白糖糖浆、饴糖及已溶化的碳酸氢铵投入调粉机中，其次启动调粉机，充分搅拌，使其乳化成为乳浊液。最后加入用作皮料的面粉，继续搅拌，调制成软硬适中的面团。停机以后，将面团放入月饼成型机的面料斗中待用。

(二)制馅

将糖粉、油及各种辅料投入调粉机中，搅拌均匀，加入熟制面粉继续搅拌均匀，即成为软硬适中的馅料，放入月饼机中的馅料斗中待用。

(三)成型

开动月饼成型机，输面制皮机构、输馅定量机构与印花机构相互配合即可制成月饼生坯。

(四)烘焙

制成后的生坯经手工或成型机的附件摆盘以后，送入烤炉内进行烘烤，炉温为 240 ℃左右，烘焙时间为 9～10 min。

(五)冷却

月饼的水、油、糖含量较高，刚刚出炉的产品很软，不能挤压，不可立即包装，否则会破坏月饼的造型美观，而且热包装的月饼容易给微生物的生存繁殖创造条件，使月饼变质。因此月饼出炉以后便进入输送带，待其凉透后可装箱入库。

相关标准：

《中华人民共和国国家标准　月饼质量通则(GB/T 19855—2023)》

任务1　月饼的加工过程与质量控制

实训目标

知道月饼文化、种类，加工月饼的原辅料，月饼加工的工艺流程、加工方法及质量监控点；学会选用加工不同类型月饼的原辅料；能根据月饼的种类写出相应的加工工艺流程；知道各类月饼加工的质量监控点。

任务描述

根据不同配方选择加工月饼的原辅料；根据月饼的种类写出各类月饼的加工工艺流程与月饼加工的质量监控点。本任务在焙烤实训室完成。需要2学时。

实训准备

1. 知识储备：阅读资料单，完成预习单。

【预习单】

(1)月饼起源于我国哪个朝代？

(2)月饼可分为哪些种类？

(3)加工广式、苏式、冰皮月饼的原辅料分别有哪些？

(4)加工月饼需要的设备有哪些？

(5)广式、酥皮、冰皮月饼的加工工艺流程有哪些？

(6)广式、酥皮、冰皮月饼的质量监控点有哪些？

2. 材料准备：月饼糖浆，莲蓉等月饼馅料，广式月饼、酥皮月饼、冰皮月饼三种以上月饼。

3. 工具准备：烤箱等加工工具。

教学实施

【任务单】

一、月饼的分类

查阅GB/T 19855—2023，写出月饼的种类、原辅料及特点，判断供试样品的种类，并将结果填入下表。

月饼的种类

月饼类型	特点	主要原辅料

二、月饼的工艺流程

通过阅读资料单、教师讲授、观看视频，以及自己查阅资料写出月饼的加工工艺流程，并将结果填入下表。

月饼的加工工艺流程

类型	工艺流程	产品举例
广式月饼		
酥皮月饼		
冰皮月饼		

三、月饼加工工序与质量控制点

通过阅读资料单、教师讲授、观看视频，以及自己查阅资料写出月饼加工的工序与质量控制点，并将结果填入下表。

月饼加工工序与质量控制点

月饼加工工序		操作内容	使用设备	质量控制点
原辅料预处理				
制馅	广式月饼			
	酥皮月饼			
	冰皮月饼			
和制面皮				
包制成型				
烘烤				
冷却				

考核评价

依据附件表 2 对实训过程的表现进行评价。

总结反馈

实训过程有哪些不足？是什么原因造成的？

知识拓展

查阅月饼质量评价的国家标准。

任务 2　广式月饼的加工与质量评价

实训目标

知道加工广式月饼需要的原辅料；能写出广式月饼的加工工艺流程；会加工广式月饼并进行质量评价。

任务描述

撰写广式月饼的加工方案，包括配方、加工工序、人员分工等，每组加工 300 g 面粉的广式月饼，并进行质量评价。本任务在焙烤实训室完成。需要 2 学时。

实训准备

1. 知识储备：阅读资料单，完成预习单。

【预习单】

(1)广式月饼主要原料有哪些？请确定加工配方。

(2)加工广式月饼需要哪些工具与设备?

2. 材料准备：面粉、白砂糖、月饼糖浆、莲蓉馅料、五仁馅料等。

参考配方：

月饼皮：低筋粉 150 g、高筋粉 50 g、月饼糖浆 80 g、植物油 50 g、水 20 g。

馅料：200 g(五仁莲蓉等)。

3. 工具准备：烤箱、橡皮刮刀、月饼模具等工具。

任务实施

【任务单】

一、原辅料处理

根据操作过程写出原辅料预处理内容，填写下表。

广式月饼原辅料预处理

材料	面粉	月饼糖浆	植物油脂	小苏打	馅料
是否合格					
用量					
预处理					

二、广式月饼的制作

根据操作过程写出和制面团、醒面、分剂、包馅成型、码盘、刷蛋液、烘烤、冷却的操作内容，填写下表。

广式月饼的制作

	和制面团	醒面	分剂	包馅成型	码盘	刷蛋液	烘烤	冷却
工作要点								
注意事项								

三、广式月饼的感官评价

根据广式月饼感官评价标准评价广式月饼的品质，填写分值。

广式月饼感官评价标准

感官性状	评价标准	分值
形态	外形整齐，花纹清晰，无破裂、漏馅、凹缩、塌斜现象，有该品种应有的形态(20 分)	
色泽	表面光润，有该品种应有的色泽且颜色均匀，无杂色(25 分)	
滋味与口感	有该品种应有的风味，无异味(30 分)	
组织	皮馅厚薄均匀，无脱壳，无大空隙，无夹生，有该品种应有的组织(25 分)	

考核评价

依据附件表 2 对实训过程的表现进行评价。

总结反馈

实训过程有哪些不足？是什么原因造成的？

知识拓展

查阅月饼文化，谈谈中华饮食与传统节日。

任务3 酥皮月饼的加工与质量评价

实训目标

知道加工酥皮月饼需要的原辅料；能写出酥皮月饼的加工工艺流程；会加工酥皮月饼并进行质量评价。

任务描述

撰写酥皮月饼的加工方案，包括配方、加工工序、人员分工等，每组加工200 g面粉的酥皮月饼，并进行质量评价。本任务在焙烤实训室完成。需要2学时。

实训准备

1. 知识储备：阅读资料单，完成预习单。

【预习单】

(1)酥皮月饼主要原料有哪些？请确定加工配方。

(2)加工酥皮月饼需要哪些工具与设备？

2. 材料准备：低筋粉、高筋粉、黄油、植物油、咸蛋黄、豆沙等。

参考配方：

油心：低筋粉105 g，黄油45 g。

油面：高筋粉145 g，植物油50 g，水30 g。

馅料：200 g豆沙(红豆沙)、蛋黄、莲蓉等。

3. 工具准备：烤箱、橡皮刮刀、盆等工具。

任务实施

【任务单】

一、原辅料处理

根据操作过程写出原辅料预处理内容，填写下表。

酥皮月饼原辅料预处理

材料	高筋面粉	低筋面粉	植物油脂	黄油	馅料
是否合格					
用量					
预处理					

二、酥皮月饼的制作

根据操作过程写出和制面团(皮面、油面)、分剂、包馅成型、码盘、刷蛋液、烘烤、冷却的操作内容，填写下表。

酥皮月饼的制作

	和制面团(皮面、油面)	分剂	包馅成型	码盘	刷蛋液	烘烤	冷却
工作要点							
注意事项							

三、酥皮月饼的感官评价

根据酥皮月饼评价标准评价酥皮月饼的品质，填写分值。

酥皮月饼评价标准

感官性状	标准	分值
形态	外形圆整，面底平整，略呈扁鼓形，底部收口居中不露底，无僵缩、无漏酥、无漏馅、无大片碎皮(20 分)	
色泽	饼面浅黄或浅棕黄，腰部乳黄泛白，饼底棕黄不焦，不沾染杂色，无污染现象(20 分)	
滋味与口感	酥皮爽口，有该品种应有的风味，无异味(30 分)	
组织	酥层分明，皮陷厚薄均匀，无脱壳，无大空隙，无夹生，有该品种应有的组织(30 分)	

考核评价

依据附件表 2 对实训过程的表现进行评价。

总结反馈

实训过程有哪些不足？是什么原因造成的？

知识拓展

查阅月饼的生产现状，谈谈月饼的发展趋势。

任务 4　冰皮月饼的加工与质量评价

实训目标

知道加工冰皮月饼需要的原辅料；能写出冰皮月饼的加工工艺流程；会加工冰皮月饼并进行质量评价。

任务描述

撰写冰皮月饼的加工方案，包括配方、加工工序、人员分工等，每组自拟配方加工单个重 50 g 冰皮月饼 5 个，并进行质量评价。本任务在焙烤实训室完成。需要 2 学时。

实训准备

1. 知识储备：阅读资料单，完成预习单。

【预习单】

(1)冰皮月饼主要种类及其需要的原料有哪些？

(2)请确定加工配方。

(3)加工冰皮月饼需要哪些工具与设备？

2. 材料准备：冰皮月饼预拌粉、紫薯粉、南瓜粉、牛奶、咸蛋黄、豆沙等。

参考配方：

冰皮配方：冰皮月饼预拌粉 200 g、紫薯粉 20 g、南瓜粉 20 g、牛奶 100 mL。

馅料：咸蛋黄、豆沙等。

3. 工具准备：冰箱、橡皮刮刀、盆等工具。

任务实施

【任务单】

一、原辅料处理

根据操作过程写出原辅料预处理内容，填写下表。

冰皮月饼原辅料预处理

材料	冰皮月饼预拌粉	紫薯粉	南瓜粉	牛奶	馅料
是否合格					
用量					
预处理					

二、冰皮月饼的制作

根据操作过程写出和制面团、分剂、包馅成型、码盘、冷藏的操作内容，填写下表。

冰皮月饼的制作

加工工序	和制面团	分剂	包馅成型	码盘	冷藏
工作要点					
注意事项					

三、冰皮月饼的感官评价

根据冰皮月饼评价标准评价冰皮月饼的品质，填写分值。

冰皮月饼评价标准

感官性状	标准	分值
形态	外形整齐，花纹清晰，无破裂、漏馅、凹缩、塌斜现象，有该品种应有的形态(20分)	
色泽	表面光润，有该品种应有的色泽且颜色均匀，无杂色(25分)	
滋味与口感	有该品种应有的风味，无异味(30分)	
组织	皮馅厚薄均匀，无脱壳，无大空隙，无夹生，有该品种应有的组织(25分)	

考核评价

依据附件表2对实训过程的表现进行评价。

总结反馈

实训过程有哪些不足？是什么原因造成的？

知识拓展

新的月饼品种还有那些？是否是未来发展的方向？谈谈你的观点。

项目六　其他焙烤食品的加工与质量监控

本项目内容包括桃酥的加工原辅料、工艺流程、质量监控，蛋挞的加工原辅料、工艺流程、质量监控，派的加工原辅料、工艺流程、质量监控，泡芙的加工原辅料、工艺流程、质量监控。本项目实操环节分为桃酥的加工与质量评价、蛋挞的加工与质量评价、苹果派的加工与质量评价、泡芙的加工与质量评价4个任务。

知识储备

【资料单】

一、桃酥的加工与质量控制

桃酥的主要成分是面粉、鸡蛋、奶油等，含有碳水化合物、蛋白质、脂肪、维生素及钙、钾、磷、钠、镁、硒等矿物质，食用方便，是人们最常食用的糕点之一。

(一)原辅材料

面粉、油脂、砂糖、鸡蛋、小苏打、杏仁(或瓜子仁、核桃仁、花生仁)等。

(二)桃酥加工的工艺流程

原辅料预处理→调粉→入模整形→烘烤→成品。

(三)桃酥加工的工序

1. 调粉

首先将油、糖、鸡蛋等充分混匀，制成乳状液。倒入面粉，边翻边拌，尽量避免揉搓，防止面团起筋，影响产品的疏松度。

2. 成型

将调好的面团摊放在不锈钢面板上，用手稍稍压平后，盖上一层塑料布，然后用擀杖反复擀压至厚度为 1 cm 的面饼。将杏仁撒在面饼上，再盖上塑料布，用擀杖轻轻擀压，使杏仁瓣嵌入面饼中。将印模放在面饼上用力下压，将面饼分成若干个大小均匀的饼坯。

3. 烘烤

将成型好的饼坯放入烤盘中，注意不要太密，否则产品烤时会摊发相粘。将烤盘立即放入烤炉。进炉温度设定为 154 ℃左右，在此温度下烘烤 3～4 min，然后升温至 180 ℃，烘烤 5～6 min。使产品适度摊发，表面裂纹良好。

4. 冷却、包装

出炉后，冷却为 30～40 ℃。

二、蛋挞的加工与质量控制

蛋挞，又称奶油塔，港澳地区称葡挞，是一种小型的奶油酥皮馅饼，焦黑的表面为其特征，制作时特别讲究烘焙技巧和纯手工制作的休闲甜点。1989 年，英国人安德鲁·史斗(Andrew Stow)将蛋挞带到澳门，深受食客喜爱，并成为澳门著名小吃。蛋挞除了可以做成以砂糖及鸡蛋为蛋浆的香软酥脆的口感外，还可以在蛋浆内混入其他材料成变种蛋挞，如鲜奶挞、姜汁蛋挞、蛋白蛋挞、巧克力蛋挞及燕窝蛋挞等。

(一)蛋挞的工艺流程

面粉、鸡蛋、糖、辅料→面团调制→包入黄油→擀制成型→入模→加蛋挞水→烘烤→脱模→冷却→成品。

(二)制作蛋挞原辅材料及设备工具

蛋挞皮材料：低筋粉 250 g，黄油 30 g，细砂糖 5 g，盐 1.5 g，水 125 g，片状玛琪琳 170 g。

蛋挞水材料：奶油 180 g，牛奶 140 g，细砂糖 80 g，蛋黄 4 个，低筋面粉 15 g。

所需设备：打蛋器，烤箱，冰箱，厨房秤，小锅，电磁炉。

所需工具：烤盘，擀面棍，不锈钢盆，案板，保鲜膜，蛋挞托，压型模。

(三)蛋挞加工基本工序

1. 蛋挞皮的做法

(1)将面粉和黄油混合，并用逐渐添加水的方法调节面团的软硬程度，揉至面团表面光滑均匀，用保鲜膜包起面团，松弛 20 min。

(2)将片状玛琪琳用塑料膜包严，敲打擀薄。擀薄的片状玛琪琳软硬程度和面团硬度基本一致待用。

(3)案板上撒一薄层低筋面粉，将松弛好的面团用擀面棍擀成长方形。面片与片状玛琪琳宽度一致，长度是玛琪琳长度的 3 倍。把玛琪琳放在面片中间，用面片包住后将一端捏合。

(4)将面片擀长，向内对折四折后，再擀长折叠成四折，用保鲜膜把面片包严，松弛 20 min，之后再擀长成长方形，折叠三折擀开，用刀切掉多余的边缘进行整型，整形后将面片从较长的这一边开始卷起来。

(5)将卷好的面卷包上保鲜膜，放在冰箱里冷藏 30 min，进行松弛。松弛好的面卷用刀切成厚度 1cm 左右的片，放在面粉中沾一下，然后沾有面粉的一面朝上，放在未涂油的蛋挞模里。用两个大拇指将其捏成蛋挞模形状。

(6)在捏好的蛋挞皮里装上蛋挞水，放入烤箱烘烤。烘烤温度为 230 ℃，时间约为 25 min。

2. 蛋挞水的做法

(1)将鲜奶油、牛奶和炼乳、砂糖放在小锅里，用小火加热，边加热边搅拌，至砂糖溶化时离火，略放凉至 45 ℃左右；然后加入蛋黄，搅拌均匀。

(2)把面粉过筛，加入(1)中，拌匀。然后将制成的蛋挞水过滤，倒入蛋挞皮中。

三、派的加工与质量控制

(一)派的种类

派是一种来自欧美国家的甜品，由上下两层派皮，或只有下层派皮，加上水果馅料、肉馅等烤制而成。水果派的主要品种为苹果派、香蕉派等。根据《美国食物饮料辞典》(*The Dictionary of American Food and Drink*)，苹果派的流行使美国成了世界上最大的苹果生产国。咸味肉馅派以俄罗斯大馅饼为代表，外形美观、风味独特，是当地宴请宾客的重要食品。

(二)派的加工工艺流程

原辅料预处理→软化切分黄油→和制派皮→炒制馅料→擀制派皮→添加馅料→烤制→表面刷蛋液→成品。

(三)苹果派的加工工序

苹果派有着各式不同的形状，大小和口味，包括自由式和标准两层式，如焦糖苹果派、法国苹果派、面包屑苹果派、酸奶油苹果派等。

1. 派皮的制作

配方：小麦面粉 150 g、黄油 30 g、盐 3 g、糖 30 g、水 60 g。

将上述原料混匀搓揉成团备用。

2. 派皮及杂粮酥心的制作

配方：低筋小麦粉 60 g、玉米粉 30 g、黄油 90 g。

将上述材料混匀，且搓揉均匀备用。

将派皮面团擀成圆饼包上酥心，擀开，对折，再擀开，再对折，再擀开。累计折 3～4 折，再擀开；放冰箱冷藏备用。

3. 苹果派馅料的制作

苹果 200 g，去皮去核，切分为 0.5cm 的薄片，拌入 30 g 白糖，30 g 红糖，20 g 柠檬汁，3 g 盐。

4. 成型与烘烤

(1)烤箱预热至 180 ℃。

(2)把派皮面皮从冷藏室取出，醒 2～3 min，分成 2 份，每份分别擀薄，一份铺在派盘底部，大小与盘底吻合，倒入馅料，摊平，均匀覆盖在派皮上面，派皮边缘刷上少量水或鸡蛋液，避免边缘过分干燥。

(3)第二份派皮可以有两种方法，一是直接将派皮盖在馅料上面，捏实上下两张派皮的接口处，去掉多余的边脚，在上面用刀均匀扎 4～6 排洞，便于透气，再刷蛋液，入炉，烘烤 35～40 min；二是将派皮切成 1 cm 宽的细条，横竖交替覆盖在馅料上面，边缘与派底捏紧，刷蛋清液，入炉，烘烤 35～40 min。

四、泡芙的加工与质量控制

泡芙(Puff)是一种蓬松张孔的奶油面皮中包裹着奶油、巧克力乃至冰激凌的西式甜点。泡芙的法文为 Chou(音舒)，中文学名为奶油空心饼。泡芙吃起来外热内冷，外酥内滑，口感极佳。

(一)泡芙的工艺流程

称取物料→烫面→散热→搅打→加入鸡蛋→裱花→烘烤→冷却→挤入奶油→成品。

(二)制作泡芙原辅材料及用具

原辅材料：低筋面粉 190 g、黄油 190 g、盐 25 g、鸡蛋 300 g、水 375 g、打发好的奶油备用。

设备及用具：打蛋器、裱花嘴、裱花带、电磁炉、烤盘、烤箱等。

(三)泡芙加工基本工序

1. 原料预处理

将所有需要的原料称量好，并进行预处理。

2. 烫黄油面

黄油与水、盐加热至水沸腾，加入低筋面粉、不断搅拌，搅拌均匀。

3. 搅打面糊

黄油烫面散热冷却为 60 ℃以下，放入打蛋机中搅拌、加入鸡蛋，将面糊搅打成倒三角状即可。

4. 整形

将面糊装入裱花袋，挤出椭圆形、圆形等面坯入烤盘。

5. 烘烤

上、下火温度为180～200 ℃，烘烤15 min左右至表面金黄。

6. 冷却，加入馅料

待泡芙坯冷却后，用锯齿刀划开顶部或底部，挤入奶油、紫薯等馅料。

相关标准：

《中华人民共和国国家标准　食品安全国家标准　糕点、面包卫生规范(GB 8957—2016)》

任务1　桃酥的加工与质量评价

实训目标

知道桃酥的种类、加工需要的原辅料；能写出桃酥的加工工艺流程；会加工桃酥并进行质量评价。

任务描述

撰写桃酥的加工方案，包括配方、加工工序、人员分工等。每组加工265 g面粉的桃酥，自拟配方，并进行质量评价。本任务在焙烤实训室完成。需要2学时。

实训准备

1. 知识储备：阅读资料单，完成预习单。

【预习单】

(1)桃酥有哪些种类？

(2)桃酥加工需要的原辅料有哪些？

(3)请确定桃酥的加工配方。

(4)加工桃酥需要哪些工具与设备？

2. 材料准备：低筋粉、黄油、植物油、白砂糖、鸡蛋、泡打粉、瓜子仁、芝麻等。

参考配方：低筋粉200 g、黄油30 g、植物油50 g、白砂糖70 g、鸡蛋70 g、泡打粉2 g、瓜子仁、芝麻等。

3. 工具准备：烤箱、橡皮刮刀、盆等工具。

任务实施

【任务单】

一、原辅料处理

根据操作过程写出原辅料预处理内容，填写下表。

桃酥的原辅料预处理

种类	低筋粉	植物油	白砂糖	黄油	泡打粉	瓜子仁	芝麻
是否合格							
用量							
预处理方式							

二、桃酥的制作

根据操作过程写出调粉、存粉、成型、烘烤、冷却的过程，填入下表。

桃酥的制作过程

工序	调粉	存粉	成型	烘烤	冷却
使用工具					
工作要点					
注意事项					

三、桃酥的感官评价

根据桃酥加工评价标准(核桃酥)评价加工的桃酥，将分值填入表中。

桃酥加工评价标准(核桃酥)

感官性状	评价标准	分值
形态	外形美观、厚薄一致，大小均匀，边缘无裂口，成熟均匀。有该品种应有的形态(20 分)	
色泽	表面蓬松，呈淡黄色，且颜色均匀，无杂色(20 分)	
滋味与口感	酥松可口，入口即化，风味浓郁，无异味(30 分)	
组织	组织酥脆，质地均匀，有该品种应有的组织(30 分)	

考核评价

依据附件表 2 对实训过程的表现进行评价。

总结反馈

实训过程有哪些不足？是什么原因造成的？

知识拓展

进行桃酥消费人群的调研，谈谈桃酥未来的发展方向。

任务 2　蛋挞的加工与质量评价

实训目标

知道加工蛋挞需要的原辅料；能写出蛋挞的加工工艺流程；会加工蛋挞并进行质量评价。

任务描述

撰写蛋挞的加工方案，包括配方、加工工序、人员分工等。每组加工 265 g 面粉的蛋挞，自拟配方，并进行质量评价。本任务在焙烤实训室完成。需要 4 学时。

实训准备

1. 知识储备：阅读资料单，完成预习单。

【预习单】

(1)加工蛋挞需要的原辅料有哪些？

(2)请确定蛋挞的加工配方。

(3)加工蛋挞需要哪些工具与设备？

2. 材料准备：低筋粉、黄油、片状玛琪琳、白砂糖、鸡蛋、淡奶油、牛奶等。

参考配方：

蛋挞皮材料：低筋粉 250 g，黄油 30 g，细砂糖 5 g，盐 1.5 g，水 125 g，片状玛琪琳 170 g。

蛋挞水材料：奶油 180 g，牛奶 140 g，细砂糖 80 g，蛋黄 4 个，低筋面粉 15 g。

3. 工具准备：烤箱、冰箱、橡皮刮刀、盆等工具。

任务实施

【任务单】

一、蛋挞坯的制作

(一)原料预处理

根据操作过程写出蛋挞皮的原辅料预处理内容，填写下表。

蛋挞皮的原辅料预处理

原料	低筋粉	黄油	白砂糖	片状玛琪琳	鸡蛋
是否合格					
用量					
预处理方式					

(二)蛋挞皮的制作

根据操作过程写出调制面团、包入玛琪琳、折叠冷藏、擀制、分剂入模的过程，填入下表。

蛋挞皮的制作过程

工序	调制面团	包入玛琪琳	折叠冷藏	擀制	分剂入模
使用工具					
工作要点					
注意事项					

二、蛋挞水的制作与烘烤

(一)原料预处理

根据操作过程写出蛋挞水的原辅料预处理内容，填写下表。

蛋挞水的原辅料预处理

原料	鸡蛋	炼乳	白砂糖	淡奶油	牛奶
是否合格					
用量					
预处理方式					

(二)蛋挞水的调制与烘烤

根据操作过程写出材料混合、过筛、加入蛋挞水、烘烤、冷却的过程，填入下表。

蛋挞水的制作及烘烤

工序	材料混合	过筛	加入蛋挞水	烘烤	冷却
使用工具					
工作要点					
注意事项					

三、蛋挞的感官评价

根据蛋挞感官评价标准评价加工的蛋挞，将分值填入表中。

蛋挞感官评价标准

感官性状	评分标准	分值
形态	外形美观、大小一致，边缘无裂纹，蛋挞水透明。成熟均匀，有该品种应有的形态(30 分)	
色泽	呈金黄色，且颜色均匀，无杂色，有亮光(20 分)	
滋味与口感	有该品种应有的风味，蛋皮松脆，蛋挞水绵软可口，无异味(30 分)	
组织	组织松软，质地均匀，有该品种应有的组织(20 分)	

考核评价

依据附件表 2 对实训过程的表现进行评价。

总结反馈

实训过程有哪些不足？是什么原因造成的？

知识拓展

谈谈蛋挞的营养价值，提出一些改良的方法。

任务 3　苹果派的加工与质量评价

实训目标

知道加工苹果派需要的原辅料；能写出苹果派的加工工艺流程；会加工苹果派并进行质量评价。

任务描述

撰写苹果派的加工方案，包括配方、加工工序、人员分工等。每组加工 180 g 面粉的苹果派，自拟配方，并进行质量评价。本任务在焙烤实训室完成。需要 2 学时。

实训准备

1. 知识储备：阅读资料单，完成预习单。

【预习单】

(1)加工苹果派需要的原辅料有哪些？

(2)请确定苹果派的加工配方。

(3)加工苹果派需要哪些工具与设备？

2. 材料准备：低筋粉、淀粉、黄油、白砂糖、苹果、鸡蛋等。

参考配方：

派皮材料：低筋面粉 180 g、黄油 40 g、水适量 70 g。

馅料：苹果 2 个(400 g)、黄油 20 g、细砂糖 40 g、食盐 2 g、玉米淀粉 20 g、柠檬汁 10 mL、盐 5 g、鸡蛋(蛋黄用于派表面的涂抹)。

3. 工具准备：烤箱、冰箱、橡皮刮刀、分剂刀、盆等工具。

任务实施

【任务单】

一、原辅料处理

根据操作过程写出派的原辅料预处理内容，填写下表。

派的原辅料预处理

材料	面粉	白砂糖	黄油	苹果	淀粉
是否合格					
用量					

二、苹果派的制作

根据操作过程写出苹果派的制作过程，填写下表。

苹果派的制作过程

工序	派皮面团和制	馅料的制作	整形	刷蛋液	烘烤
工作要点					
注意事项					

三、苹果派的感官评价

根据苹果派评价标准评价加工的苹果派，将分值填入表中。

苹果派评价标准

感官性状	评价依据	分值
色泽	金黄色、无焦边(20 分)	
气味与滋味	松软香甜，果香浓郁、口感好(30 分)	
形状	形状美观，馅料均匀，派皮厚薄一致(30 分)	
组织结构	皮酥馅糯、质地好(20 分)	

考核评价

依据附件表 2 对实训过程的表现进行评价。

总结反馈

实训过程有哪些不足？是什么原因造成的？

知识拓展

自己制作一款派，对馅料进行开发创新。

任务 4　泡芙的加工与质量评价

实训目标

知道加工泡芙需要的原辅料；能写出泡芙的加工工艺流程；会加工泡芙并进行质量评价。

任务描述

撰写泡芙的加工方案，包括配方、加工工序、人员分工等。每组加工 200 g 面粉的泡芙，自拟配方，并进行质量评价。本任务在焙烤实训室完成。需要 2 学时。

实训准备

1. 知识储备：阅读资料单，完成预习单。

【预习单】

(1)加工泡芙需要的原辅料有哪些?

(2)请确定泡芙的加工配方。

(3)加工泡芙需要哪些工具与设备?

2. 材料准备：低筋粉、黄油、鸡蛋、食盐、奶油。

参考配方：低筋面粉 200 g、黄油 200 g、盐 25 g、鸡蛋 300 g、水 350 g。

3. 工具准备：电磁炉、炒锅、打蛋机、烤箱、裱花嘴、裱花袋、橡皮刮刀、盆等工具。

任务实施

【任务单】

一、原辅料处理

根据操作过程写出泡芙的原辅料预处理内容，填写下表。

泡芙的原辅料预处理

材料	低筋粉	鸡蛋	黄油	食盐	奶油
是否合格					
用量					

二、泡芙的制作

根据操作过程写出泡芙的制作过程，填写下表。

泡芙的制作过程

工序	烫面	打发面糊	挤出泡芙皮	烘烤	填充料
工作要点					
注意事项					

三、泡芙的感官评价

根据泡芙感官评价标准评价加工的泡芙，将分值填入表中。

泡芙感官评价标准

感官性状	评价标准	分值
形态	外形美观、大小一致，气鼓特征明显，馅料不外漏。成熟均匀，有该品种应有的形态(30 分)	
色泽	外表呈淡黄色，且颜色均匀，无杂色(20 分)	
滋味与口感	有该品种应有的风味，美味可口，无异味(30 分)	
组织	外皮松软，馅料绵软，有该品种应有的组织(20 分)	

考核评价

依据附件表 2 对实训过程的表现进行评价。

总结反馈

实训过程有哪些不足？是什么原因造成的？

知识拓展

自己制作一款泡芙，对馅料进行开发创新。

第五单元
速冻米面食品加工与质量监控

本单元分为速冻米面食品特点与质量安全、速冻水饺、汤圆加工与质量监控2个项目；依据速冻米面食品加工企业的产品类型、岗位工作内容及教学手段分为速冻米面食品加工过程与质量控制、速冻汤圆加工与质量评价等4个任务，需要在校外实训基地(速冻水饺加工企业等)与校内粮油加工实训室实施完成。教师根据地域情况及专业特点全部或选择部分任务进行教学。

项目一　速冻米面食品特点与质量安全

本项目内容包括速冻米面食品的种类、速冻米面食品的加工工序、质量控制等内容。本项目实操环节分为速冻米面食品的种类与特点、速冻米面食品加工过程与质量控制2个任务。

知识储备

【资料单】

一、速冻米面食品加工现状及发展方向

(一)速冻食品行业拥有广阔发展前景

速冻食品又称急冻食品，是指将各类加工后的新鲜食品或处理后的原料进行深度快速冷冻，在−30 ℃以下、30 min内将产品的中心温度迅速降为−18 ℃以下，并在低温(低于−18 ℃)中储存、运输、销售的食品。速冻食品包括五个大类，即速冻肉、蛋、禽类制品，速冻水产制品，速冻果蔬制品，速冻米面食品和速冻调制食品。速冻米面食品主要为速冻水饺、汤圆、粽子及其他种类面点食品。

与普通食品相比，速冻食品能最大限度地保持食品本身的色泽风味及营养成分、抑制微生物的活动、保证食用安全，并且速冻食品还具有食用方便快捷的特点，适应快节奏、高效率的城市生活。从全球范围内看，速冻食品是食品加工众多行业中的“朝阳行业”，保持着稳定而较快的增长速度。截至目前，全球速冻食品的年总产量已经突破600亿千克，品种多为3 500种以上，全球速冻食品的贸易量每年以10%～30%的速度增长，其中速冻米面食品又是速冻食品中的第一消费大类，占到全部速冻食品消费的36.8%。

(二)我国速冻米面食品行业步入稳定成长期并将长期增长

我国速冻米面食品起步于20世纪90年代初，经历了产品和渠道单一(1992—1998年)、注重品牌塑造和广告投入加大(1999—2005年)和品种丰富快速扩容(2006年至今)三个阶段，行业成熟度相对其他子行业较高。2012—2013年全国速冻米面食品产量有明显增长，2013年全国速冻米面食品产量为572.7万吨，同比增长18.57%。2014—2015年全国速冻米面食品产量稍有下降，而2016—2017年全国速冻米面食品产量明显回升。2005年以来年均复合增速为16.96%，位居各类食品增速的前列。而且速冻米面行业由传统的汤圆水饺品类向馒头、手抓饼等发面类产品的升级趋势将带来更大的需求量，增速可观。

经过40多年的快速发展，我国的速冻食品行业无论在规模还是产品结构、种类等方面都取得很大进步。随着居民城市化生活的快速发展，饮食结构发生了巨大的改变，人均速冻食品占有量显著提高。统计数据显示，2022年，我国速冻食品市场规模约为1 831亿元，同比增长11.1%，其中速冻米面食品占比高达64.2%。目前，我国速冻米面食品人均消费量约6千克，仅占全部速冻食品消费量的20%左右，将来速冻米面食品行业还有大幅提升的空间。

(三)速冻米面食品行业集中度稳步提升

传统速冻米面制品行业集中度高，如三全集团自2013年成功收购亨氏旗下龙凤食品之后，市场占有率跃升至28%，稳居同行业龙头地位。至此，由三全、思念以及湾仔码头，以总和接近70%的市场占有率，确立了国内以汤圆、水饺等传统速冻米面品类三足鼎立的格局。新式速冻面点仍待整合，速冻面点产品目前占行业比重仅为22%，但需求增势可观，较传统品类格局更为分化，品牌企业有较大行业整合空间。

近年来冷冻冷藏食品行业执行食品工业“三品”专项行动，实现增品种、提品质、创品牌，有力满足了市场消费升级趋势，满足了消费者对安全、营养、方便、快捷的需求。同时行业集中度进一步提升，保障了速冻米面食品的质量安全。

(四)速冻米面食品与餐饮对接空间大

目前，速冻米面食品与餐饮对接，全行业正将突围的重点转向对业务市场的拓展及销售渠道的创新。两大龙头企业思念和三全分别专门成立相关的部门，重点发力餐饮渠道。思念成立冷食餐饮流通市场的独立公司——郑州千味央厨食品有限公司；三全餐饮事业部也称，争取在5～10年内，将餐饮市场打造成与家庭零售市场并驾齐驱的规模。

二、速冻米面食品的分类

速冻米面食品是指以小麦粉、米、杂粮等粮食为主要原料或同时配以(单一或多种配料)肉、禽、蛋、奶、蔬菜、果料、糖、油、调味为馅料，经成型，生制或熟制速冻、包装而成的食品。根据不同的标准，速冻米面食品有不同的分类。

(一)根据主要原料不同分类

根据主要原料不同速冻米面食品可分为面点类、米制品及其他类。

1. 面点类

面点类有水饺、包子等。水饺按馅料不同有猪肉水饺、鸡肉水饺、韭菜水饺、三鲜水饺等。包子品种很多，按口味可分为肉包、菜包、甜包；按外形可分为小笼包、叉烧包、玉兔包；按馅料可分为鸡肉包、鲜肉包、豆沙包、奶黄包等。面点类还有花卷、馒头等速冻米面食品。

2. 米制品类

米制品类有汤圆、粽子等。汤圆按馅料可分为花生汤圆、芝麻汤圆、豆沙汤圆等，其他米类制品还有粽子、八宝饭、玉米棒等。

3. 其他类

其他类米面速冻食品有：南瓜饼、脆皮鲜奶、春卷等。

(二)根据加工方式不同分类

根据加工方式不同速冻米面食品可分为生制品及熟制品。

1. 生制品

生制品是冻结前未经加热成熟的速冻米面食品，如速冻水饺等。

2. 熟制品

熟制品是冻结前经过加热成熟的速冻米面食品，如速冻豆沙包等。

(三)根据馅料的原料组成不同分类

根据馅料的原料组成不同速冻米面食品可分无馅类产品、含馅类产品(包括馅料含肉类产品及馅料无肉类产品)。

1. 无馅类速冻米面食品

无馅类速冻米面食品是以米面为主要原料，不含馅料的速冻米面食品。

2. 肉类馅料速冻米面食品

肉类馅料速冻米面食品是指馅料含有畜肉、禽肉、水产品等原料的速冻米面食品。

3. 无肉类馅料速冻米面食品

无肉类馅料米面食品为馅料中不含畜肉、禽肉、水产品等可食肉原料的速冻米面食品。

三、速冻米面食品的质量控制

(一)速冻食品生产基本流程

1. 熟制品加工工艺流程

加工面皮→加工馅料→包制成型→醒发→蒸吹→冷却→速冻→包装→入库。

2. 生制品加工工艺流程

加工面皮→加工馅料→包制成型→速冻→包装→入库。

(二)关键控制环节

1. 原辅料质量

企业生产速冻食品所用的原辅材料及包装材料必须符合相应的国家标准、行业标准、地方标准及相关法律、法规和规章的规定。企业生产速冻食品所使用的畜禽肉等主要原料应经兽医卫生检验检疫，并有合格证明。猪肉必须按照《生猪屠宰条例》规定选用政府定点屠宰企业的产品。进口原料肉必须提供出入境检验检疫部门的合格证明材料。不得使用非经屠宰死亡的畜禽肉及非食用性原料。如使用的原辅材料为实施生产许可证管理的产品，必须选用获得生产许可证企业生产的产品。

原料肉采购作为控制致病菌、寄生虫、兽残、异物的关键控制点，对每一批购进的原料肉，可采取下面三种方法控制。

(1)感观检查。

(2)供应商提供产品合格证、检疫合格证。

(3)定期抽检。

原料菜采购作为控制致病菌、寄生虫、农残、金属物、异物的关键控制点。对每一批购进的原料菜，可采取下面三种方法控制。

(1)感观检查。

(2)菜农保证卡检查。

(3)定期抽检。

面粉、辅料、包装材料的收购应由供应商提供合格证及化验部门抽检得以控制。

2. 前处理工序

菜处理作为致病菌、寄生虫、异物等的关键控制点。在这个工序必须将菜修整、清洗干净，通过认真仔细挑选，做到异物为零，防止其进入下一道工序。

3. 金属检测工序

金属检测工序是专门为控制金属的关键控制点，速冻产品都必须经过金属检测器，每隔1 h用直径为1.5 mm的测试板测试金属检测仪的灵敏度。对通不过金属检测器(工作正常状态)的产品应拆袋，逐个检测直至找出金属物。

4. 速冻工序

根据速冻产品种类选择适宜的速冻方式及条件，并严格控制速冻温度，使结晶均匀，利于长时间贮藏、保存。冻结时间为30～45 min，产品中心温度为－18 ℃。自动记录温度，恒温器调节。

5. 产品包装及冻藏链

每批包装的规格、单位净含量应一致。其包装应符合食品卫生要求，并有相关的产地标签。从业人员必须取得健康检查合格证明后方可上岗工作，有碍食品卫生疾病的从业人员不得从事直接入口食品的工作。在操作过程中应勤洗手，在进入包装间前，必须更换专用工作服帽，戴口罩，严格对手进行清洗消毒。

速冻产品包装后应立即进行冻藏。贮藏过程中应保持库房温度在－18 ℃以下，产品运输的厢体必须保持在－18 ℃以下。产品卸装或进出冷库要迅速。采用冷藏车运输时，车厢外面能直接观察到温度记录仪，经常检查厢内温度。

6. 容易出现的质量安全问题

(1)原辅材料质量不符合要求。

(2)冻结过程采用缓冻代替速冻或者加工处理过程中的技术参数控制不当，导致速冻食品变色、变味，营养成分过多损失。

(3)微生物指标超标。

(4)食品添加剂超标。

(5)冻藏链不符合要求。

(6)速冻食品包装及标签不符合要求。

(三)速冻米面食品加工要求

1. 生产场所

(1)生产企业应有与生产能力相适应的原料冷库、辅料库、生料加工区、热加工间、熟料加工区(冷却、速冻、包装间等)、成品库(冷库)。

(2)原料及半成品不得直接落地，生、熟加工区应严格隔离，防止交叉污染。

(3)用于速冻的半成品，需要冷却的，应在适合卫生加工要求的环境中尽快冷却，冷却后应立即速冻。

(4)产品应在温度能受控的环境中进行包装，包装材料符合有关卫生标准。

(5)成品贮藏要求有与生产能力相适应的冷库。冷库内温度应保持在−18 ℃或更低，温度波动要求控制在±2 ℃以内。不得与有毒、有害、有异味的物品或其他杂物混存。

(6)运输产品时运输工具厢体应符合有关卫生标准，厢内温度必须保持在−18 ℃以下，运输过程中产品温度上升应保持在最低限度。

(7)生产企业应告知销售单位产品应在冷冻条件下销售，低温陈列柜内产品的温度不得高于−12 ℃，产品的储存和陈列应与未包装的冷冻产品分开。

2. 生产设备

(1)菜肉等原料清洗设施。

(2)馅料加工设备(绞肉机、切菜机、拌馅机等)。

(3)和面设备(和面机)。

(4)醒发设施(熟制发酵类产品适用，醒发间或醒发箱)。

(5)蒸煮设备(熟制品适用，蒸煮箱或蒸煮锅)。

(6)速冻装置。

(7)自动或半自动包装设备。

3. 出厂检验设备

天平(0.1 g)、干燥箱、灭菌设备、微生物培养箱、无菌室或超净工作台、生物显微镜。

(四)速冻米面食品质量检验

1. 速冻米面食品质量检验项目

速冻食品的发证检验、监督检验、出厂检验分别按照 GB 19295—2021 进行检验，检验项目见表 5-1。企业的出厂检验项目中注有“*”标记的，企业应当每年检验 2 次。感官检验见表 5-2，理化指标(抗氧化值)见表 5-3，微生物指标见表 5-4，且菌毒素限量应符合 GB 2761 的相应规定，污染物限量应符合 GB 2762 中“带馅(料)面米制品”的规定。实际工作中，检验应及时应用新的相关标准。

无国家标准、行业标准的产品，发证检验根据 GB 19295—2021 国家食品安全标准《速冻面米食品》的要求(表 5-1)的项目全部进行检验。

表 5-1　速冻米面食品质量检验项目表

序号	检验项目	发证	监督	出厂	备注
1	标签	√	√		
2	净含量偏差	√	√	√	

续表

序号	检验项目	发证	监督	出厂	备注
3	感官	√	√	√	
4	馅料含量占净含量的百分数	√	√	*	适用于含馅类产品
5	水分	√	√	*	
6	蛋白质	√	√	*	适用于馅料含有畜肉、禽肉、水产品等原料的产品
7	脂肪	√	√	*	
8	总砷	√	√	*	
9	铅	√	√	*	
10	酸价	√	√	*	适用于以动物性食品或坚果类为主要馅料的产品
11	过氧化值	√	√	*	
12	挥发性盐基氮	√	√	*	适用于以肉、禽、蛋、水产品为主要馅料制成的生制产品
13	食品添加剂	√	√	*	视产品具体情况检验着色剂、甜味剂(糖精钠、甜蜜素)
14	黄曲霉毒素 B1	√	√	*	
15	菌落总数	√	√	√	适用于熟制产品
16	大肠菌群	√	√	√	
17	霉菌计数	√	√	*	
18	致病菌(沙门氏菌、志贺氏菌、金黄色葡萄球菌)	√	√	*	

表 5-2 速冻米面食品的感官要求

项目	要求	检验方法
色泽	具有该产品应有的色泽	取适量试样置于白色瓷盘中，在自然光下检查有无异物 闻其气味，用温开水漱口，按包装上标明的食用方法处理后品其滋味
滋味、气味	具有该产品应有的滋味与气味，无异味	
状态	具有该产品应有的形态，不变形，不破损，表面不结霜。外表及内部均无肉眼可见异物	

表 5-3 速冻米面食品理化指标

项目	指标	检验方法
过氧化值(以脂肪计)，(g/100 g)	0.25	GB 5009.227—2023

表 5-4　速冻米面食品微生物限量

项目	采样方案及限量				检验方法
	n	*c*	*m*	*M*	
菌落总数/(CFU/g)	5	1	10^4	10^5	GB 4789.2—2022
大肠杆菌/(CFU/g)	5	2	10	10^2	GB 4789.3—2016
样品的采集及处理按 GB 4789.1—2016 执行					

2. 检验抽样方法

根据企业申请发证单元的品种，每个单元抽取一种产品进行发证检验。优先抽取熟制品产品，在熟制品中优先抽取带馅的产品。

在企业的成品库内随机抽取发证检验样品。所抽样品必须为同一批次保质期内的产品，随机抽取 20 包(盒)，样品总量不得少于 5 kg。样品平均分成两份，一份检验，一份备查。抽取样品时，抽样单上应注明产品类型。抽取的样品确认无误后，由抽样人员与被审查企业在抽样单上签字、盖章，当场封存样品，并加贴封条，封条上应有抽样人员签名、抽样单位盖章及抽样日期。检验用样品及备用样品应保持冻结状态。

相关标准：

《中华人民共和国国家标准　食品安全国家标准　速冻面米与调制食品(GB 19295—2021)》。

任务 1　速冻米面食品的种类与特点

实训目标

知道速冻米面产品的生产原理和速冻产品的特点，会查阅速冻米面食品的国家标准；明确速冻米面食品的质量安全问题，能解答大众消费者对速冻米面食品的安全疑虑。

任务描述

通过课堂讲授、查阅资料，观看速冻米面食品企业的视频，熟悉速冻米面食品的行业特点，知道速冻米面食品的生产原理，描述主要速冻米面食品的特点。查阅速冻米面食品的国家标准，明确速冻米面食品的质量安全问题。本任务在粮油加工实训室完成。需要 1 学时。

实训准备

1. 知识储备：阅读资料单以及查阅相关资料，完成预习单。

【预习单】

(1)列举速冻米面食品的种类。

(2)如何定义速冻米面食品？

(3)叙述速冻工艺的具体要求。

(4)速冻产品冻藏及运输的要求有哪些？

(5)速冻米面食品容易出现的质量安全问题有哪些？

2. 材料准备：速冻水饺、汤圆等各一袋。

3. 工具准备：教学 PPT、视频等。

任务实施

【任务单】

一、速冻米面食品的特点

通过课堂讲授及观看视频，描述速冻米面食品并填写下表。

速冻米面食品特点

速冻米面食品	冻结温度	冻结时间	中心温度	贮藏温度
定义描述				

二、速冻米面食品行业特点

通过课堂讲授及观看视频，了解我国速冻米面食品行业的发展情况，并填写下表。

我国速冻米面食品行业的特点

发展阶段	起步阶段	快速发展阶段	稳定成长期
消费量			
大致年份			

三、速冻米面食品的种类与特点

通过课堂讲授及观看视频，列出速冻米面食品的种类，描述其加工方式、销售方式、消费量、改进方向等特点，并填写下表。

速冻米面食品的种类与特点

种类		特点				
		主要产品	加工方式	销售方式	消费量	改进方向
面制品	发酵类					
	非发酵类					
米制品	米粉类					
	大米类					
其他						

考核评价

依据附件表1对实训过程的表现进行评价。

总结反馈

实训过程有哪些不足？是什么原因造成的？

知识拓展

1. 查阅速冻米面食品的国家标准。
2. 速冻米面食品的质量安全问题有哪些？

任务 2　速冻米面食品加工过程与质量控制

实训目标

知道速冻米面食品的加工过程，能画出速冻米面食品的加工工艺流程图；知道速冻米面食品加工环节及主要设备。知道速冻米面食品的质量控制点，能对速冻米面食品加工过程进行有效监控。

任务描述

通过课堂讲授、查阅资料，观看速冻米面食品企业的视频，熟悉速冻米面食品加工过程，画出速冻米面食品的加工工艺流程图；知道速冻米面食品加工环节及主要设备；知道速冻米面食品的质量控制点，能对速冻米面食品加工过程进行有效监控。本任务在粮油加工实训室完成。需要 1 学时。

实训准备

知识储备：阅读资料单及查阅相关资料，完成预习单。

【预习单】

(1)下载并阅读 GB 19295—2021。

(2)下载并阅读 GB/T 25007—2010。

(3)分别画出速冻水饺、包子、汤圆、粽子的加工工艺流程图。

(4)速冻米面食品加工过程的质量监控点有哪些?

任务实施

【任务单】

一、速冻米面食品的加工工艺

通过课堂讲授、阅读资料单，以及观看视频，分别画出速冻水饺、速冻汤圆、速冻包子、速冻粽子的工艺流程图，填入下表。

速冻米面食品的工艺流程

速冻水饺	
速冻汤圆	
速冻包子	
速冻粽子	

二、速冻米面食品的加工环境要求

通过课堂讲授、阅读资料单，以及观看视频，以速冻水饺为例，阐述速冻米面食品加工厂的工作内容，填入下表。

速冻米面食品(水饺)加工厂的工作内容

生产场地	工作内容	主要设备名称	主要作用
原料冷库			
辅料库			

续表

生产场地	工作内容	主要设备名称	主要作用
生料加工区			
热加工间			
熟料加工区			
成品库			
速冻车间			

三、速冻米面食品的质量监控点

通过课堂讲授、阅读资料单、查阅相关资料，以及观看视频，以速冻水饺为例，阐述速冻食品加工质量监控点，填入下表。

速冻米面食品(水饺)加工质量安全控制

加工环节		质量监控点	是否强制
原辅料贮藏			
原料处理	菜类处理		
	肉类处理		
	面粉处理		
制馅			
制皮			
包制成型			
速冻			
贮藏			

考核评价

依据附件表1对实训过程的表现进行评价。

总结反馈

实训过程有哪些不足？是什么原因造成的？

知识拓展

设计一份速冻米面食品消费调查问卷，并借助问卷等进行调研，写出调研报告。

撰写一份速冻水饺的加工方案，为下次实训做准备。

 **知识链接**

速冻米面食品选购建议

第一，注意销售场所的贮藏条件。速冻米面食品一般要求在－18 ℃以下的冷藏库内贮藏。若销售商贮存条件达不到要求，即使某些产品还在保质期内，但是因为温度的影响，内部质量也是无法保证的。

第二，看产品外包装。首先要选择包装材料好，包装完整，印刷清晰的产品。其次外包装应标明：产品名称、配料表、净含量、制造商名称和地址、生产日期、保质期、贮藏条件、食用方法、产品标准号、生制或熟制、馅料含量占净含量的配比等。

第三，看产品外观。消费者购买时可以取一包用手轻按产品，看该产品是否具有应有的外观形态、色泽等。如果发现产品变形、破损、软塌、变色、表面发黏甚至黏为一团，包装内含有不应有的杂质等，都不应购买。

项目二　速冻水饺、汤圆加工与质量监控

本项目内容包括速冻水饺的原料选择、加工过程、产品质量评价，速冻汤圆的原料选择、加工过程、产品质量评价等内容。本项目实操环节分为速冻水饺加工与质量评价、速冻汤圆加工与质量评价 2 个任务。

知识储备

【资料单】

一、速冻水饺加工与质量控制

速冻水饺是在－30 ℃以下、15～30 min 之内快速冻结并在－18 ℃的条件下贮藏和流通的一类水饺。随着速冻食品业的兴起和不断发展，速冻水饺已成为国内许多速冻食品生产厂家的主打食品之一。目前国内速冻方便食品的市场上，水饺约占冷冻调理食品的 1/3。在人们生活节奏日益加快的今天，速冻水饺以其方便、卫生、安全、快捷、营养的特性，成为消费量最大的冷冻调理食品之一。

速冻水饺的种类以其馅料的组成不同而多样，目前我国市场上常见的主要有白菜猪肉馅水饺、韭菜猪肉馅水饺、芹菜猪肉馅水饺、胡萝卜羊肉馅水饺、胡萝卜牛肉馅水饺和三鲜馅水饺。

(一)速冻水饺生产工艺流程

原料处理→制馅→和面制皮→成型→速冻→包装→检测→入库→贮藏。

(二)速冻水饺加工工序与质量控制

1. 原料处理

(1)菜类处理。

新鲜蔬菜去根、坏叶、老叶，削掉霉烂部分，进入原料清洗车间并用流动水冲洗干净，有些蔬菜洗净后要在沸水中适度浸烫，洗净的菜控去多余水分，用切菜机切成符合馅料所需要的细碎状。一般机器加工的饺子适合的菜类颗粒为 3～5 mm，手工包制时颗粒可以略微大一点。

脱水程度是菜类处理工序中必不可少的工艺，尤其是对水分含量较高的蔬菜，如地瓜、洋葱、包菜、雪菜、白菜、冬瓜、新鲜野菜等。各种菜的脱水率还要根据季节、天气和存放时间的不同而有所区别。春夏两季的蔬菜水分要比秋冬两季的蔬菜略高，雨水时期采摘的蔬菜水分较高。实际生产中很容易被忽略的因素就是采摘后存放时间的长短，存放时间长会自然干耗脱水。一般春季干旱时期各种蔬菜的脱水率可以控制在 15%～17%。通常可采用手挤压法判断脱水程度，即将脱水后的菜抓在手里，用力捏，如果稍微有一些水从手指缝中流出来，说明脱水率已控制良好。常见的脱水机也称离心机。

(2)肉类处理。

将验收合格的原料肉切成小块，或刨成薄片，根据肉质不同用绞肉机绞成一定的颗粒。在水饺馅制作过程中，肉类的处理非常重要。如果使用鲜肉，用 10 mm 孔径的绞肉机绞成碎粒，反复两次，以防止肉筋的出现，注意绞肉过程中要加入适当的碎冰块；若是冻肉，可以先用切肉机将大块冻肉刨成 6～8 cm 薄片，再经过 10 mm 孔径的绞肉机硬绞成碎粒。如果肉中含水量较高，可以适当脱水，脱水率控制在 20%～25%为佳。硬绞出的肉糜一般不宜马上用作制馅，静置一段时间后，待肉糜充分解冻后方能使用，否则会出现肉糜没有黏性，馅料不成型和馅料失味等现象。

2. 制馅

将经过预处理的各种原料，按配方要求称量后再按照投料顺序放入搅拌机中搅拌成馅的过程即为制馅。

制馅中的投料顺序很重要，同样的配方不同的投料顺序会得到不同的制馅效果。搅拌程度、肉料搅拌中加水量的多少等也会对制馅料效果产生影响。一般投料顺序为：肉类先和食盐、味精、胡椒粉、白糖等充分搅拌再稍微拌匀；菜类先和花生油或芝麻油等油类拌和后再与拌好的肉馅拌匀。这是一个相当重要和关键的工艺，油珠对菜中的水分起了保护作用，这样煮出来的水饺食用起来多汤多汁，口感最佳。

3. 制皮

制作水饺的面粉要求灰分低、蛋白质质量好。一般要求面粉的湿面筋含量在 28%～40%。搅拌是制作面皮的最主要的工序。这道工序掌握得好坏不但直接影响成型是否顺利，还影响水饺是否耐煮，是否有弹性，冷冻保藏期间是否会发裂。

计算每次面粉、食盐和食用碱的投料量，准确称量好面粉和小料，先倒入和面机内搅 3～4 min，使各种原料均匀混合，再按照投入干粉的总量加水。加水量计算方法为：室温在 20 ℃以上时加水量为干粉量的 38%～40%。为了增加制得的面皮的弹性，在搅拌面粉时添加少量食盐，盐的加入量为面粉量的 1%左右，添加时先把食盐溶于水中。搅拌完毕后面团要静置 2～4 h，使它回软，有韧性。

4. 成型

采用水饺机包制，调节皮速是水饺成型时首先要考虑的关键工作。调节皮速的技巧是关上机头，关闭馅料口或不添加馅料，先让空皮形成一些水饺。此时可能会因为皮料空心管中没有空气，出现瘪管，空皮饺形出不来。这时也可以在机头前的皮料管上用尖器迅速地捅一个小洞，让空气进入，这样皮料管会重新鼓起，得到合适的外观和稳定的质量时，皮速才算调好。另外，要调节好机头的撒粉量，水饺成型时由于皮料经过绞纹龙绞旋后，面皮会发热发黏，经过模头压模时，水饺会随着模头向上滚动，滚到刮刀时会产生破饺，因此需要在机头上方放适量的撒粉，缓和面皮的黏性，通常可以用玉米淀粉。目前大中型企业采用成型机械手直接抓取水饺置入包装盒网格中。

5. 速冻

速冻工序是影响水饺质量的关键工序之一。采用水饺冻结机完成速冻，目的是良好地保持水饺的色香味。包制好的水饺尽快进入速冻隧道，隧道温度必须在－34 ℃以下，速冻 30 min 左右，使饺子中心温度达－18 ℃。

6. 包装

剔除不合格水饺，称重并按要求排气并封口包装。封口要严实牢固，平整美观，日期打印准确清晰。

7. 检测、入库

包装好的水饺要通过金属检测器进行金属检测，检验合格的产品根据不同品种规格装箱，并及时转入冷藏库。冷藏库库温要在－18 ℃以下，且要保持稳定，温度波动不宜超过 1 ℃。

(三)速冻水饺常见质量问题

1. 成型时脱水或冷藏时脱水

菜类和油类需要先拌和。因为肉类含有 3%～5%的盐分，而菜类含水量高，两者混合容易使菜类脱水，因此产生后果是馅料在成型时容易出水。

2. 容易解冻

容易解冻的根源在于生产时的速冻温度没有控制好。

3. 颜色发暗

其原因有原料面粉方面的，也有加工贮藏方面的。生产速度水饺的面粉白度在 82°以上，添加变性淀粉可提高面粉的白度；速冻工序控制不良，冻结温度没有达到－30 ℃；生产出的水饺没有及时放入速冻间，在生产车间放置的时间过长，馅料中的盐分水汁已经渗透到皮料中；储存温度波动，等等，都会使水饺皮料变软，外观受到影响。

4. 水饺破损率高

水饺在后角断开形成缺角，可能是在成型时送皮速度过慢导致的，但皮速也不能过快，否则水饺会产生痕纹，应调节好皮速。

(四)速冻水饺的发展趋势

1. 保障食品安全，树立健康品牌形象

目前，仍存在原料小麦粉质量问题，有的企业用品质很差的小麦原料，甚至使用过氧化苯甲酰漂白的面粉作为原料。另外，还有禽畜肉疫病、蔬菜农残、重金属超标等问题，严重影响速冻水饺的质量安全。为了消除食品的安全隐患，解决禽畜肉疫病、农药残留、兽药残留等问题，需加快制定出更加严格的行业标准，制定无公害食品标准，推行国家绿色食品认证，把一些分散的农产品品种纳入集团化管理，予以严格控制。

2. 注重产品风味，提高营养价值

从食品营养的角度来看，水饺作为中国的传统食品，如果和现代食品营养学结合起来，在提高维生素和微量元素含量、减少脂肪含量、改善蛋白质结构等方面更加完善，并且提供更多的花色品种，它将会发展得更快、更健康。

3. 建立质量监控体系

逐步建立原料基地，从动植物原料着手，提高速冻食品整体品质，建立健全产品全程质量监控体系，完善生产卫生管理，严格食品安全保障制度。

二、速冻汤圆加工与质量控制

(一)速冻汤圆生产工艺流程

原料处理→制馅→制皮→成型→速冻→包装→检测→入库→贮藏。

(二)速冻汤圆加工工序与质量控制

1. 原料处理

(1)馅料处理。

汤圆馅料处理包括清洗、炒熟、绞碎三个工序。原料主要有芝麻、花生、莲子、豆沙、白砂糖以及猪肉等。在以上几种原料中芝麻的处理最复杂，通常芝麻含有较多细沙杂质，需首先进行清洗除去杂质。洗好的芝麻不宜存放太多或太久，避免发热对其质量产生影响。炒芝麻、花生或者别的原料时，火候的掌握决定了其香味和脆性。黑(白)芝麻要求以文火将芝麻炒至九成熟、去皮，使其质感细腻、香味浓郁，趁热碾成芝麻仁。核桃仁选用成熟度好、无霉烂、无虫害的，用沸水(含质量分数1.0%～1.5%的$NaHCO_3$)浸泡去皮，炸酥、碾碎至小米粒大小。

(2)皮料处理

皮料主要是糯米，糯米处理可分为清洗、浸泡、磨浆、脱水四个过程。米与水的质量比为1∶1搅拌后浸泡，夏天浸泡4h，冬天浸泡8h。浸泡后进入磨浆机进行磨浆，注意边下料边加水，并控制好加水量，水太少会影响粉浆的流动性，水过多则使粉质不细腻。磨浆后将粉浆装入脱水机将浆料中多余的水分除去，一般脱水后的糯米浆为原料糯米的160%～180%。

2. 制馅

汤圆馅常见的有芝麻馅、花生馅、豆沙馅、莲蓉馅、香芋馅，以及咸味的鲜肉汤圆馅等。将处理后的黑芝麻、白芝麻、芝麻酱等放入配料中搅拌，再加入油脂、饴糖、熟面等，用饴糖、CMC-Na液来调节馅心的黏度和软硬度，使馅心成为软硬适当的团块。甜味馅的配方大体相仿，均以白砂糖为主。

3. 制皮

先将变性淀粉、海藻酸钠、瓜耳豆胶、魔芋精粉、复合磷酸盐按一定比例(为干水磨糯米粉的0.5%～1.0%)搅拌混匀后全部通过CB 36筛备用。取干水磨米粉倒入搅拌机，按比例加入预混好的速冻汤圆改良剂，开机搅拌，经充分混匀后，再按干水磨糯米粉总量的85%～90%加水继续搅拌，等粉团柔软后，静置10～20 min即可。

4. 成型

根据成品规格，将米粉面团和馅团分成小块，可手工包制，但机器成型的居多。

5. 速冻

将成型后的汤圆迅速放入速冻室中，要求速冻库的温度在－40 ℃左右。在10～20 min内使汤圆的中心温度迅速降为－12 ℃以下，此时出冷冻室。汤圆馅心和皮面内均含有一定量的水分，如果冻结速度慢，表面水分会先凝结成大块冰晶，逐步向内冻结，内部在形成冰晶的过程中会产生张力而使表面开裂。速冻可使汤圆内外同时降温，形成均匀细小的冰晶，从而保证产品质地的均一性。即使是长期贮藏，其口感仍然细腻、糯软。

6. 包装入库

包装材料应有一定的机械强度，且密封性强，速冻汤圆在储存和运输过程中应避免温度波动，否则产品表面将有不同程度的融化，再冻结会造成冰晶不匀，产品受压开裂。

(三)速冻汤圆易出现的质量问题

1. 冻裂问题

速冻汤圆经过一段时间的冷藏后，会出现不同程度的龟裂甚至开裂现象。开裂不但影响汤圆的外观而且煮后露馅、浑汤、颗粒塌陷，严重影响产品的品质，给销售带来了较大的困难，引起了生产厂家的高度重视。目前，抗冻裂能力已成为衡量速冻汤圆品质的重要指标之一，通常用开裂率来衡量开裂程度。

2. 口感差

速冻汤圆一般以水磨糯米粉为原料，糯米粉的质量与汤圆的口感密切相关，成为衡量速冻汤圆品质的重要指标之一。汤圆一般要求是嫩滑爽口、绵软香甜、口感细腻，且有弹性、不黏牙。

3. 外观问题

汤圆在速冻后或者煮出后易塌陷、扁平、偏馅、漏馅、形状不规则、色泽灰暗、泛黄、没有光泽。速冻汤圆的外观一般用成型性、光泽、色泽来衡量，要求颗粒饱满，呈圆球状，白色或者乳白色，光亮。

4. 卫生问题

卫生问题是食品生产的首要问题，生产的各个环节，必须严格控制卫生条件。速冻汤圆的卫生指标：细菌总数小于等于10 000个/g；大肠菌群小于等于1 000个/kg；致病菌不得检出。

相关标准：

《中华人民共和国国家标准　食品安全国家标准　速冻面米与调制食品(GB 19295—2021)》

任务1　速冻水饺加工与质量评价

实训目标

熟悉水饺、汤圆等速冻米面食品加工工艺及加工工序；会使用加工速冻水饺的常用设备，加工过程中能关注速冻水饺的质量监控点，并严格实施。能够根据国标评价速冻水饺的感官性状。

任务描述

以组为单位，每组加工 500 g 面粉面皮的速冻水饺。根据营养特点小组讨论确定馅料配方，写出速冻水饺的加工方案，并按方案完成实训内容。本任务在粮油加工实训室完成。需要 4 学时。

实训准备

1. 知识储备：阅读资料单，完成预习单。

【预习单】

(1)写出速冻水饺的加工方案。

(2)制馅过程中，肉类、菜类馅料的投料顺序分别有何规定？

(3)加工速冻水饺对面粉有何要求？

(4)水饺成型机主要由哪几部分组成？

(5)描述完成速冻后的水饺感官状态。

2. 实验材料。

(1)面皮材料：面粉 500 g、食盐 2 g，饮用水适量。

(2)馅料：肉品、蔬菜、香辛料等，根据小组确定的加工方案提前上报实验指导教师。

(3)三种品牌的同一馅料的速冻水饺。

3. 实验用具：低温冻结箱(－40 ℃)、绞肉机、蔬菜料理机、切刀天平(1/100)1 台，镊子 1 把，尺子 1 把，放大镜 1 把，白瓷盘，筷子等。

任务实施

【任务单】

一、原辅料预处理

依据加工方案将加工速冻水饺原料处理操作过程填入下表。

速冻水饺的原料预处理

材料	面粉	肉品	蔬菜	香辛料
品牌或名称				
用量				
预处理方式				

二、水饺皮的加工

依据加工方案将面皮的加工操作过程填入下表。

速冻水饺的面皮加工

面粉要求	水质要求	加工用具	作业要点	产品要求

三、馅料的加工

依据加工方案将馅料的加工操作过程填入下表。

速冻水饺的馅料加工

馅料配方	
作业要点	

续表

馅料配方	
注意事项	
完成情况	

四、包制成型

依据加工方案将包制成型加工操作过程填入下表。

速冻水饺的包制成型

作业技巧及要求	注意事项	完成情况

五、速冻贮藏过程

依据加工方案将速冻、包装、抽检、贮藏的操作过程填入下表。

速冻水饺的速冻加工作业

作业项目	操作要点(主要内容)	注意事项	完成情况
速冻			
包装			
检验			
入库贮藏			

六、感官评价

根据速冻水饺感官评价标准，对速冻水饺样品及自己加工的速冻水饺进行感官评价。并将检验结果记录填入表中。

速冻水饺感官评价表

项目	评价标准	评价及分值			
		样品 1	样品 2	样品 3	自制
组织形态	外形完整，具有该品种应有的形态，不变形，不破损，不偏芯，表面不结霜，组织结构均匀(20～30 分)				
色泽	具有该品种应有的色泽，且均匀(10～20 分)				
滋味	具有该品种应有的滋味和气味，不得有异味(20～30 分)				
杂质	外表及内部均无杂质(10～20 分)				

考核评价

依据附件表 2 对实训过程的表现进行评价。

总结反馈

实训过程有哪些不足？是什么原因造成的？

知识拓展

1. 完善速冻食品消费调查问卷，完善调研报告。

2. 撰写一份速冻汤圆的加工方案，为下次实训做准备。

知识链接

速冻米面食品检验方法

1. 抽样方法：根据企业申请发证单元的品种，每个单元抽取1种产品进行发证检验。优先抽取熟制品产品，在熟制品中优先抽取带馅的产品。在企业的成品库内随机抽取发证检验样品。所抽样品必须为同一批次保质期内的产品，随机抽取20包(盒)，样品总量不得少于5 kg。样品平均分成两份，一份检验，一份备查。抽取样品时，抽样单上应注明产品类型，抽取的样品确认无误后，由抽样人员与被审查企业在抽样单上签字、盖章，当场封存样品，并加贴封条，封条上应有抽样人员签名、抽样单位盖章及抽样日期。检验用样品及备用样品应保持冻结状态。

2. 检验方法。

(1)色泽检验样品制备员首先发放完整样品，每位检测员在自然散射光下肉眼观察1 min左右，填写“色泽”检测结果。

(2)组织形态检验：送检人员随机将样品摆放在检验人员面前的台面上，检验人员根据外形完整，是否具有该品种应有的形态，是否变形、破损、偏芯，表面是否结霜，组织结构是否均匀等进行逐项打分。

(3)滋味检验：将待检样品按照常规熟制方法熟化，在要求的温度下，由检验人员根据品种特点独立品尝评价，5 min左右做出评价并排序。

(4)杂质检验：由送检人员将无金属杂质的样品送到检测台，检验人员直接观察其外部是否有杂质，再用刀切成几块，仔细观察内部是否有杂质，做出评价。

任务2　速冻汤圆加工与质量评价

实训目标

熟悉汤圆的特点及其加工工艺、加工工序；学会加工制作速冻汤圆，学会调制馅心、面皮调制、成型、速冻等基本操作技能；熟悉速冻汤圆加工的机械设备，并能操作。能够对速冻汤圆感官质量进行分析，发现质量缺陷，分析原因并找到解决途径，能正确贮藏和合理流通速冻汤圆。

任务描述

本次实训是在完成速冻米面食品加工工艺的学习基础上进行，需要熟悉速冻米面食品加工的工艺及加工工序；知道速冻制品加工设备的使用要求和保养方法；本任务以学习小组为单位在食品加工实训室完成，每组分别完成三种不同馅料汤圆的制作及速冻。需要4学时。

实训准备

1. 知识储备：阅读资料单及查阅相关资料，完成预习单。

【预习单】

(1)写出速冻汤圆加工的工艺流程。

(2)汤圆馅料处理有哪几道工序？皮料处理包括哪几道工序？

(3)对速冻汤圆加工品起重要作用的工序是哪几道？

(4)成型后的汤圆速冻时，对库温及汤圆的中心温度有何要求？

2. 实训材料。

(1)水磨糯米粉 1 500 g、黑芝麻馅 500 g、糖桂花 200 g、木薯淀粉 300 g、草莓粉 150 g、紫薯粉 150 g、南瓜粉 150 g、猪油 500 g、黄油 250 g。

(2)三个品牌同一馅料的汤圆各一袋。

3. 实训用具：速冻箱(−40 ℃)、蒸锅、厨房秤、不锈钢盆、白瓷盘、筷子等。

任务实施

【任务单】

一、原辅料预处理

依据加工方案将原料预处理的操作过程填入下表。

原辅料预处理

材料	水磨糯米粉	木薯淀粉	紫薯粉	南瓜粉	紫薯粉	草莓粉
处理方法						
用量						
材料	猪油	黄油	桂花糖	黑芝麻馅		
处理方法						
用量						

二、制作汤圆皮

依据加工方案将汤圆的制皮操作过程填入下表。

汤圆的制皮

米粉要求	水质要求	加工用具	作业要点	产品要求

三、加工汤圆馅料

依据加工方案将汤圆馅料的加工操作过程填入下表。

加工馅料

馅料配方	
作业要点	
注意事项	

四、包制、速冻、贮藏

依据加工方案将汤圆包制、速冻、贮藏操作过程填入下表。

包制成型

作业项目	操作要点	注意事项	完成情况
包制			
速冻			
贮藏			

五、速冻汤圆的评价

根据速冻汤圆感官评价标准对速冻汤圆样品及自己加工的速冻汤圆进行感官评价，并将检验结果记录填入表中。

速冻汤圆感官评价标准

项目	评价标准	评价及分值			
		样品 1	样品 2	样品 3	自制
组织形态	外形完整，具有该品种应有的形态，不变形，不破损，不偏芯，表面不结霜，组织结构均匀(20～30 分)				
色泽	具有该品种应有的色泽，且均匀(10～20 分)				
滋味	具有该品种应有的滋味和气味，不得有异味(20～30 分)				
杂质	外表及内部均无杂质(10～20 分)				

考核评价

依据附件表 2 对实训过程的表现进行评价。

总结反馈

实训过程有哪些不足？是什么原因造成的？

知识拓展

速冻汤圆生产对中国传统食品的标准化和方便化有哪些启迪？

知识链接

“包”汤圆与“滚”元宵

由于汤圆和元宵都是用糯米粉做皮，且常采用芝麻、白糖等做馅料，因此容易让人混淆，但它们在制作工艺上还是有很大区别的。

汤圆一般是先将糯米粉用水调和成皮，然后将馅“包”好即成。而元宵首先需将馅和好、凝固的馅切成小块，过水后，再在盛满糯米面的笸箩内滚，直到馅料沾满糯米面滚成圆球。

第六单元

大豆食品加工与质量监控

本单元依据大豆食品加工企业的产品类型分为大豆食品认知与传统大豆食品加工、发酵大豆食品加工与质量监控、豆乳的加工与质量监控、大豆蛋白加工与质量监控、大豆功能食品加工与质量监控5个项目；根据不同岗位工作内容，结合教学手段等分为大豆食品种类与特点、豆腐的加工与质量评价等13个任务。需要在校外实训基地(豆腐加工企业、发酵豆制品加工企业等)与校内粮油加工实训室实施完成。教师根据地域情况及专业特点全部或选择部分任务进行教学。

项目一　大豆食品认知与传统大豆食品加工

本项目主要内容为我国大豆食品加工的历史、大豆制品的发展方向、传统大豆食品的种类、加工原理，豆腐、腐竹的加工工艺流程、质量监控点等。本项目实操环节分为大豆食品种类与特点、传统大豆食品的加工过程与质量控制、豆腐的加工与质量评价3个任务。

知识储备

【资料单】

一、中国的大豆文化

中国是大豆的故乡。文献记载，我国人民栽培大豆已有五千多年的历史，世界各国栽培的大豆，直接或间接来源于我国。1790年英国皇家植物园引进大豆，作为观赏植物；1804年美国文献才初步提到大豆。1873年，在奥地利首都维也纳举办的世界万国博览会上，首次展出籽粒滚圆的中国大豆，当时很多外国人从来未见到过如此大粒的金黄色的中国大豆，因而在博览会上引起轰动，从此，中国大豆纷纷被各国引进试种，被称为“奇迹豆”。由于当时中国的大豆种植面积大、产量高、品质好、出口多，名声誉满全球，所以中国被世界各国称为“大豆王国”，在世界大豆史上谱写了辉煌的篇章。

我国大豆种植分布很广，东起海滨，西至新疆，南起海南，北至黑龙江，除个别海拔极高的寒冷地区以外均有种植。

大豆食品的加工，最早的记载是豆豉和豆酱，被记入《楚辞·招魂》中，现如今，大豆除了被作为主食和榨油外，在民间流传的豆制品种类多达数百种，仅豆腐的衍生物就有四五十种，如北豆腐、南豆腐、冻豆腐、酱豆腐、臭豆腐、豆腐干、豆腐皮、腐竹、扒素鸡、素火腿、豆腐泡、熏豆腐、素香肠等。尤其在20世纪中叶对解决我国人民蛋白质的营养需求和保障人民的身体健康做出了重大贡献，有着不可低估的作用。同时，大豆食品还应用于中国医药文化中，李时珍的《本草纲目》中记载了大豆、豆豉和豆腐的药理功能。

大豆文化是中国饮食文化一个重要的组成部分。大豆制品千变万化，可做的美味佳肴品种丰富，是老百姓餐桌上的常见菜肴。也正是符合现在所倡导绿色健康的生活观、消费观和养生观，大豆产业成为我国重要的传统民族产业。

大豆全身都是宝，籽粒含有丰富的蛋白质、脂肪、碳水化合物和多种营养元素。大豆蛋白质是与牛奶蛋白质、鸡蛋蛋白质相媲美的优质蛋白质。资料显示，每人每日摄入25 g大豆蛋白质，对预防心血管疾病有益处。随着生命科学的发展，大豆作为一般食品及功能食品配料尤其引人注目。

大力开发大豆全产业链，发掘大豆油脂以外的有价值成分，利用现代加工技术及生物技术最大效度开发大豆中的蛋白质、大豆多肽、低聚糖、异黄酮、磷脂、皂苷、维生素E、多糖及膳食纤维等营养物质，能够增加大豆产业的附加值。因此，发展大豆食品文化，赋予传统大豆食品新的加工理念，能提升大豆产业的经济效益、文化效益、社会效益。

二、我国大豆食品加工现状与发展方向

（一）行业规模稳定增长

随着人们生活水平的提高、生活节奏的加快，现代人对食品的需求开始向营养、健康、安全、美味、方便等方向发展。而豆制品具有人体必需的钙、磷、铁等人体需要的矿物质，并且含有维生素 B_1、维生素 B_2 和纤维素，豆制品的消费在百姓饮食消费中不断增长。根据豆制品专业委员会的数据显示，2019年豆制品行业50强企业的投豆量为1 740亿千克，较2009年的849.3亿千克增长了105.16%，年复合增长率为7.45%；2019年豆制品50强规模企业的销售额为265.90亿元，较2009年的74.23亿元增长了258.21%，年均复合增长率为13.61%。

（二）新型大豆制品发展迅速

1. 植物蛋白饮品增长迅速

植物蛋白饮品具有低胆固醇、低饱和脂肪，富含植物蛋白、多肽、氨基酸等物质，而且携带、饮用方便，符合健康消费趋势，植物蛋白饮品行业获得了较快发展。2015—2019年50强规模企业用于植物蛋白饮品的投豆量从3.1亿千克增至4.7亿千克，年复合增长率为11.01%。

2. 休闲豆制品市场大

以大豆为原料加工素食类休闲食品，使豆腐等豆制品从传统的菜肴扩展到休闲、旅游食品。休闲豆制品采用卤制、炒拌、调味等使豆制品口味更丰富，经过真空包装、灭菌、多层独立包装等工序，产品货架期延长，凸显了零食化和礼品化的特征。我国休闲豆制品已成为休闲类主流食品，市场发展空间大。2015—2019年50强规模企业用于休闲豆制品的投豆量从2.4亿千克增至3.699亿千克，年复合增长率为10.56%。

（三）大豆食品行业存在的问题

1. 传统豆制品行业的转型

我国传统大豆制品生产的工业现代化进程还相对滞后，整体科技含量不高，很多大豆

制品生产仍沿袭着传统小规模作坊式的生产方式，自动化程度低，新的食品机械、工艺应用不多，对新产品的开发和传统产品改造重视不够，投入不足。据初步统计，科技进步对传统豆制品行业的贡献率不足30%，正处于从传统作坊式向现代化工厂转变的过程中。

2. 质量安全控制水平有待提高

目前传统豆制品生产企业能满足食品安全要求的仅占10%左右，大多生产企业达不到要求，乡村自营店、“三无”小作坊还有很大的市场空间，质量安全控制尤为必要。

3. 环保问题突出

大豆制品生产工艺用水量大且废弃物排放量大。以北京为例，目前北京规模以上豆制品生产企业年消耗大豆约20万吨，年加工用水量为600万～800万吨。豆制品加工过程中还会产生大量黄浆水和清洗废水，大约为用水量的70%以上，由此估算，北京豆制品全行业年废水排放量为450万～600万吨。而每处理1吨生产废水的成本高达1～1.5元，因此废水处理成本高。豆制品加工过程中还会产生大量豆渣，北京豆制品全行业估计每年产生豆渣为2亿～3亿千克。由于水含量高，适口性差，这些豆渣很难被有效利用。

4. 能耗问题严重

大量黄浆水的排放既是污水、污染源，又是热能的浪费。此外，盒装豆腐生产中两次升温一次降温需要耗费大量的能源，在节能方面的技术研究尤为必要。当前生产线是模仿手工生产方式形成的，全部生产过程是敞开式的，跑冒滴漏在所难免，而敞开式生产线的设备冲洗会消耗大量的自来水，同时产生污染排放。

(四)我国大豆食品发展方向

1. 发展大豆食品，优化膳食结构

根据我国居民的膳食结构指南，优化膳食结构、提高优质蛋白质摄入比重，是21世纪饮食营养生活中的主要问题。大豆食品除能补充膳食中的优质蛋白外，还富含能降低血脂等作用的物质。大豆中的棉子糖、水苏糖还是双歧杆菌的增殖因子，豆渣是很好的优质食用纤维，大豆含有的异黄酮，还具有抗氧化、抗溶血、降血脂的作用。

2. 开发新型大豆产品

现代营养科学、生命科学的研究结果充分证明大豆不仅具备食品所必需的各种功能，而且还具有多种满足特殊要求的特定功能。对大豆进行精深加工，在充分开发大豆蛋白食品的基础上，挖掘大豆其他新产品。这包括：用大豆油脂制备生物柴油、燃料油乳化剂、大豆油墨；用大豆蛋白制作复合聚酯材料、可食性包装材料；用大豆磷脂制作抗癌防癌药物、化妆品中表面活性剂等。

3. 提高生产管理标准化、科学化

积极制定与国际接轨的各类产品标准，对传统大豆制品应该加以标准化、规范化，在卫生、安全、营养等方面积极与国际接轨，构建高起点的大豆制品标准体系。大中企业要加强研发能力的提升，注重传统产品改进和新产品开发，充分利用信息技术、电子技术、生物技术等先进技术手段，实现持续快速发展。规模小、自主研发能力差的小企业，积极与大企业及科研院所联合，加强产品的质量改进和质量控制，全方位提升我国大豆制品产业科技水平。

4. 创民族品牌

大力构建和发展民族大豆产业，发展改进具有中华民族特色的大豆食品，适应国际需求后，推向世界。在推介产品的同时，结合两千多年来形成的丰富的饮食文化，用优良的产品和悠久的文化来推进世界对中华大豆食品的认识，促进中国的大豆产品走向世界。

三、大豆食品的分类

(一)传统大豆食品

1. 非发酵大豆食品

非发酵大豆食品包括豆腐、豆浆、腐竹等，都经过清选、浸泡、磨浆、除渣、煮浆及成型工序，产品多呈蛋白质凝胶态，如南豆腐、北豆腐、腐竹、卤制豆制品、油炸豆制品、大豆熏制品、冷冻豆制品、干燥豆制品、豆粉等。

2. 发酵大豆食品

发酵大豆食品包括豆豉、黄酱、各种腐乳、纳豆等，是用大豆或大豆制品接种霉菌发酵后制成的。

(二)新型大豆食品

1. 油脂类制品

油脂类制品是以大豆毛油为原料，经过特定的工艺精加工后，生产出的适应食品工业需要的一类产品，如大豆磷脂、色拉油、人造奶油、起酥油、大豆油等。

2. 蛋白类制品

蛋白类制品是以脱脂大豆为原料，充分利用大豆蛋白的物化特性，生产出的高营养产品，如脱脂大豆粉、功能性浓缩大豆制品、大豆组织蛋白、大豆分离蛋白、蛋白发泡剂、大豆蛋白纤维、海绵蛋白等。

3. 功能性大豆食品

大豆低聚糖、大豆异黄酮、大豆多肽、大豆磷脂、大豆膳食纤维等均是功能性大豆食品。

4. 全豆制品

全豆制品以全豆为原料，经过豆乳、豆乳粉、大豆冰激凌、全脂豆腐等制成。

四、大豆籽粒的结构与营养

大豆籽粒是典型的双子叶无胚乳种子。大豆籽粒的外层为种皮，其内为胚、种皮和胚乳残存组织，成熟的大豆种子由种皮和胚两部分构成。

(一)种皮

种皮位于大豆籽粒的外层，约占整个大豆籽粒质量的8%，对种子有保护作用。多数大豆品种的种皮表面光滑，种皮呈不同颜色．如黄、褐、青、黑等。大豆种子的种皮从外向内由四层形状不同的细胞组织构成。最外层为栅栏细胞组织，由一层似栅栏状并且排列整齐的长条形细胞组成，细胞长40～60 μm，外壁很厚，为外皮层。栅栏细胞较坚硬且排列紧密，一般情况水较易透过，但如果栅栏状细胞间排列过分紧密时，水便无法透过，使大豆籽粒成为“石豆”或“死豆”，这种大豆几乎不能加工利用。靠近栅栏状细胞的是圆柱状细胞组织，由两头较宽而中间较窄的细胞组成，长30～50 μm，细胞间有空隙。当进行泡豆处理时，这些圆柱状细胞膨胀，使大豆体积增大。圆柱状细胞组织再向里一层是海绵组织，由6～8层薄细胞壁的细胞组成，间隙较大，泡豆处理时吸水剧烈膨胀。最里层是糊粉层，由类似长方形细胞组成，壁厚，而且还含有一定的蛋白质、糖、脂肪等成分。

(二)胚

大豆籽粒的胚由胚根、胚轴(茎)、胚芽和两枚子叶构成。胚根、胚轴、胚芽约占大豆籽粒质量的2%，大豆子叶是大豆主要的可食部分，其质量约占大豆籽粒质量的90%。子叶的表面是由近似正方形的薄壁细胞组成的表皮，其下面有2～3层呈长形的栅栏细胞，栅栏细胞下面为柔软细胞，它们都是大豆子叶的主体。

表 6-1 整粒大豆及其各部位的化学组成

部位	粗蛋白	碳水化合物（包括粗纤维）	粗脂肪	水分	灰分
整粒	38.8%	27.3%	18.6%	11.0%	4.3%
子叶	41.5%	23.0%	20.2%	11.4%	4.4%
种皮	8.4%	74.3%	0.9%	13.5%	3.7%
胚(根、轴、芽)	39.3%	35.2%	10.0%	12.0%	3.9%

五、传统大豆食品的加工与质量控制

(一)豆腐的加工与质量监控

1. 原料及其要求

一般选用黄色或黑色大豆，圆形、椭圆形，籽粒饱满，无虫蛀、无霉斑。

2. 辅料及其要求

(1)凝固剂。凝固剂基本上分成两大类，即盐类和酸。生产豆腐应用得最广的凝固剂，有石膏和盐卤，民间有用醋酸、酸浆、乳酸的。

①石膏：主要成分是硫酸钙，石膏分为生石膏($CaSO_4 \cdot 2H_2O$)、半熟石膏($CaSO_4 \cdot H_2O$)，熟石膏($CaSO_4 \cdot 5H_2O$)和过熟石膏($CaSO_4$)四种，对豆浆的凝固作用以生石膏为快，熟石膏慢，而过熟石膏几乎不起作用。

使用石膏多用冲浆法，也可用点浆法。

②卤水：卤水又称为盐卤，是生产海盐的副产品，分为卤块、卤片、卤粉三种。

盐卤的成分比较复杂，除主要成分氯化镁之外，其次是氯化钠、氯化钙、氯化钾以及硫酸镁、硫酸钙等。

③葡糖酸-δ-内酯：葡糖酸-内酯(GDL)是一种新型无毒酸类添加剂，主要作为酸味剂、防腐剂、膨松剂及蛋白质凝固剂。

④葡糖酸：葡糖酸为无色或浅黄色浆状液体，其酸味爽快，易溶于水。葡糖酸可直接用于点豆腐，也可直接用于清凉饮料，与食醋配制作为酸味料，尤其适合在营养品中使用，以代替乳酸、柠檬酸。

(2)消泡剂。大豆蛋白质在水溶液中是胶体溶液，并有较大的表面张力，当机械振动或液体流动时，混入空气形成泡沫且不易消失，从而影响操作和产品质量。为此需添加消泡剂减少其泡沫。

①酸败油脚：油脚是榨油工业的下脚料，可直接用来消泡，但效果不理想，经过酸败的油脚消泡效果明显。

②酸败油脚加石灰：酸败油脚加适量氢氧化钙(石灰)搅和成膏状物，使用时将膏状物配加适当发酵黄浆水效果更好。油脚与石灰比例为10∶1，使用量为1%。

③其他：植物油加石灰、脂肪酸皂化素、乳化硅油、甘油脂肪酸酯。

3. 豆腐加工的工艺流程

(1)包装豆腐的生产流程。

采购储存→筛选清理→水洗→浸泡→粉碎分离→蛋白质热变性→滤浆→凝固蹲脑→脱水成型→切分包装→喷印日期→水浴灭菌→冷却装箱→检验入库→低温贮藏。

(2)充填豆腐的生产流程。

采购储存→筛选清理→水洗→浸泡→粉碎分离→蛋白质热变性→滤浆→浆水冷却→添加凝固剂→充填封装→喷印日期→水浴加热凝固成型→冷却装箱→检验入库→低温贮藏。

4. 包装豆腐加工操作工序与质量控制

(以北豆腐为例)

(1)大豆的选择与清理。

应选择蛋白质含量高的大豆品种。制作豆腐的大豆以色泽光亮、籽粒大小均匀、饱满、无虫蛀和霉变的新大豆为好。大豆原料在进一步加工前须进行清理，以除去杂质。同时应去除碎豆、裂豆、虫蛀豆和其他异粮杂质。

(2)浸泡。

一般水温为5 ℃、浸泡24 h；10 ℃、浸泡18 h；18 ℃、浸泡12 h；27 ℃、浸泡8 h。一般应选择低温浸泡。

浸泡的程度因季节而异，夏季可泡至八成，冬季则需泡到九成。浸泡后以大豆表面光滑，无皱皮，豆皮轻易不脱落，手感有劲为原则。最简单的判断方法就是把浸泡后的大豆分成两瓣，以豆瓣内表面基本呈平面，略有塌坑，手指掐之易断，断面已浸透不留硬心(白色)为宜。

(3)磨浆。

破碎要达到一定细度。蛋白体的大小在2～20 μm较合适，破碎好的大豆粒粉直径略小于3 μm，即可达到破裂蛋白体膜、释放蛋白质的目的。磨浆时一定要边粉碎边加水。

(4)煮浆。

煮浆是使蛋白质变性，杀灭抑制营养素的物质。

(5)过滤。

过滤指除去豆浆中的豆渣，调节豆浆浓度。可以先把豆浆加热煮沸后过滤，或过滤除去豆渣，然后再把豆浆煮沸。

(6)凝固、点脑与蹲脑的过程。

点脑又称为点浆，是豆制品生产中的关键工序。把凝固剂按一定的比例和方法加入煮熟的豆浆中，使大豆蛋白质由溶胶状态转变成凝胶状态，即豆浆变为豆腐脑(又称豆腐灰)。

蹲脑又称涨浆或养花，是大豆蛋白质凝固过程的继续。

(7)成型。

把凝固好的豆腐脑放入特定的模具内，通过一定的压力，榨出多余的黄浆水使豆腐脑紧紧地结合在一起，成为具有一定含水量、弹性和韧性的豆制品。成型主要包括上脑(又称上箱)、压制、出包和冷却等工序；分为破脑、上脑、压制定型三个过程。破脑是指加工老豆腐时在上箱压榨前从豆腐脑中排出一部分水分的过程。

5. 南豆腐与北豆腐生产工艺的差异

(1)豆浆的浓度。

点浆时，南豆腐的豆浆浓度稍大，一般 1 kg 原料大豆生产的豆浆为 6～7 kg；北豆腐 1 kg 原料大豆生产的豆浆为 9～10 kg。

(2)凝固剂的使用。

南豆腐的凝固剂为石膏，而北豆腐的凝固剂通常采用卤水。

(3)点浆的温度和方法。

南豆腐利用石膏冲浆温度稍高，应将豆浆温度控制在 75～85 ℃，北豆腐卤水的凝胶速度较快，多采用边加凝固剂边搅拌的方法，豆浆温度也应控制在 70～80 ℃。

(4)蹲脑时间。

南豆腐要求蹲脑时间要长，一般在 30 min 以上。如蹲脑时间短，会使豆腐结构脆弱，脱水快，保水力差，从而失去细嫩光亮特征，而变得粗硬；北豆腐成型时要进行破脑后加压脱水，因此北豆腐的蹲脑时间可稍短一些，15～20 min 即可。

(5)成型方式。

南豆腐成型时不需要破脑，也不能加太大的压力。成型时的豆腐包布应用细布。北豆腐宜采用孔隙稍大的包布，这样压制时排水较畅通，豆腐表面易成“皮”，在压制成型过程中还应注意整形。成型后南豆腐含水 90%左右，北豆腐含水为 80%～85%。

6. 充填(内酯)豆腐的加工要点与质量控制

与传统南豆腐和北豆腐相比，内酯豆腐生产过程的机械化、自动化程度较高，工人劳动强度低，生产效率高；生产卫生条件较好，延长了豆腐的贮藏期；产品便于机械化包装，因而易储存、利销售、便携带；有利于发展花色品种、鸡蛋豆腐等特点。

(1)选豆。

选豆应选择果粒饱满整齐的新鲜大豆，清除杂质和去除已变质的黄豆。

(2)浸泡。

用多于大豆重 3～5 倍的清水浸没大豆，浸泡时间一般为春季 12～14 h、夏季 6～8 h、冬季 14～16 h。其浸泡时间不宜过长或太短，以扭开豆瓣，内侧平行，中间稍留一线凹度为宜。

(3)磨浆。

按豆与水之比为 1∶3～1∶4 的比例，均匀磨碎大豆，要求磨匀、磨细，多出浆、少出渣、细度以能通过 100 目筛为宜。最好采用滴水法磨浆，也可采用二次磨浆法。

(4)过滤。

过滤是保证豆腐成品质量的前提，如使用离心机过滤，要先粗后细，分段进行。一般每千克大豆滤浆控制在 15～16 kg。

(5)煮浆。

煮浆通常有两种方式。一种是使用敞开大锅，另一种是使用密封煮浆。使用敞开锅煮浆要快，时间要短，一般不超过 15 min。煮沸三次后，立即放出浆液备用。如使用密封煮罐煮浆，可自动控制煮浆各阶段的温度，煮浆效果好，但应注意温度不能高于 100 ℃，否则会发生蛋白质变性，从而严重影响产品质量。

(6)点浆。

点浆是保证成品率的重要一环。待豆浆温度为 80 ℃左右时进行点浆。其方法是：将葡萄糖酸内酯先溶于水中，然后尽快加入冷却好的豆浆中，葡萄糖酸内酯添加量为豆浆的 0.3%～0.4%，加入后搅匀。

(7)装盒成型。

加入葡萄糖酸内酯后，即可装入盒中，置水浴池中凝固成型。制成盒装内酯豆腐，稳定成型后，便可食用或出售。

7. *彩色豆腐的加工要点与质量控制*

彩色豆腐与传统豆腐一样，都是以优质大豆为原料。不同的是，它在制作中加入天然蔬菜果汁辅料，形成天然色彩，且含有丰富的营养成分，保存了蔬菜中的纤维素，有利于人体吸收、消化。制作彩色豆腐的基本工艺与传统豆腐基本相同，关键工序是菜汁的加入。

彩色豆腐的色泽主要取决于蔬菜汁的色泽。如制绿色豆腐可选用菠菜、芹菜，以及根茎蔬菜的绿叶等；制作黄色豆腐，可用胡萝卜、番茄等榨汁。

(1)菜汁 pH 的控制。

选取新鲜的蔬菜，清洗干净，切碎捣烂，而后榨取汁液，过滤除去菜渣。菜汁的 pH 小于 6 时，彩色豆腐凝固不完全，产品质地过于软嫩松散。pH 大于 6.5 时，产品质地粗硬易断，表面粗糙。所以菜汁的 pH 最好调整为 6～6.5，这样产品的质地细嫩，有光泽、弹性大，且出品率高。

(2)豆乳与菜汁的混合比例。

菜汁量小，不易使豆腐着色；菜汁过多则会产生青草味，使风味变坏。一般适用量为每 50 mL 的豆乳加 8～10 mL 的浓缩菜汁。

(3)煮沸时间的控制。

在煮沸的豆乳中添加菜汁后煮沸时间不宜太长，以免损伤菜汁中的营养成分。菜汁加入后一定要充分搅拌，混合均匀，以免影响成品色泽。

(4)成品质量控制。

为了提高菜汁的利用效率，减少用量，可以考虑菜汁的浓缩。若菜汁浓缩至 1/2，每 100 mL 豆乳由原来需加入 16 mL 改为只需加入 8 mL 即可。蔬菜汁要在豆浆基本煮好后再加入，加入后煮沸 2～3 min 即可，时间过长会使维生素损失，太短则达不到消毒灭菌的作用。煮好的豆浆与菜汁混合液进入点浆工序时，其温度一般在 90～95 ℃，豆浆浓度约为 8 度。根据环境温度加入适量的冷水，使豆浆温度降为 70～80 ℃，浓度相应地降为 7.5 度左右时开始点浆。

由于蔬菜汁的加入，改变了豆浆原有的 pH，所以凝固剂的加入，应根据蔬菜汁的 pH 不同而适当调整，如 pH 低的番茄汁，凝固剂用量应适当减少。

(二)腐竹的加工与质量控制

按照相关国家标准，腐竹类产品包括腐皮和腐竹，腐皮是指从熟豆浆静止表面揭起的凝结薄膜，经干燥而成的产品；腐竹是指从熟豆浆静止表面揭起的凝结厚膜，折叠成条状，经干燥(或不干燥)而成的产品。即：腐皮是薄的，是单层的未经折叠的；腐竹是相对厚的，经过折叠后形成两层或多层或中空似竹的。一般腐竹中含蛋白质40%～50%，含脂肪约28%左右，还含有糖类及其他维生素和矿物元素。

1. 腐竹加工原理

加工腐竹的关键是在豆浆表面形成一层富含蛋白质、厚度适中、韧性强的蛋白质—脂类薄膜。在大豆蛋白质受热变性的同时，空气/水，或油水界面产生吸热聚合作用，使豆浆中蛋白质和脂类物质相互作用，产生表面聚合，形成薄膜。

2. 工艺流程

精选原料→浸豆→去皮→磨浆→滤浆→煮浆→保温挑膜→干燥→检验→成品。

3. 加工要点与质量控制

(1)原料的精选。

腐竹成品要求鲜白，所以应选择皮色淡黄的大豆，而不采用绿皮大豆。选择颗粒饱满、色泽金黄、无霉变、无虫蛀的新鲜黄豆，筛选清除劣豆、杂质和砂土，使原料纯净，然后置于电动万能磨中，去掉豆皮。

(2)浸豆磨浆。

把去皮的黄豆放入缸或桶内，加入清水浸泡，并除去浮在水面的杂质。水量以豆置于容器中不露面为度。浸豆时间，夏天为20 min，气温在35 ℃左右，浸后要用水冲洗酸水，然后捞起置于箩筐中沥水，并用布覆盖在黄豆面上，让豆瓣膨胀；冬天若气温在0 ℃以下，浸泡时可加些热水，时间30～40 min，排水后置于缸或桶内，同样加布覆盖，让其豆瓣肥大。通过上述方法，大约8 h，即可磨浆。磨浆时加水要均匀，使磨出来的豆浆细腻白嫩。炎夏季节，蛋白极易变质，须在磨后3～4 h内把留在磨具各部的酸败物质冲洗净，以防下次磨浆受影响。

(3)滤浆上锅。

把豆浆倒入缸或桶内，用热水冲浆，水的比例为每100 kg黄豆原料加500 kg的热水，搅拌均匀。然后备好另一个缸或桶，把豆浆倒入滤浆用的吊袋内，不断摇动吊袋，进行第二次过滤浆液；依此进行第三次过滤，就可把豆沥尽。然后把豆浆倒入特制的平底铁锅内。

(4)煮浆挑膜。

煮浆是腐竹制作的一个关键环节。其操作步骤是：先旺火猛攻，当锅内豆浆煮开后，转为小火，降低炉温，同时撇去锅面的白色泡沫。过5～6 min，浆面自然结成一层薄膜，即为腐竹膜。此时用剪刀对开剪成两半，再用竹竿沿着锅边挑起，使腐膜形成一条竹状。通常每口锅备4条竿长80 cm，可挂腐竹20条，每口锅15 kg豆浆可揭30张，共60条腐竹。在煮浆挑膜这一环节中，成败的关键有三点：一是降低炉温后，如炭火或煤火接不上，或者太慢，锅内温差过大，就会变成腐花，不能结膜，因此转小火后保持恒温，可采用锅炉蒸汽输入锅底层，不直接用火煮浆；二是锅温未降，继续烧开，会造成锅底烧疤，产量下降；三是锅内的白沫没有除净时，会直接影响薄膜的形成。

(5)烘干成竹。

腐竹宜烘干不宜晒干，日晒易发霉。将起锅上竿的腐竹膜放入烘房，烘房内设烘架，将其悬于烘房内，保持60 ℃火温。若火温过高，会造成竹脚烧焦，影响色泽。一般烘6～8 h即干，按规格包装。腐竹质地较脆，属易碎食品，在贮存运输过程中，必须注意防止重压、摔打，同时注意防潮，以免影响产品质量，降低经济价值。

4. 腐竹名品

我国的腐竹名品有：高田腐竹、高安腐竹、清流篙溪腐竹等。高田腐竹出自广西黄洞瑶族乡，采用黄豆不脱皮技术加工腐竹，保留了黄豆丰富的营养。高安腐竹出自江西高安，以高档腐竹品质闻名。

相关标准：

《中华人民共和国国家标准　食品安全国家标准　豆制品(GB 2712—2014)》

任务1　大豆食品种类与特点

实训目标

了解我国大豆制品加工历史；知道大豆的结构及营养成分；知道我国大豆加工的行业现状；了解大豆制品的加工发展方向。

任务描述

阅读资料单，叙述我国大豆制品的加工历史；写出大豆的结构及营养成分；写出大豆食品的种类；阐述我国大豆加工的行业现状与加工发展方向。本任务在粮油加工实训室完成。需要2学时。

实训准备

1. 知识储备：阅读资料单及查阅相关资料，完成预习单。

【预习单】

(1)大豆起源于哪个国家？我国大豆加工业始于什么年代？

(2)大豆籽粒由哪几部分组成？营养物质怎样分布？

(3)大豆制品分为哪几类？都有哪些品种，试举例。

(4)我国大豆食品行业加工现状怎样？存在的问题有哪些？

(5)我国大豆食品加工行业发展方向主要有哪些方面？

2. 实训材料：大豆(三种以上)、豆腐、腐竹、豆奶粉、纳豆、大豆蛋白粉等材料或图片资料。

任务实施

【任务单】

一、大豆籽粒不同部位的营养特点

将大豆籽粒的营养特点及成分填入下表。

大豆籽粒的营养

大豆籽粒的部位	特点	营养成分
种皮		
胚根、胚轴、胚芽		
子叶		

二、大豆食品分类

列举一些大豆食品，根据分类特点将商品名称填入下表。

大豆食品分类

种类	传统大豆食品	新型大豆食品
发酵		
非发酵		
其他		

三、我国大豆食品的发展情况

写出大豆食品的发展情况，填入下表。

大豆食品的发展情况

我国大豆制品加工现状	存在的问题	发展方向

考核评价

依据附件表 1 对实训过程的表现进行评价。

总结反馈

实训过程有哪些不足？是什么原因造成的？

知识拓展

大豆食品营养价值如何？如何向世界推广我国的大豆食品。

任务 2　传统大豆食品的加工过程与质量控制

实训目标

知道传统大豆食品的种类；知道传统豆制品的加工原辅料；知道豆腐等传统大豆食品的加工原理、工艺流程、质量监控点。

任务描述

阅读资料单，叙述传统大豆食品的种类；写出豆腐等传统大豆食品的加工原理，画出豆腐的加工工艺流程；区别卤水豆腐、石膏豆腐、内酯豆腐；描述豆腐等传统大豆食品的质量监控点。本任务在粮油加工实训室完成。需要 2 学时。

实训准备

1. 知识储备：阅读资料单，完成预习单。

【预习单】

(1)豆腐加工的原理是什么？

(2)豆腐与腐竹的加工工艺流程有哪些？

(3)豆腐与腐竹的加工质量监控点有哪些？

(4)彩色豆腐是如何加工的？

2. 实训材料：北豆腐、难豆腐、内酯豆腐等材料或图片资料。

3. 实训工具：豆腐加工视频等。

任务实施

【任务单】

一、传统豆制品的种类品名

写出传统豆制品的种类品名，填入下表。

传统豆制品的种类品名

商品名称	豆腐	豆腐干	豆腐皮	腐竹	豆芽
品牌					
生产企业					
销售方式					

二、传统豆制品加工工艺

1. 豆腐的加工工艺

写出几种豆腐的加工工艺、质量监控点、凝固剂、工艺区别，并进行比较，填入下表。

传统豆制品的加工工艺

种类	南豆腐	北豆腐	内酯豆腐
加工工艺流程			
质量监控点			
凝固剂			
工艺区别			
共同点			

2. 写出腐竹的加工工艺

考核评价

依据附件表1对实训过程的表现进行评价。

总结反馈

实训过程有哪些不足？是什么原因造成的？

知识拓展

查阅豆腐等传统豆制品的国家标准。

任务3　豆腐的加工与质量评价

实训目标

熟悉豆腐等传统豆制品的工艺及加工工序；知道豆腐等传统豆制品加工设备的使用要求和保养方法；会用豆腐机加工豆腐。

任务描述

本次实训是在完成了传统豆制品加工工艺的学习基础上进行的，需要熟悉包装豆腐、填充豆腐的加工工艺流程及加工工序；知道豆腐机的使用要求和保养方法；本任务以学习小组为单位在食品加工实训室完成，每组自己制定加工方案，加工 200 g 大豆的豆腐。需要 4 学时。

实训准备

1. 知识储备：阅读资料单，完成预习单。

【预习单】

(1)豆腐主要有哪几种？其凝固剂分别是什么？

(2)南豆腐与北豆腐生产工艺的差异有哪些？

(3)与传统南豆腐和北豆腐相比内酯豆腐有何特点？

2. 实训材料。

(1)大豆(提前 12 h 浸泡)。

(2)凝固剂：石膏、盐卤、葡萄酸内酯。

3. 实训用具：豆腐机、水浴锅、天平(1/100)1 台、勺子 1 把、不锈钢盘、筷子、烧杯等。

任务实施

【任务单】

一、浸泡大豆

记录浸泡大豆的加工过程，填入下表。

浸泡大豆

	加水量	水温	浸泡时间
泡豆操作要点			
判断大豆浸泡程度			

二、利用豆腐机加工豆腐

记录豆腐的加工过程，填入下表。

豆腐的加工过程

描述豆腐机的构造		
操作流程	包装豆腐(石膏豆腐)	填充豆腐(内酯豆腐)
豆浆机过程完成了哪些工序		
需要补充的工序		
完成情况：		

三、豆腐的评价

根据豆腐的评价标准进行评价，并将分值填入表中。

豆腐的评价标准

项目	评分标准	方法	分值
色泽	呈均匀的乳白色或淡黄色，稍有光泽(20～25分)； 色泽变深直至呈浅红色，无光泽(15～20分)； 呈深灰色、深黄色或者红褐色(10～15分)	切分豆腐样品在散射光线下直接观察	
组织状态	块形完整，软硬适度，富有一定的弹性，质地细嫩，结构均匀，无杂质(20～25分)； 块形基本完整，切面处可见比较粗糙或嵌有豆粕，质地不细嫩，弹性差，有黄色液体渗出，表面发黏，用水冲后即不粘手(15～20分)； 块形不完整，组织结构粗糙而松散，触之易碎，无弹性，有杂质，表面发黏。用水冲洗后仍然黏手(10～15分)	首先取样品直接看其外部情况；然后用刀切成几块再仔细观察切口处；最后用手轻轻按压，以试验其弹性和硬度	
气味	具有豆腐特有的香味(20～25分)； 豆腐特有的香气平淡(15～20分)； 有豆腥味、馊味及其他不良气味或异味(10～15分)	切分豆腐样品，在常温下直接嗅闻其气味	
滋味	口感细腻鲜嫩，味道纯正清香(20～25分)； 口感粗糙，滋味平淡(15～20分)； 有酸味、苦味、涩味及其他不良滋味(10～15分)	室温下取小块样品细细咀嚼以品尝其滋味	

考核评价

依据附件表2对实训过程的表现进行评价。

总结反馈

本组生产的豆腐感官性状怎样？如有不足是什么原因造成的？

知识拓展

查阅我国豆腐的国家标准。

项目二　发酵大豆食品加工与质量监控

本项目主要内容为发酵大豆食品的种类，腐乳的种类与加工工艺流程，腐乳的质量监控；豆豉的种类、加工工艺流程、质量监控；豆酱、酱油的加工工艺流程、质量监控；纳豆的加工工艺流程、质量监控等。本项目实操环节分为发酵大豆食品加工过程与质量控制、腐乳加工企业参观、纳豆的加工与质量评价3个任务。

知识储备

【资料单】

一、腐乳的加工与质量控制

(一)腐乳的种类

腐乳又称豆腐乳，是我国著名的特产发酵食品之一，已有上千年的生产历史。各地都有不同特色的腐乳产品，它是一种滋味鲜美，风味独特，营养丰富的食品。腐乳主要以大豆为原料，经过浸泡、磨浆、制坯、培菌、腌胚、配料、装坛发酵精制而成。

根据生产工艺，腐乳发酵类型有腌制腐乳、毛霉腐乳、根霉腐乳、混菌腐乳。

1. 腌制腐乳

豆腐坯加水煮沸后，加盐腌制，装坛加入辅料，发酵成腐乳。这种加工法的特点是：豆腐坯不经过发酵(无前期发酵)直接装坛后发酵，依靠辅料中带入的微生物而成熟。其缺点是：蛋白酶不足，后期发酵时间长，氨基酸含量低，色香味欠佳。

2. 毛霉腐乳

以豆腐坯培养毛霉，称前期发酵。白色菌丝长满豆腐坯表面，形成坚韧皮膜，积累蛋白酶，为腌制装坛后期发酵创造条件。毛霉生长要求温度较低，其最适生长温度为 16 ℃左右，一般只能在冬季气温较低的条件下生产毛霉腐乳。传统工艺利用空气中的毛霉菌，自然接种，需培养 10～15 d(适合家庭作坊式生产)；也可培养纯种毛霉菌，人工接种，15～20 ℃下培养 2～3 d 即可。

3. 根霉腐乳

采用耐高温的根霉菌，经纯菌培养，人工接种，在夏季高温季节也能生产腐乳，但根霉菌丝稀疏，浅灰色，蛋白酶和肽酶活性低，生产的腐乳，其形状、色泽、风味及理化质量都不如毛霉腐乳。

4. 混菌腐乳

结合以上各种优缺点，采用混合菌种酿制豆腐乳，不但可以增加其风味。还可以减少辅料中的白酒用量，降低成本，提高经济效益，毛霉和根霉的比例为 7∶3 最好。

(二)腐乳发酵菌种的培养

1. 试管斜面接种培养基

(1)琼脂培养基。饴糖 15 g、蛋白胨 1.5 g、琼脂 2 g、水 100 mL、pH 调整为 6。

(2)马铃薯培养基。将马铃薯洗净、去皮、称取 20 g 切成小薄片，加水煮沸 15～20 min，纱布过滤，去渣取滤汁。加水补充至 100 mL，加入琼脂 2 g，煮溶后加入葡萄糖 2 g 摇匀。分装试管(装量为试管的 1/5)塞上棉塞，包扎后灭菌，摆成斜面，接种毛霉(或根霉)15～20 ℃(根霉 28～30 ℃)培养 3d 左右，即为试管菌种。

2. 三角瓶菌种培养基

麸皮 100 g、蛋白冻 1 g、水 100 mL，将蛋白冻溶于水中，然后与麸皮拌匀，装入三角瓶中。500 mL 三角瓶装 50 g 培养料，塞上棉塞，灭菌后趁热摇散。冷却后接入试管菌种一小块，25～28 ℃培养，2～3 d 后长满菌丝有大量孢子备用。

(三)腐乳的酿制与质量控制

1. 豆腐坯制作

制好豆腐坯是提高腐乳质量的基础。豆腐坯制作同传统豆腐加工，点卤要稍老一些，压榨的时间长一些，以降低豆腐坯含水量。

2. 前期发酵

前期发酵是发霉过程，即豆腐坯培养毛霉或根霉的过程。发酵的结果是使豆腐坯长满菌丝，形成柔软、细密而坚韧的皮膜并积累大量的蛋白酶，以便在后期发酵中将蛋白质慢慢水解。除了选用优良菌种外，还要掌握毛霉的生长规律，控制好培养温度、湿度及时间等条件。

(1)接种。

将已划块的豆腐坯侧面放入培养盘，行间留空间(约 1 cm)，以便通气散热，调节好温度，以利于毛霉菌生长。每个三角瓶菌种加入冷开水 400 mL，用竹棒将菌丝打碎，充分摇匀，用纱布过滤，滤渣再加 400 mL 冷开水洗涤一次，过滤，两次滤液混合，制成孢子悬液。可采用喷雾接种，也可将豆腐坯浸沾菌液，浸后立即取出，防止水分浸入坯内，增大含水量影响毛霉生长。一般 100 kg 大豆的豆腐坯接种两个三角瓶的菌种液，高温季节，可在菌液中加入少许食醋，使菌液变酸(pH=4)抑制杂菌生长。

(2)培养。

将培养盘堆高叠放，上面盖一空盘，四周以湿布保湿。春秋季一般在 20 ℃左右，培养 48 h；冬季保持室温 16 ℃，培养 72 h；夏季气温高，室温 30 ℃，培养 30 h。视毛霉菌老熟程度而决定发酵是否成熟，一般生产青方时发霉稍嫩些，当菌丝长成白色棉絮状即可，此时，毛霉蛋白酶活性尚未达到高峰，蛋白质分解作用不致太旺盛，否则会导致豆腐破碎(因臭豆腐后期发酵较强烈)。红腐乳前期发酵要稍老些，呈淡黄色。

当豆腐坯表面开始长有毛绒状的菌丝后，要进行翻坯，一般 3 次左右。

(3)腌坯。

当菌丝开始变成淡黄色，并有大量灰褐色孢子形成时，即可打开培养盘，开窗通风降温，停止发霉，促进毛霉产生蛋白酶。8～10 h 后结束前期发酵，立即搓毛腌制。进入腌坯过程，先将相互依连的菌丝分开，并用手涂抹，使其包住豆腐坯，放入腌坯缸中腌制，毛坯沿缸壁排至中心，使未长菌丝的一面靠边，防止成品变型。分层加盐，每千块坯(4 cm×4 cm×1.6 cm)春秋季用盐 6 kg，冬季用盐 5.7 kg，夏季用盐 6.2 kg。腌坯时间冬季约 7 d，春秋季约 5 d，夏季约 2 d。腌坯 3～4 d 后要压坯，即再加入食盐水，腌过坯面，腌渍 3～4 d。腌坯结束后，打开缸底通口，放出盐水放置过夜，使盐坯干燥收缩。

3. 后期发酵

后期发酵是利用豆腐坯上生长的毛霉以及配料中各种微生物作用，使腐乳成熟，形成色、香、味的过程，包括装坛、灌汤、贮藏等工序。

(1)装坛。

取出盐坯，将盐水沥干，装入坛内，不能过紧，以免影响后期发酵，使发酵不完全，中间有夹心。将盐坯依次排列，用手压平，分层加入配料，如少许红曲、面曲、红椒粉，装满后灌入汤料。

(2)配料灌汤。

配好的汤料灌入坛内或瓶内，灌料的多少视品种而定，但不宜过满，以免发酵汤料涌出坛或瓶外。

4. 常见腐乳汤料

红方腐乳汤料：1 千块腐乳坯的用量为红曲 3 kg、面曲 1.2 kg、黄酒 12.5 kg，浸泡 2～3 d，磨细成浆后加入黄酒 57.8 kg、白糖 4 kg，顺序加曲面 150 g、荷叶 1～2 张、封面食盐 150 g、封面烧酒 150 g。

青方腐乳汤料：1 千块腐乳坯的用量为冷开水 450 g、黄浆水 75 g、8%盐水补足、每坛加封面烧酒 50 g。

白方腐乳汤料：1 千块腐乳坯的用量为 16%的盐水、12°米酒作为汤料，酒的用量一般为 2%～4%，在气温较高的季节也可以加少许黄浆水以增加风味。

辣方腐乳汤料：1 千块腐乳坯的用量为 46°烧酒 9 kg、辣椒粉 0.9 kg、12°甜酒 10 kg、红曲 1 kg、白糖 1.2 kg、味精 10 g。

5. 封口贮藏

装坛灌汤后加盖封口，常温下贮藏，一般需 90 d 以上，才会达到腐乳应有的品质。青方与白方腐乳因含水较高，只需 30～60 d 即可成熟。

6. 豆腐乳的质量要求

(1)感观指标。

共同指标：滋味鲜美，咸淡适口，无异味，块形整齐、均匀、质地细腻、无杂质。

红腐乳：表面红色或枣红色，内部杏黄色，有酯香、酒香。

白腐乳：乳黄色，具有白腐乳特有的香气。

青腐乳：豆青色，具有青腐乳特殊香气。

(2)微生物指标：大肠杆菌群近似值(个/100 g)小于 30 个。

二、豆豉的加工与质量控制

(一)豆豉及其分类

豆豉是以黑豆或黄豆为主要原料，利用毛霉、曲霉或者细菌蛋白酶的作用，分解大豆蛋白质，达到一定程度时，通过加盐、加酒、干燥等方法，抑制酶的活力，延缓发酵过程而制成的豆制品。豆豉含有丰富的蛋白质、各种氨基酸、乳酸、磷、镁、钙及多种维生素，色香味美。我国南北部都有加工食用，有名的品牌如重庆的永川豆豉、广西黄姚豆豉等。豆豉以其特有的香气使人增加食欲，长期食用可开胃增食、消积化滞、祛风散寒、改善肠道菌群。

1. 豆豉的分类

(1)按原料分为：黑豆豉和黄豆豉。

(2)按口味分为：咸豆豉和淡豆豉。淡豆豉是发酵后的豆豉，不加盐腌制的豆豉，如浏阳豆豉；咸豆豉是发酵后的豆豉，加入盐水腌制。大部分豆豉属于咸豆豉。

(3)按水分分为：干豆豉和水豆豉。干豆豉为多，是将发酵好的豆豉进行晒干；水豆豉是不经晒干的豆豉，如山东沂西豆豉。

(4)按发酵优势微生物分为：毛霉型、曲霉型、根霉型和细菌型。

(5)按添加的主要辅料划分：酒豉、姜豉、椒豉、茄豉、瓜豉、香豉、酱豉、葱豉、香油豉等。

2. 豆豉的营养价值

(1)豆豉在加工前后，营养成分会发生很大变化，可溶性糖、可溶性氮、维生素 B_1、维生素 B_2、维生素 A、维生素 E 含量以及异黄酮含量都有明显增加。

(2)豆豉加工过程中水解产生一系列的中间产物，比如胨、多肽、氨基酸等，有助于人体消化和吸收。

(3)豆豉中含有很高的豆激酶，豆激酶具有溶解血栓的作用。

(二)豆豉的加工与质量控制

1. 原料处理

(1)原料筛选。

选择成熟充分、颗粒饱满均匀、皮薄肉多、无虫蚀、无霉烂变质并且有一定新鲜度的大豆。

(2)洗涤、浸泡。

先洗去大豆中混有的砂粒杂质等，然后进行浸泡。浸泡条件为 35～40 ℃、150 min，使大豆粒吸水率达 82%，此时大豆体积膨胀率为 130%。

浸泡的目的是使大豆吸收一定水分，以便在蒸料时迅速达到适度变性，使淀粉易于糊化，溶出霉菌所需要的营养成分，供给霉菌生长所必需的水分。浸泡时间不宜过短，当大豆吸收率＜67%时，制曲过程明显延长，且经发酵后制成的豆豉不松软。若浸泡时间延长，吸收率＞95%时，大豆吸水过多而胀破失去完整性，制曲时会发生“烧曲”现象。出现这种现象后，经发酵后制成的豆豉味苦，且易霉烂变质。

(3)蒸煮。

蒸煮的目的是破坏大豆内部分子结构，使蛋白质适度变性，易于水解，淀粉达到糊化程度，同时可起到灭菌的作用。蒸煮条件为 1 kg/cm^2，15 min 或常压 150 min。蒸好呈现粒状，其标准是闻有豆香，手捏成饼状，无硬心，松散而不成团，口尝无豆腥味，消化率 70%以上，含水量 56%～57%。

(4)冷却。

冷却至 30～35 ℃。

2. 制曲

制曲的目的是使煮熟的豆粒在霉菌的作用下产生相应的酶系。在酿造过程中产生丰富的代谢产物，使豆豉具有鲜美的滋味和独特风味。大规模生产采用人工接种，根据使用的菌种不同，制作的豆豉曲分别有曲霉曲、毛霉曲和细菌曲。

(1)曲霉曲的制作。

在大豆冷却至 35 ℃时接入 0.3%的米曲霉种曲，拌匀，在曲室中培养，厚 2 cm 左右，控制品温 25～35 ℃，22 h 左右可见白色菌丝布满豆粒，曲料结块。品温上升至 35 ℃左右，进行第一次翻曲，搓散豆粒使之松散，有利于分生孢子的形成，并不时调换上下竹簸箕位置，使品温均匀一致。72 h 豆粒布满菌丝和黄绿色孢子即可出曲。正常成曲，粒有皱纹，孢子呈略暗的黄绿色，水分含量在 21%左右。豆粒完整、孢子丰富，颜色黄绿色。

(2)毛霉曲的制作。

大豆蒸煮出锅，冷却至 30 ℃，接种纯种毛霉种曲 0.5%，拌匀后入室，装入已杀菌的簸箕内，厚 3～5 cm，保持品温 23～27 ℃培养。入室 24 h 左右豆粒表面有白色菌点，36 h 豆粒布满菌丝略有曲香，48 h 后毛霉生长旺盛，菌丝直立由白色转为浅灰色，孢子逐渐增多即可出曲。制曲周期为 3 d。

(3)细菌曲的制作。

此种方法山东及华北部分地区采用较多。大豆采用水煮，捞出沥干，趁热用麻袋包裹，保温密闭培养，3～4 d 即产生大量黏液，可拉丝，有特殊豆豉香味即可。

3. 发酵

豆豉的发酵，就是利用制曲过程中产生的蛋白酶分解豆中的蛋白质，形成一定量的氨基酸、糖类等物质，赋予豆豉固有的风味。

(1)洗豉。

将成熟豆曲用清水淘洗，除去(或)减少豆粒表面上的曲霉分生孢子和菌丝体，保留豆粒内的菌丝体，称为“洗霉”。这是曲霉型生产豆豉特定的工艺。如果孢子和菌丝不经洗除，继续残留在成曲的表面，经发酵水解后，部分可溶和水解，但很大部分仍以孢子和菌丝的形态附着在豆曲表面，而孢子有苦涩味，会给豆豉带来苦涩味，并造成色泽暗淡。所以需要进行洗霉，整个水洗过程控制在 10 min 左右，水洗后成曲，水分在 33%～35%。

(2)浸焖。

向成曲中加入 18%的食盐和适量水，以刚好齐曲面为宜，浸焖 12 h。

(3)发酵。

将处理好的豆曲装入罐中至八九成满，装时层层压实，置于 28～32 ℃恒温室中保温发酵 15 d 左右。

4. 晾干与调配

豆豉发酵完毕，从罐中取出置于一定温度的空中晾干，含水量 30%以下，即为成品。这时即可加入各种配料调配成不同风味的豆豉。

三、豆酱的加工与质量控制

豆酱又称黄豆酱、大豆酱，以豆类及面粉为原料，经过蒸熟、制曲、发酵后，经研磨或直接配制成的半固体黏稠状物。其色泽为红褐色或棕褐色，鲜艳有光泽，有明显的酱香和酯香，咸淡适口，成黏稠适度的半流动状态，风味浓郁。

(一)豆酱的制作工艺流程

大豆→筛选→清洗→浸泡→搅拌→捞出悬浮物→蒸煮→出锅→冷却→拌入面粉→接种→入曲床→制曲→翻曲(三次)→成曲→入发酵池→成品酱。

(二)豆酱的制作要点与质量控制

1. 原料的选择

选择比重大而无霉烂变质、无虫害、颗粒均匀、种皮薄而有光泽的大豆。面粉用标准粉。标准粉易变质，应注意贮藏条件的控制。

2. 浸泡

大豆浸润水要透，浸水不透，蛋白质吸水不够，蒸料时很难蒸熟，影响蛋白质变性，从而降低成品质量和原料利用率。

3. 蒸煮

原料蒸煮的目的是破坏大豆内部分子结构，使蛋白质适度变性，易于水解。同时，使部分碳水化合物水解为糖和糊精，为米曲霉正常繁殖生长创造条件。大豆蒸熟的程度是以全部均匀熟透，保持整粒不烂为标准，其颜色为深褐色。如果大豆蒸煮不全熟透，豆粒中有硬心，在制曲过程中就会影响菌丝的深入繁殖，减少米曲霉繁殖的总面积，减少酶的分泌量，在发酵过程中阻碍了酶类的分解与合成。大豆蒸煮得过熟过烂，则制曲困难，杂菌极易丛生，使制曲失败。

4. 面粉处理

采用生面粉拌熟豆生产豆瓣酱。

5. 通风制曲

制曲的目的是通过米曲霉在曲料上的生产繁殖，取得豆瓣酱在酿造中所需要的各种酶。注意温度与湿度的控制，制成优良的成曲，是酿造豆瓣酱的基础。使用的种曲应该是具有新鲜的孢子，发芽率应在 90%以上为宜。曲料入池后要做到四个均匀，即：大豆和面粉拌和均匀，使其营养成分一致；接种均匀，保证米曲霉在曲料上正常地发芽生长；曲料入池疏松均匀，在制曲中使米曲霉能够获得适宜的空气、温度及湿度；料层厚薄均匀，这样可以缩短湿差，便于管理。

6. 发酵

发酵的目的是使霉菌、细菌、酵母菌等微生物共同作用，形成豆酱中所含的营养成分。蛋白质的分解是依靠微生物的蛋白酶的催化作用水解生成氨基酸等。这是酱醅鲜味的主要来源及部分色素的生成基础。曲料中的面粉在米曲霉分泌的淀粉的作用下转化为糖类。糖分的一部分在豆酱中保持了风味，另一部分被酵母菌用来进行酒精发酵，还有一部分由各种细菌发酵为有机酸，作为豆酱中色、香、味的基础。

(1)中、低温型发酵。

用酵母菌将糖分解为酒精和二氧化碳。所生成的酒精，一部分被氧化成有机酸类，另一部分挥发散失，再一部分与氨基酸及有机酸等合成为酯，还有微量残留在酱醅为豆酱增添了特有的香气。适量的有机酸存在于豆酱中，是增加其风味的有效成分，但含量如果过多就会使豆酱酸败，影响蛋白酶和淀粉的分解作用，使产品质量降低。

(2)保温发酵。

保温发酵即促使各种酶在适宜的温度下，加速其化学变化，将符合产品的鲜味、甜味、酒味、酸味与盐水的咸味混合，合成豆酱特有的色、香、味、体。发酵时要根据原料出品率，合理地配制适量的盐水，以18°Bé～20°Bé为好。因盐水浓度过高既增加了成本又抑制了制成酱中的鲜味，严重时还会产生一种苦味，盐水浓度配制得过低又将会使成品酱易于酸败。盐水加热的温度以60～65 ℃为宜，这样可以达到对盐水灭菌的目的，保证酶活力，促进酱醅成熟。产品发酵成熟后，不再经过特殊的加热灭菌而直接销售。

7. 成熟酱醅降温

为了改善豆酱风味，把成熟酱醅降温至30～35 ℃，人工添加酵母培养液，后熟发酵30 d。

(三)豆酱的质量指标

1. 感官指标

豆酱的感官指标见表6-2。

表6-2 豆酱的感官指标

项目	指标
色泽	红褐色或棕褐色，鲜艳，有光泽
香气	有酱香和酯香；无不良气味
滋味	味鲜醇厚，咸甜适口，无酸、苦、涩、焦煳及其他异味
体态	黏稠适度，无杂质

2. 理化指标

豆酱的理化指标见表6-3。

表 6-3 豆酱的理化指标

项目	指标
水分	≤60.00%
氨基态以氨计	≥0.60%(以干基计为 1.50%)

3. 卫生指标

按《北京市地方标准 半固态(酱)调味品卫生要求(DB 11/516—2008)》规定执行。

四、酱油的加工与质量控制

(一)酱油的生产概况及分类

1. 酱油的生产概况

酱油又称“清酱”或“酱汁”，是以植物蛋白及碳水化合物为主要原料，经过微生物酶的作用，发酵水解生成多种氨基酸及各种糖类，并以这些物质为基础，再经过复杂的生物化学变化，形成具有特殊色泽、香气、滋味和体态的液体调味品。酱油的营养价值丰富，每100 mL 酱油中含可溶性蛋白质、多肽、氨基酸 7.5～10 g，还含有较丰富的维生素、磷脂、有机酸以及钙、磷、铁等无机盐，是五味调和、色香味俱佳的调味品。

酱油是由酱演变而来，早在三千多年前，中国周朝就有制酱的记载了。最早的酱油是由鲜肉腌制而成，与现今的鱼露制造过程相近，为皇家御用的调味品，渐渐流传到民间，后来发现大豆制成的酱油风味相似且便宜，沿用至今。

传统生产中，酱油的原料以面粉为主，原料经蒸熟冷却，接入纯的米曲霉菌种制成酱曲，酱曲移入发酵池，加盐水发酵，待酱醅成熟后，以浸出法提取酱油。发酵期间的一系列极其复杂的生物化学变化所产生的鲜味、甜味、酸味、酒香、醇香与盐水的咸味相混合，最后形成色香味和风味独特的酱油。现代酱油生产在继承传统工艺优点的基础上，在原料、工艺、设备、菌种等方面进行了很多改进，生产能力有了很大的提高，品种也日益丰富。

2. 酱油的分类

(1)根据是否经过微生物发酵工艺分类。

酿造酱油：是用大豆或脱脂大豆、小麦或麸皮为原料，采用微生物发酵酿制而成的酱油。

配制酱油：是以酿造酱油为主体，与酸水解植物蛋白调味液、食品添加剂等配制而成的液体调味品。只要在生产中使用了酸水解植物蛋白调味液，即为配制酱油。

化学酱油：也叫酸水解植物蛋白调味液。以含有食用植物蛋白的脱脂大豆、花生粕、小麦蛋白或玉米蛋白为原料，经盐酸水解、碱中和制成液体鲜味调味品。

(2)根据颜色和味道将酿造酱油分类。

生抽：是以优质的黄豆和面粉为原料，经发酵成熟后提取而成，并按提取次数的多少分为一级、二级和三级。生抽色泽淡雅，酯香、酱香浓郁，味道鲜美，多用于调味。

老抽：是在生抽中加入焦糖，经特别工艺制成的浓色酱油，老抽颜色较深，酱味浓郁，鲜味较低，一般适合肉类菜肴增色之用。

白酱油：即无色酱油，是西餐中常用的一种调料。白酱油是以黄豆和面粉为原料，经发酵成熟后提取而成。

辣酱油：是一种高级调味品，不仅含有一般酱油的色、香、味，而且还具有促进食欲，助消化等优点，多用于西餐。

(3)按状态分类。

按状态酱油分为液体酱油、固体酱油、粉末酱油。液体酱油为大宗产品；固体酱油是在液体酱油中加入蔗糖、精盐等，真空浓缩、加工定型而成；粉末酱油是液体酱油直接喷雾干燥而成。

(4)其他分类方法。

根据添加成分分为甜酱油、虾子酱油、草菇酱油等特色酱油；根据消费群体分为成人酱油、儿童酱油等。

(二)加工酱油的原料及要求

酿造酱油所需的原料有蛋白质原料、淀粉原料、食盐、水及一些辅料。

1. 蛋白质原料与要求

(1)大豆。颗粒饱满、干燥、杂质少、蛋白质含量高、皮薄、新鲜的黄豆、青豆、黑豆均可加工酱油。

(2)豆粕。大豆经溶剂浸泡提取油脂后的产物，一般成片状，颗粒或小块。经过除脂之后，其中蛋白质含量变得很高，脂肪、水分均较低，易于粉碎，是酿造酱油的理想材料。

(3)豆饼。大豆压榨法提取油脂后的产物，由于压榨方式不同呈不同的饼状，有方饼、圆饼、瓦片状饼。根据压榨制油过程是否经过蒸炒处理，分为热榨豆饼、冷榨豆饼。热榨豆饼经过高温处理，质地较软，易于破碎，适于酿造酱油。冷榨豆饼蛋白质基本未变性，适宜做腐乳。

(4)其他蛋白质原料。蚕豆、豌豆、绿豆等以及这些原料提取后的黄浆水，花生、芝麻榨油后的粕渣等均可作为酿造酱油的原料。菜子饼、棉子饼经脱酚后也可用于酿造酱油。

2. 淀粉原料与要求

(1)小麦。红皮小麦最适宜加工酱油。酱油中的氮素成分有75%来自大豆，25%来自小麦蛋白质，小麦蛋白质中又以谷氨酸为最多，是酱油鲜味的主要来源；小麦淀粉水解后生成的糊精和葡萄糖是构成酱油体态和甜味的重要成分；葡萄糖是曲霉、酵母菌生长所需的碳源。

(2)麸皮。体轻，质地疏松，表面积大，有多种维生素及钙等无机盐，是曲霉良好的培养基，使用麸皮既有利于制油，又有利于淋油。

(3)其他淀粉原料。凡含有淀粉而有无毒无怪味的原料均可，如甘薯(干)、玉米、大麦、高粱、小米及米糠等均可。

3. 食盐

食盐是酱油生产的重要原料之一，含氯化钠成分高、洁白、杂质少、水分少的海盐、湖盐、井盐、岩盐均可。食盐的作用：使酱油具有适当的咸味；与谷氨酸化合成氨基酸钠盐，给予酱油鲜味；在酱油发酵、保存期中抑制杂菌，起防腐作用。

4. 水

符合食用标准，凡可饮用的自来水、深井水、清洁的河水、江水等均可加工酱油。但必须注意水中不可含有过多的铁，否则会影响酱油的香气和风味。

(三)酱油生产工艺类型

在成曲时加入较多盐水，形成的浓稠半流动状态的混合物称为酱醪；在成曲时加少量盐水，形成的不流动状态的混合物称为酱醅。根据醪及醅状态的不同可分为稀醪发酵、固稀发酵、固态发酵；根据加盐多少的不同可分为有盐发酵、无盐发酵；根据发酵加温状况可分为常温发酵及保温发酵。

1. 稀醪发酵

原料制曲后，在成曲内一次性加入相当成品质量约 250％的盐水，使之成为流动状态的酱醪而进行发酵的方法，称为稀醪发酵。

(1)一般有常温发酵和保温发酵两种。常温发酵生产周期长，一般为半年以上；保温发酵的酱醪温度保持在 42～45 ℃，60 d 左右可完成发酵。

(2)稀醪发酵的特点。酱醪稀薄，便于保温、搅拌和输送，适合于机械化生产，而且酱油滋味鲜美，酱香和酯香醇厚，色泽较淡。但生产周期长，设备利用率低，压榨工序繁杂，劳动强度高。

2. 固稀发酵

即先固态后稀醪，二者分阶段结合起来，而且蛋白质原料与淀粉原料分开制曲，高低温分开制醅及制醪发酵。一般固态发酵温度保持在 40～50 ℃，然后再加入一定数量的盐水，进行稀醪发酵，温度保持在 30～40 ℃。特点是吸取了两种发酵各自的优点，先固态可促使蛋白质及淀粉先充分水解，后稀醪可使醇类、酸类及酯类发酵合成风味浓郁、醇厚的产品。固稀发酵生产工艺复杂，劳动强度大，周期较长。

3. 固态发酵

固态发酵可分为固态无盐发酵和固态低盐发酵。固态低盐发酵是在成曲中拌入一定的盐水而进行保温发酵。其特点是操作方便，不需要特殊设备，生产周期大约 15 d；成品色泽浓润、滋味鲜美、后味浓厚。

固态无盐发酵排除了食盐对酶活力的抑制作用，生产周期较短，仅 56 h，设备利用率较高；而且用浸出法代替压榨，节省压榨设备。但由于是采用高温发酵，成品酱油风味较差，缺乏酱香气，生产过程中的温度和卫生条件要求较高。

(四)酱油生产工艺流程

原料→润水→蒸煮→冷却→接种→通风制曲→成曲拌盐水→入池发酵→成熟酱醅浸出淋油→生酱油→加热→调配→澄清→检验质量→成品。

(五)酱油生产的主要工序与质量控制

1. 菌曲的选择

酱油中应用的曲霉菌主要是米曲霉和黑曲霉。米曲霉有较强的蛋白质分解能力及糖化能力，能利用单糖、双糖、有机酸、醇类、淀粉等多种碳源。在生长过程中，需要一些氮源、好氧。最适宜生长温度约为 35 ℃，pH 为 6.0 左右。黑曲霉有多种酶系，如淀粉酶、糖化酶、酸性蛋白酶、纤维素酶等，用于淀粉的液化和糖化。酱油生产菌曲应具备的必要条件：①要求酶系安全，酶活力高，菌株分生孢子大、数量多、繁殖快；②发酵时间短；

③对环境适应性强，对杂菌的抵抗力强；④酿制的酱油风味良好，产生香气、滋味优良；⑤不产生黄曲霉毒素及其真菌毒素。

2. 种曲的培养

种曲是制酱油曲的种子，在适当的条件下由试管斜面菌种经逐级扩大培养而成，用于制曲时具有很强的繁殖能力。生产上不仅要求孢子多、发芽快、发芽率高，而且必须纯度高。种曲外观要求孢子旺盛，呈新鲜的黄绿色，具有种曲特有的曲香，无夹心、无根霉、无青霉及其他异色。孢子数应在25亿～30亿个/g，发芽率在90%以上。培养料必须适应曲霉菌旺盛繁殖的需要，曲霉菌繁殖时需要大量糖分，而豆粕含淀粉较少。因此培养料配比上豆粕占少量，麸皮占多量，必要时加入饴糖，以满足曲霉菌的需要。

3. 制曲

制曲是酱油发酵的主要工序。制曲过程的实质是创造曲霉生长最适宜的条件，保证优良曲霉菌等有益微生物得以充分发育繁殖，分解产生酱油发酵所需要的各种酶类。这些酶不仅使原料成分发生变化、原料利用率提高，而且也是以后发酵期间发生变化的前提。同时，制曲时尽可能减少有害微生物的繁殖。

(1)制曲方法。

一般采用厚层通风制曲。原料蒸熟后，打碎并冷却为40 ℃左右，接入种曲(种曲在使用前可与适量经干热处理的鲜麸皮充分拌匀，种曲用量约为原料总质量的0.3%)。曲料接种后移入曲池，装池温度为28～30 ℃。料层疏松、厚薄均匀。制曲品温控制在30～35 ℃，料温过高，应立即通风降温，通风量为70～80 m^3/min，进风温度约30 ℃。制曲时间22～28 h。

(2)制曲的质量控制。

①严格控制曲内的温度和湿度。由于制曲是在有菌空气的条件下进行的，所以在制曲过程中很容易污染各种杂菌。尤其是当应用的种曲孢子数量不足或孢子繁殖力差时，对杂菌的抵抗力就减弱。温度高、湿度大以及氧气供给不适等，都会引起霉菌等繁殖污染。

②制曲过程中霉菌的控制。常见的杂菌有霉菌、酵母和细菌，其中细菌数量最多。一般质量好的曲中每克约含细菌数千万个，在次曲中高达二三百亿个。毛霉大量繁殖，会妨碍米曲霉生长繁殖，降低酱油的风味和原料利用率。根霉具有较高的糖化力，其危害性小于毛霉。青霉在较低的温度下容易生长繁殖，可产生霉烂气味，影响酱油的风味。

③酵母菌对制曲的影响。有的酵母菌对酱油发酵有益，有的有害。鲁氏酵母菌是有益菌，是酱油酿造中的主要酵母菌，在发酵前期产生酒精、甘油、琥珀酸。它与嗜盐片球菌联合作用生成糖醇，形成酱油的特殊香味。它能在高盐(18%)和含氮(1.3%)的基质上繁殖。

④细菌对制曲的影响。细菌中的小球菌是制曲过程中的主要污染细菌，属于好气性细菌，生酸力弱，在制曲初期繁殖，可产生少量酸，使曲料的pH下降。小球菌繁殖数量过多，妨碍米曲霉生长。因不耐食盐，当成曲掺进盐水后，很快死亡，残留的菌体会造成酱油混浊沉淀。粪链球菌属于嫌气性细菌，在制曲前期繁殖旺盛。当产生适量酸时，能抑制枯草杆菌的繁殖；当产酸过多时，会影响米曲霉的生长。枯草杆菌属于芽孢细菌，在曲料中大量繁殖而消耗原料中的淀粉和蛋白质，并能生成有害物质氨，影响曲的质量，如繁殖数量过大，还能造成曲子发黏，有臭味，甚至导致制曲失败。

(3)成曲质量要求。

感官指标：手感曲料疏松柔软，具有弹性；外观菌丝丰满，密生嫩黄绿色孢子，无杂色，无夹心；具有种曲特有的香气，无霉臭及其他异味。理化指标：水分含量，1季度、4季度含水量28%～32%，2季度、3季度为26%～30%；中性蛋白酶活力在1 000～1 500 μ/g(干基)以上；淀粉酶活力在2 000 μ/g(干基)以上；细菌总数50亿个/g(干基)以下。

4. 发酵

发酵在酿造酱油中是一个极重要的环节。它是指在一定条件下，微生物通过本身的新陈代谢所产生的各种酶，对原料中的蛋白质、淀粉还有少量脂肪、维生素和矿物质等进行多种发酵作用，逐步使复杂物质分解为较简单的物质，又把较简单的物质合成一种复合食品调料。这个加工工艺过程就称为发酵过程。

酱油的发酵除了利用在制曲中培养的米曲霉在原料上生长繁殖、产生多种酶外，还利用在制曲和发酵过程中，从空气中落入的酵母和细菌进行繁殖并产生多种酶。所以酱油是曲霉、酵母和细菌等微生物综合发酵的产物。发酵过程中物质的转化主要表现为以下几方面。

(1)淀粉的糖化。

制曲后的原料中，还留有部分碳水化合物尚未彻底糖化，在发酵过程中，利用米曲霉中淀粉酶水解生成糊精、麦芽糖、葡萄糖等。糖化作用后产生的单糖中，除葡萄糖外，还有果糖及五碳糖。果糖主要来源于豆粕(或豆饼)中的蔗糖水解，五碳糖来源于麸皮中的多缩戊糖。葡萄糖在一定条件下由酵母发酵生成酒精和二氧化碳。生产时酵母菌一般是在制曲或发酵过程中，从空气、水、生产工具中自然带入酱醅，但也有少数为了增加酱油的香气成分，在发酵后期人工添加酵母菌。

(2)蛋白质的分解。

在发酵过程中，原料中的蛋白质经蛋白酶的催化作用，生成相对分子质量较小的胨、多肽等产物，最终分解变成多种氨基酸类。有些氨基酸如谷氨酸、天门冬氨酸等构成酱油的鲜味；有些氨基酸如甘氨酸、丙氨酸和色氨酸具有甜味；有些氨基酸如酪氨酸、色氨酸和苯丙氨酸产色效果显著，能氧化生成黑色及棕色化合物。酱油变黑的程度不取决于酪氨酸的绝对含量，而主要取决于酪氨酸酶或氧化酶的活性，而且与原料品种有关。霉菌、酵母菌和细菌中的核酸，经核酸酶水解后生成鸟苷酸、肌苷酸等核苷酸的钠盐，与谷氨酸钠盐协调作用，提高酱油鲜味。

(3)脂肪的分解。

在发酵过程中，米曲霉分泌的脂肪酶将原料中的少量脂肪在30 ℃、pH为7的条件下水解成脂肪酸与甘油。这些脂肪酸又通过各种氧化作用生成各种短链脂肪酸，这些短链脂肪酸也是酱油中构成酯类的基物。

(4)纤维素的分解。

原料中的纤维素在纤维素酶的催化作用下水解，分解为直链纤维素，然后再经羧甲基纤维素酶水解为可溶性的纤维二糖，又在β-葡萄糖苷酶的参与下分解为葡萄糖。葡萄糖又在细菌中的酶作用下生成乳酸、醋酸和琥珀酸等。原料中的多缩戊糖是半纤维素的主要成分，它在半纤维素酶的作用下生成戊糖。

(5)色、香、味、体的形成。

酱油在发酵过程中经过各种变化而形成了酱油特有的色、香、味、体。酱油色素的形成主要是因为酱醅中的氨基酸和糖类，它们受外界温度、空气和酶的作用，在一定的时间内结合成酱色。各种糖类相比较而言，戊糖最好。甲基戊糖类与氨基酸等共存时，形成酱油的色素。酱油的香气来源包括由原料生成的，由曲霉的代谢产物所构成的，由耐盐性乳酸菌的代谢产物所生成的，由耐盐性酵母的代谢产物所生成的，以及由化学反应等多种途径所生成的，这些产物构成了酱油中的酯类、醇类、羰基化合物、缩醛类及酚类等复杂众多的香气成分。酱油的浓稠度俗称为酱油的体态或身骨，它由可溶性蛋白质、氨基酸、糊精、糖类、有机酸、食盐等固形物组成。酱油发酵越完全，质量越高，则酱油的浓度和黏稠度就越高，而且色香味俱佳。

5. 发酵工艺的质量控制

将成曲粉碎，直接加入约 55 ℃相对密度为 1.0896～1.0979 的盐水，搅拌均匀。盐水用量控制在制曲原料总量的 65%左右，一般要求加入盐水量和曲子本身含水量的总和达到原料量的 95%左右为宜。成曲应及时加盐水入发酵池，以防久堆造成“烧曲”。通常在醅料入池的最初 15～25 cm，醅层控制水量略小，以后逐渐加大水量。最后将剩余盐水均匀淋于醅面，待盐水全部吸入料内，再在醅面封盐，盐层厚度 3～5 cm，并在池面上加盖。入池后，酱醅品温要求在 42～46 ℃，保持 4 d。从第五天起，每天在池底通入加热蒸汽 3 次，使品温逐步上升，最后到 48～50 ℃，一般发酵 8 d 酱醅基本成熟。

6. 浸泡和过滤

酱醅成熟后，加入 70～80 ℃的二淋油浸泡 20 h 左右，二淋油用量应根据计划产量增加 25%～30%。品温 60 ℃以上时，可在发酵池中浸泡，也可移池浸泡，但必须保持酱醅疏松，以利浸润。酱醅经二油浸泡后，过滤得头油(即生酱油)为产品。生头油可从容器底下放出，溶加食盐。再加入 70～80 ℃的三油浸泡 8～12 h，滤出二油；同法再加入热水浸泡 2 h 左右，滤出三油。此过滤法为间歇过滤法，俗称三套循环淋油法。还可采用连续过滤法，操作程序和条件与间歇法大致相同。

7. 加热和配制

生酱油需经加热、配制、澄清等加工过程方可得成品酱油。一般酱油加热温度为 65～70 ℃，时间为 20～30 min。酱油含盐量在 16%以上，绝大多数的微生物繁殖受到一定的抑制。病原菌与腐败菌虽不能生存，但酱油本身带有曲霉、酵母及其他生产过程中被污染的细菌。尤其是具有耐盐性的产膜酵母菌的存在会在酱油表面生白花，引起酱油酸败变质。加热杀菌可延长酱油的保质期，破坏酶的活性，使酱油组分保持稳定；增加芳香气味，挥发一些不良气味，使酱油风味更加调和；增加色泽，在高温下促使酱油色素进一步生成；酱油经过加热后，其中的悬浮物和杂质与少量凝固性蛋白质凝结而沉淀下来，过滤后使产品澄清。

为了防止酱油发白变质以及抑制酱油中的酵母、霉菌和杂菌的生长繁殖，可按国家有关食品添加剂的使用量添加防腐剂。

8. 包装、出厂

酱油经过包装、检查后，方可作为成品出厂。

五、纳豆的加工与质量控制

(一)纳豆的概述

纳豆是以大豆为原料，经蒸煮后接种纯种纳豆芽孢杆菌(纳豆菌)发酵而成的产品。纳豆菌是一种枯草芽孢杆菌纯培养物。

1. 纳豆营养价值

纳豆含有皂素、异黄酮、不饱和脂肪酸、卵磷脂、叶酸、食用纤维、钙、铁、钾、维生素及多种营养物质，长期食用可维护健康。

纳豆的主要成分为水分 61.8%、粗蛋白 19.26%、粗脂肪 8.17%、碳水化合物 6.09%、粗纤维 2.2%、灰分 1.86%。作为植物性食品，它的粗蛋白、脂肪最丰富。纳豆保留了黄豆的营养价值，且在发酵过程产生了维生素 K_2、二吡啶酸等多种生理活性物质，提高了大豆蛋白质的溶解性。纳豆产生的氨基酸、各种酵素、纳豆菌及关联细菌帮助胃肠消化吸收，提高蛋白质的消化吸收率。纳豆系高蛋白滋养食品，纳豆中含有的酶，食用后可排除体内部分胆固醇、分解体内酸化型脂质，使异常血压恢复正常。

2. 纳豆的生理功效

资料显示，纳豆中的黏液素，有水溶性膳食纤维性质，可以大量吸收肠道内水分，起到良好的润肠通便作用。黏液素与纳豆菌协同作用，增强胃肠机能，改善便秘。纳豆具有辅助降血糖的功效，一是纳豆菌吞噬葡萄糖，二是纳豆中的高弹性蛋白酶，抑制了血糖增加。不少高血糖患者吃纳豆后，餐后血糖值出现明显下降趋势。纳豆中含有大量能溶解血栓的纳豆激酶，它是一种溶纤维蛋白酶，可直接分解血栓，起到溶血栓、防血栓的功效。而血栓则是造成脑中风、心梗的最直接因素，所以长期吃纳豆还可以防治脑中风、心梗。纳豆中含有纳豆木质素，这是一种植物纤维素，在水果、蔬菜中很难发现它的身影。它是公认的降解胆固醇的最佳物质，可以调节血脂，非常适宜高血脂、高血压人群食用。纳豆不受胃液的强酸影响，它能很快在肠道内定植并产生吡啶二羧酸，有助于杀灭、抑制肠道内的有害菌和病毒，起到排毒功效。纳豆的粗提物中含有丰富的卵磷脂、不饱和脂肪酸、维生素 E 等抗氧化成分，能调节皮肤细胞、皮肤表面水和脂肪的平衡，促进血液循环，改善皮肤弹性，达到美容养颜、延缓衰老之功效。

(二)纳豆的制作工序

1. 大豆的蒸煮处理

大豆经过清洗在冷水中浸泡 12 h，沥掉泡豆水后，将大豆放入压力锅中以 1 kg/cm^2 的压力热处理 45 min，然后冷却到 40 ℃左右备用。蒸煮好的大豆的质量约为原大豆的两倍。

2. 纳豆杆菌和乳酸菌的培养

培养液组成：葡萄糖 50 g、乳糖 50 g、蛋白胨 10 g、酵母膏 5 g、氨基酸 10 g、食盐 8 g、生蘑菇 100 g。

3. 接种、发酵

将培养好的纳豆杆菌和乳酸菌悬浮溶液均匀喷洒在蒸煮处理过的大豆上。其喷洒量为每 400 g 蒸煮大豆上喷洒 40 mL 纳豆杆菌和乳酸菌悬浮液，然后均质。每 100 g 接种好的大豆装入一个合适的盛器内，放入 40～42 ℃的发酵间发酵 20 h。

4. 冷藏、检验鉴定

发酵完后，产品从发酵间取出，并冷藏。4 d和14 d后分别检验1 g纳豆食品中纳豆杆菌的量，同时感官鉴定纳豆食品的色泽、味道、风味和丝状情况。

相关标准：

《中华人民共和国国家标准　食品安全国家标准　豆制品(GB 2712—2014)》

任务1　发酵大豆食品加工过程与质量控制

实训目标

知道腐乳、酱油、豆豉等发酵大豆食品的知名品牌；知道腐乳、酱油、大豆酱的加工工艺流程与质量监控点；知道豆豉与纳豆的加工工艺流程与质量监控点，比较二者的营养价值及发展方向。

任务描述

阅读资料单，叙述腐乳、酱油、豆豉等发酵大豆食品的知名品牌；写出腐乳、酱油、大豆酱的加工工艺流程与质量监控点；写出豆豉、纳豆的加工工艺流程与质量监控点，比较二者的营养价值及发展方向。本任务在粮油加工实训室完成。需要2学时。

实训准备

1. 知识储备：阅读资料单，完成预习单。

【预习单】

(1)发酵大豆制品有哪些？

(2)腐乳有哪几类？试举例。

(3)写出腐乳、酱油、豆酱的加工工艺流程。

(4)酱油有哪些种类？

(5)酱油的发酵类型有哪些？有何特点？

(6)写出豆豉与纳豆的工艺流程。

(7)比较豆豉与纳豆的营养价值。

2. 实训材料：

腐乳(红方、青方、白方)各一种，豆豉、豆酱、酱油、纳豆等发酵大豆食品的实物或图片、视频等。

任务实施

【任务单】

一、发酵豆制品的种类

写出我国主要发酵大豆食品的种类与品牌等，填入下表。

我国主要发酵大豆食品

名称	豆腐乳	豆豉	酱油	豆酱
品牌				
生产企业				
是否非遗传承				

二、腐乳、酱油、豆酱的加工工艺

写出腐乳(红方)、酱油、豆酱的加工工艺流程与质量监控点，填入下表。

发酵豆制品加工工艺

种类	加工工艺流程	质量监控点
腐乳(红方)		
酱油		
大豆酱		

三、豆豉与纳豆的加工工艺

比较豆豉与纳豆的加工工艺，填入下表。

豆豉与纳豆的加工工艺

名称	豆豉	纳豆
发酵菌种		
发酵环境要求		
加工工艺流程		
风味与营养		

考核评价

依据附件表1对实训过程的表现进行评价。

总结反馈

实训过程有哪些不足？是什么原因造成的？

知识拓展

查阅腐乳、酱油、豆豉、大豆酱等发酵大豆制品的国家标准。

任务2　腐乳加工企业参观

实训目标

明白腐乳等调味品加工企业的安全常识；厘清整个企业厂房的布局，知道主要工作岗位；清楚各个车间工作内容；了解企业工艺管理规定、设备管理制度、了解各车间岗位管理制度、操作规程；学习企业文化。

任务描述

参观一些品牌腐乳的加工企业，学习企业安全生产章程，记录各生产车间的布局，清楚各个车间工作内容；明白各车间控制台的操作工序；学习企业员工管理规定、设备管理制度；学习企业文化，了解劳务报酬。了解主要工序作业指导书、成品管理作业指导书、辅料和包装材料作业指导书、滞留区作业指导书，了解企业的“HACCP文件”及“关键工序控制操作规程”。需要4学时。

实训准备

1. 知识储备：登录相关企业的网站，完成预习单内容。

【预习单】

(1)阅读该企业的简介。

(2)了解该企业产品种类。

(3)了解该企业经营理念。

(4)了解该企业的社会服务等公益行为。

2. 材料准备：以小组为单位设计企业调查表，并打印纸质版，便于调查。

3. 工具准备：记录笔、头盔、工衣等。

任务实施

【任务单】

一、企业的概括

通过对企业网上资料的了解及实地参观填写下表。

企业概况

位置	
联系电话	
入厂要求	
第一印象及体会：	

二、白坯加工车间参观

跟随企业引导人员认真观察、及时提问，并将结果填入下表。

白坯加工车间参观记录

加工项目	大豆筛选	浸泡	磨浆	滤渣	点浆	压制成型	切分
所在楼层							
是否封闭							
主要设备							
工作人数							
感受体会：							

三、接菌、前期发酵车间参观

跟随企业引导人员认真观察、及时提问，并将结果填入下表。

接菌、前期发酵车间参观记录

加工项目	接菌	前期发酵
环境要求		
主要设备		
岗位要求		
感受体会：		

四、搓菌丝、装罐、后期发酵车间参观

跟随企业引导人员认真观察、及时提问，并将结果填入下表。

搓菌丝、装罐、后期发酵车间参观记录

加工项目	搓菌丝	装罐	后期发酵
环境要求			
主要设备			
岗位要求			
感受体会：			

五、品管部参观

跟随企业引导人员认真观察、及时提问，并将结果填入下表。

品管部参观记录

检验项目					
主要工作					
要求					
感受体会：					

六、企业文化

认真听取企业人员介绍，仔细阅读企业宣传走廊，了解企业文化，并将结果填入下表。

企业文化参观记录

企业发展历程	
企业荣誉	
企业愿景	
企业公益	
感受体会：	

考核评价

依据附件表3对实训过程的表现进行评价。

总结反馈

本次参观最大的收获有哪些？自己是否具备入职这样企业的条件？是否愿意入职？

知识拓展

我国的腐乳、酱油、豆豉等调味品出口情况怎样？

任务3　纳豆的加工与质量评价

实训目标

知道纳豆的加工原理、加工工序；会加工纳豆。

任务描述

本次实训是在完成了纳豆加工工艺的学习基础上进行的，利用实训室的条件每组加工200 g大豆的纳豆。完成大豆的挑选、清洗、浸泡、蒸煮、接种、发酵、冷藏等全过程。需要4学时。

实训准备

1. 知识储备：阅读资料单，完成预习单。

【预习单】

(1)叙述纳豆的营养价值。

(2)叙述纳豆的加工工序。

2. 实训材料。

(1)培养基：葡萄糖、乳糖、蛋白胨、酵母膏、氨基酸、食盐、生蘑菇等。

(2)纳豆杆菌、乳酸菌。

(3)优质大豆。

3. 实训用具：高压锅、恒温恒湿培养箱、喷壶、小玻璃碗等用具。

任务实施

【任务单】

一、纳豆杆菌的培养(提前24 h)

将培养基的配制过程、菌种的准备过程记录填入下表。

纳豆杆菌的培养

培养基原料	生蘑菇	葡萄糖	乳糖	蛋白胨	酵母膏	氨基酸	食盐
用量							
处理方法							
菌种的准备	纳豆杆菌：			乳酸菌：			

二、大豆的处理

将大豆的加工处理过程记录填入下表。

大豆的处理

工艺过程	浸泡	蒸煮	冷却
方法			
质量控制点			

三、接种、发酵、冷藏

将接种、发酵、冷藏等过程的工作填入下表。

接菌培养过程

工艺过程	接种	发酵	冷藏
操作要点			
质量控制点			

四、纳豆品质的评价

根据纳豆的评价标准评价纳豆，并将分值填入表中。

纳豆的评价标准

形状	评分标准	分值
色泽	呈均匀淡黄色，稍有光泽(10～20 分)	
组织状态	大豆籽粒完整，软硬适宜，拉丝特征明显，无杂质(20～30 分)	
气味	具有纳豆特有的气味。无豆腥味、馊味及其他不良气味或异味(15～25 分)	
滋味	口感细腻，具有纳豆的黏腻感，味道纯正(15～25 分)	

考核评价

依据附件表 2 对实训过程的表现进行评价。

总结反馈

本组生产的纳豆感官性状怎样？分析原因。

知识拓展

查阅我国纳豆的生产与消费情况。

项目三　豆乳的加工与质量监控

本项目主要内容有豆乳的种类，豆乳的加工工艺流程，豆乳加工的主要工序与质量监控，豆乳加工的主要设备，以及使用要求和保养方法，风味豆乳的加工与品质评价等。本项目实操环节分为豆乳加工过程与质量控制、风味豆乳的加工与质量评价 2 个任务。

知识储备

【资料单】

豆乳即豆奶，按照行业标准，豆奶的确切定义是：以大豆为主要原料，经加工制成的可添加糖、食盐，不添加其他食物辅料的产品。

一、豆乳的种类

(一)从状态分类

1. 豆奶

豆奶是一种利用现代科学技术生产的可与牛奶媲美的牛奶状营养饮料。其乳汁细腻，乳液稳定、不沉淀，稠度适中，新鲜可口，成分合理，营养丰富。它克服了传统豆浆的许多缺点，如粗糙、不稳定、有豆腥味和不易消化等。

2. 豆奶粉

豆奶粉是一种新型固体饮料，以大豆和乳制品为主要原料，经磨浆、加热灭酶、浓缩、喷雾干燥而制成的粉状或微粒状食品。它综合了大豆和牛奶的营养成分，具有口感细腻、香味浓郁、营养丰富、携带方便等特点。

豆奶中的大豆蛋白质含量高达 40%，是优质蛋白质，含有人体所必需的氨基酸，其中赖氨酸的含量高于谷物。另外，牛奶中的甲硫氨酸含量较高，可以补充大豆蛋白中的甲硫氨酸的含量。动植物蛋白互补，使氨基酸配比更合理，更利于人体的消化吸收。豆奶粉中的脂肪主要是植物脂肪，不饱和脂肪酸含量较高，并含有人体所必需脂肪酸亚油酸，胆固醇含量低，可预防动脉硬化。豆奶中含有多种维生素和矿物质，以及大豆低聚糖、大豆异黄酮、大豆卵磷脂等功能性营养物质。

3. 大豆炼乳

大豆炼乳是大豆蛋白质浓缩饮料，是以大豆、白糖等为原料，基本保存了大豆的天然营养，去除了大豆腥味及营养抑制成分的大豆营养保健饮料。大豆炼乳可冲调饮用，可代替奶油、果酱作涂抹料，还可应用于冷饮、糕点、糖果等生产。技术指标要求总固形物57%，脂肪4.2%，蛋白质7.2%，总糖40.2%。

4. 大豆冰激凌

冰激凌是一种广受欢迎的世界性食品，用豆乳代替牛乳加工而成的是豆乳冰激凌，是在牛奶冰激凌基础上衍生出来的新一代产品。它无胆固醇，无乳粉，又不含饱和脂肪酸，是一种低热量的安全的保健食品，被称为“无罪的非乳冷点心”。

(二)从调制方法分类

1. 纯豆乳

纯豆乳又称淡豆乳或豆乳。单纯以大豆为原料，经加工制成的乳状饮品，也可添加营养强化剂。豆乳中大豆固形物含量在8%以上，蛋白质含量在3.2%以上。

2. 调制豆乳

以纯豆乳为主要原料，加入白砂糖、精制植物油、乳化稳定剂等调制而成的乳状饮品。大豆固形物含量在5%以上，蛋白质含量在2%以上。

3. 豆乳饮料

非果汁型豆乳饮料：是在纯豆乳中添加糖、风味料(除果汁外)，经调制而成的乳状饮料。大豆固形物含量在2%以上，蛋白质含量在1%以上。

果汁型豆乳饮料：是在纯豆乳中添加糖、果汁等调制而成的乳状饮料，大豆固形物含量在2%以上，蛋白质含量在0.8%以上，原果汁含量在2.5%以上。

二、豆乳的营养

豆奶的营养价值高于牛奶，含有牛奶没有的磷脂、核酸、异黄酮等多种活性物质。豆乳的热量、蛋白质比人乳、牛乳的高，脂肪和总糖比人乳、牛乳的低；豆乳中不含胆固醇，亚油酸含量高，对老年人心血管病有一定疗效；豆乳中含有丰富的维生素E和磷、钙、锌、铁等多种矿物质和微量元素。

豆奶已经成为消费者熟悉而喜爱的大宗饮品。资料显示，新加坡、韩国、美国、澳大利亚等国家的豆奶消费量很高，部分国家的豆奶消费量超过了牛奶。我国人均饮用豆奶的量偏低，全国各地消费量差异大，香港豆奶消费量较高，如维他奶是香港销售最大的清凉饮料，日产约50万包。豆乳价廉物美，适于工业化大批量生产。豆奶的营养成分如表6-4所示。

表 6-4 豆奶的营养成分

成分	含量	成分	含量
水分/g	84.5	维生素 E/mg	1.11
能量/kcal	67	α-E	0
能量/kJ	280	(β-γ)-E	0.42
蛋白质/g	2.2	δ-E	0.69
脂肪/g	1.2	钙/mg	32
碳水化合物/g	11.8	碘/mg	0
膳食纤维/g	22	磷/mg	30
胆固醇/ mg	0	钾/mg	70
灰分/g	0.3	钠/mg	18.6
维生素 A/mg	0	镁/mg	16
胡萝卜素/mg	0	铁/mg	0.4
维生素/mg	0	锌/mg	0.21
硫胺素/μ g	0.06	硒/μg	0.2
核黄素/mg	0	铜/mg	0.08
烟酸/mg	0.7	锰/mg	0.12

三、豆乳的加工与质量控制

(一)豆乳加工工艺流程

大豆清理与浸泡→去皮→灭酶→磨浆→离心分离、真空脱臭→调配→均质→超高温短时杀菌→冷却→贮存→成品。

(二)豆乳加工操作规范

1. 脱皮

用全脂大豆生产豆乳主要是提取其中的蛋白质和脂肪。一般大豆含蛋白质 40%左右，脂肪 18%左右，矿物质 4%左右。而种皮中含蛋白质 7%左右，脂肪 0.6%左右，有用成分数量少、质量差。另外，种皮里含糖类和皂角甙成分特别高，能直接影响豆乳产品的味道，而且易产生泡沫。因此带皮加工不但会降低设备的处理能力，而且容易影响豆乳产品的质量。更加之皮上沾染有许多难以杀死的土壤菌，因此，脱皮也为缩短加热时间、防止豆乳过度变性以至褐变创造了条件。脱下的种皮可以做饲料用，并不浪费。因此，脱皮加工比带皮加工更合算。

2. 酶钝化处理

采用蒸热法、瞬间高温处理法，将脱皮后的物料加入酶钝化机的内筒，加 5%浓度碳酸氢钠，加热水，在绞龙的作用下强制搅拌并向前输送。外面用 4 kg/cm^2 的蒸汽加热(约 150 ℃以上，时间 50 s)，由酶钝化机排出，并在密闭状态下，立即边加热水边进行粗粉碎。这是使脂肪氧化酶等酶类钝化，保证生产无豆腥味、无基涩味豆乳的关键。为了增加蛋白质和其他固形物的提取量，将粗粉碎的豆乳再用蛋白质溶出器细磨至微粒。然后离心分离，排出豆渣，其固形物比例可达 60%。

3. 调制

在纯豆乳中适当地补加一些油脂、糖类、维生素、矿物质、乳化剂、稳定剂和一些调味料等，使豆乳的营养和味道、品质和质量更理想。添加的脂肪一般都选择含亚油酸多的油脂。但亚油酸多，油脂熔点就低，乳化性不稳定，易分层，所以调制时要充分搅拌。添加的糖类要避免使用单糖类，因为单糖容易同氨基酸结合，加热产生褐变，不要使用黏性高的糖类，以免焦着在杀菌装置上。添加盐类时，要防止因热反应使蛋白质凝固，如补充钙质时，最好加胶体碳酸钙。

4. 杀菌和脱臭处理

豆乳不允许采用巴氏灭菌法，甚至在 130 ℃、保持 1 min 的加热也是不彻底的，而且大豆蛋白的消化率会降低。要采用 140 ℃瞬间高温杀菌，将调制好的豆乳向高压蒸汽中喷射，使豆乳的微小雾滴和高温蒸汽直接接触换热，杀死一般细菌和耐热菌。同时，可以分解豆乳中的皂角甙、低聚糖等妨碍消化的物质，使豆乳中的营养物质维持良好的消化率。杀菌后的豆乳马上送到真空设备里进行瞬间闪蒸，排除挥发性臭味，同时把豆乳中的蒸汽冷凝下来并排除掉，并使豆乳降温。

5. 均质

均质是为了防止豆乳产品发生乳相分离，出现脂肪上浮、蛋白质沉淀的现象。一般使用高压泵将豆乳强制通过均质阀的狭小缝隙，在通过狭窄的锐孔时液体突然受到剧烈的压缩，因而获得一个极高的速度，瞬间喷出，又被猛烈地撞击，突然失掉高压，仅仅 0.05 s 的时间内，豆乳经历了多种变化，受到了多种作用。这就使得豆乳中的脂肪球破裂为极其细微的小球。均质压力在 200 kg/cm^2 时，脂肪球在科尔摩高洛夫标度大致为 0.18 μm。这样细微的脂肪球在乳化剂的作用下，就很难再聚结、上浮和发生分离现象了。

6. 包装

豆乳是营养丰富的蛋白质饮料，有细菌生活和繁殖的良好基质。因此，豆乳产品也很容易腐败变质。只有采用防腐包装，严格消毒灭菌，才能确保豆乳长期具有新鲜性，延长货架期，便于运输和销售。

相关标准：

《中华人民共和国国家标准　植物蛋白饮料　豆奶和豆奶饮料(QB/T 30885—2014)》

任务 1　豆乳加工过程与质量控制

实训目标

知道豆乳的种类；熟悉豆乳的工艺及加工工序；知道豆乳的加工设备、使用要求和保养方法。

任务描述

叙述豆乳的生产现状和市场前景；写出豆乳的种类；写出豆乳加工的工艺及加工工

序；写出豆乳制品加工设备的使用要求和保养方法。本学习任务在多媒体教室借助生产车间实景视频进行教学。需要 2 学时。

实训准备

1. 知识储备：阅读资料单，完成预习单。

【预习单】

(1)评价豆乳的营养价值。

(2)豆乳从状态分为哪几种？豆乳饮料可分为哪几种？

(3)写出豆乳加工的工艺流程。

(4)豆乳加工的工序有哪些？对应的加工设备有哪些？

(5)豆乳的质量监控点有哪些？

(6)提高豆乳稳定性的措施有哪些？

2. 实训材料：不同种类的豆乳、豆乳饮料。

任务实施

【任务单】

一、豆乳的种类

了解市场上豆乳品种，写出豆乳的品牌与相关生产企业等，填入下表。

豆乳主要类型

种类	液态豆乳			豆奶粉		
品牌						
生产企业						

二、豆乳的加工工艺

通过讲授及视频观看，写出豆乳加工各工序的主要作业功能、质量监控点、主要设备，填入下表。

豆乳的加工工艺

加工工序	作业功能	质量监控点	主要设备
清理			
浸泡、去皮			
灭酶			
磨浆、过滤			
营养调配			
均质			
脱臭			
灭菌			
干燥喷粉			

考核评价

依据附件表 1 对实训过程的表现进行评价。

总结反馈

实训过程有哪些不足？是什么原因造成的？

知识拓展

查阅豆乳的国家标准。

任务2 风味豆乳的加工与质量评价

实训目标

熟悉豆乳加工的工艺及加工工序；知道豆乳制品加工设备的使用要求和保养方法；学会风味豆乳的加工方法。

任务描述

本次实训是在完成了豆乳加工工艺的学习基础上进行的，需要熟悉豆乳加工的工艺及加工工序；知道豆乳制品加工设备的使用要求和保养方法。

每组加工100 g大豆的风味豆乳。认真撰写加工方案，包括设计配方、人员分工等，进行豆乳的品质评价。本任务在粮油加工实训室完成。需要4学时。

实训准备

1. 知识储备：阅读资料单，完成预习单。

【预习单】

(1)调制豆乳的糖类有哪些要求？

(2)调制豆乳的钙等矿物质有哪些要求？

(3)调制豆乳的油脂有哪些要求？

(4)豆乳的灭菌方法有哪些？

(5)设计一款风味豆乳的配方。

2. 实训材料：大豆、花生、牛奶、红枣、白砂糖、食盐等，根据自己组的配方准备材料。

3. 实训用具：豆浆机、水浴锅、天平(1/100)1台、勺子1把、糖度计、不锈钢盘、筷子、纸杯等。

任务实施

【任务单】

一、配方及原辅料预处理

将大豆、花生、大枣等主要原料的预处理过程填入下表。

风味豆乳原料预处理

	大豆	花生	大枣	其他配料		
用量						
预处理方法						

二、豆乳的磨制

利用豆浆机完成豆乳的磨制过程，将操作内容填入下表。

风味豆乳的磨制

操作流程	
该过程完成了哪些工序	
注意事项	
完成情况	

三、调配

写出拟定的配方，并根据配方调制风味豆乳，将操作内容填入下表。

风味豆乳的调制

配方	
操作要点	
注意事项	
完成情况	

四、杀菌、均质

完成豆乳的杀菌与均质，将操作内容填入下表。

风味豆乳的杀菌、均质

杀菌的要求	
操作要点	
注意事项	
完成情况	

五、豆乳的品质评价

依据豆乳的感官评价标准对加工的风味豆乳进行感官评价，并将结果填入表中。

豆乳的感官评价标准

物料名称	评分标准	分值
组织形态	质地均匀，无杂质，不分层，挂壁均匀(20～30分)	
色泽	乳白色，且颜色均匀，无杂色，有光泽(15～25分)	
滋味与口感	口感香甜，细腻，风味特征体现突出、无杂质(20～30分)	
气味	有豆乳的香味，无豆腥味或豆腥味淡，无异味(15～25分)	

考核评价

依据附件表2对实训过程的表现进行评价。

总结反馈

本组生产的豆乳的稳定性、白度如何？如有不足是什么原因造成的？

知识拓展

查阅我国豆乳的国家标准。

 **知识链接**

风味豆乳的加工流程与理化指标

1. 风味豆乳加工工艺流程：

大豆、花生、大枣清洗浸泡→去皮→大豆灭酶（20 min）→打浆（加 3～4 倍的水）→过滤→调制→灭菌→灌装。

2. 豆乳的理化指标（表 6-5）。

表 6-5　豆乳的理化指标（GB/T 5413 系列标准）

项目	指标		
	纯豆乳	调制豆乳	果汁型豆乳饮料
总固形物含量/(g/100 mL)	≥8.0	≥10	≥8.5
蛋白质含量	≥3.2	≥2.0	≥0.8
脂肪含量	≥1.6%	≥1.0%	≥0.4%
总酸含量/(g/kg)	—	—	≤1.0

项目四　大豆蛋白的加工与质量监控

本项目主要内容有大豆蛋白的营养特点及种类，大豆蛋白的加工工艺流程、主要工序与质量监控，花生等植物蛋白的加工工艺流程、主要工序与质量监控。本项目实操环节分为大豆蛋白加工过程与质量控制、其他植物蛋白加工过程与质量控制、大豆分离蛋白加工与质量评价 3 个任务。

知识储备

【资料单】

一、大豆蛋白的营养特点

（一）大豆蛋白是植物性完全蛋白质

大豆类产品所含的蛋白质，含量约为 38%，是谷类食物的 4～5 倍。大豆蛋白质的氨基酸组成与牛奶蛋白质相近，除蛋氨酸略低外，其余必需氨基酸含量均较丰富，在营养价值上，可与动物蛋白等同。

（二）大豆蛋白的生理效价高

动物肉类、乳类食品虽可提供大量优质蛋白，但其中含有较多的胆固醇，容易引发动脉硬化等。而大豆既有较高的蛋白营养价值，又不含胆固醇，而且大豆中的异黄酮还有着降胆固醇的作用。FAO/WHO（1985）人类试验结果表明，大豆蛋白必需氨基酸组成较适合人体需要，对于 2 岁以上的人，大豆蛋白的生理效价为 100。

(三)大豆蛋白中人体必需氨基酸含量高

大豆富含蛋白质，其蛋白质含量几乎是肉、蛋、鱼的 2 倍。而且大豆所含的蛋白质中人体“必需氨基酸”含量充足、组分齐全，属于“优质蛋白质”。

(四)大豆蛋白饮品营养价值高且更易消化吸收

大豆蛋白饮品比牛奶容易消化吸收。牛奶进入胃后易结成大而硬的块状物，而豆奶进入胃后则结成小的薄片，而且松软不坚硬，可使其更易消化吸收。用大豆蛋白制作的饮品，被营养学家誉为“绿色牛奶”。大豆蛋白质对胆固醇高的人有明显降低胆固醇的功效。大豆蛋白饮品中的精氨酸含量比牛奶高，其精氨酸与赖氨酸之比例也较合理；其中的脂质、亚油酸极为丰富而不含胆固醇，可防止成年期心血管疾病发生。丰富的卵磷脂，可以清除血液中多余的固醇类，有“血管清道夫”的美称。

二、大豆蛋白的种类

(一)全脂大豆粉

全脂大豆粉由大豆直接加工制成，含蛋白质 37%～40%，脂肪 17%～20%，并含有丰富的矿物质和多种维生素，是一种营养价值很高的食品。

(二)脱脂大豆粉

脱脂大豆粉是以制油后的大豆饼粕为原料，经粉碎、筛分而成的高蛋白食品，含蛋白质 50.5%，脂肪 1.5%，糖类 34.2%。其适宜添加在面包、面条和生产香肠等肉制品中。

(三)大豆浓缩蛋白

大豆浓缩蛋白是利用低温脱脂的变性大豆粉为原料，经再加工，除去糖类和气味而制得，含蛋白质 70%，脂肪 2%，矿物质 4%～7%。其添加于面制食品，效果优于脱脂大豆粉。

(四)大豆分离蛋白

大豆分离蛋白是利用低温脱脂大豆粉，经加碱分离、中和、喷雾、干燥等工艺制得。其蛋白质含量不低于 90%，含水量约 5%，具有良好的乳化性、吸油性和起泡性。它可代替鸡蛋用于糖果制造，也可作营养强化和疏松剂用作面包加工，在汽水、啤酒等饮料中作为发泡稳定剂，或作为蛋白质成分用于制作糕点、冰激凌等。

(五)大豆组织蛋白

以豆粉、大豆浓缩蛋白或大分子蛋白质等为原料，加入一定的水及添加剂混合均匀。然后，经加温、加压、成型等机械或化学方法改变其蛋白质组成方式，使蛋白质分子之间整齐排列，产生同方向组织结构，逐渐凝固起来，形成纤维状蛋白，即为大豆组织蛋白。因其具有与肉类似的咀嚼感，所以又称为植物蛋白肉。

三、大豆蛋白的加工与质量控制

(一)大豆浓缩蛋白的加工

大豆浓缩蛋白又称为 70%蛋白粉，原料以低温脱溶粕为佳，也可用高温浸出粕，但得率低、质量较差。生产浓缩蛋白的方法主要有稀酸沉淀法和酒精洗涤法。

1. 稀酸沉淀法

利用豆粕粉浸出液在等电点(pH 4.3～4.5)状态下蛋白质溶解度最低的原理，用离心法将不溶性蛋白质、多糖与可溶性碳水化合物、低分子蛋白质分开，然后中和浓缩并进行干燥脱水，即得浓缩蛋白粉。此法可同时除去大豆的腥味。稀酸沉淀法生产的浓缩蛋白粉，其蛋白质水溶性较好(PDI 值高)，但酸碱耗量较大。同时，排出大量含糖废水，造成后处理困难，产品的风味也不如酒精法。

2. 酒精洗涤法

利用酒精浓度为 60%～65%时可溶性蛋白质溶解度最低的原理，将酒精液与低温脱溶粕混合，洗涤粕中的可溶性糖类、灰分和醇溶蛋白质等。再过滤分离出醇溶液，并回收酒精和糖，浆液则经干燥得浓缩蛋白粉。此法生产的蛋白粉，色泽与风味较好，蛋白质损失少。但由于蛋白质变性和产品中仍含有 0.25%～1%的酒精，食用价值受到一定限制。此外还有湿热水洗法、酸浸醇洗法和膜分离法等。其中，膜分离法是用超滤膜脱糖获得浓缩蛋白，反渗透膜脱水回收水溶性低分子蛋白质与糖类，生产中不需要废水处理工程，产品氮溶指数(NS)高，因此是一种有前途的方法。

(二)大豆分离蛋白的加工

大豆分离蛋白是指除去大豆中的油脂、可溶性糖及不可溶性糖类后的大豆蛋白，其蛋白质含量一般在 90%(干基)以上，它是所有大豆蛋白制品中最纯的一种。大豆分离蛋白的制取较大豆浓缩蛋白的制取复杂，需要除去低分子可溶性非蛋白成分(可溶性糖、灰分等)和不溶性高分子成分(不溶性纤维、杂质等)。在食品工业中主要利用其优良的功能特性。

大豆分离蛋白主要的制取方法是碱提酸沉法，目前也开始采用超滤膜法和离子交换法。碱提酸沉提取大豆分离蛋白的工艺如下。

1. 加工原理

利用大豆蛋白质能溶于稀碱液的特性，用稀碱液浸泡低温脱脂豆粕，使可溶性蛋白、糖类溶解后，过滤或离心分离除去不溶性物质。然后，用酸把浸提液 pH 调为等电点 4.5 左右，使蛋白质沉淀分离，干燥即得。

2. 加工工艺流程

低温脱脂豆粕→清理→浸提→渣液分离→酸沉→离心分离→碱液调节→灭菌→浓缩→喷雾干燥→包装→粉状大豆分离蛋白。

3. 操作要点

(1)选料。原料豆粕要无霉变，含壳量低，杂质少，蛋白含量高(45%以上)，蛋白分散指数高于 80%。

(2)粉碎与浸提。原料豆粕粉碎为粒度 40～60 目，加 12～20 倍原料量的水，温度控制在 30～70 ℃，用氢氧化钠溶液调整 pH7～9，以 30～35 r/min 的速度搅拌，溶解时间控制在 120 min。终止提取前 30 min 停止搅拌，提取液经过滤筒放出，剩余残渣进行第二次浸提。

(3)粗滤与第一次分离。粗滤与第一次分离的目的是除去不溶性残渣，粗滤的筛网一般为 60～80 目，离心机筛网一般在 100～140 目。

(4)酸沉。将二次浸提液注入酸沉罐中，边搅拌边缓慢加入 10%～30%的食用级盐酸溶液，调 pH 为 4.4～4.6。测定 pH 达到等电点时，停止搅拌，使蛋白质在等电点状态下静置 20～30 min，使蛋白质沉淀。

(5)二次分离与洗涤。用离心机离心沉淀蛋白质，弃去上清液，用 50～60 ℃的温水冲洗沉淀 2 次，去除残留氢离子，水洗后的蛋白质溶液 pH 为 6 左右。

(6)打浆、回调及改性。分离沉淀的蛋白质呈凝乳状，有较多团块，不利于喷雾干燥，需加适量水并研磨、搅打成匀浆以利于进行喷雾干燥操作。为了提高凝乳蛋白的分散性和产品的实用性，可加入 5%的氢氧化钠溶液，搅拌速度为 85 r/min，进行中和回调使 pH 为 6.5～7.0。为了提高大豆分离蛋白功能特性，可在回调后对浆液进行热处理，处理温度和时间为 90 ℃加热 10 min，或 80 ℃加热 15 min。这既可起到杀菌作用，又可提高产品的凝胶性。

(7)干燥：大豆分离蛋白的干燥普遍采用喷雾干燥，浆液温度控制在 12～20 ℃，选用压力喷雾，喷雾时进风温度为 85～90 ℃。

(三)大豆组织蛋白的加工

大豆组织蛋白的生产方法很多，有纺丝法(用碱液拌和、酸溶解后延伸加热成型，产品呈纤维状)、挤压膨化法(加水、加热、膨化挤压成型，产品呈多空粒状)、湿热加热法(加水、急剧加热、搅拌、加热成型)、冻结法(加水、加热、冷冻浓缩、冻结成型，产品呈海绵状)以及胶化法(加水、加热、高浓度加热、加热成型)等。其中挤压膨化法应用较广泛。

1. 工艺流程(挤压膨化法)

原料→粉碎→调和→挤压膨化→干燥→产品。

2. 操作要点

(1)原料的选择与粉碎。原料可用低温脱脂豆粕、高温脱脂豆粕、冷榨豆粕、脱皮大豆粉、大豆浓缩蛋白、大豆分离蛋白等，以蛋白质溶解度高、含脂量低的为好。蛋白质溶解度高易于组织化，含脂量低利于生产。豆粕、豆饼价格较低，实用性较大，而大豆浓缩蛋白、大豆分离蛋白的价格高，只用作配料。原料调和前应粉碎为粒度 40～100 目。

(2)调和。粉碎后的原料加适量水、碱、调味剂调和成团。不同设备对水分要求不同，加水时要注意。碱多用氢氧化钠或碳酸钠，添加量一般在 1.0%～2.5%，粉料 pH 一般调为 7.5～8.0。常用的调味剂有食盐、味精、酱油、香辛料等。

(3)挤压膨化。此工序是生产的关键，必须控制好挤压温度。一般挤压机的出口温度不应低于 180 ℃，入口温度应控制在 80 ℃左右。

(4)干燥。采用普通鼓风干燥、真空干燥，也可采用流化床干燥。干燥温度控制在 70 ℃以下，最终水分需控制在 8%～10%。

四、大豆蛋白在食品加工中的应用

(一)大豆分离蛋白在饮料生产中的应用

传统的豆奶制品是以大豆浸泡后、研磨、烹煮、过滤而成。全脂大豆生产出来的豆乳产品在口感上“豆腥味”重，不易强化其他营养素，容易产生酸败风味。大豆分离蛋白是一种温和、润滑、具有良好口感的产品，高分散型分离蛋白具分散性(冲调性)、溶解性、分散稳定性及乳化性，是很好的低热量、高营养、安全、方便的加工配料。

1. 保持饮料的浑浊效果

大豆蛋白的氮溶解指数(NSI，是指水溶性蛋白质占总蛋白质的百分比)是蛋白质变性程度的重要指标。在饮料中应用时，NSI值高的大豆蛋白能够使蛋白质产品的功能特性充分得到发挥。实践证明大豆蛋白与水溶性胶和大豆卵磷脂一起添加，具有良好的混浊效果，可作为橙汁混浊剂，能够赋予饮料以典型的色泽、风味以及口感，并且可以避免使用一些化学合成的混浊添加剂带来的安全问题。

2. 增强饮料的营养

大豆分离蛋白是开发功能性饮品的优质原料，可强化必需营养元素，如添加钙、铁、锌等矿物质及维生素C、B族维生素等；可以根据消费人群选择全脂蛋白或脱脂蛋白；可以分为原味或添加风味的产品；可以生产液体、半固体、发酵产品等。

(二)大豆蛋白在面制食品中的应用

由于大豆蛋白所含的氨基酸比较均衡，几乎与世界粮农组织和世界卫生组织推荐氨基酸组成相符，特别是大豆蛋白中赖氨酸含量高于其他谷类制品。所以其应用于面制食品中，能提高产品蛋白含量。另外，根据氨基酸互补原则可知，添加大豆蛋白还能提高产品蛋白质量。又因其加工特性，大豆蛋白在加工中可以增加面制食品色、香、味，延长面制食品的货架期。

1. 加工面条和挂面

在面粉中加入7%～9%的大豆分离蛋白，可显著提高面粉的蛋白含量和湿面筋含量，从而改善面团的流变学特性；制作的面条韧性、口感较好，无明显的豆腥味；既增加了挂面的营养价值，又提高了挂面的加工特性。

2. 加工焙烤食品

在焙烤食品中添加高分散性大豆分离蛋白，既可增加产品的蛋白含量，还能提高产品质量。如利用大豆分离蛋白的吸水性、乳化性、膨胀性和发泡性等加工特性，可提高面包的营养价值和吸水率，增大面包体积，改善表皮色泽和质地，增进面包风味，防止面包老化，延长货架期。在面包中添加大豆蛋白7.5%以下时，面包感观变化不大，大于7.5%时对面包影响较大。

在制作蛋糕时，加入大豆分离蛋白，可改善蛋糕起泡性、吸水性，使蛋糕质地蓬松，蜂窝细腻，色泽、口感良好，不易干硬，抗老化。此外，大豆分离蛋白具有吸油性，可用于酥类糕点和酥性饼干的生产，使产品酥软可口。如在生产饼干时，在原料中加入15%～30%的大豆蛋白粉，不但能提高蛋白含量，增加营养价值，且能增加饼干酥性，还可起到保鲜作用。

3. 加工方便面

方便面中添加活性大豆蛋白粉后，在咀嚼时有特殊香味，比较适口。添加活性大豆蛋白粉方便面口感好，有咬劲，爽滑，面条的脆性明显下降，复水快。这是因为大豆蛋白具有凝胶性等特点。

(三)大豆分离蛋白在肉制品加工的应用

大豆分离蛋白在肉制品加工中应用已有一段时间了，其既可作为非功能性填充料，也可作为功能性添加剂，用于改善肉制品的质构和增加风味。大豆分离蛋白由于其特殊的功能特性，即使添加量在2%～25%，都可以起到良好的保水、保脂、防止肉汁分离、提高品质以及改善口感的作用。同时，还可延长肉类产品的货架期。

1. 在块状肉制品中的应用

块状肉制品是指整块或大块肉制品，像盐水火腿(西式火腿)、咸牛肉等大块肉制品。在加工过程中肌肉组织的完整性被破坏，因此，可以在腌制盐水中添加大豆分离蛋白，通过注射和滚揉等方法，使盐水均匀扩散到肌肉组织中，并与盐溶性肉蛋白配合来保持肉块的完整性，提高出品率。加工中主要是利用大豆分离蛋白的保水胜和胶凝性，提高产品质地，改善组织特性(切面、嫩度、口感)和表面形态，减少脱水收缩，稳定产品得率。

2. 在碎肉制品中的应用

碎肉制品属于大众普通肉制品，大豆分离蛋白使用量少。对于肉饼、碎肉丸、饺子、包子及烧卖等碎肉制品，通常用烤、炸、蒸、煮方式加工，加工温度较高。采用拌混方式加入大豆分离蛋白，利用其吸水、吸油特性较好，作为添加物料来改善产品质地(减少脂肪游离)。它不仅能产生肉一样的口感，而且能增强持水性，减少馅饼蒸煮收缩，提高出品率，降低成本，同时还能提高制品的营养价值。

3. 在仿肉制品中的应用

利用大豆分离蛋白的功能特性，制造各种仿真肉制品，这些产品中没有肉或用其他肉替代，但却具有天然肉制品的风味和口感，有高蛋白质、低脂肪、不含胆固醇、营养价值高等优点。

4. 在乳化类肉制品中的应用

乳化类肉制品指的是肉糜香肠、火腿、咸牛肉等。添加大豆分离蛋白主要是利用其结合脂肪和水的能力，并与盐溶性肉蛋白形成稳定的乳化系统和填充性。在保持成品质量不变的前提下，添加大豆分离蛋白可减少淀粉等物料添加，降低瘦肉比率，提高产品质地、得率和蛋白质指标，增加脂肪添加量和产品热加工稳定性，降低成本。

相关标准：

《中华人民共和国国家标准　大豆蛋白粉(GB/T 22493—2008)》

任务1　大豆蛋白加工过程与质量控制

实训目标

知道大豆蛋白的种类；熟悉大豆浓缩蛋白、大豆分离蛋白、大豆组织蛋白的加工工艺流程、加工工序、质量监控点；知道加工大豆蛋白的主要设备。

任务描述

叙述大豆蛋白的种类、用途、市场前景，写出大豆浓缩蛋白、大豆分离蛋白、大豆组织蛋白的加工工艺流程、加工工序与质量监控点。本任务在粮油加工实训室完成。需要1学时。

实训准备

1. 知识储备：阅读资料单，完成预习单。

【预习单】

(1)列举大豆蛋白的种类。

(2)列举各种大豆蛋白的用途。

(3)大豆分离蛋白、大豆浓缩蛋白、大豆组织蛋白的加工工艺流程有哪些？

(4)大豆分离蛋白、大豆浓缩蛋白、大豆组织蛋白的质量监控点有哪些？

2. 实训材料：不同种类的大豆蛋白实物或图片、视频。

任务实施

【任务单】

一、大豆蛋白的种类

了解市场上大豆蛋白的种类，写出下列大豆蛋白的蛋白含量、特点、用途，填入下表。

不同类型大豆蛋白的含量或纯度、特点与用途

种类	大豆分离蛋白	大豆浓缩蛋白	大豆组织蛋白
蛋白含量或纯度			
特点			
用途			

二、大豆蛋白的加工工艺流程

通过教师讲授及视频观看，写出三种大豆蛋白的加工工艺流程与质量监控点，填入下表。

大豆蛋白的加工工艺

大豆蛋白的种类	加工工艺流程	质量监控点
大豆浓缩蛋白		
大豆分离蛋白		
大豆组织蛋白		

考核评价

依据附件表1对实训过程的表现进行评价。

总结反馈

实训过程有哪些不足？是什么原因造成的？

知识拓展

查阅大豆组织蛋白、大豆分离蛋白的国家标准。

任务2　其他植物蛋白加工过程与质量控制

实训目标

知道花生、油菜子等植物蛋白的特点、用途；熟悉花生、油菜子等植物蛋白的加工工艺流程、加工工序、质量监控点。

任务描述

叙述花生、油菜子等植物蛋白的特点、用途，写出花生、油菜子等植物蛋白的加工工艺流程、加工工序与质量监控点。本任务在粮油加工实训室完成。需要1学时。

实训准备

1. 知识储备：阅读资料单，完成预习单。

【预习单】

(1)列举大豆蛋白以外的其他植物蛋白的种类。

(2)列举各种植物蛋白的用途。

(3)花生、油菜子等植物蛋白的加工工艺流程有哪些?

2. 实训材料：花生、油菜子等植物蛋白实物或图片、视频。

任务实施

【任务单】

一、植物蛋白的种类(大豆蛋白除外)

了解市场上植物蛋白的种类，写出下列植物蛋白的蛋白含量、特点、用途，填入下表。

植物蛋白的类型与用途

种类	花生植物蛋白	油菜子植物蛋白	向日葵植物蛋白
蛋白含量			
特点			
用途			

二、植物蛋白的加工工艺(大豆蛋白除外)

通过教师讲授及视频观看，写出下列植物蛋白的加工工艺流程与质量监控点，填入下表。

植物蛋白的加工工艺流程与质量监控点

植物蛋白	加工工艺流程	质量监控点
花生植物蛋白		
油菜子植物蛋白		
向日葵植物蛋白		

考核评价

依据附件表1对实训过程的表现进行评价。

总结反馈

实训过程有哪些不足？是什么原因造成的?

知识拓展

查阅花生植物蛋白、油菜子植物蛋白、向日葵植物蛋白的国家标准。

任务3　大豆分离蛋白加工与质量评价

实训目标

知道大豆分离蛋白的加工原理，明白大豆分离蛋白的加工工艺流程、加工工序、质量监控点。

任务描述

以组为单位，每组完成 500 g 大豆分离蛋白的提取工作。在粮油加工实训室操作完成。需要 4 学时。

实训准备

1. 知识储备：阅读资料单，完成预习单。

【预习单】

(1)大豆分离蛋白的蛋白质含量一般在什么范围？

(2)大豆分离蛋白的用途有哪些？

(3)阐述大豆分离蛋白的提取原理。

(4)阐述大豆分离蛋白的提取方法。

(5)设计大豆分离蛋白提取的工作方案。

2. 实训材料：大豆或低温脱脂大豆粕、15%～30%的盐酸、碳酸钠。

3. 实训用具：破壁机(石磨、砂轮磨或钢磨均可)、玻璃盆或搪瓷盆若干只。密致的纱布袋、精密 pH 试纸，规格 pH 3.8～5.4。

任务实施

【任务单】

一、原辅料预处理

将大豆浸泡的过程与酸碱溶液的配制过程填入下表。

原辅料预处理

浸泡大豆	加水量：	浸泡时间：	设备：
盐酸溶液	浓度：	配制方法：	用具：
碳酸钠溶液	浓度：	配制方法：	用具：

二、破壁磨浆

将破壁磨浆的过程填入下表。

破壁磨浆的过程

	使用前的准备工作	加豆量	加水量	开机挡位
破壁机的使用				

三、碱提、酸沉的过程

将碱提、酸沉的过程填入下表。

碱提酸沉

	碱提	酸沉
加水量		
pH 调整		
操作要点		

四、产品评价

计算湿大豆分离蛋白的出率，并描述湿大豆分离蛋白的感官品质，填入下表。

产品评价

<table>
<tr><td colspan="2" rowspan="2">蛋白出率</td><td colspan="3">感官性状</td></tr>
<tr><td>色泽</td><td>气味</td><td>组织状态</td></tr>
<tr><td>干大豆重量</td><td></td><td></td><td></td><td></td></tr>
<tr><td>湿大豆分离蛋白的重量</td><td></td><td></td><td></td><td></td></tr>
<tr><td rowspan="2">蛋白百分比</td><td rowspan="2"></td><td></td><td></td><td></td></tr>
<tr><td></td><td></td><td></td></tr>
</table>

考核评价

依据附件表2对实训过程的表现进行评价。

总结反馈

你组生产的大豆分离蛋白如何？实训是否成功？分析原因。

知识拓展

大豆分离蛋白的加工方法有哪些？

项目五　大豆功能食品的加工与质量监控

本项目主要内容有大豆低聚糖、大豆异黄酮、大豆皂苷、大豆多肽、大豆磷脂、大豆膳食纤维的营养价值，开发的意义；大豆低聚糖、大豆异黄酮、大豆皂苷、大豆多肽、大豆磷脂、大豆膳食纤维的加工工艺流程、主要工序与质量监控。本项目实操环节分为大豆功能性食品加工过程与质量控制、大豆膳食纤维的加工与质量评价2个任务。

知识储备

【资料单】

一、大豆低聚糖的加工与质量控制

(一)大豆低聚糖的特点

大豆低聚糖广泛存在于各种豆科植物中，尤其是在大豆的胚轴中含量丰富。

1. 功能性糖源

大豆低聚糖是大豆中可溶性糖质的总称。其分子结构由2～10个单糖分子以糖苷键相连接而形成，主要由水苏糖、棉子糖、蔗糖以及少量的果糖、葡萄糖、毛蕊糖等所组成。大豆低聚糖分子量300～2 000，界于单糖(葡萄糖、果糖、半乳糖)和多糖(纤维、淀粉)之间，又有二糖、三糖、四糖之分。大豆低聚糖广泛应用于食品、保健品、饮料、医药、饲料添加剂等领域。

2. 低甜度、低热量纯天然甜味剂

大豆低聚糖具有良好的热稳定性，对酸的稳定性也略优于蔗糖。每克大豆低聚糖的热值约为 8.36 kJ，仅是蔗糖的 1/2。大豆低聚糖可部分替代蔗糖应用于清凉饮料、酸奶、乳酸菌饮料、冰激凌、面包、糕点、糖果和巧克力等食品中。在面包中使用大豆低聚糖，还可起到延缓淀粉老化、延长产品货架寿命的作用，最低起效量也较小(2 g/d)。

3. 具有良好的保健功能

大豆低聚糖能促进双歧杆菌生长繁殖，改善肠内菌群结构；大豆低聚糖能够降低血清胆固醇水平，提高高密度脂蛋白和血清超氧化物歧化酶的活力，进而调节脂肪代谢，降低血压；大豆低聚糖能减少体内有毒代谢物质产生，减轻肝脏解毒的负担；大豆低聚糖可间接对肠道免疫细胞产生刺激，诱导免疫反应，增强人体免疫功能。

(二)大豆低聚糖的加工工艺流程

大豆乳清→除蛋白质→吸附脱色→除盐→离子交换→浓缩→干燥→成品。

(三)大豆低聚糖加工与质量标准

1. 加工工序

(1)沉淀。先把大豆乳清输入热处理器中，外温 70 ℃以上，蛋白质变性呈凝胶状析出。静置，沉淀紧密后，分出浆状蛋白质，经离心分离，干燥，得副产大豆蛋白。

(2)超滤。上层澄清液和分离液中仍悬浮少量较低分子量的大豆蛋白质，送入超滤装置，经超滤膜并在压力推动下，基本截留掉乳清液中残留的蛋白质，得到清亮透明的渗出液。截留的蛋白质，经干燥后副产品应用。

(3)脱色。将除去蛋白质的乳清送进脱色器中，用盐酸调整 pH 为 3～4，加入溶液量 1%活性炭，升温为 40 ℃左右。在搅拌下，吸附脱色 60 min 左右，然后过滤分离，去除吸附活性炭，可得到去异味的脱色大豆乳清液。

(4)除盐。用氢氧化钠溶液把脱色乳清的 pH 调至中性，泵入电渗析装置。在电极电位差推动下，盐类的正负离子定向地通过离子交换装置，大豆低聚糖被截留，从而把盐类除去。一般除盐率可达 93%～95%，基本脱掉大豆乳清的咸味。

(5)除杂。为进一步除去残留在大豆乳清中的盐和色素，用 732 型阳离子交换树脂和 717 型阴离子交换树脂进一步脱除处理。大豆乳清与离子交换树脂接触时，阳离子交换树脂的氢离子与盐的正离子交换，阴离子交换树脂的氢氧根与盐的负离子交换，而大豆乳清中的低聚糖是非离子型物质仍留在溶液中，故而将盐类等离子型物质除去。经离子交换树脂处理的大豆乳清无异味，色值明显下降。

(6)浓缩。除杂后的大豆低聚糖稀溶液，经浓缩干燥即为固体大豆低聚糖产品。因节能考虑，先把稀糖液送入反渗透装置中，除去 90%以上的水分，使稀糖液浓度提高为 12%以上。再转入减压蒸发设备中，在负压下于 65～70 ℃沸腾蒸发。蒸发浓缩到含糖超过 30%时，用超滤装置除去悬浮物和细菌，成为符合食用标准的大豆低聚糖糖浆。

(7)干燥。用高压泵以 14～16 MPa 压力，把糖浆送入干燥塔顶部，通过雾化器变成雾状的细小液滴群，与 180～190 ℃的热风接触，液滴水分迅速蒸发后成粉状或粒状固体。此时热风温度急速下降，成为湿空气经分离器排出，出口温度降为 84～89 ℃。收集塔内固体物即得大豆低聚糖产品。

2. 大豆低聚糖质量指标

大豆低聚糖感官指标如表 6-6，理化指标如表 6-7。

表 6-6 大豆低聚糖感官指标

项目	指标
外观	白色或黄色粉末或颗粒状
滋味	有甜味、无异味
杂质	无杂质

表 6-7 大豆低聚糖理化指标

项目	指标
水分	≤3.0%
低聚糖含量	30%～45%(水苏糖、棉子糖)
蔗糖含量	35%～55%
还原糖含量	4%～10%
砷(以 As 计)/(mg/kg)	≤0.3
铅(以 Pb 计)/(mg/kg)	≤0.4

二、大豆异黄酮的加工与质量控制

(一)大豆异黄酮的特点

大豆异黄酮是大豆生长过程中形成的一类次生代谢产物。

1. 天然存在的植物雌激素

大豆中异黄酮共有 12 种，分为游离型甙元和结合型糖甙。甙元占总量的 2%～3%，包括染料木素(三羟异黄酮)、大豆甙元(二羟异黄酮)和黄豆黄素。糖甙占总量的 97%～98%，主要以丙二酸染料木甙、丙二酰大豆甙、染料木甙和大豆甙形式存在。

2. 溶解性

大豆异黄酮的甙元一般难溶或不溶于水，可溶于甲醇、乙醇、乙酸乙酯、乙醚等有机溶剂中及稀碱中；大豆异黄酮的结合式苷易溶于甲醇、乙醇、吡啶、乙酸乙酯及稀碱液中，难溶于苯、乙醚、氯仿、石油醚等有机溶剂，对水溶解度增加，可溶于热水。由于异黄酮分子中有酚羟基，故其显酸性，可溶于碱性水溶液中及吡啶中。

3. 保健功能

(1)调节雌激素水平、改善骨质疏松。大豆异黄酮可作为雌激素代用品；大豆异黄酮可与破骨细胞上的雌激素受体结合，降低其活性，阻止破骨细胞酸的分泌，使骨质流失减少；此外，大豆异黄酮增强机体对钙的利用，增加骨密度，因此能增强其他补钙制剂的作用，进而改善骨质疏松。

(2)抗癌作用。大豆异黄酮可双向调节雌激素，降低雌激素活性，减少女性因雌激素水平高而患乳腺癌的危险性。

(3)降低胆固醇，减少女性心血管疾病的发生。大豆异黄酮通过增加极低密度脂蛋白受体活性，防止极低密度脂蛋白受体过度氧化，抑制血管平滑肌细胞的增殖，抗血栓生成等作用机制，使血小板活性降低，使其在血管壁上的沉积和聚积减少，阻止了粥状动脉硬化的发生，减少女性心血管疾病的发生。

(二)大豆异黄酮的加工方法

1. 有机溶剂萃取法

此法是国内外提取异黄酮使用最广泛的方法，常用的有机溶剂主要有：乙醇、甲醇、乙酸乙酯以及它们的水溶液。有机溶剂萃取法主要用于提取脂溶性基团占优势的黄酮类化合物，因为异黄酮特殊分子结构，决定了其较大的分子极性。根据相似相溶的原理，该物质可以被这些极性溶剂溶出，进入溶液相，为下一步的纯化处理提供了条件。在有机溶剂萃取法中最常用的溶剂是乙醇，即醇提法。提取过程中，乙醇的浓度对提取结果有较大的影响。一般认为，乙醇浓度的提高有利于异黄酮的提取，但这还跟异黄酮物质的某一特定结构有关，高浓度适用于提取游离型的甙元形式，低浓度的乙醇适用于提取葡萄糖苷形式的异黄酮。

2. 超声波法

超声波提取异黄酮类物质的原理是其空化作用对细胞膜的破坏有助于异黄酮类化合物的释放与溶出。超声波使提取液不断振荡，有助于溶质扩散，同时超声波的热效应使水温基本维持在一定温度，对原料有水浴作用。因此超声波大大缩短了提取时间，提高了有效成分的提取率和原料的利用率。

3. 酸解法

大豆中异黄酮类化合物提取产品中异黄酮的存在形式是糖苷结合的形式，但是这种极性溶剂提取法存在着提取专一性不强、提取物中杂质含量高、产品成分复杂等诸多缺点，导致异黄酮产品分离纯化困难。针对以上问题提出了酸水解法提取异黄酮的新工艺，该方法利用异黄酮甙和异黄酮甙元在分子极性上的明显差异，采取非极性溶剂提取和酸水解结合的方法，选择性地提取出低分子极性的大豆异黄酮甙元成分。

(三)大豆异黄酮的提取与质量控制

大豆异黄酮的提取可以采用甲醇、乙醇、乙酸乙酯等溶剂进行浸提。不同的溶剂其提取工艺也不同。现以乙醇为例，介绍其浸提工艺。

1. 原料制备

将脱脂豆粕进行粉碎。如果采用大豆为原料，需要先进行脱脂，使豆粕残油率＜1%，干燥后粉碎备用。

2. 提取

采用乙醇为浸提液，先在豆粕粉中加入含 0.1～1.0 mol/L 的盐酸，再在 95%的乙醇溶液中进行回流提取，过滤收集滤液。

3. 回收

提取溶剂将滤液进行减压蒸发，回收乙醇，得到大豆异黄酮的粗水溶液。

4. 纯化

在粗水溶液中加入 0.1 mol/L 的氢氧化钠溶液，调节 pH 至中性。这时，中性溶液将出现沉淀，然后过滤，得到的沉淀物即为含大豆异黄酮的产物。

5. 精制

将上述产物溶解于饱和的正丁醇溶液中，加于氯化铝吸附柱上进行吸附，然后用饱和的正丁醇溶液淋洗，洗出大豆异黄酮的不同组分。

各种大豆制品中异黄酮含量和种类分布不同，不仅与大豆品种和栽培环境有关，还与大豆制品的加工工艺密切相关。100 g 大豆样品中含有异黄酮 128 mg，可分离约 102 mg。

三、大豆皂苷的加工与质量控制

（一）大豆皂苷的特点

1. 低聚苷

大豆皂苷是固醇类或三萜类化合物的低聚苷总称。大豆皂苷是一种常见的皂苷，它主要存在于豆科植物中。豆类植物种子中大豆皂苷的含量一般在 0.62%～6.16%。人们对大豆的认识和利用有很久远的历史，但对大豆皂苷的研究起步较晚，直到 20 世纪 90 年代中期邻苯＝甲酸＝甲脂(DDMP)大豆皂苷的发现，才引起人们的重视。

2. 性质

纯的大豆皂苷是一种白色粉末，具有微苦味和辛辣味，其粉末对人体各部位的黏膜均有刺激性。大豆皂苷分子量为 1 000 左右，分子极性较大，可溶于水，易溶于热水、含水稀醇、热甲醇和热乙醇中，难溶于乙醚、苯等极性小的有机溶剂，大豆皂苷熔点很高，常在熔融前就分解了，因此无明确熔点。大豆皂苷属于酸性皂苷，在其水溶液中加入硫酸铵、醋酸铅或其他中性盐类即生成沉淀，利用这一性质可以对其进行分离和提取。大豆皂苷与苯反应生成红棕色沉淀，在冰醋酸-乙酰氯溶液中显红色，于氯仿-硫酸中呈现绿色荧光，与五氯化锑反应呈蓝紫色。故可利用这些性质检测大豆皂苷的含量。

3. 生理功能

资料显示，大豆皂苷对 T 细胞具有增强作用，特别是 T 细胞功能的增强，可以使白介素的分泌提高，而白介素可以保护 T 细胞的存活与繁殖。促进 T 细胞产生淋巴因子，增强诱杀性细胞 NK(自然杀伤性细胞)的分化。提高 LAK(淋巴因子激活的杀伤性细胞)的活性，从而生物体表现出较强的免疫功能。国外学者曾发现大豆皂苷在 150～660 mL/kg 条件下，可抑制人类肿瘤细胞的生成。国内学者李百祥等研究结果表明，大豆皂苷对人胃腺癌细胞具有明显抑制作用。研究发现，大豆皂苷能通过增加 SOD（超氧化物歧化酶)的含量，降低 LPO(过氧化脂质)，清除自由基，减轻自由基的损害作用，促进修复。

大豆皂苷具有抗凝血、抗血栓及抗糖尿病的功能，大豆皂苷的抗凝血作用很早就被人们发现。通过对白鼠做实验，发现大豆皂苷可以抑制血小板凝聚，并使血纤维蛋白减少，还可以抑制体内毒素引起纤维蛋白的凝聚作用，并可以抑制凝血酶引起的血栓纤维蛋白的形成，这表明大豆皂苷具有抗血栓作用。经过大量动物实验还发现，大豆皂苷可以抑制纤维蛋白原向纤维蛋白转化，可降低血糖和血小板的凝聚率，有抗糖尿病的功效。

大豆皂苷可以调节中枢单胺类神经递质的释放，进而影响心律及血压，是极具前景的治疗心脑血管疾病的药物。

（二）大豆皂苷的提取与质量控制

目前大豆皂苷纯化方法主要有：正丁醇萃取法、有机溶剂沉淀法、酸碱水解-乙酸乙酯萃取法、铅盐沉淀法、柱层析法、柱层析与有机溶剂沉淀结合法、制备色谱法。下面以有机溶剂沉淀法为例介绍提取工艺。

1. 原料处理

将脱脂豆粕粉碎，并要求脱脂豆粕的残油率＜1%。

2. 浸提

将粉碎后的脱脂豆粕用甲醇溶液进行浸提。浸提条件是在 60～80 ℃条件下(有研究指出以 80 ℃为最佳温度)，采用质量分数为 90％的甲醇溶液，每次提取的固液比为 1∶16，提取时间为 3 h，加热回流浸提 3 次，合并浸提液，将浸提液过滤，收集滤液。同时，对残油进行回流浸提，对浸提液减压蒸干，回收浸提溶剂，得到粉末。

3. 粗分离

由于皂苷不溶于石油醚、苯或乙醚等脂溶性溶剂，而粉末中的油脂、色素则能够溶解于上述溶剂，因此，用上述溶剂进行分离皂苷。然后用亲水性强的丁醇(丁醇∶水为 1∶1)作为溶剂提纯，使皂苷转入丁醇，收集丁醇溶液，减压蒸干，即得粗皂苷。

4. 精制

粗皂苷中含有糖类、鞣质、色素、异黄酮以及无机盐等杂质，采用层析柱氯化镁吸附法或大孔树脂吸附法进行精制，即可得到精制皂苷。提取率一般可在 94％左右。

四、大豆多肽化合物的加工与质量控制

(一)大豆多肽化合物的特点

1. 低分子质量肽的混合物

大豆多肽即肽基大豆蛋白水解物的简称，是指 3～6 个氨基酸组成的低分子质量肽的混合物。

2. 性质

大豆多肽的必需氨基酸组成与大豆蛋白质完全一样，含量丰富而平衡，而且多肽化合物易被人体消化吸收。较之相同组成氨基酸和母体蛋白，肽具有无蛋白质变性、无豆腥味、无残渣、易溶于水，在酸性条件下不沉淀、溶液黏度小、受热不凝固等独特的理化性能与生物活性。

3. 生理功能

易消化吸收、促进能量代谢。大豆多肽化合物直接可被人体吸收，促进能量代谢，从而恢复精神、体力，避免肥胖；增加肌肉的耐力，促进肌红蛋白恢复；抗氧化作用。消除人体自由基，防止新的自由基形成，延缓人体退化、老化的过程；具有低抗原、低过敏性；降低胆固醇，调节血液黏稠度，改善血管通透性，防止动脉血管粥样硬化，防止脑血栓，防止中风；通过抑制 ACE 活性，而显著降低血压的作用；调节胰岛素分泌，从而达到降低血糖的作用；促进微生物生长发育，调节改善胃肠功能，相同氨基酸组成的大豆蛋白质无此效果；对双歧杆菌也有一定的促进作用。

因此，可将大豆多肽的营养特性，应用于低过敏食品、运动食品、运动饮料、降压食品以及消除疲劳食品等保健品中。

(二)加工工艺与操作要点

1. 工艺流程

脱脂大豆粕→浸泡→磨浆分离→胶体磨→精滤→超滤→预处理→酶水解→分离→脱苦、脱色→脱盐→杀菌→浓缩→干燥。

2. 操作要点

(1)预处理。因为大豆球蛋白分子具有相当紧密的结构，这种极其致密的结构对酶水

解具有很强的抵抗力，所以在酶解大豆蛋白时必须适当进行预处理，使其中的蛋白质复杂结构被打开而形成一条直链，那些原来在分子内部包藏而不易与酶发生作用的部位，由于分子结构的松散而暴露出来，从而使蛋白水解酶的作用点大大增加，加快了蛋白质的酶解。试验证明：在 90 ℃下加热 10 min，既可防止大豆蛋白溶液黏度升高又可大大提高其水解度。

(2)蛋白酶水解条件。反应时的 pH 为 7.5，酶用量为 E/S＝4%，水解反应温度为 45 ℃，作用时间为 12 h。底物浓度为 4%。

(3)分离。调节蛋白酶解液的 pH 为 4.3，使未水解的蛋白质沉淀而去除，分离得到纯净的酸性水解物溶液，试验表明在最佳反应条件下，水解率可高达 95%。

(4)脱苦、脱色。分离后的大豆蛋白酶解物是低分子肽类和游离氨基酸混合物，并且其中的带芳香侧链或长链烷基侧链的疏水性氨基酸的肽类是苦味肽，为了改善大豆多肽的口感和滋气味，必须除去苦味肽和游离氨基酸。采用活性碳吸附法来进行脱苦、脱色，最佳反应条件是碳液浓度比例为 1∶10，温度 40 ℃，pH 为 3.0。

(5)脱盐。采用离子交换脱盐，将一定体积的大豆蛋白酶解液以每小时 10 倍柱体积的流速分别流经 H^+ 型阳离子交换树脂和 OH^- 型阴离子交换树脂来脱除 Na^+ 和 Cl^-，脱盐率在 85%以上。

(6)杀菌、浓缩、干燥。经分离精制后的大豆多肽溶液在 135 ℃温度下进行 5 s 的超高温瞬间杀菌，接着进行真空度为 650 mmHg 的真空浓缩，浓缩至含量为 25%的固形物，最后进行喷雾干燥即可得到成品粉末大豆多肽。

五、大豆磷脂的加工与质量控制

(一)大豆磷脂的特点

1. 含磷酸根的单酯衍生物

大豆磷脂是一种成分复杂的甘油酯，水解后可得甘油、脂肪酸、磷酸和一种含氮化合物。

2. 磷脂的组成

磷脂由磷脂酰胆碱、磷脂酰乙醇胺、磷脂酰肌醇、磷脂酰丝胺酸等成分组成。

3. 生理功能

磷脂是人体细胞的基本成分，并对人体的神经系统、心血管系统、免疫系统和体内贮存与输送脂类的器官起着重要作用。大豆磷脂中最具价值的组分是卵磷脂。卵磷脂能促进胆固醇和蛋白质分子结合成复合体而存在于血液中，能减轻血管壁的类脂质浸润，抑制动脉粥样硬化症的产生；卵磷脂中的胆碱参与脂肪的代谢，可预防脂肪酸从肝脏排泄缓慢所引起的脂肪肝病变；胆碱还在体内参与必需氨基酸蛋氨酸和其他一些氨基酸的生物合成，促进脂溶性维生素在体内更好地吸收。

(二)大豆磷脂的加工与质量控制

1. 大豆磷脂加工工艺流程

毛豆油→过虑→水化(热水、加酸)→离心机分离→水化后的油脚→真空蒸发浓缩→浓缩磷脂→深加工工序→改性磷脂(脱色磷脂)。

2. 加工要点

(1)预热。机榨毛油经过滤除去杂质后，预热升温至 80 ℃。

(2)加水水化。根据油中磷脂的含量，以及在加热过程中所形成的磷脂胶粒的变化情况确定加水量。

(3)浓缩。将水化后的磷脂油脚，经真空吸入浓缩缸中，同时升温并进行搅拌。

(4)磷脂的脱色。当需要制取高质量的磷脂时，经浓缩的磷脂，还需要进行脱色处理。

各种制取方法提取的植物油中，都含有一定量的磷脂。其中，毛豆油、毛菜子油、棉子油含量较多。在大豆毛油精炼水化(加酸)脱胶过程中，可分离出以磷脂为主要组分的油脚。磷脂油脚的加工，借助搅拌装置的薄膜蒸发设备，去除油脚中50%～60%的水分和杂质，获取高黏性的有流动性的磷脂油，再深加工为粉末磷脂产品。

六、大豆膳食纤维的加工与质量控制

(一)大豆膳食纤维的特点

1. 大豆膳食纤维的组成

大豆膳食纤维是不能被人体消化酶所分解的大分子糖类的总称，主要成分为纤维素、果胶质、木聚糖、甘露糖等。

2. 生理功能

膳食纤维不能为人体提供任何营养物质，但对人体具有重要的生理功能，能明显降低血浆胆固醇、调节胃肠功能、调节胰岛素水平。

(1)预防肥胖症。大豆膳食纤维的相对密度比较小，吸水后体积大，对肠道产生容积作用，容易引起饱腹感，影响食物中碳水化合物成分的消化吸收，使人体不容易产生饥饿感。

(2)防治高血压、心脏病和动脉硬化的作用。高血压、心脏病和动脉硬化的危险因素之一是高胆固醇血症。大量的研究表明，胆固醇和胆酸的排出与膳食纤维有着极为密切的关系，大豆中水溶性膳食纤维具有明显降低血胆固醇浓度的作用。

(3)预防结肠癌。肠道中的一些有益微生物能利用膳食纤维产生短链脂肪酸，进而抑制腐生菌的增长，降低结肠中的一些腐生菌产生致癌物质的风险；胆汁中的胆酸和鹅胆酸可以被细菌代谢为具有致癌作用的次生胆汁酸和脱氧胆酸，膳食纤维能束缚胆酸和次生胆汁酸的产生，降低结肠中胆酸代谢产物次生胆汁酸的含量，预防结肠癌。

(4)预防糖尿病。临床医学认为膳食纤维可能有增加碳水化合物刺激胰岛素分泌的性能，进食高膳食纤维后，高膳食纤维可能因增高组织对胰岛素的敏感性，从而产生降血糖效应。

(5)其他生理功能。膳食纤维的缺乏还与间歇式疝、阑尾炎、静脉血管曲张、肾结石和膀胱结石、十二指肠溃疡、溃疡性结肠炎、胃食道逆流、痔疮和深静脉管血栓等疾病的发病率与发病程度有很大关系，摄入高膳食纤维可保护机体免受这些疾病的侵害。

(二)大豆膳食纤维加工工艺流程

湿豆渣→调酸→热水浸泡→中和→脱水干燥→粉碎→过筛→豆渣粉→挤压→冷却→粉碎→功能活化和超微粉碎→成品。

(三)操作要点与质量控制

1. 湿热处理脱腥

此工序包括对豆渣进行调酸、热处理、中和。调酸是将豆渣用水浸泡，并用 1 mol/L 盐酸溶液调节 pH 为 3～5；热处理是将浸泡的豆渣温度调到 80～100 ℃，湿热处理 2 h 左右，使脂肪氧化酶失活，减轻豆腥味，并使抗营养因子钝化；再用 1 mol/L 的 NaOH 溶液将混合液的 pH 调至中性。

2. 还原、洗涤、挤压

加入试剂进行还原后水洗 3～5 次，再将豆渣送入挤压蒸煮设备，在压力为 0.8～1 MPa、温度 180 ℃左右条件下进行挤压、剪切、蒸煮处理。挤压蒸煮是生产高品质多功能大豆纤维粉的重要工序。

3. 干燥、冷却、粉碎

再经干燥、冷却、粉碎即成大豆膳食纤维。其外观为乳白色，无豆腥味，粒度为 1 000～2 000，膳食纤维含量为 60%，大豆蛋白质含量为 18%～25%。

相关标准：《中华人民共和国国家标准　食品安全国家标准　豆制品(GB 2712—2014)》

任务 1　大豆功能性食品加工过程与质量控制

实训目标

知道大豆低聚糖、大豆皂苷、大豆多肽、大豆磷脂、大豆膳食纤维的营养价值、开发的意义；大豆低聚糖、大豆皂苷、大豆多肽、大豆磷脂、大豆膳食纤维的加工工艺流程、加工工序、质量监控点。

任务描述

叙述大豆低聚糖、大豆皂苷、大豆多肽、大豆磷脂、大豆膳食纤维的营养价值、开发的意义；写出大豆低聚糖、大豆皂苷、大豆多肽、大豆磷脂、大豆膳食纤维的加工工艺流程、加工工序、质量监控点。本任务在粮油加工实训室完成。需要 2 学时。

实训准备

1. 知识储备：阅读资料单，完成预习单。

【预习单】

(1)说说大豆低聚糖、大豆皂苷、大豆多肽、大豆磷脂、大豆膳食纤维的营养价值。

(2)说说开发大豆低聚糖、大豆皂苷、大豆多肽、大豆磷脂、大豆膳食纤维的意义。

(3)说说各种大豆蛋白的用途。

(4)说说大豆低聚糖、大豆皂苷、大豆多肽、大豆磷脂、大豆膳食纤维的加工工艺流程。

(5)说说加工大豆低聚糖、大豆皂苷、大豆多肽、大豆磷脂、大豆膳食纤维的质量监控点。

2. 实训材料：大豆低聚糖、大豆皂苷、大豆多肽、大豆磷脂、大豆膳食纤维实物或图片、视频。

任务实施

【任务单】

一、大豆功能食品的种类

了解市场上大豆功能食品的种类，写出下列大豆功能食品的特点、用途，填入下表。

不同大豆功能食品的特点与用途

种类	大豆低聚糖	大豆皂苷	大豆多肽	大豆磷脂	大豆膳食纤维
特点					
用途					

二、大豆功能食品的加工工艺流程

通过教师讲授及视频观看，写出下列大豆功能食品的加工工艺流程与质量监控点，填入下表。

大豆功能食品的加工工艺流程

大豆功能食品的种类	工艺流程	质量监控点
大豆低聚糖		
大豆皂苷		
大豆多肽		
大豆磷脂		
大豆膳食纤维		

考核评价

依据附件表 1 对实训过程的表现进行评价。

总结反馈

实训过程有哪些不足？是什么原因造成的？

知识拓展

大豆功能食品生产现状怎样？

任务 2　大豆膳食纤维的加工与质量评价

实训目标

知道大豆膳食纤维的加工原理，明白大豆膳食纤维的加工工艺流程、加工工序、质量监控点。

任务描述

以组为单位，每组完成 200 g 大豆的大豆膳食纤维的提取工作。在粮油加工实训室操作完成。需要 4 学时。

实训准备

1. 知识储备：阅读资料单，完成预习单。

【预习单】

(1)大豆膳食纤维的营养价值有哪些？

(2)阐述大豆膳食纤维的加工原理。

(3)阐述大豆膳食纤维的加工方法。

(4)设计大豆膳食纤维加工的工作方案。

2. 实训材料：大豆、1 mol/L 的盐酸、1 mol/L 的氢氧化钠。

3. 实训用具：豆浆机、高压锅、盆若干只、纱布、精密 pH 验纸。

任务实施

【任务单】

一、原料预处理

将原料预处理的过程填入下表。

原料预处理

浸泡大豆	加水量：	浸泡时间：	设备：
盐酸溶液	浓度：	配制方法：	用具：
碳酸钠溶液	浓度：	配制方法：	用具：

二、磨浆过滤豆渣

将豆浆机磨浆过滤豆渣的过程填入下表。

磨浆过滤豆渣

	使用前的准备工作	加豆量	加水量	开机档位
豆浆机的使用				

三、豆渣的热处理

将豆渣的热处理的过程填入下表。

豆渣的热处理

	调酸	热处理	中和
方法及操作要点			
设备及用具			
注意事项			

四、还原、洗涤、挤压

将还原、洗涤、挤压的过程填入下表。

还原、洗涤、挤压

	还原	洗涤	挤压
方法			
作用			

五、产品评价

计算湿大豆膳食纤维的出率，并描述湿大豆膳食纤维的感官品质，填入下表。

产品评价

膳食纤维出率		感官性状		
		色泽	气味	组织状态
干大豆重量				
湿大豆膳食纤维的重量				
膳食纤维百分比				

考核评价

依据附件表 2 对实训过程的表现进行评价。

总结反馈

本次实训是否成功？分析原因。

知识拓展

检索资料，查阅、整理并叙述大豆膳食纤维的加工方法。

第七单元
植物油脂加工与质量监控

本单元依据植物油脂加工的过程分为植物油脂的提取与质量监控、植物油脂的精炼与深加工 2 个项目；根据植物油脂加工的不同岗位工作内容，结合教学手段等分为植物油脂加工企业参观、植物油脂深加工与质量控制等 5 个任务。本单元需要在校外实训基地(植物油脂加工企业)与校内粮油加工实训室实施完成。教师根据地域情况全部或选择部分任务进行教学。

项目一　植物油脂的提取与质量监控

本项目内容包括植物油料种类及预处理、植物油脂加工企业的安全常识、油料的贮藏、植物油脂加工车间的布局及功能，植物油脂加工设备的认知、植物油脂制取的工艺流程、油脂制取的操作规范、制取过程的质量监控等内容。本项目实操环节分为植物油脂制取过程与质量控制、植物油脂加工企业参观 2 个任务。

知识储备

【资料单】

植物油脂是人类必不可少的主要膳食成分之一，具有重要的生理功能，是人体必需脂肪酸的主要来源，同时也是重要的工业原料。

目前植物油脂制取方法主要有机械压榨法、溶剂浸出法、超临界流体萃取法及水溶剂法。超临界溶剂萃取及水溶剂法制取的油脂纯度高、品质好，可以直接食用，而且饼粕中蛋白质资源可以得到充分利用。

随着食品安全法的颁布和各级植物油脂产品标准的出台，植物油脂生产过程中的质量监控显得尤为重要。

一、植物油料的种类及主要成分

(一)植物油料的分类

1. 植物油料

凡是油脂含量在 10%以上，具有制油价值的植物种子和果肉等均称为油料。

2. 分类

(1)高含油率油料。油菜子、棉子、花生、芝麻等含油率大于 30%的油料。

(2)低含油率油料。大豆、米糠等含油率在 20%左右的油料。

(二)植物油料种子的主要化学成分

油料种子的种类很多。不同油料种子的化学成分及其含量不尽相同，但其中一般都含有油脂、蛋白质、糖类、脂肪酸、磷脂、色素、蜡质、烃类、醛类、酮类、醇类、脂溶性维生素、水分及灰分等物质。

1. 油脂

油脂是油料种子在成熟过程中由糖转化形成的一种复杂混合物，是油料种子中主要化学成分。纯的油脂是由 1 分子甘油和 3 分子高级脂肪酸形成的中性酯，又称为甘油三酸酯，简称甘油三酯。

在甘油三酯中脂肪酸的相对分子质量占 90％以上，甘油仅占 10％，构成油脂的脂肪酸性质及脂肪酸与甘油的结合形式，决定了油脂的物理状态和性质。

(1)单纯甘油三酯和混合甘油三酯。根据脂肪酸与甘油结合的形式不同，甘油酯可分成单纯甘油三酯和混合甘油三酯。在甘油三酯分子中与甘油结合的脂肪酸均相同则称之为单纯甘油三酯；组成甘油三酯的 3 个脂肪酸不相同则称为混合甘油三酯。

(2)油和脂。构成油脂的脂肪酸主要有饱和脂肪酸和不饱和脂肪酸两大类，常见的饱和脂肪酸有软脂酸、硬脂酸、花生酸等；甘油三酯中饱和脂肪酸含量较高时，在常温下呈固态而称之为脂。不饱和脂肪酸有油酸、亚油酸、亚麻酸、芥酸等。甘油三酯中不饱和脂肪酸含量较高时，在常温下呈液态而称之为油。

用碘价来表示油脂中脂肪酸的饱和程度。碘价是指每 100 g 油脂吸收碘的克数。碘价越高，油脂中脂肪酸不饱和程度越高。按碘价不同油脂分成 3 类：碘价＜80 为不干性油；碘价 80～130 为半干性油；碘价＞130 为干性油。植物油脂大部分为半干性油。常见油脂的碘价为：大豆油 120～141；棉子油 99～113；花生油 84～100；菜子油 97～103；芝麻油 103～116；葵花子油 125～135。

用酸价来表示油脂中游离脂肪酸的含量。纯净的油脂中不含游离脂肪酸，但油料未完全成熟，加工、储存不当等都能引起油脂的分解而产生游离脂肪酸，使油脂的酸度增加从而降低油脂的品质。酸价是指中和 1 g 油脂中的游离脂肪酸所使用的氢氧化钾的毫克数。酸价越高，油脂中游离脂肪酸含量越高。我国《食用植物油卫生标准》规定：酸价，花生油、菜子油、大豆油≤4，棉子油≤1。

2. 蛋白质

蛋白质是由氨基酸组成的高分子化合物，根据蛋白质的分子形状可以将其分为线蛋白和球蛋白两种。油料种子中的蛋白质基本上都是球蛋白，主要存在于籽仁的凝胶部分。因此，蛋白质的性质对油料的加工影响很大。蛋白质除醇溶肽外都不溶于有机溶剂；蛋白质在加热、干燥、压力以及有机溶剂等作用下会发生变性；蛋白质可以和糖类发生作用，生成颜色很深的不溶于水的化合物，也可以和棉子中的棉酚作用，生成结合棉酚；蛋白质在酸、碱或酶的作用下能发生水解作用，最后得到各种氨基酸。

3. 磷脂

磷脂即磷酸甘油酯，简称磷脂。两种最主要的磷脂是磷脂酰胆碱俗称卵磷脂和磷脂酰乙醇氨俗称脑磷脂。

油料中的磷脂是一种营养价值很高的物质，其含量在不同的油料种子中各不相同。大豆和棉子中的磷脂含量最多。磷脂不溶于水，可溶于油脂和一些有机溶剂中；磷脂不溶于丙酮。磷脂有很强的吸水性，吸水膨胀形成胶体物质，从而在油脂中的溶解度大大降低。磷脂容易被氧化，在空气中或阳光下会变成褐色至黑色物质。在较高温度下，磷脂能与棉子中的棉酚作用，生成黑色产物。磷脂还可以被碱皂化，可以被水解。另外，磷脂还具有乳化性和吸附作用。

4. 色素

纯净的甘油三酯是无色的液体。但植物油脂带有色泽，有的毛油甚至颜色很深，这主要是各种脂溶性色素引起的。油籽的色素一般有叶绿素、类胡萝卜素、黄酮色素及花色苷等。油脂中的色素能够被活性白土或活性炭吸附除去，也可以在碱炼过程中被皂脚吸附除去。

5. 蜡

蜡是高分子的一元脂肪酸和一元醇结合而成的酯，主要存在于油籽的皮壳内，且含量很少。但米糠油中含蜡较多。蜡的主要性质是熔点较甘油三酯高，常温下是一种固态黏稠的物质。蜡能溶于油脂中，溶解度随温度升高而增大，在低温会从油脂中析出影响其外观，另外，蜡会使油脂的口感变劣，降低油脂的食用品质。

6. 糖类

糖类是含有醛基和酮基的多羟基的有机化合物，按照糖类的复杂程度可以将其分为单糖和多糖 2 类。糖类主要存在于油料种子的皮壳中，仁中含量很少。糖在高温下能与蛋白质等物质发生作用，生成颜色很深且不溶于水的化合物(美拉德反应)。在高温下糖的焦化作用会使其变黑并分解。

7. 维生素

植物油料含有多种维生素，但制取的油脂中主要是脂溶性的维生素 E，维生素 E 能防止油脂氧化酸败，增加植物油的贮藏稳定性。

二、植物油料的预处理

制油对油料的工艺性质具有一定的要求，因此制油前应对油料进行一系列的处理，使油料具有最佳的制油性能，以满足不同制油工艺的要求。通常在制油前对油料进行清理除杂、剥壳、破碎、软化、轧坯、膨化、蒸炒等，这些工作统称为油料的预处理。

(一)油料的清理

1. 油料清理的目的和要求

油料清理是指利用各种清理设备去除油料中所含杂质的工序的总称。

植物油料中不可避免地夹带一些杂质，一般情况油料含杂质为 1%～6%，最高达 10%。绝大多数杂质在制油过程中会吸附一定数量的油脂而存在于饼粕内，造成油分损失，出油率降低。混入油料中的有机杂质会使油色加深或使油中沉淀物过多影响油的品质，同时饼粕质量较差，影响饼粕资源的开发利用。混入油料的杂质，往往会造成生产设备效率下降，生产环境的粉尘飞扬，空气混浊。因此采用各种清理设备将这些杂质清除，减少油料油脂损失、提高出油率、提高油脂及饼粕的质量、提高设备的处理能力、保证设备安全工作、保证生产环境卫生。

清理后油料不得含有石块、铁杂、绳头、蒿草等大型杂质。油料中总杂质含量及杂质中含油料量应符合规定。花生、大豆含杂量不得超过 0.1%，棉子、油菜子、芝麻含杂量不得超过0.5%；花生、大豆、棉子清理下脚料中含油料量不得超过0.5%，油菜子、芝麻清理下脚料中含油料量不得超过1.5%。

2. 油料清理的方法及机理

油料中杂质种类较多。油料与杂质在粒度、密度、表面特性、磁性及力学性质等物理性质上存在较大差异，根据油料与杂质在物理性质上的明显差异，可以选择小麦加工中常用的筛选、风选、磁选等方法除去各种杂质。对于棉子脱绒、菜子分离，可采用专用设备进行处理。选择清理设备应视原料含杂质情况，力求设备简单，流程简短，除杂效率高。

(二)油料的剥壳及仁壳分离

1. 剥壳的目的

大多数油料都带有皮壳，除大豆、油菜子、芝麻含壳率较低外，其他油料如棉子、花生、向日葵籽等含壳率均在20%以上。

含壳率高的油料必须进行脱壳处理，而含壳率低的油料仅在考虑其蛋白质利用时才进行脱壳处理。油料皮壳中含油率极低，制油时不仅不出油，反而会吸附油脂，造成出油率降低。剥壳后制油，能减少油脂损失，提高出油率。油料皮壳中色素、胶质和蜡含量较高。在制油过程中这些物质溶入毛油中，造成毛油色泽深，含蜡高，精炼处理困难。剥壳后制油，毛油质量好，精炼率高。油料带壳制油，油料体积大，易造成设备处理能力下降，皮壳坚硬，易造成设备磨损，影响轧坯的效果。

2. 剥壳的方法

油料剥壳时根据油料皮壳性质、形状大小、仁皮结合情况的不同，采用不同的剥壳方法。

(1)摩擦搓碾法。借粗糙工作面的搓碾作用使油料壳破碎，如圆盘剥壳机用于棉子、花生的剥壳。

(2)撞击法。借壁面或打板与油料之间的撞击作用使皮壳破碎，如离心式剥壳机用于向日葵籽、茶籽的剥壳。

(3)剪切法。借锐利工作面的剪切作用使油料皮壳破碎，如刀板剥壳机用于棉子剥壳。

(4)挤压法。借轧辊的挤压作用使油料皮壳破碎．如轧辊剥壳机用于蓖麻籽剥壳。

(5)气流冲击法。借助于高速气流将油料与壳碰撞，使油料皮壳破碎。

油料剥壳时，应根据油料种类选择合适的剥壳方式。同时应考虑油料水分对剥壳的影响。油料含水量低，则皮壳脆性大，易破碎，但水分过低，使在剥壳过程中易产生粉末。

油料经剥壳机处理后，还需进行仁壳分离，仁壳分离的方法主要有筛选和风选两种。

(三)油料的破碎与软化

1. 破碎

破碎是在机械外力作用下将油料粒度变小的工序，对于大粒油料如大豆、花生仁，破碎后粒度有利于轧坯操作。对于预榨饼，经破碎后其粒度符合浸出和二次压榨的要求。

(1)对油料或预榨饼的破碎要求：破碎后粒度均匀，不出油，不成团，粉末少。对大豆、花生仁，要求破碎成6～8瓣即可，预榨饼要求块粒长度控制在6～10 mm。

(2)为了使油料或预榨饼的破碎符合要求，必须正确掌握破碎时油料水分的含量。水分过低，将增大粉末度，粉末过多，容易结团；水分过高，油料不容易破碎，易出油。

(3)破碎的设备种类较多，常用的有辊式破碎机、锤片式破碎机，此外也有利用圆盘剥壳机进行破碎。

2. 软化

软化是调节油料的水分和温度，使油料可塑性增加的工序。对于直接浸出制油而言，软化也是调节油料入浸水分的主要工序。

软化的目的在于调节油料的水分和温度，改变其硬度和脆性，使之具有适宜的可塑性，为轧坯和蒸炒创造良好操作条件。对于含油率低的、水分含量低的油料，软化操作必不可少。对于含油率较高的花生、水分含量高的油菜子等，一般不予软化。

软化操作应视油料的种类和含水量，正确地掌握水分调节、温度及时间的控制。一般原料含水量少，软化时可多加些水；原料含水量高，则少加水。软化温度与原料含水量相互配合，才能达到理想的软化效果。一般水分含量高时，软化温度应低一些，反之软化温度应高一些。软化时间应保证油料吃透水气，温度达到均匀一致。要求软化后的油料碎粒具有适宜的弹性和可塑性及均匀性。

(四)油料的轧坯

轧坯是利用机械的挤压力，将颗粒状油料轧成片状料坯的过程。经轧坯后制成的片状油料称为生坯，生坯经蒸炒后制成的料坯称为熟坯。

1. 轧坯目的

轧坯目的是通过轧辊的碾压和油料细胞之间的相互作用，使油料细胞壁破坏，同时使料坯成为片状，大大缩短了油脂从油料中排出的路程，从而提高了制油时出油速度和出油率。此外，蒸炒时片状料坯有利于水热的传递，从而加快蛋白质变性，细胞性质改变，提高蒸炒的效果。

2. 轧坯要求

料坯厚薄均匀，大小适度，不漏油，粉末度低，并具有一定的机械强度。

生坯厚度要求小于：大豆 0.3 mm，棉仁 0.4 mm，菜子 0.35 mm，花生仁 0.5 mm。

粉末度要求：过 20 目筛的物质不超过 3%。

(五)油料生坯的挤压膨化

油料料坯的挤压膨化是利用挤压膨化设备将生坯制成膨化颗粒物料的过程。生坯经挤压膨化后可直接进行浸出取油。该工艺有取代直接浸出和预榨浸出制油工艺的趋势。

1. 挤压膨化的目的

油料生坯经挤压膨化后，其容重增大，多孔性增加，油料细胞组织被彻底破坏，酶类被钝化。这使得膨化物料浸出时，溶剂对料层的渗透性和排泄性都大为改善，浸出溶剂比减小，浸出速率提高，混合油浓度增大，湿粕含溶降低，浸出设备和湿粕脱溶设备的产量增加，浸出毛油的品质提高，并能明显降低浸出生产的溶剂损耗以及蒸汽消耗。

2. 挤压膨化原理

油料生坯由喂料机送入挤压膨化机，在挤压膨化机内，料坯被螺旋轴向前推进的同时受到强烈的挤压作用，使物料密度不断增大。并由于物料与螺旋轴和机膛内壁的摩擦发热以及直接蒸汽的注入，使物料受到剪切、混合、高温、高压联合作用，油料细胞组织被彻底地破坏，蛋白质变性，酶类钝化，容重增大，游离的油脂聚集在膨化料粒的内外表面。物料被挤出膨化机的模孔时，压力骤然降低，造成水分在物料组织结构中迅速汽化，物料受到强烈的膨胀作用，形成内部多孔、组织疏松的膨化料。物料从膨化机末端的模孔中挤出，并立即被切割成颗粒物料。

(六)油料的蒸炒

油料的蒸炒是指生坯经过湿润、加热、蒸坯、炒坯等处理，成为熟坯的过程。

1. 蒸炒目的与要求

(1)蒸炒的目的。为了提高油料出油率，调整料坯的组织结构，借助水分和温度的作用，使料坯的可塑性、弹性符合入榨要求，改善毛油品质，降低毛油精炼的负担，料坯需要蒸炒。

①蒸炒可使分散的游离态油脂聚集，蛋白质凝固变性，油脂黏度、表面张力降低。因此，蒸炒促进了油脂的凝聚，有利于油脂流动，为提高出油率提供了保证。

②蒸炒可使油料内部结构发生改变，其可塑性、弹性得到适当的调整，这一点对压榨制油至关重要。

③蒸炒可改善油脂的品质。蒸炒可使磷脂、蛋白质、棉酚等相互结合，降低这些物质在油脂中的溶解度，对提高油脂质量极为有利。

④料坯中部分蛋白质、糖类、磷脂等在蒸炒过程中，会和油脂发生结合或络合反应，产生褐色或黑色物质，会使油脂色泽加深。

(2)蒸炒要求。蒸炒后的熟坯应生熟均匀，内外一致，熟坯水分、温度及结构性满足制油要求。以湿润蒸炒为例：蒸炒采用高水分蒸炒、低水分压榨、高温入榨、保证足够的蒸炒时间等措施，从而保证蒸炒达到预定的目的。

2. 蒸炒方法

蒸炒方法按制油方法和设备的不同，一般分为两种。

(1)湿润蒸炒。湿润蒸炒是指生坯先经湿润，水分达到要求，然后进行蒸坯、炒坯，使料坯水分、温度及结构性能满足压榨或浸出制油的要求。湿润蒸炒按湿润后料坯水分不同又分为一般湿润蒸炒和高水分蒸炒。一般湿润蒸炒中，料坯湿润后水分一般不超过13%～14%，适用于浸出法制油以及压榨法制油。高水分蒸炒中，料坯湿润后水分一般可高达16%，仅适用于压榨法制油。

(2)加热蒸坯。加热蒸坯是指生坯先经加热或干蒸坯，然后再用蒸汽蒸炒，是采用加热与蒸坯结合的蒸炒方法。主要应用于人力螺旋压榨制油、液压式水压机制油、土法制油等小型油脂加工厂。

三、机械压榨制油与质量控制

机械压榨法制油就是借助机械外力把油脂从料坯中挤压出来的过程。其工艺简单，配套设备少，对油料品种适应性强，生产灵活，油品质量好，色泽浅，风味纯正。但压榨后的饼残油量高，出油效率较低，动力消耗大，零件易损耗。

(一)榨油设备

目前压榨设备主要有两大类：间隙式生产的液压榨油机和连续式生产的螺旋榨油机。油料品种繁多，要求压榨设备在结构设计中尽可能满足多方面的要求，同时，榨油设备应具有生产能力大，出油效率高，操作维护方便，一机多用，动力消耗少等特点。

1. 液压式榨油机

液压式榨油机是利用液体传送压力的原理，使油料在饼圈内受到挤压，将油脂取出的一种间隙式压榨设备。该机结构简单，操作方便，动力消耗小，油饼质量好，能够加工多种油料。它适用于油料品种多、数量少的小型油厂，进行零星分散油料的加工。但其劳动强度大，工艺条件严格，已逐渐被连续式压榨设备取代。

2. 螺旋榨油机

螺旋榨油机是国际上普遍采用的较先进的连续式榨油设备。其工作原理是：旋转着的螺旋轴在榨膛内的推进作用，使榨料连续地向前推进；同时由于榨料螺旋导程的缩短或根圆直径增大，使榨膛空间体积不断缩小而产生压力，把榨料压缩，并把料坯中的油分挤压出来，油分从榨笼缝隙中流出。同时将残渣压成饼块，从榨轴末端不断排出。

螺旋榨油机取油的特点是：连续化生产，单机处理量大，劳动强度低，出油效高，饼薄易粉碎，有利于综合利用。故其应用十分广泛。

(二)压榨制油的质量控制

1. 榨料结构的控制

榨料结构性质主要取决于油料本身的成分和预处理效果。

(1)预处理效果。榨料颗粒大小应利于出油，榨料中被破坏细胞的数量越多越有利于出油，但如颗粒过细，会增大流油阻力，甚至堵塞油路，颗粒细会使榨料塑性加大，不利于压力提高。榨料要有适当的水分，流动性要好。榨料要有必要的温度，尽量降低榨料中油脂黏度与表面张力，以确保油脂在压榨全过程中保持良好的流动性。榨料颗粒具有足够的可塑性。塑性低，榨料流动性大，不易建立压力，压榨时会出现“挤出”现象，增加不必要的回料；塑性高，会早成型，提前出油，易成坚饼而不利出油，而且油质也差。

(2)榨料本身的性质。榨料性质包括凝胶部分、油脂的存在形式、数量以及可分离程度等。对榨料性质的影响因素有水分、温度以及蛋白质变性等。不同的榨料要求有适宜的水分含量，适宜的温度条件、恰当的蛋白质变性程度才能保证压榨法取油的正常顺利。

2. 压榨工艺参数的控制

压榨工艺参数是指压榨压力、时间、温度、料层厚度、排油阻力等，是提高出油效率的决定因素。

(1)榨膛内的压力控制。对榨料施加的压力必须合理，压力变化必须与排油速度一致，即做到“流油不断”，长期实践中总结的施压方法“先轻后重、轻压勤压”是行之有效的。

(2)压榨时间的控制。压榨时间是影响榨油机生产能力和排油深度的重要因素。通常认为，压榨时间长，出油率高。然而，压榨时间过长，会造成不必要的热量散失，对出油率的提高不利，还会影响设备处理量。

(3)压榨温度的控制。温度的变化将直接影响榨料的可塑性及油脂黏度，进而影响压榨取油效率，关系榨出油脂和饼粕的质量。若压榨时榨膛温度过高，将导致饼色加深甚至发焦，饼中残油率增加，以及榨出油脂的色泽加深。而用冷的、不加热的榨油机压榨，不可能得到成型的硬的压榨饼和榨出最多的油脂。合适的压榨温度范围，通常是指榨料入榨温度(100～135 ℃)。不同的压榨方式及不同的油料有不同的温度要求。

四、溶剂浸出制油与质量控制

浸出法制油就是用溶剂将含有油脂的油料料坯进行浸泡或淋洗，使料坯中的油脂被萃取溶解在溶剂中，经过滤得到含有溶剂和油脂的混合油。加热混合油，使溶剂挥发并与油脂分离得到毛油，毛油经水化、碱炼、脱色等精炼工序处理，成为符合国家标准的食用油脂。挥发出来的溶剂气体，经过冷却回收，循环使用。

浸出法优点：出油率高。采用浸出法制油，粕中残油可控制在1%以下，出油率明显提高，粕的质量好。由于溶剂对油脂有很强的浸出能力，浸出法取油完全可以不进行高温加工而取出其中的油脂，使大量水溶性蛋白质得到保护，饼粕可以用来制取植物蛋白。加工成本低，劳动强度小。

其缺点是一次性投资较大；浸出溶剂一般为易燃、易爆和有毒的物质，生产安全性差，此外，浸出制得的毛油含有非脂成分数量较多，色泽深，质量较差。

(一)浸出溶剂的要求

1. 对油脂有较强的溶解能力

在室温或稍高于室温的条件下，能以任何比例很好地溶解油脂，对油料中的其他成分，溶解能力要尽可能地小，甚至不溶。这样就能一方面把油料中的油脂尽可能多地提取出来，另一方面使混合油中少溶甚至不溶解其他杂质，提高毛油质量。

2. 既要容易汽化，又要容易冷凝回收

为了容易脱除混合油和湿粕中的溶剂，使毛油和成品粕不带异味，要求溶剂容易汽化，也就是溶剂的沸点要低，汽化潜热要小。但又要考虑在脱除混合油和湿粕的溶剂时产生的溶剂蒸汽容易冷凝回收，因此要求沸点不能太低，否则会增加溶剂损耗。实践证明，溶剂的沸点在 65～70 ℃比较合适。

3. 具有较强的化学稳定性

溶剂在生产过程中是循环使用的，反复不断地被加热、冷却。一方面要求溶剂本身物理、化学性质稳定，不起变化；另一方面要求溶剂不与油脂和粕中的成分发生化学反应，更不允许产生有毒物质；另外，对设备不产生腐蚀作用。

4. 在水中的溶解度小

在生产过程中，溶剂不可避免要与水接触，油料本身也含有水。要求溶剂与水互不相溶，便于溶剂与水分离，减少溶剂损耗，节约资源。安全性溶剂在使用过程中不易燃烧，不易爆炸，对人畜无毒。在生产中，往往因设备、管道密闭不严和操作不当，会使液态和气态溶剂泄漏出来。因此，应选择闪点高、不含毒性成分的溶剂。

5. 常用的浸出溶剂

我国目前普遍采用的“6 号溶剂油”俗称浸出轻汽油。轻汽油是石油原油的低沸点分馏物，为多种碳氢化合物的混合物，没有固定的沸点，通常只有沸点范围(馏程)。

6 号溶剂油的优点是对油脂的溶解能力强，在室温条件下可以以任何比例与油脂互溶；对油中胶状物、氧化物及其他非脂肪物质的溶解能力较小，因此浸出的毛油比较纯净。6 号溶剂油物理、化学性质稳定，对设备腐蚀性小，不产生有毒物质，与水不互溶，沸点较低易回收，来源充足，价格低，能满足大规模工业生产的需要。

因 6 号溶剂油属于轻汽油，最大缺点是容易燃烧爆炸，6 号溶剂油的蒸汽与空气混合能形成爆炸气体。轻汽油蒸汽易积聚在地面及低洼处，造成局部溶剂蒸汽含量超标，对人的中枢神经系统有毒害作用，所以工作场所每升空气中的溶剂油气体的含量不得超过 0.3 mg，并注意工作场所中低洼地方的空气流通。另外，6 号溶剂油的沸点范围较宽，在生产过程中沸点过高和过低的组分不易回收，造成生产过程中溶剂的损耗增大。

目前，世界上制油企业已将丙烷作为浸出溶剂应用于植物油脂的工业化生产，用丙烷或丁烷作为浸出溶剂是浸出法制油的发展方向。

(二)浸出制油的工艺类型

1. 直接浸出

油料经一次浸出，浸出其中的油脂之后，油料中残留的油脂量就可以达到极低值，这种取油方式称为直接浸出取油。该取油方法常限于加工大豆等含油量在20%左右的油料。

2. 预榨浸出

对一些含油量在30%～50%的高油料加工，若采用直接浸出取油，粕中残留油脂量偏高。为此，在浸出取油之前，先采用压榨取油，提取油料内85%～89%的油脂，并将产生的饼粉碎成一定粒度后，再进行浸出法取油。这种方法称作预榨浸出。棉子、菜子、花生、葵花子等高油料，均采用此法加工。预榨浸出不仅能提高出油率而且制取的毛油质量高，这样提高了浸出设备的生产能力。

(三)油脂浸出方式

按溶剂与油料的混合方式，可分为浸泡式、喷淋式、混合式3种。

1. 浸泡式

浸泡式是把油料浸泡在溶剂之中，完成油脂溶解出来的过程。

2. 喷淋式

喷淋式是将溶剂喷洒到油料料床上，溶剂在油料间往往是非连续的滴状流动，完成浸出过程。

3. 混合式

混合式是指溶剂与油料接触过程中，既有浸泡式，又有喷淋式，两种方式同在一个设备内进行。

目前，国内使用的罐组式浸出器、U形拖链式和Y形浸出器，均属浸泡式；履带式浸出器是典型的喷淋式浸出器；平转、环形浸出器，均属混合式浸出器。

(四)浸出法制油的工艺

浸出法制油工艺一般包括预处理、油脂浸出、湿粕脱溶、混合油蒸发和汽提、溶剂回收。

1. 油脂浸出

经预处理后的料坯送入浸出设备完成油脂萃取分离的任务，经油脂浸出工序分别获得混合油和湿粕。

2. 湿粕脱溶

从浸出设备排出的湿粕，一般含有25%～35%的溶剂。必须进行脱溶处理，才能获得合格的成品粕。

湿粕脱溶通常采用加热解吸的方法，使溶剂受热汽化与粕分离。一般采用间接蒸汽加热，同时结合直接蒸汽负压搅拌等措施，促进湿粕脱溶。经过处理后，粕中水分不超过8.0%～9.0%，残留溶剂量不超过0.07%。

3. 混合油蒸发和汽提

从浸出设备排出的混合油是由溶剂、油脂、非油物质等组成，经蒸发、汽提，从混合油中分离出溶剂而获得浸出毛油。

混合油蒸发是利用油脂与溶剂的沸点不同，将混合油加热至沸点温度，使溶剂汽化与油脂分离。混合油沸点随混合油浓度增加而提高，相同浓度的混合油沸点随蒸发操作压力降低而降低。混合油蒸发一般采用二次蒸发法。第一次蒸发使混合油质量分数由20%～25%提高为60%～70%，第二次蒸发使混合油质量分数在90%～95%。

混合油气提是指混合油的水蒸气蒸馏。混合油气提能使高浓度混合油的沸点降低，从而使混合油中残留的少量溶剂在较低温度下尽可能地完全地被脱除。混合油气提在负压条件下进行油脂脱溶，对毛油品质更为有利。

4. 溶剂回收

溶剂回收直接关系生产的成本、毛油和粕的质量。生产中应对溶剂进行有效的回收，并进行循环使用。油脂浸出生产过程中的溶剂回收包括溶剂气体冷凝和冷却、溶剂和水分离、废水中溶剂回收、废气中溶剂回收等。

(五)浸出法制油的质量控制

1. 料坯和预榨饼的控制

料坯和预榨饼的性质主要取决于料坯的结构和料坯入浸水分。

料坯结构应具有均匀一致性，料坯的细胞组织应最大限度地被破坏且具有较大的孔隙度，以保证油脂向溶剂中迅速地扩散。料坯应该具有必要的机械性能，容重和粉末度小，外部多孔性好，以保证混合油和溶剂在料层中良好的渗透性和排泄性，提高浸出速率和减少湿粕含溶。

料坯的水分应适当。料坯入浸水分太高，会使溶剂对油脂的溶解度降低，溶剂对料层的渗透发生困难，同时会使料坯或预榨饼在浸出器内结块膨胀，造成浸出后出粕的困难。料坯入浸水分太低，会影响料坯的结构强度，从而产生过多的粉末，同样削弱了溶剂对料层的渗透性，而增加了混合油的含粕沫量。物料最佳的入浸水分量取决于被加工原料的特性和浸出设备的形式。一般认为料坯入浸水分低一些为好。

2. 浸出温度的控制

浸出温度对浸出速度有很大的影响。提高浸出温度，可以促进扩散作用，分子热运动增强，油脂和溶剂的黏度减小，因而提高了浸出速度。但若浸出温度过高，会造成浸出器内汽化溶剂量增多，油脂浸出困难，压力增高，生产中的溶剂损耗增大，同时浸出毛油中非油物质的量增多。一般浸出温度控制在低于溶剂馏程初沸点5 ℃左右，如用浸出以轻汽油作溶剂，浸出温度为55 ℃左右。有条件的话，也可在接近溶剂沸点温度下浸出，以提高浸出速度。

3. 浸出时间的控制

根据油脂与物料结合的形式，浸出过程在时间上可以划分为2个阶段。第一阶段提取位于料坯内外表面的游离油脂，第二阶段提取未破坏细胞和结合态的油脂。浸出时间应保证油脂分子有足够的时间扩散到溶剂中去。但随着浸出时间的延长，粕残油的降低已很缓慢，而且浸出毛油中非油物质的含量增加，浸出设备的处理量也相应减小。因此，过长的浸出时间是不经济的。在实际生产中，应在保证粕残油量达到指标的情况下，尽量缩短浸出时间，一般为90～120 min。在料坯性能和其他操作条件理想的情况下，浸出时间可以缩短为60 min左右。

4. 料层高度的控制

料层高度对浸出设备的利用率及浸出效果都有影响。一般说来，料层提高，对同一层而言，浸出设备的生产能力提高，同时料层对混合油的自过滤作用也好，混合油中含粕沫量减少，混合油浓度也较高。但料层太高，溶剂和混合油的渗透、滴干性能会受到影响。高料层浸出要求料坯的机械强度要高，不易粉碎，且可压缩性小。应在保证良好效果的前提下，尽量提高料层高度。

5. 溶剂比和混合油浓度的控制

浸出溶剂比是指使用的溶剂与所浸出的料坯质量之比。一般来说，溶剂比越大，浓度差越大，对提高浸出速率和降低粕残油越有利，但混合油浓度会随之降低。混合油浓度太低，会增大溶剂回收工序的工作量；溶剂比太小，又达不到或部分达不到浸出效果，而使干粕中的残油量增加。因此，要控制适当的溶剂比，以保证足够的浓度差和一定的粕中残油率。

对于一般的料坯浸出，溶剂比多选用(0.8～1)：1。混合油质量分数要求在18%～25%。对于料坯的膨化浸出，溶剂比可以降低为(0.5～0.6)：1，混合油浓度可以更高。

6. 沥干时间的控制

料坯经浸出后，尚有一部分溶剂(或稀混合油)残留在湿粕中，须经蒸烘将这部分溶剂回收。为了减轻蒸烘设备的负荷，往往在浸出器内要有一定的时间让溶剂(或稀混合油)尽可能地与粕分离，这种使溶剂与粕分离所需的时间，称为沥干时间。生产中，在尽量减少湿粕含溶剂量的前提下，尽量缩短沥干时间。沥干时间根据浸出所用原料而定，一般为15～25 min。

五、超临界萃取制油

超临界流体萃取技术是用超临界状态下的流体作为溶剂对油料中油脂进行萃取分离的技术。

(一)超临界流体

1. 临界点

一般物质，当液相和气相在常压下平衡时，两相的物理特性如密度、黏度等差异显著。但随着压力升高，这种差异逐渐缩小。当达到某一温度 T_c(临界温度)和压力 P_c(临界压力)时，两相的差别消失，合为一相，这一点就称为临界点。

2. 超临界流体

在临界点附近，压力和温度的微小变化都会引起气体密度的很大变化。当向超临界气体加压，气体密度增大，逐渐达到液态性质，这种状态的流体称为超临界流体。

3. 超临界流体的性质

超临界流体具有介于液体和气体之间的物化性质，其相对接近液体的密度使它有较高的溶解度；而其相对接近气体的黏度又使它有较高的流动性能；扩散系数介于液体和气体之间，因此其对所需萃取的物质组织有较佳的渗透性。这些性质使溶质进入超临界流体较进入平常液体有较高的传质速率。将温度和压力适宜变化时，可使其溶解度在100～1 000倍的范围内变化。

一般地讲，超临界流体的密度越大，其溶解力就越强；反之亦然。也就是说，超临界流体中物质的溶解度在恒温下随压力 $P(P>P_c$ 时)升高而增大；而在恒压下，其溶解度随温度 $T(T>T_c$ 时)增高而下降。这一特性有利于从物质中萃取某些易溶解的成分，而超临界流体的高流动性和扩散能力，则有助于所溶解的各成分之间的分离，并能加速溶解平衡，提高萃取效率。通过调节超临界流体的压力和温度来进行选择性萃取。

(二)CO_2 超临界萃取剂

工业制油常用 CO_2 作为超临界流体萃取剂，其技术的优点有以下几点。

(1)CO_2 超临界流体萃取可以在较低温度和无氧条件下操作，保证了油脂和饼粕的质量。

(2)CO_2 对人体无毒性，且易除去，不会造成污染，食用安全性高。

(3)采用 CO_2 超临界流体分离技术，整个加工过程中，原料不发生相变，有明显的节能效果。CO_2 超临界流体萃取分离效率高。

(4)CO_2 超临界流体具有良好的渗透性、溶解性和极高的萃取选择性。通过调节温度、压力，可以进行选择性提取。

(5)CO_2 成本低，不燃，无爆炸性，方便易得。

(三)超临界流体萃取工艺

超临界流体萃取工艺主要由超临界流体萃取溶质和被萃取的溶质与超临界流体分离两部分组成。根据分离过程中萃取剂与溶质分离方式的不同，超临界流体萃取可分为三种加工工艺形式。

1. 恒压萃取法

恒压萃取法是指从萃取器出来的萃取相在等压条件下，加热升温，进入分离器溶质分离。溶剂经冷却后回到萃取器循环使用。

2. 恒温萃取法

恒温萃取法是指从萃取器出来的萃取相在等温条件下减压、膨胀，进入分离器溶质分离，溶剂经调压装置加压后再回到萃取器中。

3. 吸附萃取法

吸附萃取法是指从萃取器出来的萃取相在等温等压条件下进入分离器，萃取相中的溶质由分离器中吸附剂吸附，溶剂再回到萃取器中循环使用。

六、水溶剂法制油

水溶剂法制油是我国劳动人民生产油脂智慧的结晶，是根据油料特性，水、油物理化学性质的差异，以水为溶剂，采取一些加工技术将油脂提取出来的制油方法。根据制油原理及加工工艺的不同，水溶剂法制油有水代法制油和水剂法制油两种。

(一)水代法制油

1. 水代法制油的特点

水代法制油是利用油料中非油成分对水和油的亲和力不同以及油水之间的密度差，经过一系列工艺过程，将油脂和亲水性的蛋白质、碳水化合物等分开。水代法制油主要运用于传统的小磨芝麻油的生产。芝麻种子的细胞中除含有油分外，还含有蛋白质、磷脂等，它们相互结合成胶状物，经过炒籽，使可溶性蛋白质变性，成为不可溶性蛋白质。当加水于炒熟磨细的芝麻酱中时，经过适当的搅动，水逐步渗入麻酱之中，油脂就被代替出来。

2. 芝麻水代法制油工艺

(1)筛选清除。去除芝麻中的杂质，如泥土、砂石、铁屑等杂质及杂草子和不成熟芝麻粒等。筛选越干净越好。

(2)漂洗。用水清除芝麻中的并肩泥、微小的杂质和灰尘。将芝麻漂洗浸泡 1～2 h，浸泡后的芝麻含水量为 25%～30%。将芝麻沥干，再入锅炒籽。浸泡有利于细胞破裂。芝麻经漂洗浸泡，水分渗透到完整细胞的内部，使凝胶体膨胀起来，再经加热炒籽，就可使细胞破裂，油体原生质流出。

(3)炒籽。采用直接火炒籽。开始用大火，此时芝麻含水量大，不会焦煳；炒 20 min 左右，芝麻外表鼓起来，改用文火炒，用人力或机械搅拌，使芝麻熟得均匀。炒熟后，往锅内泼炒籽量 3%左右的冷水，再炒 1 min，芝麻出烟后出锅。炒籽使蛋白质变性，有利于油脂取出。芝麻炒到接近 200 ℃时，蛋白质基本完全变性，中性油脂含量最高；超过 200 ℃烧焦后，部分中性油溢出，油脂含量降低。此外，在对浆搅油时，焦皮可能吸收部分中性油，所以芝麻炒得过老则出油率降低。炒籽可生成香味物质，只有高温炒的芝麻才有香味。高温炒籽后制出的油，如不再加高温，就能保留住浓郁的香味。这就是水代法取油工艺的主要特点之一。

(4)扬烟吹净。出锅的芝麻要立即降低温度，扬去烟尘、焦末和碎皮。焦末和碎皮在后续工艺中会影响油和渣的分离，降低出油率。出锅芝麻如不及时扬烟降温，可能产生焦味，影响香油的气味和色泽。

(5)磨酱。将炒酥吹净的芝麻用石磨或金刚砂轮磨浆机磨成芝麻酱。磨酱使油料细胞充分破裂，以便尽量取出油脂，同时在对浆搅油时使水分均匀地渗入麻酱内部，油脂被完全取代。芝麻酱磨得越细越好。把芝麻酱点在拇指指甲上，用嘴把它轻轻吹开，以指甲上不留明显的小颗粒为合格。磨酱时添料要匀，严禁空磨，随炒随磨。熟芝麻的温度应保持在 65～75 ℃，温度过低易回潮，磨不细。石磨转速以 30 r/min 为宜。

(6)对浆搅油。用人力或离心泵将麻酱泵入搅油锅中，麻酱温度不能低于 40 ℃，分 4 次加入相当于麻酱重 80%～100%的沸水。第一次加总用水量的 60%，搅拌 40～50 min，转速 30 r/min，搅拌时温度不低于 70 ℃；第二次加总用水量的 20%，搅拌 40～50 min，温度约为 60 ℃；第三次加总加水量的 15%，搅拌约 15 min，这时油大部分浮到表面，底部浆呈蜂窝状，流动困难，温度保持在 50 ℃左右；第四次加水 5%，降低搅拌速度到 10 r/min，搅拌 1 h 左右，大量油脂浮到表面，此时开始“撇油”。撇去大部分油脂后，最后还应保持 7～9 mm 厚的油层。

(7)振荡分油、撇油。振荡分油(俗称“墩油”)就是利用振荡法将油尽量分离提取出来。工具是两个空心金属球体(葫芦)，一个挂在锅中间，浸入油浆，约及葫芦的 2/3；另一个挂在锅边，浸入油浆，约及葫芦的 1/2。锅体转速 10 r/min，葫芦不转，仅做上下击动，迫使包在麻渣内的油珠挤出升至油层表面，此时称为深墩。约 50 min 后进行第二次撇油，再深墩 50 min 后进行第三次撇油。深墩后将葫芦适当向上提起，浅墩约 1 h，撇完第四次油，即将麻渣放出。撇油多少根据气温不同而有差别。夏季宜多撇少留，冬季宜少撇多留，借以保温。当油撇完之后，麻渣温度在 40 ℃左右。

(二)水剂法制油

水剂法制油是利用油料蛋白(以球蛋白为主)溶于稀碱水溶液或稀盐水溶液的特性，借助水的作用，把油、蛋白质及碳水化合物分开。其特点是以水为溶剂，食品安全性好，无有机溶剂浸提的易燃、易爆之虑。能够在制取高品质油脂的同时，可以获得变性程度较小的蛋白粉以及淀粉渣等产品。

水剂法提取的油脂颜色浅，酸价低，品质好，无须精炼即可作为食用油。与浸出法制油相比，水剂法制油的出油率稍低，与压榨法制油相比，水剂法制油的工艺路线长。

相关标准：

《中华人民共和国国家标准　食品安全国家标准　食用植物油及其制品生产卫生规范(GB 8955—2016)》

任务1　植物油脂制取过程与质量控制

实训目标

认识常见的植物油料种子，知道植物油料的预处理的方法和意义；明白机械压榨法制油与溶剂浸出制油的特点、方法和工序；认识机械压榨法制油与溶剂浸出制油的主要设备；明白超临界流体萃取法制油的特点和工艺流程；知道水溶剂法制油的特点和工艺流程。

任务描述

通过实训能够辨别出常见的植物油料种子，学习植物油料的预处理的方法和意义；叙述机械压榨法制油与溶剂浸出制油的特点、方法和工序；识别机械压榨法制油与溶剂浸出制油的主要设备；叙述超临界流体萃取法制油的特点、水溶剂法制油的特点，画出超临界流体萃取法制油、水溶剂法制油的工艺流程图。本任务在粮油加工实训室完成。需要2学时。

实训准备

1. 知识储备：阅读资料单及查阅相关资料，完成预习单。

【预习单】

(1)列举几种油料植物，并指出其油脂存在的主要部位。

(2)油脂分子组成是怎样的？根据脂肪酸与甘油结合的形式不同，甘油酯可分成哪几类？

(3)构成油脂的脂肪酸主要有哪两大类？哪种含量较高时，在常温下油脂呈固态？哪种含量较高时，在常温下呈液态？

(4)解释“碘价”和“酸价”。

(5)油料中的杂质对制油有哪些影响？按顺序写出油料预处理的程序。

(6)油料剥壳、油料软化、油料轧坯、挤压膨化的目的分别有哪些？

(7)说出机械压榨法制油的优缺点，影响压榨制油效果的因素有哪些？

(8)解释浸出法制油的原理。

(9)浸出法制油对溶剂有何要求？我国目前普遍采用的浸出溶剂是什么？浸出法制油优缺点分别是什么？

(10)什么是临界点、超临界流体、超临界流体萃取技术？

2. 材料准备：花生、大豆、向日葵、油菜子、橄榄、玉米等植物种子，螺旋榨油机、液压榨油机、浸出制油罐等设备视频或图片。

3. 工具准备：镊子、放大镜、刀片、玻璃板等。

任务实施

【任务单】

一、常见油料种子的识别

根据展示的图片、实物、视频，根据列举的我国主要油料作物，并写出对应的油品名称、商品名，填入下表。

油料种子与油品

作物名称	花生	大豆	油菜	向日葵	亚麻	橄榄
油品名称						
商品名						

二、植物油料预处理的方法

通过教学讲授、观看视频，分析哪些油料需要预处理，以大豆为例写出大豆油脂加工预处理过程需要的设备、各种设备的作用、主要操作要点等，填入下表。

大豆油脂加工预处理

工序	设备名称	作用	操作要点
油料清理			
剥壳及仁壳分离			
油料的破碎与软化			
油料的轧坯			
油料生坯的挤压膨化			
油料的蒸炒			

三、油脂的制取工艺

通过教学讲授、观看视频，分析比较机械压榨法制油与浸出制油工艺，写出二者的设备、工艺流程、优缺点、影响制油效果的因素等，填入下表。

机械压榨制油与浸出制油的比较

	机械压榨制油	浸出制油
设备		
工艺流程		
优点		
缺点		
影响制油效果的因素		

四、超临界流体萃取制油

通过教学讲授、观看视频，写出 CO_2 超临界萃取制油的原理、工艺流程、特点等，填入下表。

二氧化碳超临界萃取制油

工艺流程			
CO_2 的超临界状态	压力：	温度：	状态描述：
与液态 CO_2 比较	压力：	温度：	状态描述：
与气态 CO_2 比较	压力：	温度：	状态描述：
CO_2 超临界萃取制油的优点			

五、水溶剂法制油技术

通过教学讲授、观看视频，写出水溶剂法制油的原理、工艺流程、优缺点等，填入下表。

水溶剂法制油

原理	
工艺流程	
优点	
缺点	

考核评价

依据附件表 1 对实训过程的表现进行评价。

总结反馈

实训过程有哪些不足？是什么原因造成的？

知识拓展

1. 总结不同植物油脂的原料及适宜的制取方法，如玉米胚芽油、沙棘子油、油茶子油、棉子油、米糠油等。

2. 植物油脂制取过程容易出现哪些质量安全问题？

知识链接

食用植物油的营养价值

食用植物油主要是由甘油三酯分子组成，甘油三酯又是不同的脂肪酸经过结合形成，甘油三酯种类较多，再通过膳食被人体摄入。而脂肪酸又可分为三类：饱和脂肪酸、单不饱和脂肪酸和多不饱和脂肪酸。从维护人体健康出发，选择食用油，可少吃含饱和脂肪酸多的动物油，提倡吃含不饱和脂肪酸多的植物油。吃油的量一般提倡每人每天不要超过 25 g(半两)，每人每月不要超过 750 g 为宜。

任务2 植物油脂加工企业参观

实训目标

明白植物油脂加工企业的安全常识；厘清整个企业厂房的布局，知道主要工作岗位；清楚各个车间工作内容；了解企业工艺管理规定、设备管理制度，了解各车间岗位管理制度、操作规程；学习企业文化。

任务描述

参观油脂加工厂，学习企业安全生产章程，记录各生产车间的布局，清楚各个车间工作内容；参观总控制台的操作程序，明白各车间控制台的操作工序；学习企业员工管理规定、设备管理制度；学习企业文化，了解劳务报酬。了解主要工序作业指导书、成品管理作业指导书、辅料和包装材料作业指导书、滞留区作业指导书，了解企业的"HACCP 文件"及"关键工序控制操作规程"。需要 4 学时。

实训准备

1. 知识储备：登录相关企业的网站，完成预习单内容。

【预习单】

(1)阅读该企业的简介。

(2)了解该企业产品种类。

(3)了解该企业经营理念。

(4)了解该企业的社会服务等公益行为。

2. 材料准备：以小组为单位设计企业调查表，并打印纸质版，便于调查。

3. 工具准备：记录笔、头盔、工服等。

任务实施

【任务单】

一、企业的概况

通过对企业网上资料的了解及实地参观填写下表。

企业概况

位置	
联系电话	
入厂要求	
第一印象及体会：	

二、加工车间参观记录

跟随企业引导人员认真观察、及时提问，并将结果填入下表。

加工车间参观记录

加工项目	筛选清理	剥壳去皮	破碎软化	轧坯	蒸炒	压榨	精炼
所在楼层							
是否封闭							

续表

加工项目	筛选清理	剥壳去皮	破碎软化	轧坯	蒸炒	压榨	精炼
工作人数							
感受体会：							

三、品管部参观

跟随企业引导人员认真观察、及时提问，并将结果填入下表。

品管部

检验项目					
主要工作					
要求					
感受体会：					

四、企业文化

认真听取企业人员介绍，仔细阅读企业宣传走廊，了解企业文化，并将结果填入下表。

企业文化

企业发展历程	
企业荣誉	
企业愿景	
企业公益	
感受体会：	

考核评价

依据附件表 3 对实训过程的表现进行评价。

总结反馈

本次参观最大的收获有哪些？自己是否具备入职这样企业的条件？是否愿意入职？

知识拓展

我国植物油脂加工企业有哪些？各企业有哪些知名品牌？

项目二　植物油脂的精炼和深加工

本项目包括毛油中的杂质种类及去除方法，植物油脂精炼主要环节的工艺和质量控制，氢化油的加工原理、加工工艺及在食品加工中的应用，人造奶油的加工原理、加工工艺及在食品加工中的应用、食用调和油的种类及调配原则等内容。本项目实操环节分为植物油脂精炼过程与质量控制、植物油脂深加工与质量控制、油品的调配与质量评价 3 个任务。

知识储备

【资料单】

一、油脂的精炼与质量控制

(一)毛油中的杂质种类

经压榨或浸出法得到的、未经精炼的植物油脂一般称之为毛油。毛油的主要成分是混合脂肪酸甘油三酯，俗称中性油。此外，还含有数量不等的各类非甘油三酯成分，统称为油脂的杂质。油脂的杂质一般分为 5 大类。

1. 机械杂质

机械杂质是指在制油或储存过程中混入油中的泥沙、料坯粉末、饼渣、纤维、草屑及其他固态杂质。这类杂质不溶于油脂，故可以采用过滤、沉降等方法除去。

2. 水分

水分杂质的存在，使油脂颜色较深，产生异味，促进酸败，降低油脂的品质及使用价值，不利于其安全储存。工业上常采用常压或减压加热法除去。

3. 胶溶性杂质

这类杂质以极小的微粒状态分散在油中，与油一起形成胶体溶液，主要包括磷脂、蛋白质、糖类、树脂和黏液物等，其中最主要的是磷脂。磷脂是一类营养价值较高的物质，但混入油中会使油色变深暗、混浊。磷脂遇热(280 ℃)会焦化发苦，吸收水分促使油脂酸败，影响油品的质量和利用。

胶溶性杂质易受水分、温度及电解质的影响而改变其在油中的存在状态。生产中常采用水化、加入电解质进行酸炼或碱炼，将其从油中除去。

4. 脂溶性杂质

这类杂质主要有游离脂肪酸、色素、甾醇、生育酚、烃类、蜡、酮，还有微量金属和由于环境污染带来的有机磷、汞、多环芳烃、曲霉毒素等。

油脂中游离脂肪酸的存在，会影响油品的风味和食用价值，促使油脂酸败。生产上常采用碱炼、蒸馏的方法将其从油脂中除去。

色素能使油脂带较深的颜色，影响油的外观。可采用吸附脱色的方法将其从油中除去。某些油脂中还含有一些特殊成分，如棉子油中含棉酚，菜子油中含芥子苷分解产物等，它们不仅影响油品质量，还危害人体健康，也须在精炼过程中除去。

5. 微量杂质

这类杂质主要包括微量金属、农药、多环芳烃、黄曲霉毒素等，虽然它们在油中的含量极微，但对人体有一定毒性，因此必须从油中除去。

油脂中的杂质并非对人体都有害，如生育酚和甾醇都是营养价值很高的物质。生育酚是合成生理激素的母体，有延迟人体细胞衰老、保持青春等作用，它还是很好的天然抗氧化剂。甾醇在光的作用下能合成多种维生素 D。因此，油脂精炼的目的是根据不同的用途与要求，除去油脂中的有害成分，并尽量减少中性油和有益成分的损失。

(二)毛油中机械杂质的去除

1. 沉降法

凡利用油和杂质之间的密度不同并借助重力将它们自然分开的方法称为沉降法。沉降法所用设备简单，凡能存油的容器均可利用。但这种方法沉降时间长，效率低，生产实践中已很少采用。

2. 过滤法

借助重力、压力、真空或离心力的作用，在一定温度条件下使用滤布过滤的方法统称为过滤法。油能通过滤布而杂质留存在滤布表面从而达到分离的目的。

3. 离心分离法

凡利用离心力的作用进行过滤分离或沉降分离油渣的方法称离心分离法。离心分离效果好，生产连续化，处理能力大，而且滤渣中含油少，但设备成本较高。

(三)脱胶

脱除油中胶体杂质的工艺过程称为脱胶，而毛油中的胶体杂质以磷脂为主，故油厂常将脱胶称为脱磷。脱胶的方法有水化法、加热法、加酸法以及吸附法等。

1. 水化法脱胶

水化法脱胶是利用磷脂等类脂物分子中含有的亲水基，将一定数量的热水或稀的酸、碱、盐及其他电解质水溶液加到油脂中，使胶体杂质吸水膨胀并凝聚，从油中沉降析出而与油脂分离的一种精炼方法，沉淀出来的胶质称为油脚。

2. 影响脱胶效果的因素

(1)加水量。在有适量水的情况下，才能形成稳定的水化脂质双分子层结构，坚实如絮凝胶颗粒。

(2)操作温度。操作温度是影响水化脱胶效果好坏的重要因素之一，它与加水量互相配合，相辅相成。水化时，磷脂等胶体吸水膨胀为胶粒之后，分散的胶粒在诸因素影响之下开始凝聚时的温度，称为凝聚的临界温度。加水量越大，胶体颗粒越大，要求的凝聚临界温度也越高。

(3)混合强度。由于水比油重，油水不相溶，水化作用发生在油相和水相的界面上，因此水化开始时，必须有较高的混合强度，造成水有足够高的分散度，使水化均匀而完全，但也要防止乳化。

(4)电解质的作用。对于胶质物中分子结构对称而不亲水的部分磷脂等，与水发生水合作用而成为被水包围着的水膜颗粒，具有较大的电斥性，导致水化时不易凝聚。对这类分散相胶粒，应添加食盐、硅酸钠、磷酸、氢氧化钠等电解质或电解质的稀溶液，中和电荷，促进凝聚。如间歇水化，常加食盐或食盐的热水溶液，加盐量为油量的0.5%～1%，在乳化时加入磷酸钠(约为油量的0.3%)；选用食盐，其加量则各占油量的0.05%。连续脱胶常按油量的0.05 %～0.2%添加磷酸(85%)，这样可以大大提高脱胶效果。

(5)毛油的质量。毛油本身含水量过大，难以准确确定加水量，水化效果难以控制。毛油含饼末量过多，一定要过滤后再进行水化，否则因机械杂质含量过多，会导致乳化或油脚含中性油脂过高。

3. 水化脱胶工艺

(1)水化脱胶工艺流程。

毛油过滤→预热→加水水化→静置沉淀→分离→除去油脚→脱水→脱胶油。

(2)加酸脱胶。

加酸脱胶就是在毛油中加一定量的无机酸或有机酸，使油中的非亲水性磷脂转化为亲水性磷脂或使油中的胶质结构变得紧密，达到容易沉淀和分离目的的一种脱胶方法。生产上常用磷酸脱胶，是在毛油中加入磷酸后能将非亲水性磷脂转变为亲水性磷脂，从而易于沉降分离。操作过程是添加油量的 0.1%～1%的 85%磷酸，在 60～80 ℃温度下充分搅拌。接触时间视设备条件和生产方式而定。然后将混合液送入离心机进行分离脱除胶质。

(四)脱酸

1. 碱炼脱酸的原理

碱炼脱酸是利用加碱中和油脂中的游离脂肪酸，生成脂肪酸盐(肥皂)和水，肥皂吸附部分杂质而从油中沉降分离的一种精炼方法。形成的沉淀物称皂脚。用于中和游离脂肪酸的碱有氢氧化钠(烧碱)、碳酸钠(纯碱)和氢氧化钙等。

烧碱能中和毛油中绝大部分的游离脂肪酸，生成的酯钠盐(钠皂)在油中不易溶解，成为絮凝胶状物而沉降；中和生成的钠皂为一表面活性物质，吸附和吸收能力强，可将相当数量的其他杂质(如蛋白质、黏液物、色素有磷脂及带有羟基或酚基的物质)带入沉降物内，甚至悬浮杂质也可被絮状皂团挟带下来。因此，碱炼本身具有脱酸、脱胶、脱杂质和脱色等综合作用。

2. 碱炼的质量控制

(1)碱的用量。碱炼时，耗用的总碱量包括 2 个部分：一部分是中和游离脂肪酸的碱量，通常称为理论碱量，可通过计算求得；另一部分则是为了满足工艺要求而额外超加的碱，称之为超量碱。理论碱量可按毛油的酸值或游离脂肪酸的百分含量计算。当毛油的游离脂肪酸以酸值表示时，则中和所需理论碱量为：理论碱量＝0.731×酸价值。

对于间歇式碱炼常以纯氢氧化钠占毛油量的百分数表示，超量碱选择范围一般为 0.05%～0.25%，质量特劣的毛油可控制在 0.5%以内。对于连续式的碱炼工艺，超量碱则以占理论碱的百分比表示，选择范围一般为 10%～50%，油、碱接触时间长的工艺应偏低选取。

(2)碱液浓度。毛油的酸值及色泽是决定碱液浓度的最主要的依据。毛油酸值高、色深的应选用浓碱；毛油酸值低、色浅的则选用淡碱。

(3)碱炼温度。操作时，一定要控制为油与皂脚明显分离时的温度，升温速度体现加速反应、促进皂脚絮凝过程的快慢。碱炼操作温度与毛油品质、碱炼工艺及碱液浓度等有关。

(4)混合搅拌。碱炼脱酸时，烧碱与游离脂肪酸的反应发生在碱滴的表面，碱滴分散得越细，碱液的总表面积越大，从而增加了碱液与游离脂肪酸的接触机会，加快反应速度，缩短碱炼过程，有利于精炼率的提高。混合搅拌的作用首先就在于使碱液在油相中高度地分散，因此投碱时，混合或搅拌的强度必须强烈些。

(5)杂质的影响。毛油中除游离脂肪酸杂质以外，特别是一些胶溶性杂质、羟基化合物和色素等，对碱炼的效果也有重要的影响。这些杂质中有的(磷脂、蛋白质)以影响胶态离子膜结构的形式增大炼耗；有的(如甘油一酯、甘油二酯)以其表面活性促使碱持久乳化；有的(如棉酚及其他色素)则因带给油脂深的色泽，造成因脱色而增大了中性油的皂化概率。

3. 碱炼的工艺流程

过滤毛油→精炼→加碱中和→静置沉降→含皂脱酸油→洗涤→静置沉降→净油→干燥→脱酸油。

4. 蒸馏脱酸

蒸馏脱酸又称为物理精炼，这种脱酸法不用碱液中和，而是借甘油三酯和游离脂肪酸相对挥发度的不同，在高温、高真空下进行水蒸气蒸馏，使游离脂肪酸与低分子物质随着蒸汽一起排出，这种方法适合于高酸价油脂。

蒸馏脱酸的优点是：不用碱液中和，中性油损失少；辅助材料消耗少，降低废水对环境的污染；工艺简单，设备少，精炼率高；同时具脱臭作用，成品油风味好。但由于高温蒸馏难以去除胶质与机械杂质，所以蒸馏脱酸前必先经过滤、脱胶程序。对于高酸价毛油，也可采用蒸汽蒸馏与碱炼相结合的方法。

蒸馏脱酸对于椰子油、棕榈油、动物脂肪等低胶质油脂的精炼尤为理想。

(五)油脂的脱色

纯净的甘油三酯液态时无色，呈固态时为白色。但常见的各种油脂都带有不同的颜色，影响油脂的外观和稳定性。这是因为油脂中含有数量和品种都不相同的色素物质所致，这些色素有些是天然色素，主要有叶绿素、类胡萝卜素、黄酮色素等，有些是油料在贮藏加工过程中糖类、蛋白质的降解产物等，如在棉子油中含有棕红色的棉酚色腺体，是一种有毒成分。植物油中的各种色素物质性质不同，需专门的脱色工序处理。

1. 脱色的方法

油脂脱色的方法很多，工业生产中应用最广泛的是吸附脱色法，此外还有加热脱色法、氧化脱色法、化学试剂脱色法等。

吸附脱色就是利用某些具有强吸附能力的表面活性物质加入油中，在一定的工艺条件下吸附油脂中色素及其他杂质，经过滤除去吸附剂及杂质，达到油脂脱色净化目的的过程。

2. 脱色的质量控制

(1)对吸附剂的要求。吸附力强，选择性好，吸油率低，对油脂不发生化学反应，无特殊气味和滋味，价格低，来源丰富。常用的吸附剂有：①天然漂土，一种膨润土，其中主要含蒙脱土，呈酸性，又称为酸性白土；②活性白土，以膨润土为原料经加工而成的活性较高的吸附剂，具有很强的吸附能力，在油脂工业的脱色中被广泛应用；③活性炭，由树枝、皮壳等炭化后，再经活化处理而成，一般不单独使用，往往与活性白土混合使用，活性炭与活性白土的比例为 1：(10～20)。目前，国内大宗油脂的脱色，均使用市售的白土。高烹油、色拉油标准所需的白土量为油重的 1%～3%，最多不大于 7%。且油的色度不同，选用白土量也不同。

(2)脱色的温度控制。在吸附剂表面生成“吸附剂—色素”化合物，需要一定的能量，所以必须有一定的温度，才能提供足够的能量使它们发生反应。温度太高，生成的热无法放出。温度太低，吸附反应无法进行。吸附温度一般控制在 80 ℃，不超过 85 ℃。

(3)脱色的压力控制。脱色操作分常压和减压。常压脱色时，油脂热氧化反应总是伴随着吸附作用；减压脱色可防止油脂氧化，但过低压力将使水分蒸发速度加快，吸附剂的水分增多，由于吸附剂被水屏蔽，只有去除水分，吸附剂才能吸附色素。

(4)脱色的时间控制。脱色时间一般为 10～30 min，间歇式操作 15～30 min，连续脱色 5～10 min。加入酸性白土后，随着时间的加长，油脂的氧化程度、酸价回升速度都会提高。且搅拌速度≤80 r/min，使色素与吸附剂充分接触，吸附剂在油中分布均匀。

(5)油的含水量控制。油中水分也影响白土对色素的吸附作用，因此油在脱色前，必须先进行脱水，使水含量在 0.1%以下。

(6)胶杂的去除。白土和胶杂的相互吸附能力强，白土首先和胶杂作用，使白土“中毒”，这将大大影响白土的用量和白土的吸附能力，故在脱色中应尽量减少胶杂。

(7)杂质的控制。油脂中的残皂会增加白土的用量，影响了白土的吸附能力，使油脂酸价增加。油中金属离子的浓度大，也将大大影响油脂的脱色。

(六)脱臭

纯净的甘油三酯是没有气味的，但各种植物油脂都有其特有的气味，而这些气味一般都是由挥发性物质所组成的，主要包括某种微量的非甘油酯成分，如酮类、醛类、烃类等的氧化物、油料中的不纯物，油中含有的不饱和脂肪酸甘油酯所分解的氧化物等。另外，在制油工艺过程中，也会产生一些新的气味，如浸出油脂中的溶剂味，碱炼油脂中的肥皂味和脱色油脂中的泥土味等。所有这些为人们所不喜欢的气味，都统称为“臭味”。

1. 脱臭目的

脱臭目的是除去油脂中引起臭味的物质，除去这些不良气味的工序称为脱臭。

2. 脱臭方法

脱臭方法有真空蒸汽脱臭法、气体吹入法、加氢法、聚合法和化学药品脱臭法等几种。其中真空蒸汽脱臭法是目前国内外应用最为广泛、效果较好的一种方法。它是利用油脂内的臭味物质和甘油三酯的挥发度的极大差异，在高温高真空条件下，借助水蒸气蒸馏的原理，使油脂中引起臭味的挥发性物质在脱臭器内与水蒸气一起逸出而达到脱臭的目的。气体吹入法是将油脂放置在直立的圆筒罐内，先加热到一定温度(不起聚合作用的温度范围)，然后吹入与油脂不起反应的惰性气体，如二氧化碳、氮气等，油脂中所含挥发性物质便随气体的挥发而除去。

(七)脱蜡

某些油脂中含有较多的蜡质，如米糠油、葵花子油等。蜡质是一种一元脂肪酸和一元醇结合的高分子酯类，具有熔点较高、油中溶解性差、人体不能吸收等特点，影响油脂的透明度和气味，也不利于加工。为了提高食用油脂的质量并综合利用植物油脂蜡源，应对油脂进行脱蜡处理。脱蜡是根据蜡与油脂的熔点差及蜡在油脂中的溶解度随温度降低而变小的物性，通过冷却析出晶体蜡，再经过滤或离心分离而达到蜡油分离的目的。

二、油脂氢化与质量控制

(一)油脂氢化概述

1. 油脂氢化

在金属催化剂的作用下，把氢加到甘油三酯的不饱和脂肪双键上，这种化学反应称为油脂的氢化反应，简称油脂氢化。油脂氢化是多相催化反应，反应物有三相：油脂－液相、氢气一气相、催化剂一固相。只有当三相反应物碰在一起时，才能起氢化反应，因此需要设计机械搅拌装置。

2. 油脂氢化的作用

油脂氢化是使不饱和的液态脂肪酸加氢成为饱和固态的过程。反应后的油脂，碘值下降，熔点上升，固体酯数量增加，被称为氢化油或硬化油。对食用油脂的加工，氢化是变液态油为半固态酯、塑性酯，以适应人造奶油、起酥油、煎炸油及代可可脂等生产需要的加工油脂。氢化还可以提高油脂的抗氧化稳定性及改善油脂色泽等目的。

3. 油脂氢化的类型

根据加氢反应程度的不同，油脂氢化又有轻度氢化(选择性氢化)和深度(极度)氢化之分。选择性氢化是指在氢化反应中，采用适当的温度、压强、搅拌速度和催化剂，使油脂中各种脂肪酸的反应速度具有一定的选择性的氢化过程。它主要用于制取食用的、油脂深加工产品的原料脂肪，如用于制取起酥油、人造奶油、代可可脂等的原料脂。产品要求有适当碘值、熔点、固体酯指数和气味。

4. 油脂氢化反应的催化剂

工业上一般以金属镍为基本催化剂，尤其在国外，镍单元催化剂的应用更为普遍。轻度硫化的催化剂(如荷兰 Harcat SP-7 型)用于氢化，可大大提高氢化油中反式异构酸的含量。常用的催化剂有：镍—铁催化剂，铜—镍二元催化剂，铜—铬—锰三元催化剂，钯和铑催化剂等。

(二)油脂氢化的质量控制

1. 温度的控制

与其他化学反应一样，温度是影响氢化反应速度的主要因素。最佳反应温度的选择，必须按原料情况和最终产品综合考虑。常用温度为 100～180 ℃，脂肪酸深度氢化的温度高达 200～220 ℃。选择性氢化温度常控制在 130～150 ℃。

2. 压力的控制

系统压力的大小直接影响氢气在油中的溶解度。选择性氢化压力按催化剂含量和其活性的不同一般为 0.02～0.5 MPa。生产极低碘值的脂肪酸和工业用油，为缩短反应时间，工作压力可提高为 1.0～2.5 MPa。

3. 搅拌速度的控制

氢化反应中，催化剂必须呈悬浮状，气相、液相和固相之间必须进行有效的物质交换，反应放出的热量需要迅速引出机外，气相的氢气要迅速回到液相去，这些都要求反应过程需要强烈的搅拌。但搅拌速度过高会导致异构酸数量的增加，而且增大了动力消耗，因此应选择适当的搅拌速度。

4. 反应时间的控制

反应时间取决于温度、催化剂的添加量及活性、工作压力等因素，其中有一个或几个因素上升，反应速度就会加快，得到同碘值产品所需要的时间也就加快。选择性氢化反应时间常为 2～4 h。

5. 催化剂的控制

氢化反应的反应速度与催化剂的用量及其表面性质有密切关系。催化剂的表面积大，活性好，反应速度快；催化剂的用量增加，反应速度也加快。

(三)氢化工艺与设备

1. 氢化工艺流程

原料→预处理→除氧脱水→氢化→过滤→后脱色→脱臭→成品氢化油。

2. 氢化设备

氢化设备主要有氢化反应器、催化剂混合器、除氧脱水器和过滤机等。氢化反应器的作用是使油、氢气、催化剂三相混合均匀，进行氢化反应。

三、人造奶油的加工与质量控制

人造奶油系指精制食用油添加水及其他辅料，经乳化、急冷捏合成具有天然奶油特色的可塑性制品。油脂含量一般在80%左右，这是人造奶油的主要成分，也是传统的配方。

(一)人造奶油的种类

人造奶油可分为两大类：家庭用人造奶油和食品工业用人造奶油。

1. 家庭用人造奶油

家庭用人造奶油直接涂抹在面包上食用，少量用于烹调。市场销售的多为小包装。家庭用人造奶油保形性好，置于室温时，不熔化，不变形，在外力作用下，易变形，可做成各种花样；延展性好，置于低温时，在面包上仍易于涂抹；口溶性好，置于口中迅速溶化；风味好，通过合理的配方和加工使其具有愉快的滋味和香味；营养价值高，一方面可作为人体热量的来源，另一方面富含多不饱和脂肪酸。

目前，国内外家庭用人造奶油主要有以下几种。

(1)硬型人造奶油：熔化点与人的体温接近。国外20世纪50年代及以前以硬型人造奶油为主。

(2)软型人造奶油：配方中使用较多的液体植物油，亚油酸在30%左右，改善了低温下的展延性；自20世纪60年代开始供应市场以来，由于涂抹方便及营养方面的优越性，发展很快。

(3)高亚油酸型人造奶油：这类人造奶油含亚油酸50%～63%。

(4)低热量型人造奶油：低脂人造奶油，脂肪含量39%～41%，乳脂1%以下，水50%以上。

2. 食品工业用人造奶油

是以乳化液型出现的起酥油，除具备起酥油的加工性能外，还能够利用水溶性的食盐、乳制品和其他水溶性增香剂改善食品的风味，使制品带上具有魅力的橙黄色等。

(1)通用型人造奶油：这类人造奶油属于万能型。可塑性和乳化性好，熔点一般都较低。

(2)专用人造奶油：面包用人造奶油，起层用人造奶油，油酥用人造奶油。

(3)逆相人造奶油：一般人造奶油是油包水型(W/O)乳状物，逆相人造奶油是水包油型(O/W)乳状物。由于水相在外侧，加工时不粘辊，延伸性好，这些优点对加工糕点有利。

(4)双重乳化型人造奶油：这种人造奶油产生于1970年，是O/W/O乳化物。由于O/W型人造奶油与鲜乳一样，水相为外相，风味清淡，受到消费者的欢迎，但容易引起微生物侵蚀，而W/O型人造奶油不易滋生微生物而且起泡性、保形性和保存性好。

O/W/O 人造奶油同时具备 W/O 型和 O/W 型的优点，既易于保存，又清淡可口，无油腻味。

(二)人造奶油的原料、辅料及配方

1. 原料油脂

动物油脂起酥性非常好，氧化稳定性及乳化性差；动物氢化油及鲸油、鱼油等海产动物油脂，其可溶性良好，稳定性差，高温加热会引起发臭；精炼植物油脂、植物氢化油都是非常好的人造奶油原料。

2. 辅料

辅料能改良制品的风味、外观组织、物理性质、营养价值和储存性等，提高产品价值。辅料有牛奶和脱脂乳、食盐、乳化剂(卵磷脂、单硬脂酸甘油酯、单脂肪酸蔗糖酯等)、防腐剂(苯甲酸或苯甲酸钠，用量为 0.1%左右)、抗氧化剂(维生素 E、BHT、BHA、PG 等)香味剂、着色剂等。

(三)人造奶油加工方法

人造奶油生产工艺可分为原辅料的调和、乳化、冷却塑化、包装、熟成 5 个阶段。

1. 调和

原料油按一定比例经计量后进入调和锅调匀。油溶性添加物(乳化剂、着色剂、抗氧剂、香味剂、油溶性维生素等)用油溶解后混入调和锅。水溶性添加物用经杀菌处理的水溶解成均匀的溶液后备用。典型人造奶油的配方如表 7-1。

表 7-1　人造奶油配方表

原料油脂	80%～82%	水分	14%～17%
食盐	0～2%	甘油单酸酯	0.2%～0.3%
卵磷脂	0.1%	胡萝卜素	微量
香精	0.1～0.2 mg/L	脱氢醋酸	0～0.05%
固体乳成分	0～2%		

2. 乳化

乳化目的是使水相均匀而稳定地分散在油相中，而水相的分散程度对产品的品质影响很大。人造奶油的风味和水相颗粒的大小密切相关，微生物的繁殖是在水相中进行的，一般细菌的大小为 1～5 μm，故水滴在 10～20 μm 可以限制细菌的繁殖。但水相分散过细、水滴过小也会使人造奶油油感重，风味较差，失去风味感；如分散不充分，水相颗粒过大会使人造奶油生产腐败变质，所以乳化操作应达到一定的分散程度。水相的分散度可通过显微镜观察。加工普通的 W/O 型人造奶油，可把乳化锅内的油脂加热至 60 ℃，然后加入计量好的相同温度的水(含水溶性添加物)在乳化锅内迅速搅拌，形成油包水型乳化液。香料在乳化操作结束时加入。

3. 冷却塑化

以机械搅拌形成的乳状液很不稳定，停止搅拌后就可能产生油水分离现象，所以混合后的乳状液应立即送往后道工序进行冷却塑化加工，将油水的乳化状态通过急冷固定下来，并使制品进一步乳化和具有可塑性。普遍采用密闭式连续急冷塑化捏合机，将打碎乳状液形成的网状结构使它重新结晶，降低稠度，增强可塑性，对物料进行剧烈搅拌捏合，并慢慢形成结晶。

4. 包装、熟成

从捏合机出来的人造奶油为半流体，要立即送往包装机。有些成型的制品则先经成型机后再包装。包装好的人造奶油置于比熔点低 10 ℃的仓库中保存 2～5 d，使结晶完成，这项工序称为熟成。

四、食用调和油的加工与质量控制

调和油就是将两种或两种以上的高级食用油脂按科学的比例调配成的高级食用油。

(一)食用调和油的种类

调和油的种类很多。根据我国人民的食用习惯和市场需求，可以生产出多种调和油。

1. 风味调和油

风味调和油是根据群众爱吃花生油、芝麻油的习惯，把菜子油、米糠油、棉子油等经全精炼后，与香味浓郁的花生油、芝麻油按一定比例调和，制成的"轻味花生油"或"轻味芝麻油"。

2. 营养调和油

营养调和油是利用玉米胚芽油、葵花子油、红花子油、米糠油、大豆油配制而成的。其亚油酸和维生素 E 含量都高，是比例均衡的营养健康油，可供应高血压、冠心病患者以及必需脂肪酸缺乏症患者。

3. 煎炸调和油

煎炸调和油是利用氢化油和经全精炼的棉子油、菜子油、猪油或其他油脂调配而成的，是脂肪酸组成平衡、起酥性能好、烟点高的炸油。

(二)食用调和油的加工

1. 调和油的原料及配方

调和精炼油的原料油主要是高级烹调油或色拉油，并使用一些具有特殊营养功能的一级油，如玉米胚芽油、红花子油、紫苏油、浓香花生油等。各种油脂的调配比例主要是根据单一油脂的脂肪酸组成及其特性调配成不同营养功效的调和油，以满足不同人群的需要。在满足一定营养功效的前提下，尽量采用当地丰富的、价廉的油脂资源，以提高经济效益。此外，调和油中常加入少量的抗氧化剂及其他添加剂，应符合相关国家标准。

2. 调和油的生产

调和油的技术含量主要在于配方，加工较简便，不需增添特殊设备。在一般的全精炼油车间均可调制。调制风味调和油时，先计量全精炼的油脂，将其在搅拌的情况下升温为 35～40 ℃，按比例加入浓香味的油脂或其他油脂，继续搅拌 30 min，即可贮藏或包装。如要调制高亚油酸营养油，则需在常温下进行调和，并加入一定量的维生素 E。如要调制饱和程度较高的煎炸油，则调和时温度要高些，一般为 50～60 ℃，最好再按规定加入一定量的抗氧化剂。

(三)调和油的感官鉴定

1. 色泽的检验

(1)油脂的色泽：正常的油脂颜色为浅黄色，因含杂质不同呈深浅不同的黄色。颜色越浅越好。

(2)检验方法：取相同体积的不同油脂置于相同的透明的玻璃器皿(比色管)中，在自然光和白色背景下分别观察，记录其呈现的颜色。

2. 气味与滋味的检验

(1)油脂的气味：冷榨油脂无味，热榨油脂有各自特殊的气味。

(2)油脂的异味：油籽发霉、发芽、炒焦后有霉味、焦味等。

(3)鉴别方法。

①将样品倒入烧杯中，水浴加热至 50 ℃，边搅拌边嗅其气味；

②取少许油样涂于掌心，双手摩擦后嗅其气味；

③取油样 2～3 mL 于小烧杯内，注入沸水，嗅其气味。

3. 透明度检验

(1)油脂的纯度：纯净的油脂是透明的，水分低于 0.1%、杂质含量低于 0.2%、含皂量低于 0.3%

(2)检验方法：50 ℃水浴加热 20 min 后，将样品摇匀，取油样 100 mL 至比色管中，20 ℃时静置 24h，将比色管对着光线观察或在乳白色灯泡前观察。

相关标准：

《中华人民共和国国家标准　食品安全国家标准　食用植物油及其制品生产卫生规范(GB 8955—2016)》

《中华人民共和国国家标准　食品安全国家标准　植物油(GB 2716—2018)》

任务 1　植物油脂精炼过程与质量控制

实训目标

知道毛油中的杂质种类，熟悉去除杂质的方法；明白油脂精炼的主要环节，知道脱胶、脱酸、脱色、脱臭、脱蜡的方法、工艺、关键控制点。

任务描述

描述毛油中的杂质种类及其对应的去除方法；写出脱胶、脱酸、脱色、脱臭、脱蜡等油脂精炼各环节的工艺方法、关键控制点，画出植物油脂精炼的工艺流程图。需要 2 学时。

实训准备

1. 知识储备：阅读资料单及查阅相关资料，完成预习单。

【预习单】

(1)毛油中的杂质主要有哪些？毛油中机械杂质的去除主要采用哪些方法？

(2)解释“脱胶、脱酸、脱色、脱臭、脱蜡”。

(3)影响脱胶效果的因素有哪些？

(4)常用的脱酸方法有哪些？影响碱炼的因素有哪些？

(5)油脂脱色的方法有哪些？工业上常用哪几种方法？

(6)脱臭、脱蜡的方法分别有哪些？

2. 材料准备：大豆等植物毛油及其商品油，油脂精炼设备的视频、图片等。

3. 工具准备：比色管、白色背景板等。

任务实施

【任务单】

一、毛油中的杂质

阐述毛油中的杂质名称及其对应的去除方法、设备，将结果填入下表。

毛油中的杂质

杂质的名称						
除杂方法						
除杂设备						

二、油脂精炼

写出毛油的脱胶、脱酸、脱色、脱臭、脱蜡的作用、方法、关键控制点，将结果填入下表。

油脂精炼

工序	作用	方法	关键控制点
脱胶			
脱酸			
脱色			
脱臭			
脱蜡			

三、画出油脂精炼的工艺流程图。

考核评价

依据附件表 1 对实训过程的表现进行评价。

总结反馈

实训过程有哪些不足？是什么原因造成的？

知识拓展

油脂精炼对商品油的品质提升、贮藏有哪些意义？

任务 2　植物油脂深加工与质量控制

实训目标

明白氢化油的加工原理，知道氢化油的加工工艺及在食品加工中的应用；明白人造奶油的加工原理，知道人造奶油的加工工艺及在食品加工中的应用。

任务描述

叙述氢化油的加工原理，写出氢化油的加工工艺及在食品加工中的应用；叙述人造奶油的加工原理，写出人造奶油的加工工艺及在食品加工中的应用。需要 2 学时。

实训准备

1. 知识储备：阅读资料单及查阅相关资料，完成预习单。

【预习单】

(1)什么是油脂氢化？氢化油脂在工业上有何重要价值？

(2)氢化油脂在食品中有哪些应用？

(3)谈谈氢化油的安全性。

(4)什么是人造奶油？食品工业用人造奶油包括哪几种？

2. 材料准备：不同种类的人造奶油，油脂氢化设备的视频、图片，人造奶油的加工设备、图片等。

3. 工具准备：小刀、放大镜等。

任务实施

【任务单】

一、氢化油的加工

画出油脂氢化的工艺流程图，写出油脂氢化主要的加工设备及其影响因素，以及氢化油在食品加工中的应用，将结果填入下表。

氢化油的加工

油脂氢化的工艺流程：	
主要的加工设备	
影响氢化效果的因素	
氢化油在食品加工中应用	

二、人造奶油的加工

画出人造奶油的加工工艺流程图，写出人造奶油主要的加工设备及影响因素以及人造奶油在食品加工中的应用，将结果填入下表。

人造奶油的加工

人造奶油的加工工艺流程：	
主要的加工设备	
影响产品质量的因素	
人造奶油在食品加工中的应用	

考核评价

依据附件表1对实训过程的表现进行评价。

总结反馈

实训过程有哪些不足？是什么原因造成的？

知识拓展

油脂精炼对商品油的品质提升、贮藏有哪些意义？

知识链接

食用油使用小常识

1. 烹饪时不加热至冒烟。因开始冒烟即开始裂解，并产生有害物质。

2. 勿重复使用，最多油炸次数不超过 2 次；使用过的油不要再倒入原油品中，因为用过的油经氧化后分子会聚合变大，油呈黏稠状，容易变质。

3. 将油脂放置于阴凉避光处，使用后应旋紧盖子，避免与空气接触，与空气接触易产生氧化。

任务 3 油品的调配与质量评价

实训目标

明白植物油脂调和的意义，知道市场上调和油的种类及加工原理，学会配制营养调和油、风味调和油、煎炸调和油，学会植物油脂感官评价的方法。

任务描述

以组为单位调配营养调和油、风味调和油、煎炸调和油各 50 mL，并检验营养调和油的酸价、碘价，风味调和油的感官性状，煎炸调和油的烟点。本任务需要在粮油加工实训室与食品检验分析室完成，其中检验营养调和油的酸价、碘价，煎炸调和油的烟点在食品营养检测课程完成，本次课程完成油品的调配与风味调和油的感官评价。需要 4 学时。

实训准备

1. 知识储备：阅读资料单及查阅相关资料，完成预习单。

【预习单】

(1)食用调和油的调配原则是什么？

(2)我国的食用调和油的品种主要有哪些种类？

(3)阐述油脂酸价的测定方法。

(4)阐述油脂碘价的测定方法。

(5)阐述油脂感官评价的方法。

2. 材料准备：大豆油、花生油、油菜子油、玉米胚芽油、米糠油、橄榄油、葵花子油、维生素 E 各 500 mL。

3. 工具准备：烧杯、量筒、水浴锅等。

任务实施

【任务单】

一、风味调和油

写出风味调和油的调配原则、配方，填入下表。

风味调和油的调配

	风味调和油
调配原则	
配方	

二、营养调和油

写出营养调和油的调配原则、配方、感官性状，填入下表。

营养调和油的调配

		营养调和油
调配原则		
配方		
感官性状	色泽	
	透明度	
	香气	
	烹调用途	

三、煎炸调和油的配制

写出煎炸调和油的调配原则、配方，测定其烟点，填入下表。

煎炸调和油的调配

	煎炸调和油
调配原则	
配方	
烟点	

考核评价

依据附件表 2 对实训过程的表现进行评价。

总结反馈

实训过程有哪些不足？是什么原因造成的？

知识拓展

消费者在选用调和油时应注意哪些问题？

第八单元

淀粉及其制品加工与质量监控

本单元依据植物淀粉及淀粉制品的加工过程、产品类型，分为原淀粉的加工与质量监控、淀粉深加工与质量监控 2 个项目；根据不同岗位工作内容，结合教学手段等分为玉米淀粉的加工与质量评价、马铃薯、甘薯淀粉的加工与质量评价等 6 个任务，需要在校外淀粉加工企业与粮油加工实训室实施完成。教师根据地域情况全部或选择部分任务进行教学。

项目一　原淀粉的加工与质量监控

本项目内容包括玉米原淀粉的加工工艺流程、加工过程的质量控制；马铃薯原淀粉的加工工艺流程、加工过程的质量控制；甘薯原淀粉的加工工艺流程、加工过程的质量控制；淀粉加工企业车间的布局、安全生产规章及企业文化。本项目实操环节分为玉米淀粉的加工与质量评价，淀粉加工企业参观，马铃薯、甘薯淀粉的加工与质量评价 3 个任务。

知识储备

【资料单】

淀粉是绿色植物光合作用的产物，玉米、小麦、水稻等谷类，绿豆、豇豆、菜豆等豆类，马铃薯、甘薯、木薯等薯类都含有大量的淀粉。淀粉工业采用湿磨技术，可以从上述原料中提取纯度约 99％的淀粉产品。湿磨得到的淀粉经干燥脱水后，呈白色粉末状。

淀粉又是许多工业生产的原、辅料，可利用的主要性状包括颗粒性质、糊或浆液性质、成膜性质等。淀粉分子有直链和支链两种。一般地讲，直链淀粉具有优良的成膜性和膜强度，支链淀粉具有较好的黏结性。大多数植物所含的天然淀粉都是由直链和支链两种淀粉以一定的比例组成的。

由于天然淀粉并不完全具备各工业行业应用的有效性能，因此，根据不同种类淀粉的结构、理化性质及应用要求，采用相应的技术可使其改性，得到各种变性淀粉，从而改善应用效果，扩大应用范围。淀粉和变性淀粉可广泛应用于食品、纺织、造纸、医药、化工、建材、石油钻探、铸造以及农业等许多行业。

一、玉米原淀粉的加工与质量控制

目前，国内外已实现工业化大规模生产的玉米组分分离提纯的加工方法，普遍采用的是湿法和干法两种方法。所谓湿法就是指淀粉工业中的玉米原料前处理的加工方法是将玉

米用温水浸泡，经粗细研磨，分出胚芽、纤维和蛋白质，而得到高纯度的淀粉产品。所谓干法就是不用大量的温水浸泡，主要靠磨碎、筛分、风选的方法，分出胚芽和纤维，而得到低脂肪的玉米粉。

国际上多采用湿磨工艺生产玉米原淀粉，包括玉米清理、玉米湿磨和脱水干燥三个主要阶段。

(一)玉米清理

玉米籽粒中常混有瘦瘪小粒、土块、石块、其他植物种子以及金属杂质等，籽粒表面也附有灰尘，在浸泡前要把这些杂质清理出去，以保证生产过程的正常进行和产品的纯度。

玉米清理主要用风选、筛选、密度去石、磁选等方法除杂。清理后的玉米送至浸泡罐进行浸泡。

(二)玉米湿磨

从玉米的浸泡到玉米淀粉的洗涤整个过程都属玉米湿磨阶段。在这个阶段中，玉米籽粒的各个部分及化学组成实现了分离，得到湿淀粉浆液及浸泡液、胚芽、麸质水、湿渣滓等。

1. 玉米的浸泡

浸泡是将玉米籽粒浸泡在0.2%～0.3%浓度的亚硫酸水中，温度在48～55 ℃。温度高于55 ℃，淀粉会发生糊化，蛋白质会发生变性而失去亲水性，不易分离。浸泡时间随玉米品种及质量的不同而不同。通常新鲜玉米浸泡时间为48～50 h，未成熟和过于干燥的玉米浸泡时间要延长为55～60 h。高水分玉米浸泡时间可短些，储藏期长的玉米浸泡时间要长些。目前，世界各国正在致力于在保证浸泡效果的同时，降低浸泡水的中二氧化硫，缩短浸泡时间的研究。

在浸泡过程中，亚硫酸可以通过玉米籽粒的基部及种皮进入玉米籽粒内部，使包围在淀粉粒外面的蛋白质分子解聚。角质型中胚乳的蛋白质失去了自己的结晶型结构，亚硫酸氢离子与玉米蛋白质的二硫键起反应，从而降低蛋白质的分子量，增强其水溶性和亲水性，使淀粉颗粒容易从包围在外围的蛋白质中释放出来。

亚硫酸作用于皮层，增加其透性，可加速籽粒中可溶物质向浸泡液中渗透。亚硫酸可钝化胚芽，使之在浸泡过程中不萌发，因为胚芽萌发会使淀粉酶活化，使淀粉水解，对提取淀粉是不利的。亚硫酸具有防腐作用，它能抑制霉菌、腐败菌及其他杂菌的生命活力，从而抑制玉米在浸泡过程中发酵。亚硫酸可在一定程度上引起乳酸发酵形成乳酸，一定含量的乳酸有利于玉米的浸泡。

2. 玉米的破碎，胚芽分离

玉米湿磨提取淀粉，就是把胚乳部分在水的参与下磨成乳浆状，然后经过筛分和分离。而磨碎要经过粗磨与细磨；在粗磨之后把胚芽首先分离出来。

(1)胚芽分离的工艺原理。

玉米的浸泡为胚芽分离提供了条件，因为经浸泡、软化的玉米容易破碎，胚芽吸水后仍保持很强的韧性，只有将籽粒破碎，胚芽才能暴露出来，并与胚乳分离。所以玉米的粗破碎是胚芽分离的条件，而粗破碎过程保持胚芽完整，是浸泡的结果。破碎后的浆料中，胚乳碎块与胚芽的密度不同，胚芽的相对密度小于胚乳碎粒，在一定浓度的浆液中处于漂浮状态而胚乳碎粒则下沉，可利用旋液分离器进行分离。

(2)玉米的粗破碎。

粗破碎就是利用齿磨将浸泡的玉米破成要求大小的碎粒。一般经过两次粗破碎，第一次破碎可将玉米破成4～6瓣，经第一次胚芽分离后，再进一步破碎成8～12瓣，将其中的胚芽再次分离。进入破碎机的物料，固液之比应为1∶3，以保证破碎要求，如果含液相过多通过破碎机速度快，达不到破碎效果；如果含固相过多，会因稠度过大，而导致过度破碎，使胚芽受到破坏。

(3)胚芽的分离。

从破碎的玉米浆料中分离胚芽的通用设备是旋液分离器。水和破碎玉米的混合物在一定的压力下经进料管进入旋液分离器。破碎玉米较重的颗粒浆料做旋转运动，并在离心力的作用下抛向设备内壁，沿着内壁移向底部出口喷嘴。胚芽和玉米皮壳密度小，被集中于设备的中心部位经过顶部喷嘴排出旋液分离器。

在分离阶段，进入旋液分离器的浆料中淀粉乳浓度很重要，第一次分离应保持11%～13%，第二次分离应保持13%～15%。粗破碎及胚芽分离过程中，大约有25%的淀粉破碎形成淀粉乳，经筛分后与细磨碎的淀粉乳汇合。分离出来的胚芽经漂洗，进入副产品处理工序。

3. 浆料的细磨碎

经过破碎和分离胚芽之后，淀粉粒、麸质、皮层和含有大量淀粉的胚乳碎粒等组成破碎浆料。在浆料中大部分淀粉与蛋白质、纤维等仍是结合状态，要经过离心式冲击磨进行精细磨碎。

这步操作的主要工艺任务是最大限度地释放出与蛋白质和纤维素相结合的淀粉，为以后这些组分的分离创造良好的条件。

4. 渣滓的筛分和洗涤

经过细磨磨碎后的悬浮液，其中含有淀粉、蛋白质、皮层被磨碎后的大小碎屑即粗渣和细渣。这个悬浮液首先要经过筛分把粗渣和细渣分离出去。这道工序是在分离筛上进行的。老的玉米淀粉厂所用的分离筛是离心分离筛，带有筛网的筛分部分呈圆锥状，工作时进行旋转，物料在其中借旋转的功能通过筛网使物料内含物进行分离。近年来，许多玉米淀粉生产企业使用曲面筛，筛分效果好、效率高。

5. 麸质分离

第一道曲筛的乳液中的干物质是淀粉、蛋白质和少量可溶性成分的混合物，干物质中有5%～6%的蛋白质。离心机分离的原理是蛋白质的相对密度小于淀粉，在离心力的作用下完成清液与淀粉分离，麸质水和淀粉乳分别从离心机的溢流和底流喷嘴中排出。一次分离不彻底，还可将第一次分离的底流再经另一台离心机分离。

6. 淀粉的洗涤

分离出蛋白质的淀粉悬浮液含干物质量为33%～35%，其中还含有0.2%～0.3%的可溶性物质，这部分可溶性物质的存在，对淀粉质量有影响，特别是对于加工糖浆或葡萄糖来说，可溶性物质含量高，对工艺过程不利，严重影响糖浆和葡萄糖的产品质量。

为了排除可溶性物质，降低淀粉悬浮液的酸度和提高悬浮液的浓度，可利用真空过滤器或螺旋离心机进行洗涤，也可采用多级旋流分离器进行逆流清洗，清洗时的水温应控制在 49～52 ℃。

经过上述 6 道工序、完成了玉米的湿磨分离的过程，分离出了各种副产品，得到了纯净的淀粉悬浮液。如果连续生产淀粉糖等进一步转化的产品，可以在淀粉悬浮液的基础上进一步转入糖化等下道工序，而要想获得商品淀粉，则必须进行脱水干燥。

(三)脱水干燥

干燥因被干燥的对象不同而有许多方法，玉米淀粉干燥采用气流干燥法。气流干燥法是松散的湿淀粉与经过清洁的热空气混合，在运动的过程中，使淀粉迅速失水的过程。就是先将脱去大部分水分的湿玉米淀粉，通过扬升器把它吹送到很高的直立的干燥管道中，同时从管道底部吹入经过净化的加热为 120～140 ℃的热空气，与飘浮的淀粉颗粒混合，使之受热而排除水分达到干燥的目的，然后用旋风分离器收集后进入包装。

采用气流干燥法，由于湿淀粉粒在热空气中呈悬浮状态，受热时间短(仅 3～5 s)，而且 120～140 ℃的热空气温度为淀粉中的水分汽化所降低。这既保证了淀粉既能迅速脱水，同时又保证了天然性质不变。

二、马铃薯原淀粉的加工与质量控制

马铃薯原淀粉生产的主要任务是尽可能地打破大量的马铃薯块茎的细胞壁，从释放出来的淀粉颗粒中清除可溶性及不溶性的杂质。

(一)马铃薯原淀粉加工工艺流程

原料清洗→破碎→细胞液分离→加入清水→从料浆中洗涤淀粉→再次加水→分离淀粉乳→脱水→干燥→包装。

(二)马铃薯原淀粉加工工序

1. 磨碎

清洗后的薯块送入磨碎机中磨碎。现在多用旋转的转筒，其上镶锯齿形式的擦碎齿条，圆周速度很大，可达 40 m/s。底部有筛网，磨碎效率很高；磨碎后的马铃薯悬浮液由破裂的和未破裂的细胞、细胞液及淀粉颗粒所组成。除磨碎机外，也可采用粉碎机进行破碎，如锤片式粉碎机等。

2. 筛分除渣

方法是用水把浆料在不同结构的筛分设备上，用不同的工艺流程进行洗涤，可选用振动筛、离心喷射筛、弧形筛等。粗渣留在筛面，筛下物包括淀粉及部分细渣的水悬浮液。

3. 分离与精制

用分离筛将渣滓分除后，分出的淀粉乳中含有淀粉和蛋白质等物质。使用碟片式离心分离机把淀粉分离出来，可以像玉米淀粉生产时使用的一样，几台串联起来，最后得到精制的淀粉。

4. 脱水与干燥

精制后的淀粉乳，如玉米淀粉生产使用的离心脱水机进行脱水，然后进入气流干燥机干燥。

三、甘薯原淀粉的加工与质量控制

生产甘薯淀粉的原料有鲜甘薯和甘薯干。鲜甘薯不便运输，储存困难，因而必须及时加工。用鲜甘薯加工淀粉季节性强，甘薯要在收获后两三个月内被加工，因而不能满足常年生产的需要，所以鲜甘薯淀粉的生产多属小型工业或农村传统作坊式。一般工业生产都是以薯干为原料，可实现机械化操作，淀粉的得率也较高。

(一)甘薯原淀粉加工工艺流程

甘薯干→预处理→浸泡→筛分→流槽分离→碱处理→清洗→酸处理→清洗→离心分离→干燥→成品淀粉。

(二)甘薯原淀粉加工工序

1. 预处理

甘薯干在加工和运输过程中混入了各种杂质，所以必须经过预处理。方法有干法和湿法两种，干法是采用筛选、风选及磁选等设备，湿法是用洗涤机或洗涤槽清洗除去杂质。

2. 浸泡

为了提高淀粉出率可采用石灰水浸泡。使浸泡液 pH 为 10～11，浸泡时间约 12 h，温度控制在 35～40 ℃，浸泡后甘薯片的含水量为 60%左右。然后用水淋洗，洗去色素和尘土。

用石灰水浸泡甘薯片的作用是：使甘薯片中的纤维膨胀，以便在破碎后和淀粉分离，并减少对淀粉颗粒的破碎；使甘薯片中色素溶液渗出，留存于溶液中，可提高淀粉的白度；石灰钙可降低果胶等胶体物质的黏性，使薯糊易于筛分，提高筛分效率；保持碱性，抑制微生物活性；使淀粉乳在流槽中分离时，回收率提高，并可不被蛋白质污染。

3. 磨碎

磨碎薯干是淀粉生产的重要工序。磨碎的好坏，直接影响产品的质量和淀粉的回收率。浸泡后的甘薯片随水进入锤片式粉碎机进行破碎。一般采用二次破碎，即甘薯片经第一次破碎后，筛分出淀粉，再将筛上薯渣进行第二次破碎，然后过筛，可以避免破碎过程中甘薯糊温度上升。根据二次破碎粒度的不同，调整粉浆浓度，第一次破碎为 3～3.5 波美度，第二次破碎为 2～2.5 波美度。

4. 筛分

经过磨碎得到的甘薯糊，必须进行筛分，分离出粉渣。筛分一般分粗筛和细筛两次处理。粗筛使用 80 目曲面筛，细筛使用 120 目曲面筛。在筛分过程中，浆液中所含有的果胶体物质易滞留在筛面上影响筛分的分离效果，因此应经常清洗筛面，保持筛面畅通。

5. 流槽分离

经筛分所得的淀粉乳，还需进一步将其中的蛋白质、可溶性糖类、色素等杂质除去，一般采用沉淀流槽。淀粉乳流经流槽，相对密度大的淀粉沉于槽底，蛋白质等胶体物质随汁水流出至黄浆槽。沉淀的淀粉用水冲洗入漂洗池。

6. 碱、酸处理和清洗

为进一步提高淀粉乳的纯度，还需对淀粉进行碱、酸处理。用碱处理的目的是除去淀粉中的碱溶性蛋白质和果胶杂质。用酸处理的目的是溶解淀粉浆中的钙镁等金属盐类，淀粉乳在碱洗过程中往往增加了这类物质，如不用酸处理，总钙量会过高。如用无机酸溶解后再用水洗涤除去，便可得到灰分含量低的淀粉。

7. 离心脱水

清洗后得到的湿淀粉的水分含量为 50%～60%，需用离心机脱水，使湿淀粉含水量降为38%左右。

8. 干燥

湿淀粉经烘房或气流干燥系统干燥后，水分含量为12%～13%，即得成品淀粉。

相关标准：

《中华人民共和国国家标准　食用玉米淀粉(GB/T 8885—2017)》

任务1　玉米淀粉的加工与质量评价

实训目标

知道玉米淀粉加工的预处理方法；明白玉米淀粉提取的方法和工序；认识玉米淀粉加工的主要设备，能够利用实训室条件加工玉米淀粉，并评价玉米淀粉的品质。

任务描述

画出玉米淀粉加工的工艺流程图，写出玉米淀粉加工各环节的主要设备和质量监控点，加工玉米淀粉并评价玉米淀粉的品质。本任务在粮油加工实训室完成。需要2学时。

实训准备

1. 知识储备：阅读资料单及查阅相关资料，完成预习单。

【预习单】

(1)写出玉米淀粉生产工艺流程。

(2)玉米清理过程中玉米与水的比例大约是多少？

(3)对浸泡玉米籽粒的水溶液、温度等有何要求？

(4)如何判断玉米已浸泡良好？

(5)影响玉米淀粉干燥的因素有哪些？

2. 材料准备：玉米、亚硫酸溶液等。

3. 工具准备：破碎机、磨浆机、烧杯、量筒、水浴锅等。

任务实施

【任务单】

一、玉米淀粉加工的预处理

写出玉米淀粉加工的预处理过程，填入下表。

加工预处理过程

项目	去杂	浸泡
方法		
主要设备		
质量监控点		

二、画出玉米淀粉加工的工艺流程图

三、提取玉米淀粉

提取玉米淀粉，将操作过程记录在下表。

玉米淀粉的提取过程

提取过程	破碎	分离胚芽	细磨	过筛	洗涤	离心脱水	干燥
使用设备							
工作要求							
是否质量监控点							

四、质量评价

将淀粉出率、感官性状等分析结果填入下表。

质量评价

项目	淀粉出率	感官性状描述			
		色泽	颗粒状态	气味	干燥程度
结果					

考核评价

依据附件表 2 对实训过程的表现进行评价。

总结反馈

总结加工中出现的问题并分析原因。

知识拓展

查阅资料，总结玉米淀粉的用途？

任务 2　淀粉加工企业参观

实训目标

明白植物淀粉加工企业的安全常识；厘清整个企业厂房的布局，知道主要工作岗位；清楚各个车间工作内容；了解企业工艺管理规定、设备管理制度，了解各车间岗位管理制度、操作规程；学习企业文化。

任务描述

参观当地的淀粉加工厂，学习企业安全生产章程，记录各生产车间的布局，清楚各个车间工作内容；参观总控制台的操作程序，明白各车间控制台的操作工序；学习企业员工管理规定、设备管理制度；学习企业文化，了解劳务报酬。了解主要工序作业指导书、成品管理作业指导书、辅料和包装材料作业指导书、滞留区作业指导书；了解企业的“HACCP 文件”及“关键工序控制操作规程”。需要 4 学时。

实训准备

1. 知识储备：登录相关企业的网站，查阅预习单内容。

【预习单】

(1)阅读该企业的简介。

(2)了解该企业产品种类。

(3)了解该企业经营理念。

(4)了解该企业的社会服务等公益行为。

2. 材料准备：以小组为单位设计企业调查表，并打印纸质版，便于调查。

3. 工具准备：记录笔、头盔、工服等。

任务实施

【任务单】

一、企业的概括

通过企业网上资料的了解及实地参观填写下表。

企业概况

位置	
联系电话	
入厂要求	
第一印象及体会：	

二、淀粉加工车间参观记录

根据参观企业选择下面的表格进行记录。

(一)玉米淀粉加工车间参观

跟随企业引导人员认真观察、及时提问，并将结果填入下表。

玉米淀粉加工车间

加工项目	清理	洗涤	浸泡	破碎	细磨	过筛	洗涤	脱水	干燥
所在楼层									
是否封闭									
工作人数									
感受体会：									

(二)马铃薯(甘薯)淀粉加工车间参观记录

跟随企业引导人员认真观察、及时提问，并将结果填入下表。

马铃薯(甘薯)淀粉加工车间

加工项目	清理	洗涤	磋磨	筛分	精制	洗涤	脱水	干燥
所在楼层								
是否封闭								
工作人数								
感受体会：								

三、品管部参观

跟随企业引导人员认真观察、及时提问，并将结果填入下表。

品管部

检验项目					
主要工作					
要求					
感受体会：					

四、企业文化

认真听取企业人员介绍，仔细阅读企业宣传走廊，了解企业文化，并将结果填入下表。

企业文化

企业发展历程	
企业荣誉	
企业愿景	
企业公益	
感受体会：	

考核评价

依据附件表 3 对实训过程的表现进行评价。

总结反馈

本次参观最大的收获有哪些？自己是否具备入职这样企业的条件？是否愿意入职？

知识拓展

我国淀粉加工企业有哪些？各企业有哪些知名品牌？

任务 3　马铃薯、甘薯淀粉的加工与质量评价

实训目标

知道马铃薯、甘薯淀粉加工的清洗方法；明白马铃薯、甘薯淀粉提取的方法和工序；认识马铃薯、甘薯淀粉加工的主要设备，能利用实训室条件加工马铃薯、甘薯淀粉，能评价马铃薯、甘薯淀粉的品质。

任务描述

画出马铃薯、甘薯淀粉加工的工艺流程图，写出马铃薯、甘薯淀粉加工各环节的主要设备和质量监控点。每组加工 1 kg 马铃薯原料的淀粉、1 kg 甘薯原料的淀粉各一份，并评价其品质。本任务在粮油加工实训室完成。需要 4 学时。

实训准备

1. 知识储备：阅读资料单及查阅相关资料，完成预习单。

【预习单】

(1)写出马铃薯、甘薯淀粉生产工艺流程。

(2)马铃薯、甘薯清洗方式有哪些？写出清洗流程。

(3)影响马铃薯、甘薯淀粉加工的因素有哪些？

2. 材料准备：马铃薯、甘薯干等。

3. 工具准备：破碎机、磨浆机、过滤筛等。

任务实施

【任务单】

一、薯类的清洗

以马铃薯为例，写出薯类淀粉加工的清洗过程，填入下表。

马铃薯的清洗过程

项目	溜槽清洗	薯笼清洗	人工挑选
原理			
主要设备			
质量监控点			

二、画出马铃薯淀粉加工的工艺流程图

三、提取薯类淀粉

将薯类淀粉的提取操作过程记录填入下表。

薯类(马铃薯)淀粉的提取过程

工艺过程	粉碎	过筛	洗涤精制	离心脱水	干燥
使用设备					
工作要求					
是否质量监控点					

四、质量评价

将薯类淀粉的出率、感官性状等评价分析结果填入下表。

结果评价

项目	淀粉出率	感官性状描述			
		色泽	颗粒状态	气味	干燥程度
马铃薯淀粉					
甘薯淀粉					

考核评价

依据附件表2对实训过程的表现进行评价。

总结反馈

总结加工中出现的问题并分析原因。

知识拓展

查阅甘薯干加工淀粉的工艺流程，为什么要在早些年用甘薯干加工淀粉？而很少用马铃薯干加工淀粉？

项目二 淀粉深加工与质量监控

本项目内容包括粉条(丝)加工工艺流程、加工过程的质量控制；淀粉制糖的理论、淀粉制糖的工艺流程、加工过程的质量控制；变性淀粉的种类、变性条件、生产方法、加工流程；膳食纤维与淀粉制品加工；脂肪替代物及其应用；粉条加工企业的安全常识、原料的贮藏。本项目实操环节分为淀粉制糖过程与质量控制、变性淀粉应用与酸变性淀粉的加工、粉条加工企业参观3个任务。

知识储备

【资料单】

一、粉条(丝)的加工与质量控制

粉条、粉丝是我国传统的淀粉制品。马铃薯、甘薯淀粉加工的粉条(丝)和绿豆粉丝市场占有率高，品质好、成本低。

1. 工艺流程

淀粉→打浆→调粉→漏粉→冷却、漂白→冷冻→干燥→成品。

2. 主要工序与质量控制

(1)打浆和制粉团。在盆内按淀粉质量的2倍加50 ℃温水，先将淀粉用热水调成稀糊状，再用沸水冲入调好的稀粉糊，并不断朝一个方向快速搅拌10 min，至粉糊变稠、透明、均匀，即为粉芡。再将粉芡与湿淀粉混合，粉芡的用量占和面比例为冬季5%、春夏秋季4%，温度控制在30 ℃左右。

(2)漏粉成型。比较柔软的粉团可以采用漏粉成丝，较硬的粉团采用压粉机挤丝成型。将和好的粉团放在带有小孔的漏瓢或压粉机中，漏瓢孔径7.5 mm，粉丝细度0.6～0.8 mm。用手挤压瓢内的粉团，透过小孔，粉团即漏下成粉丝。距漏瓢下面55～65 cm处放一开水锅，粉丝落入开水锅中，遇热凝固煮熟。水温应保持在97～98 ℃，以免开水沸腾会冲坏粉丝。在漏粉时，要用竹筷在锅内搅动，以防粉丝黏着锅底。生粉丝漏入锅内后，要控制好时间，掌握好火候。煮的时间太短，粉丝不熟；煮的时间太长，容易胀糊，使粉丝脆断。

(3)冷却。粉丝落到沸水锅中后，待其将要浮起时，将粉丝捞出，拉到冷水缸中冷却，目的是增加粉丝的弹性。冷却后再用清水漂洗1～2次，并搓开互相黏着的粉丝。冷却的粉丝直接包装(真空包装效果好)为200～300 g的袋装粉条，经检验合格后即可出库销售。

(4)冷冻。粉条(丝)深受我国消费者喜欢，鲜粉条(丝)保质期短，为了长期供应市场，因此需要冷冻。冷冻温度为－8～－10 ℃，达到全部结冰为止。

(5)干燥。干粉条(丝)是薯类淀粉和绿豆淀粉的主要加工品，将新鲜粉条(丝)或冷冻粉条(丝)经过低温干燥即为干粉条(丝)。干燥的晾晒架应放在空旷的晒场，晾晒时应将粉丝轻轻抖开，使之均匀干燥，干燥后即可包装成袋。成品干粉条(丝)色泽较白，无可见杂质，丝干脆，水分不超过2%，无异味，烹调加工后有较好的韧性，不易断，具有产品特有的风味。

二、淀粉制糖与质量控制

以淀粉为原料，通过水解反应生产的糖品，总称为淀粉糖。淀粉糖可分为葡萄糖、果葡糖、淀粉糖浆及麦芽糖(含饴糖)四大类。淀粉糖甜味纯正、柔和，具有一定保湿性和防腐性，又利于胃肠吸收，所以广泛用于食品工业和医疗保健品中。例如，淀粉糖浆用于果酱、蜜饯的生产还能消除“结晶”“返砂”现象；葡萄糖主要用于医药保健中；饴糖可以被再制成芝麻糖、花生糖等，并在中医学上具有缓冲、补虚、润肺之功效，适合患有糖尿病、心血管病、高血压和动脉硬化等症的病人食用。所以发展淀粉制糖工业，其经济、社会意义很大。

(一)淀粉制糖原理

淀粉是由D-葡萄糖分子失水以α-糖苷键连接的高分子多糖。天然淀粉有两种结构，即直链淀粉与支链淀粉。直链淀粉是D-葡萄糖残基以α-1，4糖苷键连接的长链，有200～980个葡萄糖残基，卷曲成螺旋形，每个螺旋含有6个葡萄糖残基。直链淀粉对碘呈蓝色反应。支链淀粉分子较直链淀粉大，含600～6 000个葡萄糖残基，形状如高粱穗，小分支多，每一分支平均含有20～30个葡萄糖残基。支链淀粉分支也都是由D-葡萄糖以α-1，4糖苷键连接成链，卷曲成螺旋状，但分支接点上则为α-1，6糖苷键连接，分支与分支之间间距为11～12个葡萄糖残基，它遇碘呈紫红色反应。

淀粉在酸或淀粉酶催化下发生水解反应，其水解最终产物随所用的催化剂种类而异。在酸作用下，淀粉水解的最终产物是葡萄糖；在淀粉酶的作用下，其产物随酶的种类不同而不同。

1. 淀粉的酸水解反应

淀粉乳加入稀酸后加热，经糊化、溶解，进而葡萄糖苷链裂解，形成各种聚合度的糖类混合溶液。在稀溶液的情况下，最终将全部变成葡萄糖。在此，酸仅起催化作用。

2. 淀粉的酶法水解

酶解法是用专一性很强的淀粉酶(糖化酶)将淀粉水解成相应的糖。在葡萄糖及淀粉糖浆生产时应用了α-淀粉酶与糖化酶(葡萄糖苷酶)的协同作用，前者将高分子的淀粉割断为短链糊精，后者迅速地把短链糊精水解成葡萄糖。

糖化酶(葡萄糖淀粉酶)能从淀粉α-1，4糖苷键结构的非还原性末端开始一个一个地分解，生成葡萄糖；对支链淀粉的分支点也能接近于完全分解程度，仅速度较慢；其同时具有麦芽糖酶的作用，广泛用于葡萄糖生产中。糖化酶最适pH为4.0～4.8，最适温度55～60 ℃。

用淀粉酶法制糖，不需高温(高压)，可在中性pH下进行，作用温和，无副反应，糖化液色泽浅，糖化结束后不需中和，糖化液中无机盐含量低，不腐蚀设备，且生产出的产品纯度高，因此是淀粉制糖工业广泛应用的方法。

(二)淀粉糖浆生产工艺

淀粉糖浆是淀粉经酸或酶水解时，控制一定的水解程度而制得的产品，是葡萄糖、低聚糖及糊精等的混合物。可采用不同的酸法或酶法水解工艺，任意控制各种糖的比例，所以有低转化糖浆(DE值在20%以下)、中转化糖浆(DE值38%～42%)、高转化糖浆(DE值60%～70%)之分。中转化糖浆是应用较多的一种，也称标准糖浆，一般采用酸法制作。

1. 糖浆加工工艺流程

淀粉选择→调浆→糖化→中和→第一次脱色过滤→离子交换→第一次浓缩→二次脱色过滤→二次浓缩→成品。

2. 主要工序与质量控制

(1)淀粉的质量控制。

常选用纯度较高的玉米淀粉。

(2)调浆的质量控制。

在调浆罐(桶)中先加部分水，在搅拌情况下，加入粉碎的干淀粉或湿淀粉。投料完毕，继续加入 80 ℃左右的水，使淀粉乳浓度达到 22～24°Bé，然后加入盐酸或硫酸调 pH 为 1.8。调浆时须用软水，以免产生较多的磷酸盐使糖液浑浊。

(3)糖化的质量控制。

调好的淀粉乳用耐酸泵送入耐酸加压糖化罐，边进料边开蒸汽。进料完毕后，升压至 27～28 kPa 蒸汽压力(温度 142～144 ℃)，在升压过程中每升压 9.8 kPa，开排气阀约 0.5 min，排出冷空气，待排出白烟时关闭，借此使糖化醪翻腾、受热均匀。至升到要求压力时保持压力 3～5 min，及时取样测定其 DE 值(简易快速测定法，取样用 2%碘液检查呈酱红色，并与标准色比)达到 38～40 时，终止糖化。

(4)中和与脱色的质量控制

糖化结束后，打开糖化罐将糖化液吹入中和桶进行中和。中和的目的是中和大部分盐酸或硫酸，调节 pH 到蛋白质的凝固点，使蛋白质凝固，过滤除去，保持糖液清晰。

中和糖液，冷却至 70～75 ℃，调节 pH 至 4.5(因此值脱色效果好)，加入为干物量 0.25%的粉末活性炭，随加随搅拌约 5 min，压入板框式压滤机或卧式密闭圆筒形叶滤机过滤出清糖滤液。

(5)离子交换与浓缩的质量控制。

将第一次脱色滤出的清糖液通过阳－阴－阳－阴四个离子交换柱进行脱盐提纯。

将提纯糖液调 pH 至 3.8～4.2，用泵送入蒸发罐保持真空度 66.66 kPa 以上，加热蒸气压力不超过 9.8 kPa，浓缩到 28～31°Bé；出料，进行二次脱色。二次脱色与第一次相像。二次脱色糖浆必须反复回流过滤至无活性炭粒为止，再调 pH 至 3.8～4.2。

第二次浓缩前加入亚硫酸氢钠，使糖液中二氧化硫含量为 0.0015%～0.004%，以起漂白及护色作用。蒸发浓缩至 36～38°Bé 出料，即为成品。

二次脱色、过滤、浓缩工序，主要是针对甲级产品而言，乙级产品只需一次脱色即可。

三、变性淀粉的加工与质量控制

(一)变性淀粉的产生

天然淀粉的可利用性取决于淀粉颗粒的结构和淀粉中直链淀粉和支链淀粉的含量。不同种类的淀粉其分子结构和直链淀粉、支链淀粉的含量都不相同，因此不同来源的淀粉原料具有不同的可利用性。如薯类淀粉，颗粒大而松，易让水分子进去，糊化温度低，黏度高，分子大且直链淀粉少，不易分子重排。还含有 0.07%～0.09%的磷，吸水性强，不易老化。谷类淀粉，颗粒小而紧，水分子难进去，糊化温度高，黏度低，分子小且直链淀粉多，易重排，另外还含有脂肪，脂肪与直链淀粉结合不易吸收，故易胶凝回生，透明性差。天然淀粉作为太阳能的储存形式之一，一直是人类和大多数动物的主要能量来源，是取之不尽、用之不竭的天然资源。科学技术的发展使人们逐渐发掘出淀粉在多个工业领域的用途，丰富的资源和低廉的成本使淀粉工业蓬勃发展起来。但大多数的天然淀粉有着许多性质上的不足，如不溶于水、淀粉糊易老化、在低温下发生凝沉、成膜性差等缺陷，使其在食品、医药和化工等领域的应用受到限制。为此，根据淀粉的结构和理化性质开发了淀粉的变性技术。

1. 变性淀粉的概念

在淀粉所具有的固有特性基础上，为了改善淀粉的性能和扩大应用范围，利用物理、化学或酶法处理，改变淀粉的天然性质，增加其某些功能或引进新的特性，使其更适合于一定的应用要求，这种经过二次加工，改变了性质的产品统称为变性淀粉。变性淀粉又称为淀粉衍生物。

2. 变性淀粉分类

(1)物理变性淀粉：主要有 γ 射线处理淀粉、超频辐射处理淀粉、机械研磨处理淀粉、热液处理淀粉、预糊化淀粉等。

(2)化学变性淀粉：用各种化学试剂处理淀粉，这是最主要、应用最广泛的变性方法。反应一般发生在淀粉分子中的醇羟基上，使分子质量下降或增加。如酸解淀粉、氧化淀粉等使分子量降低；酯化淀粉、醚化交联淀料淀粉、接枝共聚淀粉等使淀粉分子量增加。

(3)生物变性淀粉：用各种酶处理淀粉，如麦芽糊精、抗性淀粉、多孔淀粉等。

(4)复合变性淀粉：采用两种或两种以上方法处理，如氧化交联淀料、交联酯化淀粉等。采用复合变性得到的变性淀粉具有两种变性淀粉各自的优点。

3. 淀粉变性的目的

淀粉变性的目的是为了适应各种工业应用的要求，如高温技术(罐头杀菌)要求淀粉高温黏度稳定性好，冷冻食品要求淀粉冻融稳定性好，果冻食品要求透明性好、成膜性好等；为了开辟淀粉的新用途，扩大应用范围，如纺织上使用淀粉，羟乙基淀粉、羟丙基淀粉代替血浆，高交联淀粉代替外科手套用滑石粉、淀粉基脂肪模拟物、淀粉脂质复合物、淀粉 3D 打印等。

以上绝大部分新应用是天然淀粉所不能满足或不能同时满足的，因此要变性，且变性目的主要是改变糊的性质，如糊化温度、热黏度及其稳定性、冰融稳定性、凝胶力、成膜性、乳化性、凝胶性、透明性等。

(二)变性条件

1. 浓度

干法生产一般水分控制在 5%～25%范围内；湿法生产淀粉乳含量一般为 35%～40%(干基)。

2. 温度

按淀粉的品种以及变性要求不同而不同，一般为 20～60 ℃，反应温度一般低于淀粉的糊化温度(糊精、酶法除外)。

3. pH

除酸水解外，pH 控制在 7～12 范围。pH 的调节，酸一般采用稀 HCl 或稀 H_2SO_4；

碱一般采用3% NaOH或Na_2CO_3或$Ca(OH)_2$。在反应过程中为避免O_2对淀粉产生的降解作用，可考虑通入N_2。

4. 试剂用量

取决于取代度(DS)要求和残留量等卫生指标。不同试剂用量可生产不同取代度的系列产品。

5. 反应介质

一般生产低取代度的产品采用水作为反应介质，成本低；高取代度的产品采用有机溶剂作为反应介质，但成本高。另外可添加少量盐(如NaCl、Na_2SO_4等)，其作用主要为：避免淀粉糊化；避免试剂分解；盐可以破坏水化层，使试剂容易进入，从而提高反应效率。

6. 产品提纯

干法改性，一般不提纯，但用于食品的产品必须经过洗涤，使产品中残留试剂符合食品卫生质量指标；湿法改性，可根据产品质量要求，反应完毕用水或溶剂洗涤2～3次。

7. 干燥

脱水后的淀粉水分含量一般在40%左右，高水分含量的淀粉不便于贮藏和运输，因此在它们作为最终产品之前必须进行干燥，使水分含量降为安全水分以下。

目前一般工业生产采用气流干燥，一些中小型工厂也有采用烘房干燥或带式干燥机干燥。

(三)变性淀粉的生产方法

目前，变性淀粉生产的方法主要有湿法、干法、滚筒干燥法和挤压法等几种，其中最主要的生产方法还是湿法。

1. 湿法生产工艺

不同的变性淀粉品种、不同的生产规模、不同的生产设备，其生产工艺流程也有较大的区别。生产规模越大，生产品种越多，自动化水平越高，工艺流程越复杂。反之则可以不同程度地简化，流程如下：

淀粉乳→加入化学试剂→反应→洗涤→脱水→干燥→筛分→成品。

加工工序与质量控制点如下。

(1)淀粉乳用量的计算。湿法生产变性淀粉，其原淀粉可以是由淀粉生产装置直接用管道送来的精制淀粉乳，也可以是商品淀粉。但不论是使用淀粉乳还是干淀粉，在投料前都要经过计量，计算出绝干淀粉的投放量。淀粉乳用波美计测量浓度，并测量淀粉乳的体积，计算出淀粉量。干淀粉的计量则用秤称量或以袋计量，并按化验单计算淀粉中的绝干淀粉量。

(2)变性反应的控制。反应是变性淀粉生产最关键的工序。在搅拌的条件下把淀粉乳加入反应器，同时进行升温，调整pH，并按生产品种要求按顺序加入定量的各种化学品，用仪器分析测试反应终点并终止反应。原料、浓度、物料配比、反应温度，时间、搅拌等因素会不同程度地影响反应的进行，影响最终产品质量的稳定性和应用性能的重复性。

(3)洗涤质量控制。反应结束后，变性淀粉中含有未反应的化学品和反应副产物，这些杂质的存在会影响产品质量，因此要通过洗涤把杂质除掉。大型厂常采用淀粉洗涤旋流器进行逆流洗涤，与淀粉洗涤的设备相同，洗涤级数只要三级或四级。反应后的变性淀粉乳用泵送入旋流器的第一级，洗涤水从旋流器的最后一级加入，变性淀粉与洗水逆流接触，洗涤后的变性淀粉乳从最末级的底流引出，送去脱水，含有洗涤杂质的水则从第一级的顶流排出。排出液中除含有杂质以外，尚含有5%～8%的变性淀粉，所以将这部分稀浆再通过三级旋流器进行分离，回收其中的变性淀粉。分离后的洗涤水送污水处理系统处理。采用带式压滤机进行变性淀粉脱水时，洗涤是在压滤机上进行的，脱水后引入洗水滤饼进行洗涤，洗涤和脱水交替进行。

(4)脱水干燥的控制。洗涤以后的变性淀粉乳的浓度为34%～38%，需要先脱水后才能干燥。

脱水是使用离心式过滤机来完成，与原淀粉生产使用的设备相同。但变性淀粉滤饼的含水量通常在40%左右，比用同样条件脱水的原淀粉含水量要高，这是由变性后的淀粉的吸水性和颗粒性质所决定的。采用真空过滤机或带式压滤机对变性淀粉脱水比较合适，脱水的同时还可以对滤饼进行洗涤，省去了专门的洗涤设备。过滤后的滤液中尚含有5%～8%的变性淀粉，可送去澄清系统提浓后回收变性淀粉。

脱水系统由离心机、压滤机、精乳罐、回收液罐等设备组成，可根据不同的要求进行组织。

与原淀粉相比，离心脱水以后的湿变性淀粉中含水量较高，干燥也比较困难，处理量下降。变性淀粉干燥用气流干燥机与原淀粉生产用的相同。采用溶剂生产变性淀粉时，为保证溶剂的回收，降低成本，要采用真空干燥机。

干燥根据不同的工艺及产品类型，可采用气流干燥机、流化床干燥机或真空干燥机等进行。

(5)筛分的质量控制。变性淀粉需要具有一定的细度和粒度分布，一般要求100目筛的通过率达到99.5%以上。所以仅靠干燥过程中自然形成的细度不能满足要求，因此需要对产品进行粉碎和筛分。干燥后的物料绝大部分是均匀的淀粉，送入成品筛进行筛理，筛下物为合格的产品，进行成品打包。筛上物为大粒度或块状不合格产品，经粉碎后返回筛分。

2. 干法(挤压法)生产工艺

干法生产工艺是在干的状态下完成淀粉的变性反应。白糊精、黄糊精及磷酸酯变性淀粉等的生产常用干法生产工艺。干法生产变性淀粉产品回收率高、无污染，所以是一种很有前途的方法。与湿法相比，干法生产的工艺变化比较大，不同的品种其工艺不同。生产时，淀粉乳送入反应器，在一定的温度、pH条件下淀粉吸附化学药品于表面，经脱水预干燥到一定水分含量后，送入固相反应器进行化学反应；或干淀粉装入混匀器后，喷入化学药品，混合均匀后进行预干燥，然后送入固相反应器进行化学反应。反应结束后，由于产品温度较高并且水分偏低，需经过快速冷却及水平衡，过筛、包装即得产品。变性淀粉干法生产工艺流程如下：

淀粉(淀粉乳)→加入化学试剂→混匀(吸附)→脱水→预干燥→固相反应→快速冷却→水分平衡→筛分→包装→成品。

(四)食品加工与变性淀粉

变性淀粉在食品加工中有较为广泛的应用。

1. 面食品对变性淀粉的要求

糕饼类要求变性淀粉保湿性好，能改善制品质地及良好的冻融稳定性；面糊和面包粉类要易黏着、胶凝，不会掩盖食物原味，易成型。

2. 饮料对变性淀粉的要求

要求高稠度，低甜度，不易吸潮，易溶解，味清淡。对于婴儿奶粉及成人营养食品，除上述外还要求易消化。

3. 糖果类对变性淀粉的要求

硬糖要求能调节糖的结晶体，调节糖的黏性；果冻及胶质糖要求是胶凝性好、透明度好，凝胶不易析水，保湿性好；果丹皮类蜜饯制品中要求成型性好，能控制糖分结晶；巧克力则要求有助于降低脂含量，控制糖表面结晶。

4. 色拉酱等对变性淀粉的要求

色拉酱及涂抹食品如人造黄油、花生酱等要求部分替代油脂后仍具有滑爽的口感和良好的稠度，易成型且耐酸、耐热、耐剪切。

5. 冷冻甜食对变性淀粉的要求

冷冻甜食如冰激凌要求有助于降低脂肪含量，吸水性好，能有效地抑制冰晶长大，能提高制品的抗融性。布丁和派要求有高的光泽度、良好的冻融稳定性，对温度波动和酸碱变化不敏感，口感滑润，具有奶油状的质地，耐剪切，有助于其他成分的分散。

6. 肉类加工对变性淀粉的要求

肉类加工要求具有很高的持水性，黏性低，耐盐性好。

四、膳食纤维与淀粉制品加工

20世纪90年代以来，膳食纤维的研究一直是碳水化合物领域内的热门课题，随着“三高”、肥胖、肿瘤等病症的增加以及对其功能的研究，使人们越来越认识到膳食纤维在营养保健上的重要性，对膳食纤维的研究开发也投入了极大的热情。现代医学研究显示，膳食纤维具有调整肠胃功能，防止便秘，改善肠内菌群和辅助抑制肿瘤作用，能够缓和有害物质所导致的中毒和腹泻；调节血糖、血脂；控制肥胖；消除外源有害物质。

(一)膳食纤维的组成

膳食纤维由两部分组成，一部分是不溶性的植物细胞壁材料，主要是纤维素与木质素；另一部分是非淀粉的水溶性多糖，主要包括阿拉伯木聚糖、β-葡聚糖、甘露聚糖和果胶多糖等。

(二)膳食纤维的来源

1. 不溶性膳食纤维的来源

来源于植物的纤维素、半纤维素、木质素、原果胶，来源于海藻的海藻酸钙以及人工合成的羧甲基纤维素等。

2. 水溶性膳食纤维的来源

水溶性膳食纤维是指不被人体消化酶所消化，但可溶于温水或热水的膳食纤维、包括来源于植物的果胶、魔芋甘露聚糖、种子胶、半乳甘露聚糖、阿拉伯胶；来源于海藻的卡拉胶、琼脂、海藻酸钠；来源于微生物的黄原胶以及人工合成的羧甲基纤维素钠和葡聚糖类等。

(三)膳食纤维对淀粉性质的影响

膳食纤维与淀粉之间的相互作用体现在两方面：一是将膳食纤维作为功能成分添加到食品中，不仅可以提高食品的营养价值，还可以进一步优化人们的膳食结构，有效降低慢性病的发病率；二是在淀粉基食品中，淀粉易受膳食纤维的影响，使淀粉的性质发生改变，进而影响食品的品质。

膳食纤维和淀粉的种类、结构是影响淀粉性质的重要因素。这些因素一方面改变了淀粉的吸水性，进而影响了淀粉的性质；另一方面不同膳食纤维添加到不同淀粉中，也改变了淀粉分子之间、淀粉与水分子之间的相互作用，破坏了淀粉分子之间的三维网络结构，使得膳食纤维与淀粉之间形成氢键或静电，进而影响了膳食纤维与淀粉之间的相互作用。

1. 膳食纤维对淀粉糊化性质的影响

糊化性质是淀粉最重要性质之一，是由于加热使淀粉分子获得足够的能量，破坏了结晶胶束区弱的氢键后，淀粉颗粒开始水合和吸水膨胀，结晶区消失，大部分直链淀粉溶解到溶液中，溶液黏度增加，淀粉颗粒破裂，双折射消失，这个过程称为糊化。淀粉的糊化程度影响食品的储藏性质、消化率等。这种影响作用因膳食纤维和淀粉的种类不同而有所差异，主要取决于膳食纤维和淀粉的结构特征、膳食纤维的添加量以及环境因素。

2. 膳食纤维对淀粉冻融稳定性的影响

随着社会的发展和人们生活节奏的加快，速冻食品的需求量大大增加，冻融稳定性直接影响淀粉基速冻食品的储藏和品质，常用析水率作为评判冻融稳定性的指标。淀粉冻融稳定性和老化程度相关，老化程度越小，则析水率越小，冻融稳定性越好，膳食纤维的添加可以改变淀粉的冻融稳定性。

3. 膳食纤维对淀粉其他性质的影响

膳食纤维影响淀粉的形态结构特性。壳聚糖使蜡质玉米淀粉粒径分布范围明显增大，且使淀粉最大颗粒粒径几乎扩大了3～4倍；而玉米纤维胶对小麦淀粉颗粒结构有一定的浸出抑制作用，能够使淀粉颗粒糊化后形态清晰；豆渣膳食纤维降低了马铃薯淀粉的透明度、膨胀度和凝胶强度，增强了淀粉的凝沉性。

五、脂肪替代物及其应用

脂肪在绝大多数食品体系中是必不可少的，能综合提高食品风味、口感、乳脂状、质构及润滑感等方面感官效果，还能提高在进餐时的饱腹感。此外，脂肪是一些脂溶性风味成分的载体，起着稳定性体系芳香的作用。从生理角度来看，脂肪是一些脂溶性维生素、必需脂肪酸及前列腺素的来源，脂肪也是亲脂性药物的载体。然而，脂肪摄入过多也将引起一系列的健康问题，如肥胖症、高胆固醇等。越来越多的人想减少脂肪的摄入，但是他们又不想丧失脂肪的风味、口感等。近年来，人们开发了脂肪代用品。脂肪替代品是指具有脂肪某些令人期望的物理和感官性能的物质，在食品配方中替代脂肪时能避免由于脂肪摄入过量造成的对人体的损害。在通常情况下，脂肪替代物不是脂肪，然而也用于描述不被人体消化仅部分消化的脂类。将其应用在食品中，其具有脂肪的部分口感和风味。

(一)脂肪替代物分类

按照原料不同，分为脂肪基、蛋白基和碳水化合物为基质的三种脂肪替代物。按照功能性可以被分为两类：脂肪替代物和脂肪模拟物。

脂肪替代物是高分子化合物，其在物理、化学性质上类似脂肪酸(传统的脂肪和油脂)，其酯键能抵抗脂肪酶的水解，不被人体消化。脂肪模拟物，通常有以蛋白质或碳水化合物为基质的脂肪替代物，目前，淀粉基质的脂肪模拟物较多，如玉米、马铃薯、木薯淀粉经酶解或酸解产物后低 DE 值的产品。

(二)脂肪替代物的性质

脂肪口感由以下性质描述，包括黏度、吸湿性、黏结性和黏合性。描述脂肪替代物的其他指标还包括溶解性、分散性、渗透性、持水能力、电导率、粒度、pH、色泽和气味等。在描述脂肪替代物的指标中，最重要的是凝胶强度、弹性模量、糊化温度，它们代表产品形成凝胶能力的强弱。

(三)脂肪替代物作用机理

以碳水化合物为基质的脂肪替代物的特性主要由碳水化合物微粒的结构与水分子相结合而决定的。以碳水化合物为基质的脂肪模拟物可以改善水相的结构特征，所形成的三维网状结构的凝胶能将大量的水截留，这些被截留的水具有较好的流动性，在质感和口感上很像脂肪。特别是这类脂肪替代品具有涂抹性，呈现出脂肪的假塑性，能产生奶油状的润滑感和黏稠度。

脂肪替代物系统的基本组分是水，其关键点就在于控制水分，而水能提供被替代了的脂肪的性质。理想的碳水化合物脂肪替代物可能拥有一个能与水分子强烈结合在一起的结构，它能提高脂肪的口感。因此，被水解的淀粉需要能提供脂肪的口感，而不仅仅表现类似的流变学性质。真正衡量脂肪替代物性能的不是其流变性质是否与脂肪相似，而是具体应用到产品中，与产品是否有相同或相近的感官性质，包括口感、风味等。

(四)脂肪替代物的应用

脂肪替代物应用于生产低脂食品时，常常需要改进传统食品的配方，有时要改变某些组分。这是由于考虑到淀粉为基质的脂肪替代物对食品感官特性的影响，如黏合性、硬度、干燥程度、滑腻性和均匀性等。例如，在焙烤食品中加入淀粉为基质的脂肪替代物会增加食品的黏口性和硬度，产品容易老化。一般的改进措施为，加入乳化剂使之与蛋白质等物质相互作用，从而改善食品的柔软性并减少食品的老化，增加食品的润滑性。目前，淀粉为基质的脂肪替代物在下列产品中应用比较成功。

1. 焙烤食品

以多种淀粉为原料制成焙烤食品专用的脂肪替代物，用于生产低脂中等水分含量的饼干、松饼和面包等焙烤食品，脂肪的用量可以减少50%左右。低脂食品在储藏过程中变干的缺点可以通过添加乳化剂等方法克服。

2. 肉制品

传统的肉制品脂肪含量较高，一般乳化肉含30%脂肪，汉堡含20%～30%脂肪，热狗和肉饼一般含20%脂肪。现在通过添加淀粉为基质的脂肪替代物可以减少这类食品的脂含量。例如，在牛肉饼的制作中，添加1%淀粉为基质的脂肪替代物制成含10%脂肪的肉饼比起含20%脂肪的传统牛肉饼更嫩、更具汁液，并且产量更高。

3. 低脂甜食

麦芽糊精类脂肪替代物在甜食制作中的应用效果好于蛋白质类替代物和葡聚糖类替代

物。在冰激凌的制作中，添加适量麦芽糊精可以使其脂肪含量从传统的10%左右降到1%，而冰激凌的口感、外观和质构等性能并未发生明显改变。淀粉为基质的脂肪替代物和蛋白质基替代品的混合使用可以控制冰晶的形成，取得更好效果。

4. 调味料

现在，已经可以制成含有低于1%脂肪的优良的具有可涂抹性的调味料。在低脂调味料的制作中，利用15%的淀粉为基质的脂肪替代物溶液可以替代脂肪，而添加风味物质可以弥补由于脂肪减少而带来的风味损失。

5. 乳制品

淀粉为基质的脂肪替代物在低脂奶酪、冰奶和人造黄油中应用也具有良好效果，可以替代30%甚至更多的脂肪而不影响产品质量。

相关标准：

《中华人民共和国国家标准　食用玉米淀粉(GB/T 8885—2017)》

任务1　淀粉制糖过程与质量控制

实训目标

知道淀粉的种类及分子结构、特性；知道淀粉制糖的理论，明白淀粉制糖的条件；能画出饴糖液体酶法生产工艺流程图、淀粉糖浆生产工艺流程图。

任务描述

阐述淀粉的种类及分子结构、特性；写出淀粉制糖的理论与条件；画出饴糖液体酶法生产工艺流程图、淀粉糖浆生产工艺流程图。本任务在粮油加工实训室完成。需要2学时。

实训准备

1. 知识储备：阅读资料单及查阅相关资料，完成预习单。

【预习单】

(1)淀粉根据分子结构的不同可以分为哪几种？分别有何特征？

(2)说说淀粉制糖的原理。

(3)说说淀粉制糖的主要产品。

(4)淀粉的酸水解反应、淀粉的酶法水解、糖化酶水解的分解反应过程分别是怎样进行的？

(5)淀粉的酸水解反应、淀粉的酶法水解、糖化酶水解所需要的条件分别有哪些？

(6)画出淀粉糖浆的生产工艺流程。

(7)阐述淀粉糖浆生产的主要工序。

2. 材料准备：饴糖、葡萄糖浆等。

3. 工具准备：淀粉制糖的视频、图片等。

任务实施

【任务单】

一、淀粉的种类与特征

描述比较不同种类淀粉的相关特征，将结果填入下表。

淀粉的种类与特征

淀粉种类		直链淀粉	支链淀粉
分子结构			
分子量			
特性	抗润胀性 糊化温度		
	成膜性		
	黏附性		
	溶解性		
	抗老化性		
	稳定性		

二、淀粉制糖

分析淀粉制糖的原理，将结果填入下表。

淀粉制糖原理

水解方式	酸水解	酶法水解
水解条件		
产物		

三、画出饴糖液体酶法生产工艺流程图

四、画出淀粉糖浆生产工艺流程图

五、果葡糖浆的加工

写出不同种类果葡糖浆的糖分组成与加工原理，填入下表。

果葡糖浆的种类与加工的原理

果葡糖浆种类	42 型高果糖浆	90 型高果糖浆	55 型高果糖浆
糖分组成			
加工原理			

考核评价

依据附件表 1 对实训过程的表现进行评价。

总结反馈

总结学习实训中出现的问题并分析原因。

知识拓展

查阅资料，阐述淀粉制糖的必要性。

任务 2　变性淀粉应用与酸变性淀粉的加工

实训目标

知道变性淀粉的种类；知道变性淀粉加工的原理，知道不同种类变性淀粉变性的条件；明白变性淀粉的应用价值。能加工酸变性淀粉，并与原淀粉进行感官性状、糊化特性的比较。

任务描述

阐述变性淀粉的种类；写出变性淀粉加工的原理、条件，阐述变性淀粉在食品加工中的应用。每组加工 100 g 玉米原淀粉的酸变性淀粉，并比较与原淀粉感官性状、糊化特性的差异。本任务在粮油加工实训室完成。需要 4 学时。

实训准备

1. 知识储备：阅读资料单及查阅相关资料，完成预习单。

【预习单】

(1)什么是变性淀粉？

(2)变性淀粉加工的原理。

(3)不同的变性淀粉加工分别需要哪些条件？

(4)酸变性淀粉有哪些种类？

2. 材料准备：变性淀粉、玉米淀粉、32％的盐酸溶液、10％的纯碱溶液等。

3. 工具准备：恒温水浴锅、烧杯(100 mL、50 mL)、磁力搅拌器、40 ℃恒温干燥箱、量筒、温度计、pH 计、真空抽滤设备、烧杯、量筒等。

任务实施

【任务单】

一、变性淀粉的种类

列出变性淀粉的种类，并写出对应的商品名称，填写下表。

变性淀粉的种类及商品名称

<table>
<tr><td colspan="2">变性淀粉种类</td><td></td><td></td><td></td></tr>
<tr><td rowspan="5">主要化学
变性淀粉</td><td rowspan="2">分解淀粉</td><td>氧化淀粉</td><td colspan="2">商品举例：</td></tr>
<tr><td>酸变性淀粉</td><td colspan="2">商品举例：</td></tr>
<tr><td rowspan="2">淀粉酯</td><td>无机酸酯淀粉</td><td colspan="2">商品举例：</td></tr>
<tr><td>有机酸酯淀粉</td><td colspan="2">商品举例：</td></tr>
<tr><td>淀粉醚</td><td colspan="3">商品举例：</td></tr>
</table>

二、变性淀粉的变性条件

写出变性淀粉的变性条件，填入下表。

变性淀粉的变性条件

变性条件	浓度	温度	pH	试剂用量	反应介质
决定因子					

三、变性淀粉的加工工艺流程

写出下列变性淀粉的加工工艺流程、变性类型，填入下表。

变性淀粉加工工艺流程

变性淀粉类型	工艺流程	变性类型
预糊化淀粉		
糊精		
磷酸酯淀粉		

四、变性淀粉的应用

阐述变性淀粉在食品加工中的应用，填入下表。

变性淀粉在食品加工中的应用举例

变性淀粉类型	在食品加工中的应用举例
面制品	
焙烤食品	
肉制品	
软饮料	
糖果	
其他	

五、酸变性淀粉的加工

加工酸变性淀粉，与原淀粉进行感官性状、糊化性比较，将结果填入下表。

酸变性淀粉与原淀粉的比较

	与原淀粉颜色等感官性状的差异			酸变性淀粉与原淀粉热糊化特性的差异			
	色泽	气味	颗粒状态	糊化温度	糊化时间	加水量	糊化状态
原淀粉							
酸变性淀粉							

考核评价

依据附件表1对实训过程的表现进行评价。

总结反馈

总结学习实训中出现的问题并分析原因。

知识拓展

查阅资料，阐述淀粉变性的必要性。

任务3　粉条加工企业参观

实训目标

明白粉条加工企业的安全常识；厘清整个企业厂房的布局，知道主要工作岗位；清楚各个车间工作内容；了解企业工艺管理规定、设备管理制度、了解各车间岗位管理制度、操作规程；学习企业文化。

任务描述

参观当地的粉条或粉丝加工厂，学习企业安全生产章程，记录各生产车间的布局，清楚各个车间工作内容；参观总控制台的操作程序，明白各车间控制台的操作工序；学习企业员工管理规定、设备管理制度；学习企业文化，了解劳务报酬。了解主要工序作业指导书、成品管理作业指导书、辅料和包装材料作业指导书、滞留区作业指导书；了解企业的"HACCP 文件"及"关键工序控制操作规程"。需要 4 学时。

实训准备

1. 知识储备：登录相关企业的网站，完成预习单内容。

【预习单】

(1)阅读该企业的简介。

(2)了解该企业产品种类。

(3)了解该企业经营理念。

(4)了解该企业的社会服务等公益行为。

2. 材料准备：以小组为单位设计企业调查表，并打印纸质版，便于调查。

3. 工具准备：记录笔、头盔、工服等。

任务实施

【任务单】

一、企业的概括

通过企业网上资料的了解及实地参观填写下表。

企业概况

位置	
联系电话	
入厂要求	
第一印象及体会：	

二、粉条加工车间参观

参观粉条加工车间，跟随企业引导人员认真观察、及时提问，并将结果填写下表。

粉条加工车间

加工项目	原料储藏	调粉	漏粉	蒸煮	冷却	干燥	贮藏
所在楼层							
是否封闭							
工作人数							
感受体会：							

三、品管部参观

跟随企业引导人员认真观察、及时提问，并将结果填入下表。

品管部

检验项目					
主要工作					
要求					
感受体会：					

四、企业文化

认真听取企业人员介绍，仔细阅读企业宣传走廊，了解企业文化，并将结果填入下表。

企业文化

企业发展历程	
企业荣誉	
企业愿景	
企业公益	
感受体会：	

考核评价

依据附件表 3 对实训过程的表现进行评价。

总结反馈

本次参观最大的收获有哪些？自己是否具备入职这样企业的条件？是否愿意入职？

知识拓展

我国知名粉条品牌有哪些？

第九单元
粮油休闲食品加工与质量监控

本单元依据粮油休闲食品的原料种类分为谷物膨化休闲食品加工与质量监控、薯类休闲食品加工与质量监控 2 个项目；根据岗位工作内容及教学手段等分为谷物休闲食品的加工与质量评价、马铃薯片的加工与质量评价等 4 个任务，需要在校外实训基地(锅巴等休闲食品加工企业)与校内粮油加工实训室实施完成。教师根据地域情况及专业特点全部或选择部分任务进行教学。

项目一　谷物膨化休闲食品加工与质量监控

本项目内容包括休闲食品的种类、特点、发展趋势；谷物膨化休闲食品的加工工艺流程、质量监控点；米果类膨化食品的加工与质量控制；锅巴的加工与质量控制；休闲食品加工企业的安全常识、加工车间的布局及功能，休闲食品加工设备的认知等内容。本项实操环节分为谷物休闲食品的加工与质量评价、锅巴(谷物膨化休闲食品)加工企业参观 2 个任务。

知识储备

【资料单】

一、休闲食品的概念与种类

(一)休闲食品的概念

20 世纪 90 年代以来，在食品工业中逐步形成的一个新型加工食品类——休闲食品，被国内外食品专家们誉为 20 世纪后期食品的重要创新，也是本世纪食品工业的重点发展方向之一。

凡是以糖和各种果仁、谷物、水果的果实以及鱼、肉类为主要原料，配之各种香料及调味品而生产的具有不同风味的食品，都称为休闲食品。休闲食品既有传统的民间手工产品，又有新兴的现代机械化产品。

(二)休闲食品的种类

传统的休闲食品门类繁多，历经数百年乃至上千年的更迭和变迁，至今仍保留着一个完整的休闲食品群体。目前，世界上休闲食品品种已超过 12 000 种，按生产原料可分为以下几类。

1. 果仁类休闲食品

果仁类休闲食品是以果仁和糖或盐制成的甜、咸制品，分油炸的和非油炸的。其特点是坚、脆、酥、香，如鱼皮花生、椒盐杏仁、开心果、五香豆等。

2. 谷物膨化休闲食品

谷物膨化休闲食品是以谷物及薯类做原料，经直接膨化或间接膨化，也可经过油炸或烘烤加工成的膨化休闲食品，如爆米花、米果等。

3. 干果炒货休闲食品

干果炒货休闲食品是以各种瓜子为原料，辅以各种调味料经炒制而成的休闲食品。

4. 糖制休闲食品

糖制休闲食品是以蔗糖为原料制成的小食品，如豆酥糖、桑塔糖等。

5. 果蔬休闲食品

果蔬休闲食品是以水果、蔬菜为主要原料经糖渍、糖煮、烘干而成的制品，如杏脯、果蔬脆片、话梅等。

6. 鱼肉类制休闲食品

鱼肉类制休闲食品是以鱼、肉为主要原料，用其他调味料进行调味，经浸、煮、烘等工序而生产出的熟制品，如各种肉干、烤鱼片、五香鱼脯等。

可见，在休闲食品中，以粮油籽粒为原料的约占三分之二，如果按产品的种类及产量来比较，粮油类休闲食品大约占 50%。

二、休闲食品的特点

(一)第四餐

休闲食品是人们在闲暇休息时的食品，是三餐外的食品，是玩的食品。它能伴随人们解除休闲时的寂寞，是闲情逸趣的伴侣。它是一种享受型的食品，使人们在休闲时能够获得更为舒适的感觉。近年来，我国居民收入水平不断提高，消费能力持续增强，休闲娱乐支出占比逐步提高，为休闲食品的发展创造了良好的市场基础。此外，休闲食品消费场景多，涵盖范围大，有着消磨时间、愉悦心情的功效；当人们开始追求饮食的质量而非单纯的饱腹时，就给休闲食品的消费带来了新的增长点。

(二)百姓日常生活的必需消费品

休闲食品风味多元、味道选择性强、热值低、无饱腹感，是人们在满足基本营养要求以后的自发的选择结果，是顺应由温饱型逐渐朝着享受型转轨的时尚食品。随着消费模式逐渐从生存型向享受型转变，消费者对休闲食品的需求也从过去纯粹追求口感逐步向多元化方向发展，消费者开始更加关注个性化需求的表达，并且对休闲零食健康的功能性要求也越来越高，老中青三代消费者需求不断细化。

(三)社会越发达需求量越大

我国休闲食品行业的发展历程可以分为三个阶段。第一阶段为 20 世纪 70—90 年代，在此发展阶段物质生活缓慢回温，市场休闲食品消费以饼干和糖果为主。市场上出现娃娃头雪糕、宝塔糖、赤豆棒冰、五香花生米、三色冰糕、水果罐头，以及麦乳精、爆米花、大白兔奶糖等一串小零食。在 20 世纪 80 年代，膨化类食品开始占据主导地位。第二阶段为 20 世纪 90 年代至 21 世纪，在此阶段主要表现为改革开放下，舶来品和国产零食占据大部分零食市场，出现的代表性企业有乐事、上好佳、旺旺等。第三阶段为21世纪之后，随着消费升级，零食消费的充饥性需求减弱，场景化消费逐渐加强，市场消费需求呈现多维度。此时，出现了一系列代表性企业，三只松鼠、周黑鸭、洽洽等。可见，休闲零食也在充分享受居民收入持续增长以及消费升级带来的扩容红利。

(四)小零食、大产业

近年来，我国休闲零食行业取得快速成长。根据国际咨询机构Frost & Sullivan统计，2012—2019年我国休闲食品行业实现快速扩容，年复合增长率达到12.1%，2019年我国休闲食品行业市场规模达到11 430亿元，同比增长11.0%。从近几年我国休闲食品行业市场规模整个变化趋势来看，我国休闲食品行业将呈现出长期稳定增长的态势。

主营休闲食品企业的业绩保持快速增长。企业财报显示，三只松鼠在收入规模和增速上均领先同行业，2019年三只松鼠全渠道营收破百亿元，同比增长45.61%，成为中国休闲食品领域最快实现从创业到突破百亿营收的企业。位居第二的良品铺子近两年也保持稳健增速，2019年实现营业收入77.15亿元，同比增长20.97%。盐津铺子通过线下渠道建设，在低基数上快速增长。2019年百草味营业收入突破50亿元，达到50.23亿元，同比增长28.79%。

三、我国休闲食品的行业现状

20世纪90年代开始，休闲食品进口数量和种类逐渐增多。历经30多年，我国休闲食品市场发生了翻天覆地的变化，休闲食品表现出以下几个主流方向。

1. 越来越贴近消费者的饮食习惯和心理

(1)便于咀嚼，利于消化，如膨化类产品。

(2)满足求新、求变心态，统一产品，风味多样。

(3)健康低热量，消费者对产品的原料配方越来越重视。

2. 符合购买和消费习惯与心理，更赏心、悦目、满足支配心

(1)方便性，包装、食用方法更体现休闲的概念。

(2)时效性，满足年轻人的个性化需求。

(3)可观性，休闲是一个全面的概念，不但要好吃还要好看，包装既要精美又要体现产品的特色，还要包含时尚的元素。

3. 行业法规的健全促进了产品质量的提升

(1)食品卫生准入制度，保证了更卫生更放心的生产环境，对进入门槛相对低的食品来讲无疑是抬高了门槛，客观上改善了行业环境。

(2)区域化、民族化特色产品显现，而且发展迅速。近年来，休闲食品产品标准化、区域之间的同质化将逐步改善。同时，一些传统的、民族的休闲食品越来越被消费者追捧。

(3)从绿色食品标准的推进情况来看，绿色消费最终将成为世界趋势。因此，在休闲食品行业人们将更关注原料来源及生产环境的状况。

四、我国休闲食品的发展趋势

随着我国休闲食品销售额的逐年增长，休闲食品产业前景普遍被看好。发展趋势表现

为以下几个方面。

1. 多元化休闲食品占据市场主导

相关资料表明，目前我国休闲食品发展已经形成了多元化的格局。谷物膨化类休闲食品由于风味多样、生产链短、包装新颖仍然是市场的主力军。一直受市场欢迎的果脯蜜饯类则因人们对食品卫生的要求越来越高而发展缓慢。干果炒货因在包装、加工、食用方面的改进保持了较高的市场份额。据英国食品研究机构 Leatherhead 的最近统计数字表明，世界休闲食品市场的年销售额超过 400 亿美元，而马铃薯相关食品占销售总额的 50%，因此薯片、薯条等多元化的马铃薯休闲食品将是市场的有力竞争者。

2. 纯天然传统休闲食品备受青睐

影响休闲食品业的发展主要有两个重要因素，一个是传统的休闲食品的质量和种类，另一个是消费者吃零食的场合。这里说的“吃休闲食品的场合”是指那些休闲食品消费占主导地位的活动，如各种聚会。据美国休闲食品协会调查所得，“人体内大约 30% 的热量来自一日三餐之外的零食”。

在国内，随着各种形式聚会的增多和各种休闲场合的大量出现，给休闲食品提供了非常好的发展机会。有关企业在休闲食品的前期研发中，一定要考虑这两个方面对销售的影响。对于休闲食品，消费者的感觉体验比较重要。人们对休闲食品从求量变到求质变，纯天然、健康、营养的休闲食品已成为休闲食品市场的新主流。

3. 包装的不断创新为产品增添新的活力

德尔薯业的有关人士表示，休闲食品的外包装设计一定要新颖、用料考究、气派，无论是在商场、超市或是其他任何售点摆放都能起到醒目和促进消费者食欲和购买欲望的效果。休闲食品的包装不但富有感情色彩，也要富有激情和浪漫情调，同时要体现一种文化。

一些包装专业人士认为，虽然半透明的休闲食品包装材料能给消费者带来新奇感，但使用这些材料不可避免地要提高成本。在休闲食品包装市场，柔性包装材料必须在最终产品和产品形式方面进行更多的革新，以便同目前广泛应用的筒式包装相抗衡，而金属化膜包装材料仍然是休闲食品保鲜最稳妥可靠的方法。

4. 市场规模大，各具特色的名、优、特产品日趋形成

2019 年美国休闲食品人均消费额达到了 153.6 美元，英国为 106.5 美元，日本为 89.8 美元，而中国仅有 14.2 美元。美国休闲食品人均消费额是中国的 10 倍多；英国休闲食品人均消费额是中国的 7.5 倍；日本休闲食品人均消费额是中国的 6 倍多。由此可见，中国休闲食品人均消费额还有很大的增长空间，这也使得中国休闲食品行业具有巨大的市场潜力。

但目前，名、优、特产品有待于进一步开发，明星企业数量仍然有限，而且大多是对产品进行创意设计，委托企业代加工，质量监管还不够。同时，乡村市场的假冒伪劣休闲食品仍然存在，尤其给乡村儿童和老人健康造成了危害，对产品的形象和行业的发展产生极端不利影响。

五、膨化休闲食品的加工与质量控制

膨化食品，国外又称挤压食品、喷爆食品、轻便食品等，是近些年国际上发展起来的

一种新型食品。它以谷物、豆类、薯类、蔬菜等为原料，经膨化设备的加工，制造出品种繁多、外形精巧、营养丰富、酥脆香美的食品。因此，它独具一格地形成了休闲食品的一大类。

由于生产这种膨化食品的设备结构简单、操作容易、设备投资少、收益快，所以发展得非常迅速，并表现出了强大的生命力。

由于用途和设备的不同，膨化食品有以下三种类型。一是用挤压式膨化机，以玉米和薯类为原料生产小食品。二是用挤压式膨化机，以植物蛋白为原料生产组织状蛋白食品(植物肉)。三是以谷物、豆类或薯类为原料，经膨化后制成主食。膨化休闲食品大多属于第一类。

(一)膨化食品的制作原理

1. 膨化原理

把粮食置于膨化器以后，随着加温、加压的进行，粮粒中的水分呈过热状态，粮粒本身变得柔软。当到达一定高压而启开膨化器盖时，高压迅速变成常压，这时粮粒内呈过热状态的水分便在瞬间汽化而发生强烈爆炸，水分子可膨胀约 2 000 倍。巨大的膨胀压力不仅破坏了粮粒的外部形态，而且也拉断了粮粒内在的分子结构，将不溶性长链淀粉切断成水溶性短链淀粉、糊精和糖。于是，膨化食品中的不溶性物质减少了，水溶性物质增多了。

2. 膨化工艺的特点

(1)改变了原料的物质状态和性质，并产生了新的物质。

膨化后除水溶性物质增加以外，一部分淀粉变成了糊精和糖。膨化过程改变了原料的物质状态和性质，并产生了新的物质。也就是说运用膨化这种物理手段，使制品发生了化学性质的变化，这种现象给食品加工理论研究提出了一个新的课题。

(2)提高了消化吸收率。

把食品中的淀粉分解为糊精和糖的过程，一般是在人们的消化器官中发生的，即当人们把食物吃进口腔后，借助唾液中淀粉酶的作用，才能使淀粉裂解，变成糊精、麦芽糖，最后变成葡萄糖被人体吸收。膨化技术起到了淀粉酶的作用，即当食物还没有进入口腔前，就使淀粉发生了裂解过程。从这个意义上讲，膨化设备等于延长了人们的消化道，这就增加了人体对食物的消化过程，提高了膨化食品的消化吸收率。因此，可以认为膨化技术是一种很科学、理想的食品加工技术。

(3)解决了淀粉类食品的“老化”的问题。

膨化技术的另一特点是，它可以使淀粉彻底α化。以前使食品成熟的热加工技术如烘烤、蒸煮等，也可以使食品的生淀粉即β淀粉变成α淀粉，即所谓α化。但是这些制品经放置一段时间后，已经展开的α淀粉，又收缩恢复为β淀粉，也就是所谓“回生”或“老化”。这是所有含淀粉的食品普遍存在的现象。这些食品经“老化”后，体形变硬，食味变劣，消化率降低。这是由于淀粉α化不彻底的原因。

(二)膨化休闲食品的特点

1. 保留了原料中营养成分和膳食纤维，赋予产品新的风味

膨化食品是直接使用农产品原料，如玉米或谷类作物的初级加工品玉米粗粉、大米粗粉等加工而成。由于在加工中受到(机械性、热性等)破坏少，基本保留原料中营养成分和

风味，如谷物类中所含蛋白质、脂肪、糖、膳食纤维、维生素、玉米香味等，特别是基本保留对人体有保健作用的膳食纤维。另外，制作时不需要加工助剂，减少污染物。添加不同的香料后，膨化食品的酥脆和丰满的清香口感非常诱人，在休闲、娱乐和朋友聊天中食用这种小食品时，可增加人们的融洽气氛、乐趣。

2. 原料来源广泛，成本低

几乎所有的谷类作物都可经过挤压制成膨化食品，但现在以大米和玉米粗粉使用最多，两者膨化效果最好，价格便宜。大米粉膨化食品较脆，口感清淡，易被添加的香料调制成所需要风味。而玉米粉带有较明显玉米香味，在选择香料添加剂或配料成分时需要与之协调，否则口感不好。高粱粉膨化效果也很好，但它含有较高色素，成品的深暗颜色不易被人们接受。近年研究发现，膨化原料中直链淀粉和支链淀粉比例必须适当才能得到好的产品，通常淀粉中直链淀粉含量为5%～20%较好，直链淀粉在挤压机内容易调整到有利于膨化的方式从模板孔排出，从而提高膨化率。支链淀粉没有这种特性，支链淀粉含量过高时，产品容易破碎，成品碎片多。化学变性淀粉如交联淀粉、预糊化淀粉、磷酸盐淀粉、醋酸盐淀粉、经甲基衍生物等是膨化性很好、味道也清淡的原料，适于添加各种配料和香料，但是其价格较高。马铃薯淀粉和木薯粉也是很好的膨化原料。

3. 品种多，风味好

近几年，调味膨化食品迅速发展。市场调查结果显示，奶油味约占88.8%，辛辣味占3.6%，番茄酱为0.40%，其他为7.2%。而且生产上根据消费者对膳食纤维的需求，通过添加动物蛋白(乳酪蛋、乳清等)作为结合剂提高膨化食品纤维含量，使膳食纤维含量增至30%左右，产品的结构及口感和一般膨化食品一样。

(三)膨化休闲食品的加工与质量控制

按膨化加工的工艺过程分类，食品的膨化方法有直接膨化法和间接膨化法。

直接膨化法是指把原料放入加工设备(目前主要是膨化设备)中，通过加热加压再降温减压而使原料膨胀化，原料经挤压机模具挤出后，直接达到产品所需的膨化度、熟化度和产品造型。产品只需依据其不同的特点及需求，在挤压膨化后进行调味和喷涂，而不需要其他后期加工。这类产品的膨化率较高，密度较低、质地较轻，但质构不太均匀，产品中局部有较大的气室，也有密实部分，形状也比较简单。

1. 直接膨化与质量监控

直接膨化的工艺流程如下：

原辅料混合及输送→(挤压)膨化→切断→干燥→包装→成品。

(1)原辅料混合及输送。通常用螺旋叶片式混合机进行混合。首先按原料配方称取干物料加入混合机搅拌混匀，接着加入水和液体物料进行搅拌混合，混合时间一般为5～20 min。使水分含量分布均匀，若原料中水分含量不均匀，挤出的产品质量不稳定，甚至会产生劣质产品或堵塞机器。物料水分调整后的含水量一般为13%～20%。

当采用双螺杆挤压机时，可不进行预润湿处理，水能直接计量进入挤压机内。双螺杆会产生充分的混合效果，使水分均匀分布。

(2)膨化物料。在挤压膨化机中的膨化过程大致可分为如下两个阶段。

①挤压剪切阶段。物料进入挤压剪切阶段后，由于螺杆与螺套的间隙进一步变小，物料继续受挤压。当空隙完全被填满之后，物料便受到剪切作用使物料团块断裂产生回流，

回流越大，则压力越大。此阶段物料的物理性质和化学性质由于强大的剪切作用而发生变化。

②挤压膨化阶段。物料经挤压剪切阶段的升温进入挤压膨化阶段。由于螺杆与螺套的间隙进一步缩小，剪切应力也急剧增大，物料的晶体结构遭到破坏，产生纹理组织。由于压力和温度也相应急剧增大，物料成为带有流动性的凝胶状态。此时物料从模具孔中被排出到正常气压下，物料中的水分在瞬间蒸发膨胀并冷却，使物料中的凝胶化淀粉也随之膨化，形成了无数细微多孔的海绵体，体积膨大几倍到十几倍。

(3)切割挤压机对谷物进行挤压蒸煮。呈塑性熔融体的物料在压力作用下从模孔中挤出，物料膨化形成一定的形状，切割装置将连续地出料切成所需大小的产品。

(4)干燥。含水量为15%～20%的原料，挤压后产品的含水量降为8%～12%。一般需进行干燥，使水分降为5%以下，以形成松脆的质地和延长货架保质期。由于膨化产品密度小，较短的干燥时间就可达到干燥要求。

(5)喷涂。干燥过的膨化产品，在外层喷涂一层调味品，或包被一层巧克力等浆料，即成为不同风味的直接膨化型谷物休闲食品。

2. 爆玉米花的加工与质量控制

爆玉米花属于常压膨化食品，爆花得率在98%以上，高质量爆玉米花口感酥脆，玉米的香味浓郁，残留皮层少。约90%的爆玉米花使用黄玉米，10%的使用白玉米。

由于爆玉米花营养全面、价格便宜、口感佳，易制作，爆玉米花消费量逐年增加。我国的爆玉米花主要消费场所在学校、影剧院，娱乐场所和体育场馆等处。随着微波炉的普及，家庭用微波炉爆玉米花快速发展。微波炉爆玉米花因其香味浓郁、操作简单，销售量已大大超过包装爆玉米花的销售量。

爆玉米花有两种形状：球形(蘑菇形)和蝴蝶形。现在生产厂家都喜欢蘑菇形，因为在涂挂调味包衣时，蘑菇形产品容易得到均匀一致的包衣层，且在玉米花混合与滚动的挂衣过程中不易破碎。蝴蝶形玉米花的形状不规则，但在做咸味玉米花时，容易附上盐粒。

由于爆玉米花工艺简单、易于操作，大、中、小企业均有生产，而且路边或商店小摊现场制作的爆玉米花新鲜、温热，更易被消费者接受。因此质量监管尤为必要，需建立爆玉米花的质量标准，推动产业的有序发展。

爆玉米花在美国已形成一个大的食品产业，从原料品种、加工品开发、加工工艺到包装容器、膨化机、标准等形成一个完整系统，并不断地进行研究和提高。

3. 间接膨化与质量控制

间接膨化法要先用一定的工艺方法制成半熟的食品毛坯。工艺方法有挤压法，一般是挤压未膨胀的半成品。也可以不用挤压法，而用其他的成型工艺方法制成半熟的食品毛坯。半成品经干燥后的膨化方法主要是除挤压膨化以外的膨化方法，如微波、油炸、焙烤、炒制等方法。主要的工艺流程如下：

进料混合→挤压成坯→干燥→膨化(油炸或烘烤)→喷涂→包装→膨化食品。

(1)进料混合。原辅料计量称重后，在螺旋桨叶混合机中混合，或者通过连续计量式预调质器中混合。一些装置能在此阶段产生蒸煮效应，而在下一阶段仅需一台低剪切成型挤压机，就可以进行挤压成型加工。

(2)挤压成坯。含水量在30%～40%的物料在高剪切挤压机中蒸煮预糊化后，在温度低于 100 ℃的低剪切成型机中挤压成型，由于不产生膨化或仅产生少许膨化，挤出物基本保持模板的形状，物料离开模板后被安装在模板表面的切割装置切成所需的形状。物料被挤成连续的面带，再通过切割器切成矩形和三角形等不同的形状。

(3)干燥。成型后的产品含水量在18%～20%，需干燥为含水量12%以下。

(4)膨化(微波或油炸)。①微波膨化：微波加热速度快，物料内部气体(空气)温度急剧上升，由于传质速率慢，受热气体处于高度受压状态而有膨胀的趋势，达到一定压强时，物料就会发生膨化。②油炸膨化：油炸膨化时淀粉在糊化老化过程中结构两次发生变化，先α化再β化，使淀粉粒包住水分，经切片、干燥脱去部分多余水分后，在高温油中过热水分急剧汽化喷射出来，产生爆炸，使制品体积膨胀许多倍，内部组织形成多孔、疏松海绵状结构，从而形成膨化食品。油炸温度通常为 170～210 ℃，油炸时间 10～60 s。影响油炸膨化产品质量的因素包括以下几方面。

①糊化：淀粉粒在适当温度下(60～80 ℃)在水中溶胀、分裂，形成均匀糊状溶液的过程称为糊化。充分糊化但又没有解体的淀粉，分子间氢键大量断开，充分吸水，为下一步老化时淀粉粒高度晶化包住水分，从而为造成可观的膨化度奠定基础。

②老化：膨化后的淀粉在 2～4 ℃下放置 1.5～2 d 变成不透明的淀粉称为老化。在老化过程中，糊化时吸收的水分被包入淀粉的微晶结构，在高温油炸时，造成淀粉微晶粒中水分急剧汽化喷出，使淀粉组织膨胀，形成多孔、疏松结构，达到膨化的目的。

③干燥：产品中水分含量直接影响产品膨化度的大小。因此干燥时水分含量的控制是非常重要的。如果干燥后制品中水分含量过多，油炸膨化时很难在短时间内将水分排出，造成制品膨化不起来，口感发软、不脆，破坏了产品的特色。若水分含量太低，油炸时又很难在短时间内形成足够的喷射蒸汽将食品组织膨胀起来，也会降低产品的膨化度。因此，干燥时间选择 7h，水分含量最为适宜。

(5)喷涂及包装。膨化后的产品含水量在1%～2%，通常在一个涂料转鼓中进行喷涂调料，或包被一层巧克力浆料即为成品。

谷物膨化休闲食品是以谷物类原料如玉米、小麦、大米、燕麦、荞麦、黑麦、高粱等，通过挤压、调味、烘焙而成。同时，由于调味时可调出原味、烧烤味、牛肉味、鸡汁味、鲜虾味等各种口味，挤压时可制作成各种形状如片状、豌豆状、条状、球状，使得这类产品用同一条生产线可生产出几十个品种，因而具有极大的发展潜力。

谷物膨化休闲食品风味鲜美、轻质疏松、香脆可口、营养丰富、无饱腹感，易于消化，能伴随人们解除休闲时的寂寞，成为人们在满足基本营养要求之外的自发的选择结果。谷物膨化休闲食品被认为是本世纪的市场热点产品，作为儿童零食的需要、成年人休闲时的需求，以及老年人闲趣的必需品都将使它的消费量有所增加。因此在今后食品市场上，谷物膨化休闲食品将占据重要之地。

六、米果类膨化食品的加工与质量控制

米果起源于日本，近年来我国的生产量提高很快，在膨化食品中占重要地位。米果以大米为原料，其含糖量低，仅 1.5%～2%，基本不含油脂，口感松脆清淡，米香浓郁。我国市场上的米果产品主要有仙贝、雪饼、米饼干等，虽名称各异，但同属米制休闲食品。

(一)米果的分类

按原料可以将米果分为糯米米果和粳米米果，按质地可以将米果分为疏松型、紧密型和处于两者之间的中间型。大多企业都根据自己的特色给予米果新的名称，如仙贝、雪饼等。

疏松型米果的口感松脆，制品的比体积较大。以粳米为原料的疏松型米果的比体积在4.0 mL/g以上，以糯米为原料的疏松型米果的比体积在3.5～4.5 mL/g。紧密型米果的口感较硬，以粳米为原料的紧密型米果的比体积在2.0～2.5 mL/g。中间型米果主要是用糯米为原料加工的，比体积在2.5～3.5 mL/g。

(二)米果加工工艺

1. 糯米米果的加工与质量控制

糯米米果的加工工艺流程如下：

糯米→淘洗→浸米→沥水→蒸煮→捣制→冷却→成型→干燥→烘烤→调制→成品。

(1)淘洗、浸米。先用洗米机把大米充分淘洗干净，在水中浸泡6～12 h，浸好的米倒在金属丝网上沥水大约1 h，沥水后米粒水分含量在30%～34%。

(2)煮米、捣制、冷却。使用蒸笼或蒸米机，在96～100 ℃下蒸米15～25 min，蒸好的米饭存放数分钟，稍加冷却后用捣饭机捣制成粉团状，将粉团急冷为2～5 ℃放置2～3 d硬化(老化)，硬化后的粉团水分含量在40%左右。

(3)成型、干燥。粉团老化后经成型机压片、切块、切条，制成米果坯，米果坯通过带式热风干燥机干燥，热风温度控制在30 ℃左右，干燥后米果坯的水分含量降为20%左右。

(4)烘烤、调制。将干燥后的米果坯放入烤炉中，炉温200～260 ℃。焙烤至表面色泽变深，并产生独特芳香味。将预先调制好的调味液经调味机喷涂在米果表面，必要时还需要进行干燥。

2. 粳米米果的加工与质量控制

粳米米果的加工工艺流程如下：

粳米→淘洗→浸米→沥水→制粉→蒸捏→冷却→成型→干燥→烘烤→调味→成品。

(1)淘洗、浸米。粳米淘洗后在水中浸泡6～12 h，浸好的米在金属丝网上沥水大约1 h，米粒水分含量在20%～30%。

(2)制粉、蒸捏。沥水后的粳米进入粉碎机粉碎为60～250目，如加工疏松型的制品可粗一些，加工紧密型的制品则应细一些。选用带搅拌桨叶的蒸捏机先在米粉中加水调和，再通蒸汽加热，蒸煮捏合，110 ℃下蒸捏5～10 min，使米粉糊化，水分含量在40%～45%。

将糊化后的米粉团经螺旋输送机送入长槽中，槽外通以20 ℃的冷却水进行冷却，将米粉团冷却至60～65 ℃。

(3)干燥。冷却后的米粉团经成型机压片、切块、切条制成米果坯，米果坯通过带式热风干燥机进行第一次干燥，热风温度为70～75 ℃，干燥后米果坯的水分含量控制在20%左右，然后在室温下放置10 h左右。粳米果坯内部的水分转移，达到平衡后再进行第二次干燥，仍用70～75 ℃热风，干燥后米果坯的水分含量在10%～12%。

(4)烘烤、调味。二次干燥后的米果坯放入烤炉中烘烤，炉温200～260 ℃下烤制成熟。

将调味液经调味机喷涂在米果上，必要时还需进行干燥。另外，还可选用糯米作原料，按照粳米米果的工艺流程加工，区别在于干燥后米果坯的水分含量控制在20%左右。

七、锅巴的加工与质量控制

锅巴是用大米、小米、淀粉、棕榈油等为主要原料，经科学方法精制而成。它香酥可口，营养丰富，余味深长，既可作为下酒小吃，又可烹调菜肴，老少皆宜。

(一)大米锅巴的加工

1. 原辅料配方

大米500 g，棕榈油150 g，淀粉65 g，起酥油10 g。

2. 不同风味的调味料配方

(1)牛肉风味：牛肉精0.6%，五香粉0.3%，味精0.3%，糖0.3%，盐1.5%。

(2)咖喱风味：盐1.5%，咖喱粉1%，味精0.3%，丁香0.05%，五香粉0.3%。

3. 工艺流程

淘米→煮米→蒸米→拌油→拌淀粉→压片→切片→油炸→喷调料→包装。

4. 加工工序与质量控制

(1)淘米、煮米。用清水将米淘洗干净，去掉杂质和砂石，将清洗干净的米放入锅中煮成半熟，捞出。

(2)蒸米、拌油。将煮成半熟的米放入蒸锅中蒸熟，加入大米原料的2%～3%的起酥油，搅拌均匀。

(3)拌淀粉。淀粉和蒸米的比例为1∶(6～8)，拌淀粉温度为15～20 ℃，搅拌均匀。

(4)压片、切片。用压片机将拌好的料压成约1.5 mm厚的米片，压2～4次即成。将米片切成长3 cm、宽2 cm的片。

(5)油炸、喷调料、包装。油温控制在220～240 ℃，油炸时间3～6 min，炸成浅黄色捞出，控去多余的油。调味料提前按上述配方配好，调料要干燥，粉碎细度为60～80目，喷撒要均匀。每袋装75～80 g，用热合机封合。

(6)质量标准：外观整齐，颜色浅黄色，无焦煳状和未炸透的产品，香酥，不黏牙，产品表面调味料喷洒均匀。

(二)小米锅巴的加工

1. 原辅料配方

小米90 kg，淀粉10 kg，奶粉2 kg。

2. 调味料配方

(1)海鲜味：味精20%，花椒粉2%，盐78%。

(2)麻辣味：辣椒粉30%，胡椒粉4%，味精3%，五香粉13%，精盐50%。

(3)孜然味：盐60%，花椒粉9%，孜然28%，姜粉3%。

3. 工艺流程

米粉、淀粉、奶粉→混合→加水搅拌→膨化→晾凉→切段→油炸→调味→称量→包装。

4. 加工工序与质量控制

(1)首先将小米磨成粉，再将原辅料按配方在搅拌机内充分混合。在混合时要边搅拌边喷水，可根据实际情况加入约30%的水。在加水时，应缓慢加入，使其混合均匀成松散的湿粉。

(2)开机膨化前，先配些水分较多的米粉放入机器中，再开动机器，使湿料不膨化，容易通过出口。机器运转正常后，将混合好的物料放入螺旋膨化机内进行膨化。如果出料太膨松，说明加水量少，出来的料软、白、无弹性。如果出来的料不膨化，说明粉料中含水量太多。正确要求出料呈半膨化状态，有弹性和熟面颜色，并有均匀小孔。

(3)将膨化出来的半成品晾几分钟，然后用刀具切成所需要的长度。

(4)在油炸锅内装满油加热，当油温为130～140 ℃时，放入切好的半成品，料层约厚3 cm。下锅后将料打散，几分钟后打料有声响，便可出锅。由于油温较高，在出锅前为白色，放一段时间后变成黄白色。

(5)炸好的锅巴出锅后，应趁热一边搅拌、一边加入各种调味料，使得调味料能均匀地撒在锅巴表面上。

相关标准：

《中华人民共和国国家标准　食品安全国家标准　膨化食品(GB 17401—2014)》

任务1　谷物休闲食品的加工与质量评价

实训目标

知道休闲食品的种类、特点、发展趋势；知道谷物膨化休闲食品的加工工艺流程、质量监控点；能加工锅巴并进行质量评价。

任务描述

描述休闲食品的种类、特点、发展趋势；写出谷物膨化休闲食品的加工工艺流程、质量监控点；利用实训室的条件能加工锅巴并进行质量评价。本任务在粮油加工实训室完成。需要4学时。

实训准备

1. 知识储备：阅读资料单及查阅相关资料，完成预习单。

【预习单】

(1)休闲食品的特点有哪些？

(2)休闲食品的种类按生产原料可分为哪几种？

(3)谈谈我国休闲食品发展的趋势。

(4)按照用途和设备的不同，膨化食品可分为哪几类？

(5)膨化产品的特点有哪些？

(6)常见的挤压膨化机有哪几种？

2. 材料准备：大米、小米、玉米淀粉、黄油、植物油等。

3. 工具准备：烤箱、电磁炉、煎炸锅、漏勺、筷子等炊具。

任务实施

【任务单】

一、谷物休闲食品的种类

分析下列休闲食品的各方面特点，填写下表。

谷物休闲食品的种类及特点

休闲食品种类	坚果类	蜜饯类	谷物膨化类	卤制品	其他
主要原料					
加工方式					
销售方式					
主要消费者					
发展趋势					

二、谷物休闲食品的加工工艺流程

写出锅巴等膨化谷物休闲食品的加工工艺流程。

三、加工锅巴

利用给出的原辅料加工锅巴，及时记录加工过程，填入下列表格。

原辅料处理

	大米	小米	玉米淀粉	黄油	调味料
用量					
预处理方式					

锅巴坯的加工

	大米(小米)蒸煮	米团的和制	压片	切坯
设备				
要求				

油炸、调味、包装

	烘干	油炸	调味	称量	包装
设备					
要求					

调味料配制

种类	配方 1	配方 2	配方 3
名称及配方			

四、锅巴的感官评价

根据锅巴的感官评价标准对加工锅巴进行评价，将评价分值填入表中。

锅巴的感官评价标准

项目	要求	得分

续表

项目	要求	得分
形态	形状、大小一致，厚薄均匀，残留油脂少(25分)	
色泽	坯料呈均匀一致金黄色，粉料调撒均匀(25分)	
滋味气味	酥松香脆、味道纯正，油脂味轻或无油脂味，具有配料的风味、无异味(25分)	
组织	组织脆，质地较硬，无油污、无杂质(25分)	

考核评价

依据附件表2对实训过程的表现进行评价。

总结反馈

总结学习实训中出现的问题并分析原因。

知识拓展

为什么休闲食品是第四餐？查阅资料，阐述休闲食品的发展前景。

任务2　锅巴(谷物膨化休闲食品)加工企业参观

实训目标

明白锅巴等膨化休闲食品加工企业的安全常识；厘清整个企业厂房的布局，知道主要工作岗位；清楚各个车间工作内容；了解企业工艺管理规定、设备管理制度；了解各车间岗位管理制度、操作规程；学习企业文化。

任务描述

参观当地的锅巴或其他谷物膨化休闲食品加工厂，学习企业安全生产章程，记录各生产车间的布局，清楚各个车间工作内容；参观总控制台的操作程序，明白各车间控制台的操作工序；学习企业员工管理规定、设备管理制度；学习企业文化，了解劳务报酬。了解主要工序作业指导书、成品管理作业指导书、辅料和包装材料作业指导书、滞留区作业指导书；了解企业的“HACCP文件”及“关键工序控制操作规程”。需要4学时。

实训准备

1. 知识储备：登录相关企业的网站，查阅预习单内容。

【预习单】

(1)阅读该企业的简介。

(2)了解该企业产品种类。

(3)了解该企业经营理念。

(4)了解该企业的社会服务等公益行为。

2. 材料准备：以小组为单位设计企业调查表，并打印纸质版，便于调查。

3. 工具准备：记录笔、头盔、工服等。

任务实施

【任务单】

一、企业概况

通过对企业网上资料的了解及实地参观填写下表。

企业概况

位置	
联系电话	
入厂要求	
第一印象及体会：	

二、锅巴加工车间参观

跟随企业引导人员认真观察、及时提问，并将结果填入下表。

锅巴加工车间

加工项目	米团蒸煮和制	压片	切坯	烘干	油炸	沥油	调味	包装
所在楼层								
是否封闭								
工作人数								
感受体会：								

三、品管部参观

跟随企业引导人员认真观察、及时提问，并将结果填入下表。

品管部

检验项目						
主要工作						
要求						
感受体会：						

四、企业文化

认真听取企业人员介绍，仔细阅读企业宣传走廊，了解企业文化，并将结果填入下表。

企业文化

企业发展历程	
企业荣誉	
企业愿景	
企业公益	
感受体会：	

考核评价

依据附件表 3 对实训过程的表现进行评价。

总结反馈

本次参观最大的收获有哪些？自己是否具备入职这样企业的条件？是否愿意入职？

知识拓展

我国知名休闲食品的品牌有哪些？阐述其主要经营方式。

项目二 薯类休闲食品加工与质量监控

本项目内容包括薯类休闲食品的加工设备；马铃薯片的加工工艺流程、质量监控；甘薯休闲食品的加工工艺流程、质量监控。本项目实操环节分为马铃薯片的加工与质量评价、甘薯脯的加工与质量评价2个任务。

知识储备

【资料单】

一、薯类休闲食品加工设备

(一)清洗与去皮机械

马铃薯块茎与甘薯块根加工前需将其表面的泥土清洗干净，清洗与去皮对产品质量影响至关重要。常见的清洗设备有振动喷洗机、转筒式清洗机、薯笼式清洗机、螺旋输送式清洗机等。

薯类去皮方法一般有三种，即机械去皮、蒸汽去皮和碱液去皮。

1. 机械去皮

机械去皮是在圆筒形容器中进行的。它依靠带有金刚砂磨料的圆盘、滚轮或依靠特制橡胶辊在中速或高速旋转中磨蚀薯类表皮，摩擦下来的皮屑被清水冲走而达到去皮的目的。适于加工大小比较一致、卵圆形、无伤痕且芽眼较浅的薯块，尤其适于加工油炸薯片等直接炸制的薯食品。

2. 蒸汽去皮

蒸汽去皮是在高压容器内，通入高压蒸汽使薯块表面受热，然后打开容器盖，突然释放压力，薯块表皮和果肉即自行分离。容器内通入的蒸汽压力一般为490～580 kPa，温度为158 ℃，工作周期为15～30 s。使用蒸汽去皮，优点是薯块外表光滑，果肉损失率较小；缺点是机械结构复杂，薯块表层留下蒸煮层，不适宜用来加工直接油炸制品。

3. 碱液去皮

碱液去皮是利用碱液的腐蚀性来使薯块表面中胶层溶解，从而使薯块皮分离。碱液去皮常用氢氧化钠，腐蚀性强且价廉。常在溶液中加入表面活性剂如2-乙基己酯磺酸钠，使碱液分布均匀以帮助去皮。碱液浓度提高、处理时间加长及温度升高都会增加皮层的松离及腐蚀程度，经碱液处理后的薯块必须立即在冷水中浸泡、清洗，反复换水直至表面无腻感，口感无碱味为止。漂洗必须充分，否则可能导致pH上升，杀菌不足，产品败坏。

碱液浓度一般为15%～25%的氢氧化钠溶液，加入薯块后的碱液温度保持在70 ℃左右，经过2～6 min的碱液浸泡处理后，捞出薯块，再用高压水反复冲洗，直到表面无残留皮屑为止。

碱液去皮的优点是对不同大小、不同形状的薯块适应性好，去皮快。缺点是冲洗薯块需要大量清水，皮屑不能利用，排出的废液污染环境。

(二)切割与蒸煮机械

切割与蒸煮机械一般应具有多种功能，可以切割成不同规格的片、条和丁等，还可以切割成波纹片或波形条等。切割机械种类较多，可根据产品要求选择不同的机械。

常用的蒸煮机械有连续式链带蒸煮机和螺旋蒸煮机等，也可以用高压蒸煮锅或笼屉进行间歇式蒸煮。

(三)捣泥与成型机械

捣泥机械类似电动绞肉机械，在挤压切碎成泥过程中，需及时冷却降温，以降低薯泥的黏度。当采用薯类干制品做原料加工油炸制品时，需要将干料与水、调味料等搅和，利用成型机械先挤压成带状长条，然后再切成片或条等。

(四)干燥机械

常见的干燥机械有滚筒式干燥机、流化床干燥机和隧道式干燥机等，也可以采用冷冻脱水法进行干燥。解冻后的薯片投入一种类似螺旋榨油机的装置中，在榨出水分的同时还能通过模头控制系统挤压成型，从而达到脱水和造型的双重功能。

二、马铃薯休闲食品的加工与质量控制

(一)油炸马铃薯片

油炸马铃薯片是风靡世界的休闲食品之一。产品口感酥脆，具有色、香、味俱佳的特点，是一种老幼皆宜的休闲食品。按油炸方式产品分为两种加工方法：一种为普通常压油炸工艺，一种为真空低温油炸工艺。

1. 一般油炸工艺及质量控制

马铃薯片的一般油炸工艺流程如下：

原料清洗→去皮→修整→切片→漂烫→油炸→调味→包装。

(1)原料的质量控制。要求块茎大小适中，直径在 4～6 cm，以保证切片后外形整齐美观。还原糖含量应低于 0.5%，干物质含量在 22%～25%为宜，无黑斑、无发芽等质变。

(2)预处理的质量控制。预处理主要分为清洗、去皮、修整三个环节。在滚筒清洗机或斜式螺旋输送清洗机中，彻底去除薯类表面的泥土，再用清水冲洗 2 次。采用摩擦去皮，薯块上少量未去皮的部分在分级输送带上进行修整，并检出有损伤的马铃薯。

(3)切片的质量控制。使用切片机将块茎切成 1～1.7 mm 厚的薄片，刀片必须锋利，因为钝刀会损坏薯片表面细胞，从而在薯片洗涤时造成干物质的大量损失。

(4)淋洗和漂烫的质量控制。切好的薯片应立即进行淋洗和漂烫，以免在空气中发生氧化变色现象。淋洗的目的是除去薯片表面因切割时细胞破裂而产生的游离淀粉和可溶性物质，以免薯片在油炸时互相粘连。漂烫是将淋洗后的薯片在 70～95 ℃的水中热烫 3～5 min，这样可以全部或部分地破坏氧化酶和杀死微生物，并排除薯片内部空气使油炸工艺顺利进行。

(5)油炸的质量控制。使用连续油炸锅和自动输送、自动油炸装置油炸薯片。油温控制在 176～191 ℃范围内，油炸时间 20～30 s。油炸后要沥去片外多余的油。成品含油率为 25%～30%，最高 45%。

(6)调味与包装的质量控制。油炸后的薯片，需趁热在调味机上进行喷涂调味，调味

料加入量约为薯片重的1.5%～2.0%。调味后的薯片经冷却、计量后，进行包装，包装袋应使用密封性能好的材料，并充以气体，以防止产品在运输过程中破碎。

2. 真空低温油炸工艺与质量控制

真空低温油炸工艺流程如下：

原料→清洗→去皮→修整→切片→漂烫→预处理→冷冻→真空油炸→脱油→称量→调味→包装。

(1)预处理的质量控制。清洗、去皮等工艺同一般油炸工艺。漂烫后的原料浸泡在由糖和盐等调味料组成的浸泡液中，浸泡时间为3～4 h，浸泡温度为20～25 ℃，为防止薯片在冷冻时发生褐变，可在预处理的浸泡液中加入0.2%～0.5%的柠檬酸，与溶液中的铜离子、铁离子配合从而减轻酶促反应。浸泡过程中，浸泡液中的调味料充分渗入薯片中，使之具有各种不同的风味，同时薯片中的一部分游离水由于反渗透作用被转移到细胞外，对油炸工艺中缩短油炸时间十分有利。浸泡结束后，经离心甩干机离心脱水处理，甩掉薯片表面吸附的一部分水分，以免薯片在冷冻时发生粘连现象。

(2)冷冻的质量控制。采用低温快速冷冻，理想的冷冻温度为－30～－18 ℃，冷冻后的品温应控制在－15 ℃以下，通过最大冰晶生成区的时间最好在30 min以内，目的是防止薯片在油炸时变形和表面形成不规则小泡。采用冷冻工艺后，薯片表面变得很平整，产品质量显著提高。

(3)真空油炸的质量控制。将油预热到92～95 ℃，将解冻后的薯片放入炸锅中的炸筐内，把炸筐在提起的支架上放好。关闭炸锅门，开启真空泵使锅内真空度升至0.090 MPa，放下炸筐开始油炸，油炸过程中的真空度应大于0.095 MPa。油炸后期温度升为95～98 ℃，至锅内基本无泡上翻时，停止油炸，整个油炸过程约持续0.5～1.0 h。油炸后提起支架，在维持原真空度的条件下，以200 r/min的转速离心脱油，时间为5～10 min。产品含油量可降为15%～20%。关闭真空泵，破真空后取出产品送往包装车间。

(4)包装的质量控制。包装应在装有空调的干燥包装室内进行，包装材料采用铝箔塑料复合薄膜袋，包装工艺采用先抽真空、再充入氮气，防止产品在运输中挤压破碎和氧化变质。

速冻处理和真空低温油炸是本工艺的技术关键，不仅使产品含油量降为15%～20%，而且薯片外形整洁美观，口感细腻酥脆。

(二)成型马铃薯片

将马铃薯先制成泥，再配入玉米粉、面粉、干马铃薯泥或马铃薯全粉等，重新成型，切片油炸或烘焙。从而加工出形状、大小统一，色泽一致的成型马铃薯片。

1. 产品配方

鲜马铃薯泥40%、马铃薯全粉60%，或鲜马铃薯泥40%、干马铃薯粉20%、面粉40%，并添加单甘酯、磷酸盐、亚硫酸钠及化学膨松剂等添加剂，还可加入食盐、味精、色素等调味料。

2. 挤压成型焙烤工艺

将原辅料混合后，放在低剪切挤压成型机中，加热到120 ℃挤压成型，然后放在烤炉中，在110 ℃条件下烘焙20 min，烘焙后喷涂油脂及调味料，即为风味、形状俱佳的成型马铃薯片。

3. 预压成型油炸工艺

加工工艺流程如下：

选料→清洗→去皮修整→捣碎成鲜马铃薯泥→配料→预压成饼→切片→检查→油炸→调味→成型马铃薯片。

混合均匀的马铃薯泥辊压成片状，再用模子辊切割成回形、椭圆形、菱形或三角形等形状，然后在 180 ℃的油中炸制，经调味包装后即为大小形状一致的成型马铃薯片。

(三)微波膨化马铃薯片

将马铃薯切片、护色及调味后，经微波膨化制成营养脆片，产品金黄、松脆、味香、无油，是老幼皆宜的新型休闲食品。

1. 产品配方

马铃薯 96.5%，食盐 2.5%，明胶(食用级)1%。

2. 加工工序与质量控制

(1)去皮切片。选择无芽、无变质的马铃薯块茎，去皮后切成 1～1.5 mm 厚的薄片。

(2)浸泡及溶液配制。称取 2.5%的食盐和 1%的明胶于水中，加热至 100 ℃将明胶全部溶解，按此方法配制同样的溶液 2 份，1 份加热沸腾，1 份冷却至室温。

(3)护色及调味。将薯片放入沸腾溶液中漂烫 2 min，马上捞出放入冷溶液中，在室温下浸泡 30 min。

(4)微波膨化。薯片护色调味后放入微波炉内膨化，调整功率为 750 W，2 min 后翻面，再次微波焙烤 2 min，然后调整功率至 950 W 持续 1～2 h，产品呈金黄色，无焦黄，内部产生细密而均匀的气泡，口感松脆。

(5)包装。采用充惰性气体包装或真空包装，低温避光贮存。

采用微波膨化可有效地避免维生素 C 损失，产品无油，口感松脆诱人。

(四)马铃薯全粉油炸薯条

以马铃薯全粉为基料，利用挤压成型工艺生产新型油炸薯条，操作简单，产品风味口感接近用鲜薯制作的油炸薯条，且不受用鲜薯生产的季节性限制。

1. 产品配方

马铃薯全粉 100 kg，淀粉 15 kg，奶粉 10 kg。

2. 加工质量控制

(1)添加适量淀粉可改善面团的成型性。原因是淀粉具有较好的黏性，在面团中可以起黏合剂的作用。

(2)马铃薯全粉粒度在 40 目以上较好。这样细胞破碎率较小，大部分细胞组织未受到损伤，加水复水后能更好地恢复新鲜薯泥的性状，具有鲜薯的香味和沙性，因此炸制的薯条质地和口感较好。

(3)面团含水量以 62%为宜。若水分较低，挤压成型困难，挤出的薯条不光滑；若水分过高，挤出薯条变软，易变形，且油炸时会因水分高而延长油炸时间，造成表面色泽变差及成品含油率上升。

(4)适当添加一定量奶粉，可提高产品的口感。

马铃薯全粉油炸薯条含油率在 33%左右，形状整齐，色泽风味好，口感酥脆。

三、甘薯休闲食品

(一)甘薯干

1. 工艺流程

原料选择及处理→蒸煮及干燥→浸泡→风晾→油炸→脱油→冷却、包装。

2. 加工工序与质量控制

(1)原料选择及处理。选用无虫蛀、块大、表面光滑平整且易清洗的新鲜甘薯，最好用白色质地的甘薯为加工原料。将选好的甘薯利用清水洗净表面的泥沙等杂质，然后去皮并切成条状。

(2)蒸煮及干燥。将切条后的甘薯放入蒸煮锅内，蒸煮至 7～8 成熟即可，晒干或烘干。干燥至薯干干硬、扒动时发出的响声清脆为止，以便操作时容易掌握火候。

(3) 浸泡。利用 60°的食用白酒的一倍稀释液，浸泡甘薯干 45～60 min。浸泡效果掌握在基本泡软，从断面看基本被泡湿，中心不见干燥即可。

(4)风晾。浸泡合适后，沥干水分，摊开晾在自然通风的阴凉环境中。晾 10～16 h，至薯干浸泡吸收的水分及乙醇扩散均匀。

(5)油炸。油炸时，先将植物油炼去生油味。然后将处理的甘薯干投入油中，炸至甘薯干浮出油面，立即捞出，沥去附着的植物油。

(6)脱油。用离心机脱油约 1 min，使甘薯干表面的油脱净。

(7)冷却、包装。冷却后，立即称重装袋，抽真空封口即为成品。

成品香酥薯干质地酥软，无酒精味，无异味，无杂质，无焦煳现象；滋味醇厚，香气纯正，回味长久。

(二)甘薯脯

1. 原辅材料

鲜甘薯(以红心为好)、白砂糖、饴糖、柠檬酸、亚硫酸钠、食用明胶、氯化钙等。

2. 工艺流程

甘薯→清洗→去皮→切分→护色→硬化→烫漂→浸胶→糖煮、糖渍→烘干→整形→灭菌→包装→成品。

3. 加工工序与质量控制

(1)清洗。选用质地紧密、无创伤、无污染、无腐烂的红心鲜薯，薯笼清洗机械或手工清洗。

(2)去皮。采用机械或手工去掉约 1 mm 厚的薯皮。

(3)切分。可以手工切分，一般采用专用切分机械，切分为方形、长方形、菱形、椭圆形，要求切块形状一致、大小均匀，每块约 10 g 左右。

(4)护色。用清水洗去附在薯块外表的碎屑和淀粉，将切好的薯块置于 0.3%～0.5%的亚硫酸钠溶液中浸泡 90～100 min，然后用清水漂洗 5～10 min。

(5)硬化。将护色好的薯块放入 0.1～0.2%的氯化钙溶液浸泡 15 min 左右，利于薯块吸收钙离子硬化，然后用清水漂洗 3 次以上，约 20 min。

(6)烫漂。将硬化后的薯块放入沸水中漂烫 2～3 min，捞出沥去水分。

(7)浸胶。将烫漂后的薯块放入 0.3%～0.5%的明胶溶液中，减压浸胶，真空度为

650～680 mmHg，时间 30～50 min，胶液温度 50 ℃左右。

(8)糖煮、糖渍。首先将 20 kg 白砂糖倒入不锈钢夹层锅中，加入 30 kg 水制成浓糖液，然后取出 7.5 kg 糖液留作后续使。在糖溶液中加入 1.5 kg 饴糖搅拌均匀后煮沸，倒入漂烫浸胶后的甘薯块 50 kg 煮沸 5 min。迅速加入预先留用的冷糖液 1.5 kg 浸渍 2 h，煮沸；然后加入 1.5 kg 冷糖液，继续浸渍 2 h，如此反复三次。再次煮沸糖液时，且同时加入 1.5 kg 砂糖和 1 kg 冷糖液浸渍 2 h，第四次煮沸后加砂糖 7.5 kg，第五次煮沸后再加砂糖 3 kg，并改用文火加热煮沸直至薯块呈透亮状时。然后加入柠檬酸 75 g，搅拌均匀后捞出薯块控去糖液。

(9)烘干。采用烘房干燥或自然干燥。沥去糖液后即可送入烘房烘烤，烘房保持温度在 60～70 ℃。每隔 2～3 h 进行一次排湿处理，以缩短烘制时间。一般连续烘烤 12 h 左右，使薯块含水量降至 16%～18%，手摸不黏手、稍有弹性时出烘房。自然干燥是将薯块放在烈日下晾晒，并不时地翻动，直至薯块不粘手、且有弹性，适宜家庭自制甘薯休闲食品。

(10)整形、杀菌。根据商品的形状要求，对不符合外观要求的薯块进行整形或剔除，并微波杀菌。

(11)包装。可单一薯块进行包装，再采用聚乙烯袋按照规格包装，也可以按规格直接装入聚乙烯袋进行包装。方形、菱形或椭圆形的薯块适宜单果包装，食用卫生；长条形适宜直接袋装，两种形式市场占有率较高。

(三)甘薯脆片

1. 工艺流程

原料选择→清洗→切片→护色→脱水→真空油炸→脱油→冷却→包装。

2. 加工工序与质量控制

(1)原料选择。选择新鲜饱满、肉质紧密、无霉烂、无病虫害和机械伤的椭圆形甘薯。

(2)清洗。先将甘薯在清水中浸泡 1～2 h，然后用手工或清洗机除去薯块上的泥沙及夹杂物，用不锈钢刀除去甘薯的表皮层，迅速浸入清水中。

(3)切片护色。由于甘薯富含淀粉，固形物含量高，其切片厚度不宜超过 2 mm。切片后的甘薯片表面很快有淀粉溢出，在空气中长久放置发生褐变，所以应将其立即投入沸水中处理 2～3 min，然后捞出并放入水中冷却。热处理主要有以下作用：破坏酶的活性，稳定色泽；除去组织切片后暴露于表面的淀粉，防止在油炸过程中部分淀粉浸入食油而影响油的质量；防止油炸时切片的相互粘连。热处理是淀粉的 α-熟化过程，可防止在油炸时由于油温的逐渐升高，淀粉糊化形成胶体隔离层，影响内部组织的脱水，降低脱水速率。不经此工序处理的油炸甘薯脆片硬度大，口感较差。

(4)脱水。油炸前需对甘薯片进行脱水处理，以除去薯片表面水分。可采用的设备有冲孔旋转滚筒、橡胶海绵挤压辊、振动网形输送带及离心分离机。

(5)真空油炸。真空油炸技术克服了高温油炸的缺点，能较好地保持甘薯片的营养成分和色泽，使之口感香脆、酥而不腻。

(6)脱油冷却。趁热将甘薯片置于离心机中，以 1 200 r/min 的速度离心脱油 6 min，然后摊晾使之冷却。

(7)分级包装。将产品按形态、色泽条件袋装封口。最好采用真空充氮包装，保持成品含水量在3%左右，以保证成品质量。

(四)甘薯枣

采用新工艺加工的甘薯枣，具有色泽均匀、大小一致、成本低且耐贮运等特点，市场需求大。

1. 工艺流程

原料选择→清洗→蒸煮→去皮→切块烘晒→整形→灭菌→包装。

2. 加工工序与质量控制

(1)原料选择。制作甘薯枣应选择块根大而整齐，含糖量高，水分较大，薯肉为杏黄色、黄色或橘红色的甘薯品种。甘薯收获后，存放一段时间，使其糖化，增加甜度。剔除带黑斑病、害虫蛀及腐烂的坏薯块，否则会降低甘薯枣的品质及出产率。

(2)清洗。用作原料的甘薯应去掉蔓柄，然后用清水进行多次清刷，特别是裂口处的泥土一定要清洗干净，以免影响成品的质量。

(3)蒸煮。将清洗干净的甘薯放在蒸锅内蒸煮。注意，不要把薯块浸泡在水中。薯块要蒸熟蒸透，使其内无白心，但不应蒸煮过烂，否则切块整形难以进行。

(4)去皮。把蒸熟的薯块摊开晾凉，然后撕去外皮。去皮要轻，尽量不要伤了薯肉，不要把薯块碰烂。去皮干净后，继续摊凉，直至凉透。

(5)切块烘晒。将凉透的薯块用竹片刀或不锈钢刀轻轻切成5～6 cm长、3～4 cm宽、2～3 cm厚的小块，放入烘房内，于60～70 ℃烘烤。烘烤过程要经常轻轻翻动，直至薯块水分降至35%即可。薯块也可在日光下曝晒。

(6)整形。将经烘晒后外干内软、含水量35%左右的薯块用整形机整为椭圆形。再次进行烘晒，直至含水量降为25%左右。

(7)灭菌、包装。经整形的甘薯枣大小均匀，外干内柔，略有弹性。灭菌后进行检验，合格后即可入袋，装箱，放于通风干燥处。若要进一步加工成甘薯蜜枣，需再用糖液浸煮。

相关标准：

《中华人民共和国国家轻工行业标准　马铃薯片(条、块)(QB/T 2686—2021)》

任务1　马铃薯片的加工与质量评价

实训目标

知道薯类休闲食品的种类、特点、发展趋势；知道马铃薯片的加工工艺流程、质量监控点；能加工马铃薯片并进行质量评价。

任务描述

描述薯类休闲食品的种类、特点、发展趋势；写出马铃薯片的加工工艺流程、质量监控点；利用实训室条件每组加工500 g鲜马铃薯的油炸薯片，并进行质量评价。本任务在粮油加工实训室完成。需要4学时。

实训准备

1. 知识储备：阅读资料单及查阅相关资料，完成预习单。

【预习单】

(1)查阅油炸马铃薯片的国家标准。

(2)说说油炸马铃薯片的加工工艺流程。

(3)说说油炸马铃薯片的消费需求。

2. 材料准备：新鲜马铃薯、食用柠檬酸、植物油等。

3. 工具准备：烤箱、电磁炉、煎炸锅、漏勺、筷子等炊具。

任务实施

【任务单】

一、薯类休闲食品的种类

写出薯类休闲食品不同种类的各方面特点，填入下表。

薯类休闲食品的种类及特点

薯类休闲食品	薯片类	薯干类	蜜饯类
主要原料			
加工方式			
销售方式			
主要消费者			
发展趋势			

二、马铃薯片的加工

加工油炸马铃薯片，及时记录加工过程，填入下列表格。

原辅料处理

	马铃薯	食用柠檬酸	植物油	调味料
用量				
预处理方式				

马铃薯片加工

	切片	漂烫	烘干	油炸	沥油	调味
设备						
要求						

调味料配制

种类	配方 1	配方 2	配方 3
名称及配方			

三、油炸马铃薯片的感官评价

根据油炸马铃薯片的感官评价标准对薯片进行评价，并将评价结果填入表中。

油炸马铃薯片的感官评价标准

项目	要求	得分
形态	形状、大小基本一致，厚薄均匀，残留油脂少(20 分)	
色泽	坯料呈均匀一致淡黄色，调味料调撒均匀(20 分)	
滋味气味	酥松香脆、薯香浓郁、味道纯正，油脂味轻或无油脂味，具有配料的风味、无异味(30 分)	
组织	质地脆，薯片完整，无油污、无杂质(30 分)	

考核评价

依据附件表 2 对实训过程的表现进行评价。

总结反馈

总结学习实训中出现的问题并分析原因。

知识拓展

查阅马铃薯片的国家标准，写出油炸马铃薯片质量安全的测定项目。

任务 2　甘薯脯的加工与质量评价

实训目标

知道果脯类(蜜饯类)休闲食品的种类、特点、发展趋势；知道甘薯脯的加工工艺流程、质量监控点；能加工甘薯脯并进行质量评价。

任务描述

描述果脯类(蜜饯类)休闲食品的种类、特点、发展趋势；写出甘薯脯的加工工艺流程、质量监控点；利用实训室条件每组加工 500 g 鲜甘薯的甘薯脯并进行质量评价。本任务在粮油加工实训室完成。需要 4 学时。

实训准备

1. 知识储备：阅读资料单及查阅相关资料，完成预习单。

【预习单】

(1)查阅果脯的国家标准。

(2)说说甘薯脯的加工工艺流程。

(3)说说甘薯脯的消费需求。

2. 材料准备：新鲜甘薯、食用柠檬酸、白砂糖等。

3. 工具准备：烤箱、电磁炉、煎炸锅、漏勺、筷子等炊具。

任务实施

【任务单】

一、果脯类休闲食品的种类

写出果脯类休闲食品不同种类的各方面特点，填入下表。

果脯类休闲食品的种类及特点

种类	小紫薯	甘薯干	甘薯脯
主要原料			
加工方式			
销售方式			
主要消费者			
发展趋势			

二、甘薯脯的加工

加工甘薯脯，及时记录加工过程，填入下列表格。

(一)原辅料处理

	新鲜甘薯	食用柠檬酸	白砂糖
用量			
预处理方式			

(二)甘薯脯的加工

	切条	漂烫	第一次糖煮	糖渍	第二次糖煮	干燥
设备						
要求						

三、甘薯脯的感官评价

根据甘薯脯的感官评价标准对加工的甘薯脯进行评价，将评价结果填入下表。

甘薯脯的感官评价标准

项目	要求	得分
形态	形状、大小基本一致，表皮透亮，不黏手(20 分)	
色泽	呈均匀一致橘黄色或黄色，体现甘薯品种颜色(20 分)	
滋味气味	口感香甜适中、有韧劲，有甘薯的清香味，无异味(30 分)	
组织	组织柔韧，质地致密，无杂质(30 分)	

考核评价

依据附件表 2 对实训过程的表现进行评价。

总结反馈

总结学习实训中出现的问题并分析原因。

知识拓展

查阅果脯类(蜜饯类)休闲食品的国家标准，写出蜜饯类食品的测定项目。

附件

考核评价单

附件表 1　产品加工质量监控认知过程考核单

产品加工质量监控认知过程考核分为自我评价、组内互评、教师评价，分别占 20%、30%、50%。

班级：		小组：	姓名：	时间：	总分：
评价项目		评价标准			评价分值
自我评价20分	准备工作	阅读了资料单，完成预习单；完成线上平台资料的阅读；检索并下载相关食品加工及检验的国家标准(7分)			
	实训过程	正确描述相关食品的种类、特点、发展趋势；能写出此类食品的加工工艺流程、质量监控点(8分)			
	课后工作	认真总结实训中的不足，及时与同学老师交流反馈(5分)			
组内评价30分	准备工作	独立完成预习单；检索并下载相关食品加工及检验的国家标准(10分)			
	实训过程	正确描述相关食品的种类、特点、发展趋势；能写出此类食品的加工工艺流程、质量监控点(15分)			
	合作意识	积极参与组内讨论，有带动作用(5分)			
老师评价50分	工作态度	课前准备充分，上课积极主动；不迟到、不早退，出勤率高；及时交流不明白的问题，课堂参与度高(20分)			
	工作成果	高质量完成预习单、任务单及课程线上任务点(20分)			
	创新意识	提出一些新的问题，思路新，有借鉴价值(10分)			
组长签名：		教师签名：			

附件表 2　产品加工与质量评价过程考核单

产品加工与质量评价过程考核分为自我评价、组内互评、组间互评、教师评价，分别占 10%、30%、20%、40%。

班级：		小组：	姓名：	时间：	总分：
评价项目		评价标准			评价分值
自我评价10分	加工准备	完成预习单，材料准备及时、齐全；设备检查清洗良好(5分)			
	加工过程	按照加工实施方案完成了负责的加工环节，且无出现重大失误。工作有条理、得心应手(5分)			

续表

班级：		小组：	姓名：	时间：	总分：
组内评价30分	准备工作	材料准备及时；设备检查清洗良好；完成负责的加工任务(10分)			
	工作能力	加工过程熟练，在小组作业过程中起到带头作用，积极完成负责的加工任务，并能主动帮助其他同学，合作意识好(10分)			
	合作意识	能忍让、能坚持，及时沟通，顾全大局，吃苦耐劳、积极主动(10分)			
组间互评20分	产品感官	产品感官符合要求(5分)			
	环境卫生	及时清理操作台、水槽周边、共用设备，加工工具清洗干净，不耽误其他组使用(10分)			
	大局意识	顾全大局，能够及时沟通(5分)			
老师评价40分	工作态度	材料准备及时；设备检查清洗良好；积极主动完成加工的每个环节；主动清理卫生，注意垃圾分类，节约耗材(15分)			
	工作成果	加工方案可行，配方合理，加工过程无出现重大失误，产品感官品质好(15分)			
	创新意识	配方设计有创新，有借鉴价值(10分)			
组长签名：			教师签名：		

附件表3　企业参观过程考核单

企业参观过程考核分为自我评价、组内互评、企业评价、教师评价，分别占10%、30%、20%、40%。

班级：		小组：	姓名：	时间：	总分：
评价项目		评价标准			评价分值
自我评价10分	参观准备	提前查阅企业网站；完成预习单、提前设计打印参观调查表(5分)			
	参观过程	跟随企业老师参观，并及时完成任务单(5分)			
组内评价30分	准备工作	携带参观调查表、笔，穿工作服、戴安全帽(10分)			
	参观效果	在小组参观过程中起到带头作用，积极填写调查表，配合其他同学认真参观学习；任务单完成良好(10分)			
	形象意识	不喧哗，不插队，文明参观；不随意扔垃圾，按企业垃圾箱分类放置(10分)			
企业评价20分	企业了解	对企业有所了解，准备充分，积极互动(10分)			
	企业认同	对企业的文化感兴趣，围绕行业提问，对行业有较为广泛的认知(10分)			

续表

<table>
<tr><td colspan="2">班级：</td><td>小组：</td><td>姓名：</td><td>时间：</td><td>总分：</td></tr>
<tr><td rowspan="3">老师评价40分</td><td>工作态度</td><td colspan="3">不迟到、不早退，严格遵守参观时间安排(15分)</td><td></td></tr>
<tr><td>工作成果</td><td colspan="3">调研表设计合理适用、严格按照企业人员的指导参观，及时提问并填写调查表(15分)</td><td></td></tr>
<tr><td>就业意识</td><td colspan="3">积极与企业指导教师交流，并有意识、有礼貌获取企业人力部门的联系方式(10分)</td><td></td></tr>
<tr><td colspan="6">组长签名：　　　　　企业指导老师：　　　　　教师签名：</td></tr>
</table>

参考文献

[1]陆启玉．粮油食品加工工艺学[M]．北京：中国轻工业出版社，2010．

[2]李新华，董海洲．粮油加工学[M]．北京：中国农业大学出版社，2016．

[3]田建珍，温纪平．小麦加工工艺与设备[M]．北京：科学出版社，2011．

[4]马涛，肖志刚．谷物加工工艺学[M]．北京：科学出版社，2009．

[5]周裔彬．粮油加工工艺学[M]．北京：化学工业出版社，2015．

[6]宋宏光．粮食加工与检测技术[M]．北京：化学工业出版社，2012．

[7]刘亚伟．粮食加工副产物利用技术[M]．北京：化学工业出版社，2009．

[8]徐忠，缪铭．功能性变性淀粉[M]．北京：中国轻工业出版社，2010．

[9]国家粮食与物质储备局．《中国的粮食安全》白皮书[M]．北京：人民出版社，2009．

[10]李威娜．焙烤食品加工技术[M]．北京：化学工业出版社，2017．

[11]李则选，金增辉．粮食加工[M]．北京：化学工业出版社，2009．

[12]曾洁．粮油加工实验技术[M]．北京：中国农业大学出版社，2009．

[13]杨宝进，张一鸣．现代食品加工学[M]．北京：中国农业大学出版社，2006．

[14]陈宇．烘焙工基础知识，国家职业资格培训教程[M]．北京：中国轻工业出版社，2004．

[15]刘江汉．焙烤工业实用手册[M]．北京：中国轻工业出版社，2003．

[16]伍沾德．中华烘焙食品大辞典[M]．北京：中国轻工业出版社，2009．

[17]迟玉森．新编大豆食品加工原理与技术[M]．北京：科学出版社，2014．

[18]姚茂君．实用大豆制品加工技术[M]．北京：化学工业出版社，2009．

[19]殷涌光，刘静波．大豆食品工艺学[M]．北京：化学工业出版社，2006．

[20]仇农学，李建科．大豆制品加工技术[M]．北京：中国轻工业出版社，2002．

[21]臧大存．食品质量与安全[M]．北京：中国农业大学出版社，2006．

[22]崔洪斌．大豆活性物质的开发与利用[M]．北京：中国轻工业出版社，2001．

[23]李全宏．植物油脂制品安全生产与品质监控[M]．北京：化学工业出版社，2005．

[24]刘玉兰．植物油生产与综合利用[M]．北京：中国轻工业出版社，2006．

[25]李世敏．功能食品加工技术[M]．北京：中国轻工业出版社，2005．

[26]周树南．食品卫生法规与质量保证[M]．北京：中国标准出版社，2002．

[27]薛文通．新版饼干配方[M]．北京：中国轻工业出版社，2002．

[28]张建新．食品质量安全技术标准法规应用指南[M]．北京：北京科学技术文献出版社，2002．

[29]林江涛，等．配粉工艺的设计与应用[J]．粮食与饲料工业，2006(8)．

[30]刘志金，吴孟桦，等. 关于提高面粉加工质量的分析[J]. 粮食与食品工业，2019(10).

[31]张成东，杨立娜，等. 杂粮面条和馒头的研究进展 [J]. 食品研究与开发，2019(10).

[32]代明笠，邵丽明，胡慧，等. 水稻加工品质及其遗传基础研究进展[J]. 长江大学学报(自然科学版)，2015(3).

[33]蒋志荣，陈辰. 差异化精细生产与稻谷适度加工[J]. 粮食加工，2019(4).